樂高機器人創意寶典 LEGO Boost篇

The LEGO BOOST Idea Book : 95 Simple Robots and Hints for Making More!

樂高機器人創意寶典：LEGO Boost 篇

作　　者：五十川芳仁（Yoshihito Isogawa）
譯　　者：CAVEDU 教育團隊 曾吉弘
企劃編輯：莊吳行世
文字編輯：詹祐甯
設計裝幀：張寶莉
發 行 人：廖文良

發 行 所：碁峰資訊股份有限公司
地　　址：台北市南港區三重路 66 號 7 樓之 6
電　　話：(02)2788-2408
傳　　真：(02)8192-4433
網　　站：www.gotop.com.tw
書　　號：ACH022400
版　　次：2019 年 01 月初版
建議售價：NT$620

國家圖書館出版品預行編目資料

樂高機器人創意寶典：LEGO Boost 篇 / 五十川芳仁原著；曾吉弘譯. -- 初版. -- 臺北市：碁峰資訊, 2019.01
面；　公分
譯自：The LEGO BOOST idea Book : 95 simple robots and hints for making more!
ISBN 978-986-502-204-8(平裝)
1.機器人　2.電腦程式設計
448.992029　　107023296

讀者服務

- 感謝您購買碁峰圖書，如果您對本書的內容或表達上有不清楚的地方或其他建議，請至碁峰網站：「聯絡我們」\「圖書問題」留下您所購買之書籍及問題。（請註明購買書籍之書號及書名，以及問題頁數，以便能儘快為您處理）
http://www.gotop.com.tw

- 售後服務僅限書籍本身內容，若是軟、硬體問題，請您直接與軟體廠商聯絡。

- 若於購買書籍後發現有破損、缺頁、裝訂錯誤之問題，請直接將書寄回更換，並註明您的姓名、連絡電話及地址，將有專人與您連絡補寄商品。

Contents 目錄

PART 1 • 使用 Move Hub 來移動

PART 2 • 使用互動式馬達

PART 3 • 更多有趣好點子！

前言

這不是一本 LEGO BOOST 的入門書，也不是教您如何組裝機器人的書，組裝說明在 LEGO BOOST Creative Tool 的 app 中就找得到。如果您已經使用過 BOOST 來組裝與寫程式，也準備好接受更多自我挑戰的點子，本書會幫您做到。

您只需要一組 LEGO BOOST Creative Toolbox 套件（#17101）就能完成本書中的所有模型。

如何使用本書

本書模型大多都是小型的簡易機械，用來控制它們的程式也相當簡單。把模型組好並讓它們動起來之後，您會更了解相關的機構與程式。不斷製作與深入之後，您甚至能自行創作各種模型呢！把多種機構結合起來也是個好主意。隨意重組、強化與裝飾，您的創意是沒有界限的。

您的模型不用和書裡面的一模一樣，只要做您喜歡的模型就好，可以從較簡單的模型開始。

推薦閱讀

如果您剛接觸 BOOST 的話，請參考 DanieleBenedettelli 所寫的 <TheLEGO BOOST Activity Book >一書。

如果想看看更多機構的話，請參考我的另外兩本書：《樂高創意寶典：機械與機構篇》與《樂高創意寶典：車輛與酷玩意篇》。

致謝

本書中相關圖片使用 LDraw data 與 LPub 軟體所繪製，在此感謝所有相關的開發者們。

譯者序

樂高積木長久以來就是諸多 maker 在快速實作各種創意機械結構上的好幫手，3D 列印的齒輪的精密度再怎樣好也比不上現成的樂高齒輪，更別説列印一個齒輪的時間了。我當年就是看老師的《虎之卷》系列才眼睛一亮。作品不只千變萬化，還非常簡潔，只用最必要的零件就能實現許許多多的創意，也難怪 MIT 媒體實驗室的 Mitchel Resnick 教授長期以來都是使用樂高零件來搭配 Scratch 圖形化程式介面，藉此實踐其「創意思考者（Creative Thinker）」的理念。

另一方面，LEGO BOOST 是有別於自家 EV3 的另一套智慧型機器人，標榜更簡單的軟硬體環境。因此，五十川芳仁老師這本 BOOST 新書一有消息，就很期待有機會再次擔任譯者。老師在樂高界的影響力無須多説，期待您能在本書中找到許多靈感，動手做樂無窮喔！

曾吉弘

CAVEDU 教育團隊 / MIT 電腦科學與人工智慧實驗室訪問學者

編寫BOOST的程式

您可以運用 LEGO BOOST Creative Toolbox app 來編寫本書中的所有程式，只要點擊選單右側的 Creative Canvas 圖示就能開始。

如果畫面跑到了下面，請點擊螢幕把它往上滑，會看到專案畫面。打開專案畫面，點選左上角的 **+** 圖示，會顯示一個新畫面讓您開始寫程式。

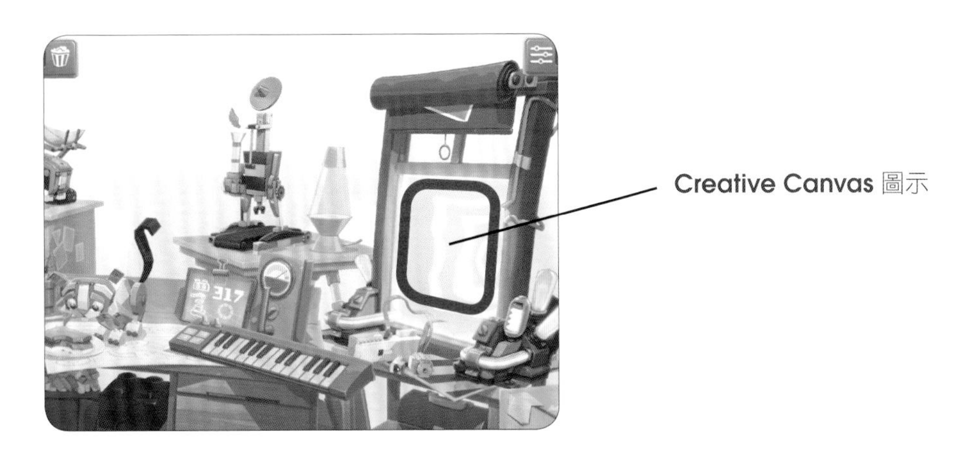

請注意，您得在 LEGO BOOST Creative Toolbox app 中製作一些機器人的專案程式之後，才能點擊這個 Creative Canvas 圖示。

您可以設定程式積木的難度，從等級 1～3。本書使用的是標準等級 2，請如下圖來設定適合的難度等級：

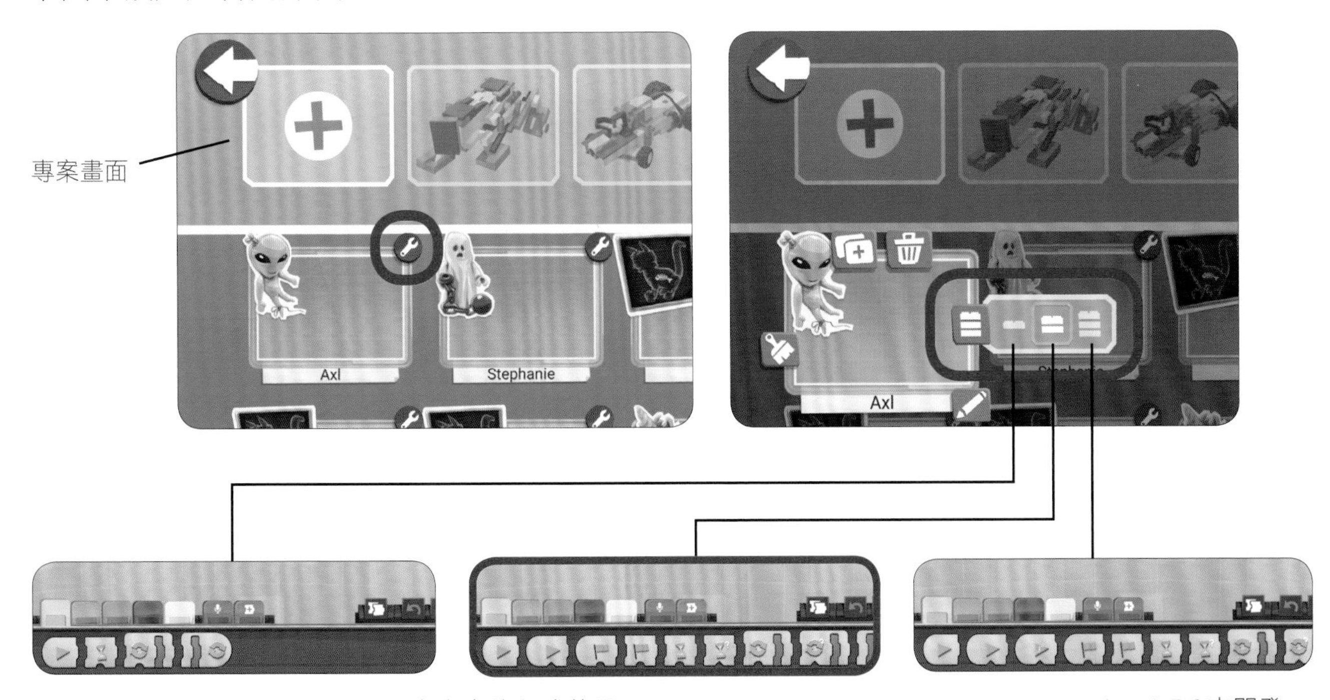

本書中的程式使用LEGO BOOST Creative Toolbox app version 1.5.0來開發。

暖身

本書沒有一步一步的組裝說明。反之，請試著用不同角度所拍攝的照片把模型做出來。這種組裝方式就跟拼湊拼圖一樣。您很快就能抓到訣竅，也會樂在其中！

開始練習吧！

#1 —— 模型編號

本模型所需的所有零件都會像以下框框中那樣列出。請由 BOOST 套件包中找到這些零件，開始組裝吧！

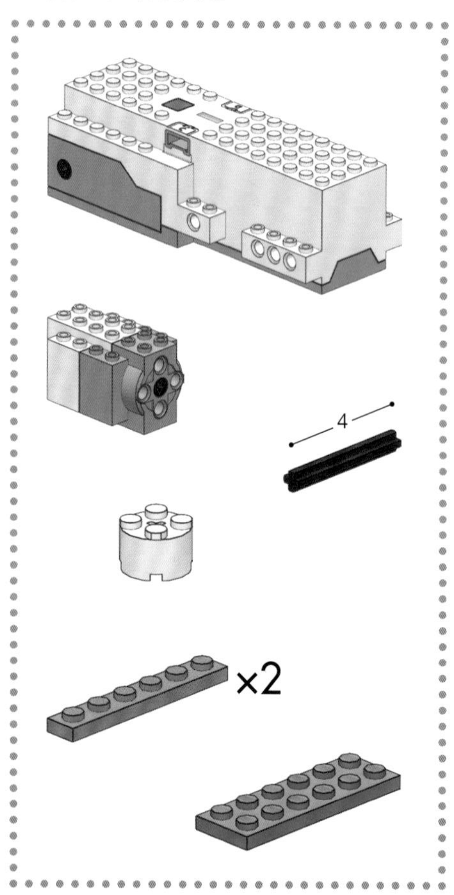

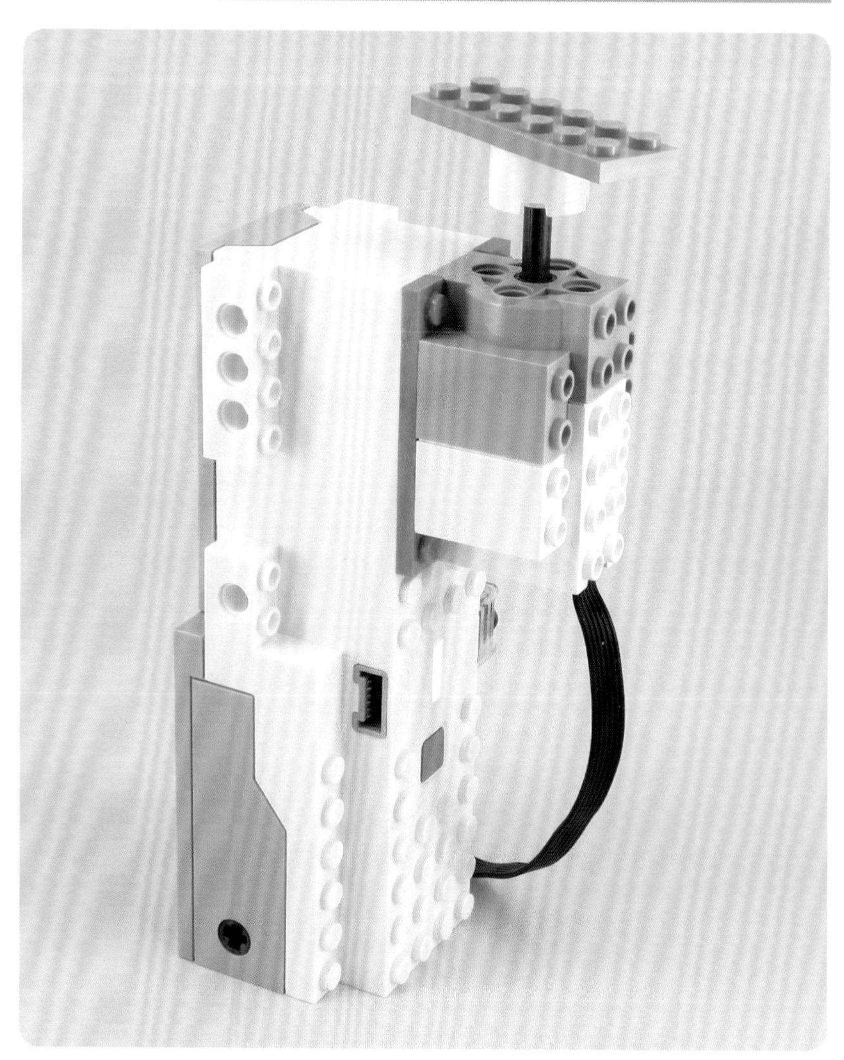

收集好零件後，使用本頁與下一頁的照片把這個模型做出來。

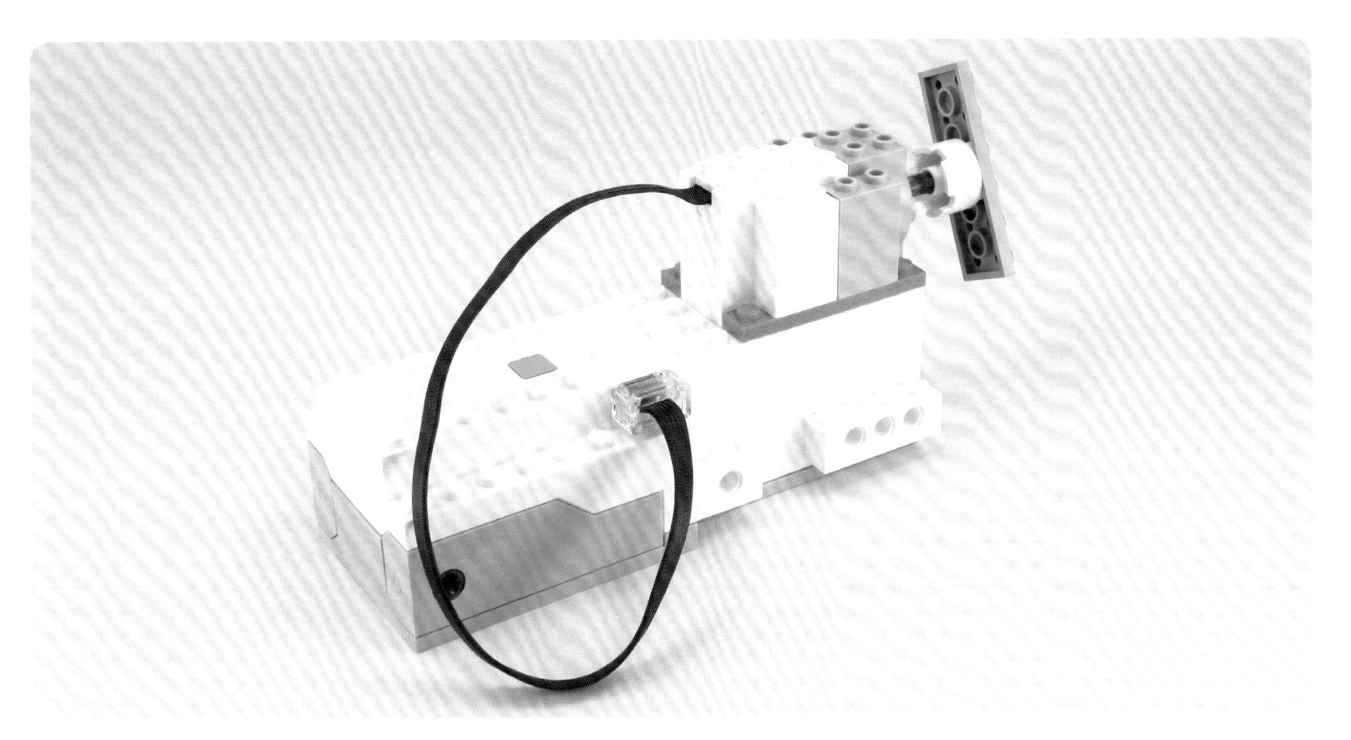

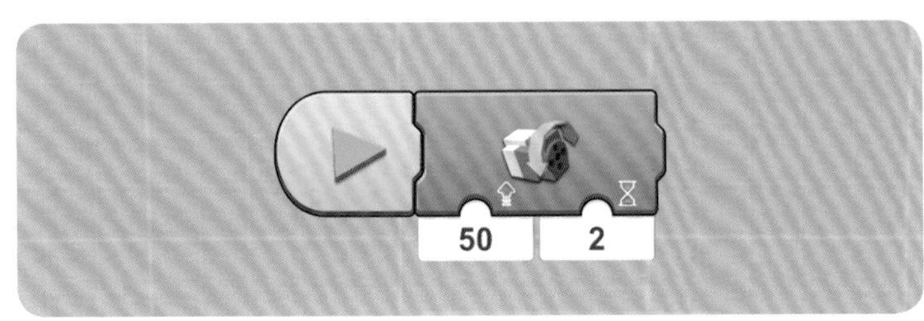

您可以運用這個範例
程式讓模型動起來。

這是「提示」圖示，提供關於組裝與程式的其他建議。試著運用這些提示做出獨特又有趣的模型吧！

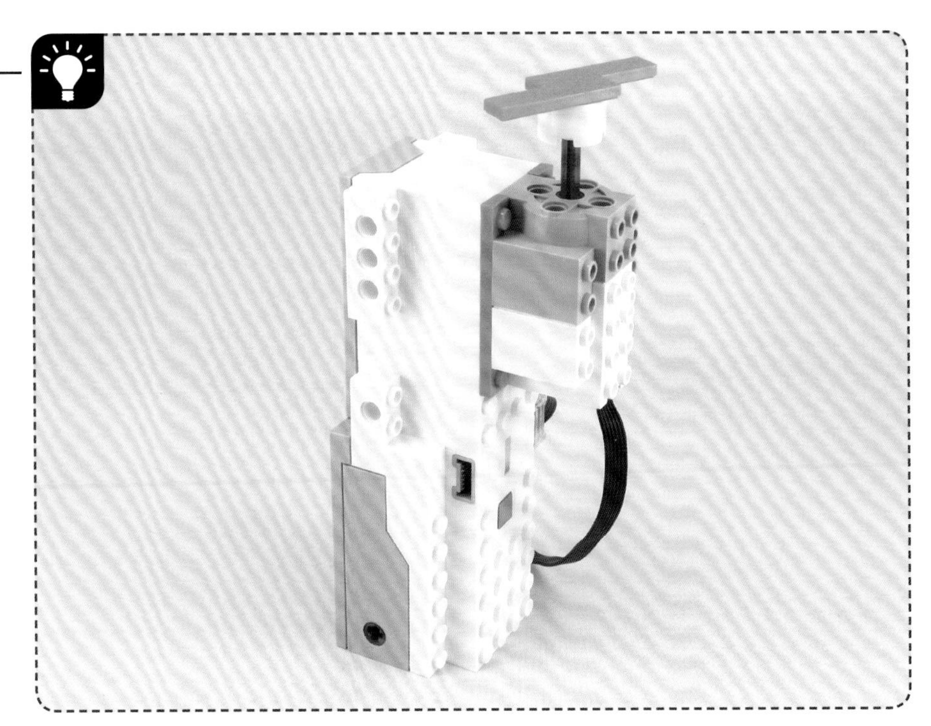

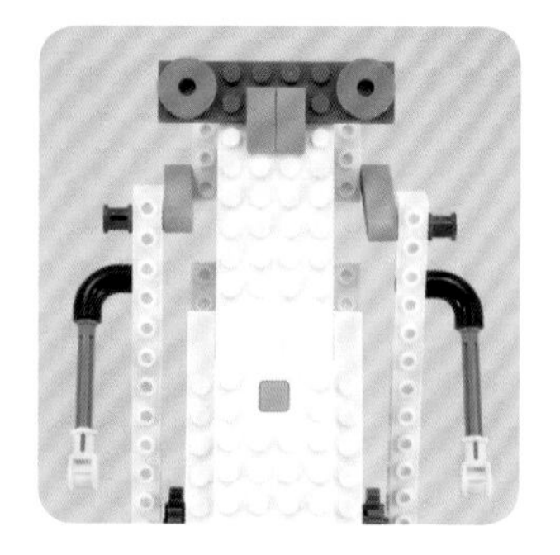

PART 1

使用 Move Hub 來移動

使用輪子來移動

#1

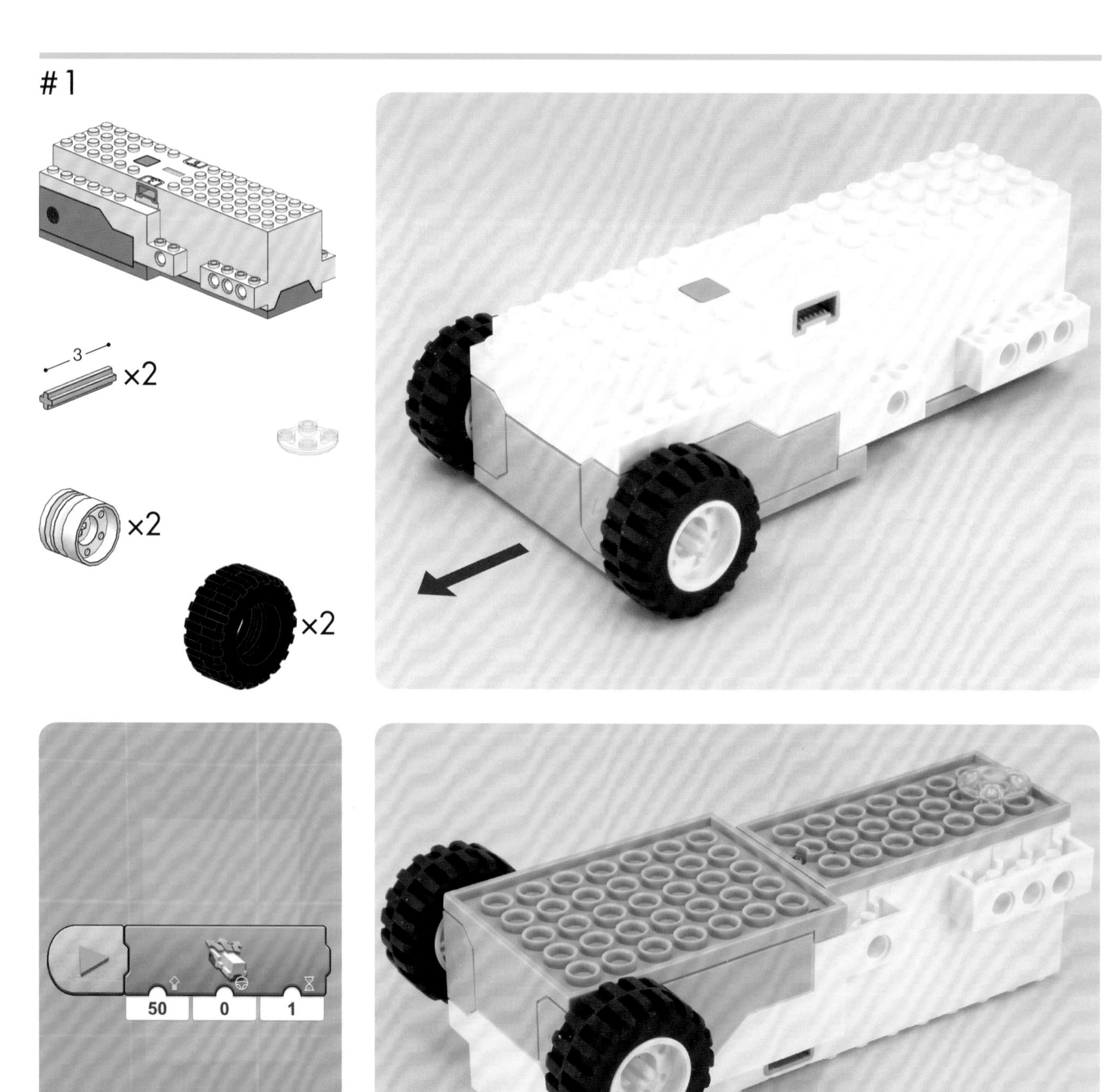

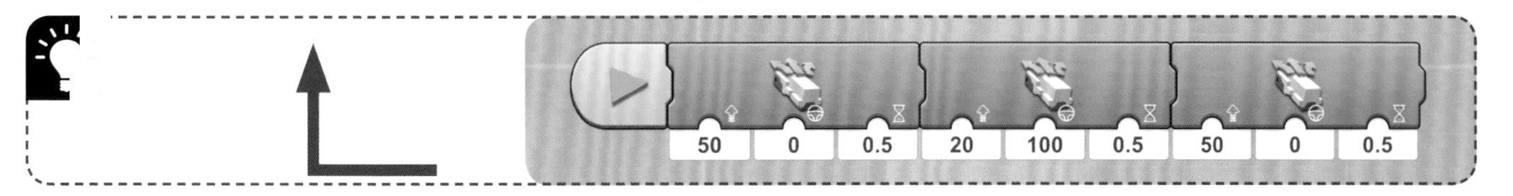

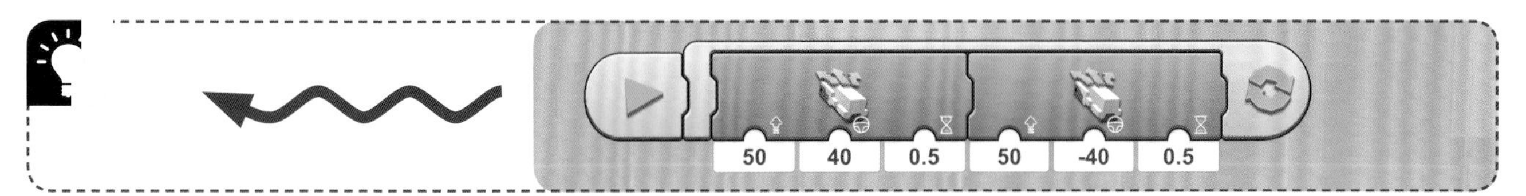

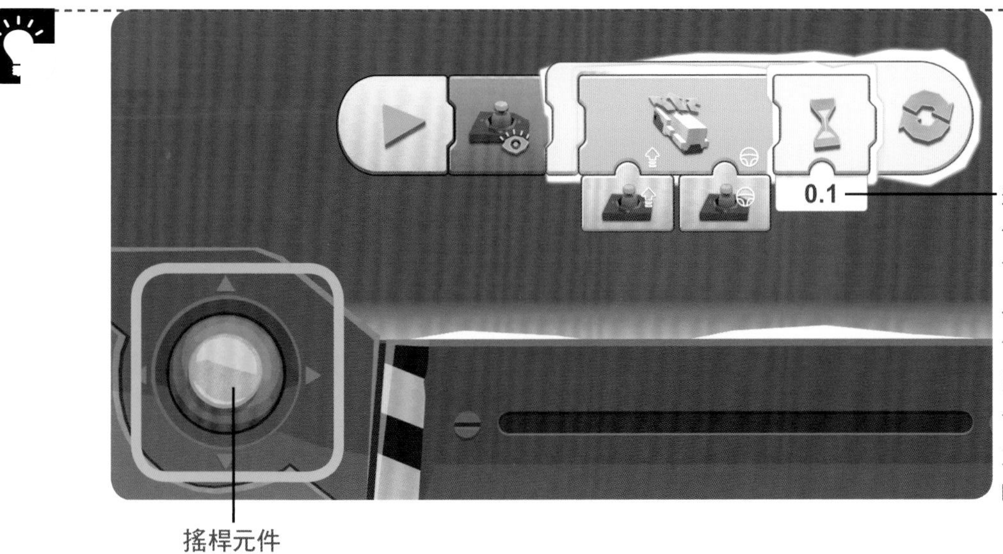

這個搖桿程式中有一個等候（**Wait**）指令，會在程式中產生一小段延遲。如果沒有這個延遲的話，程式會因為裝置不斷送出指令給機器人而搞混——太快而來不及反應啦！

搖桿元件

請用這個搖桿來控制您的小車。

#2

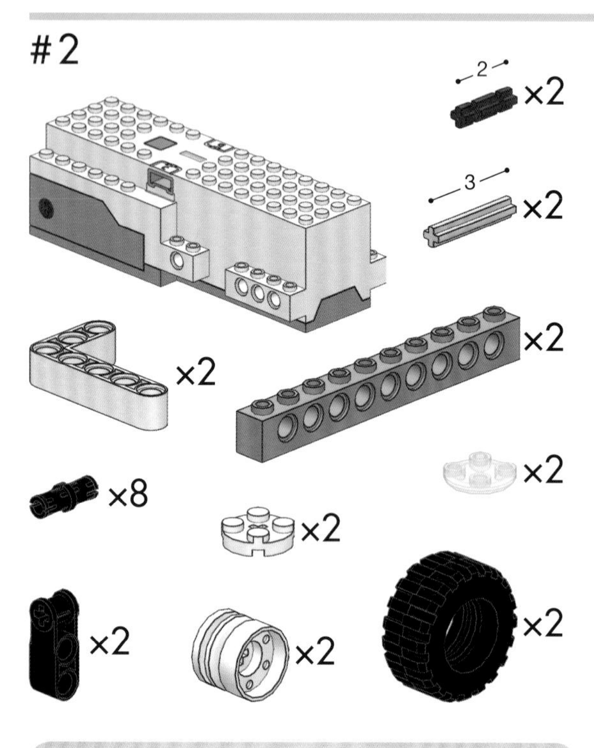

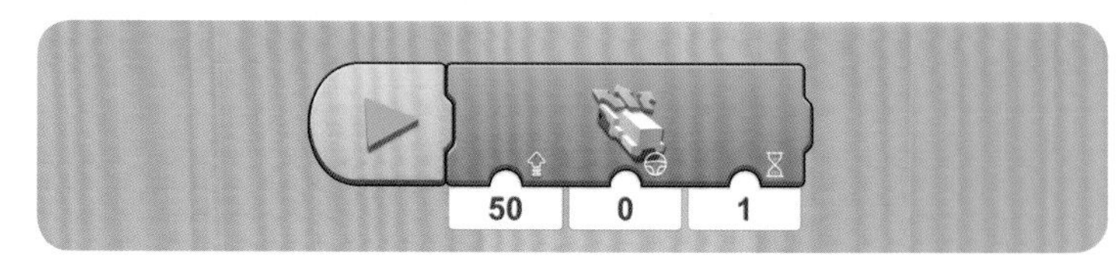

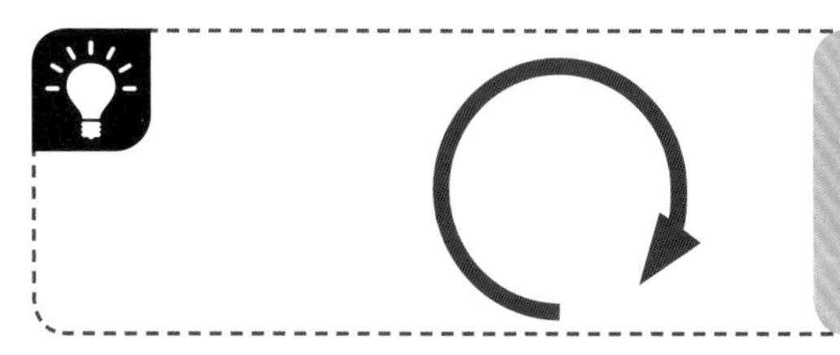

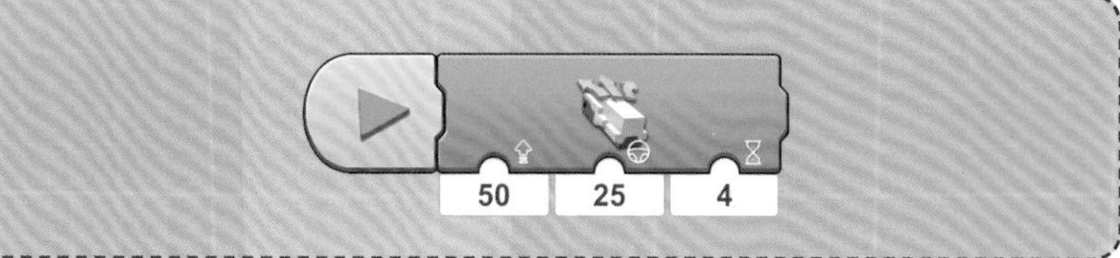
50
25
4

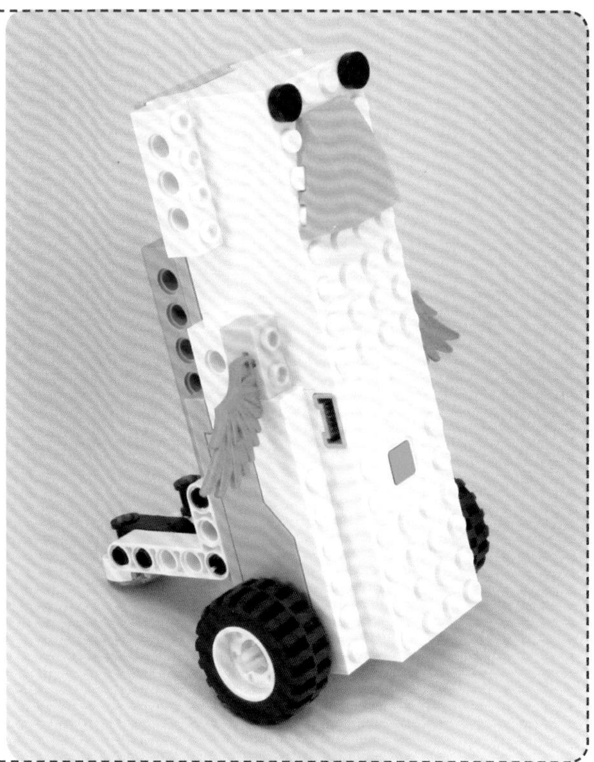

#3

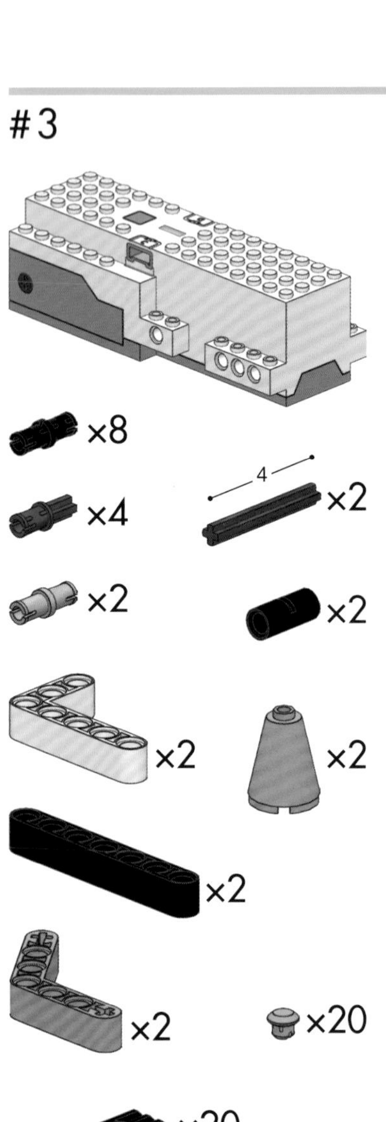

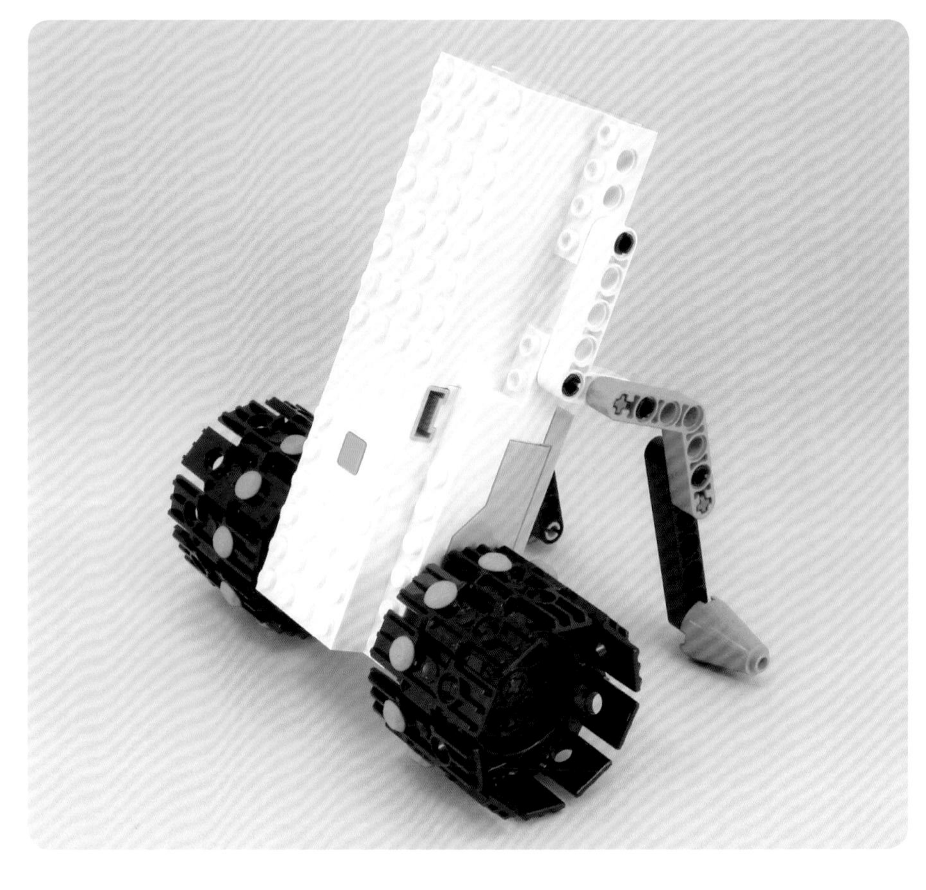

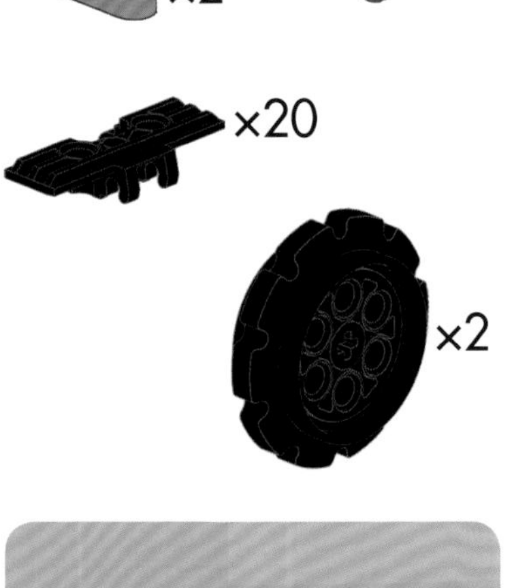

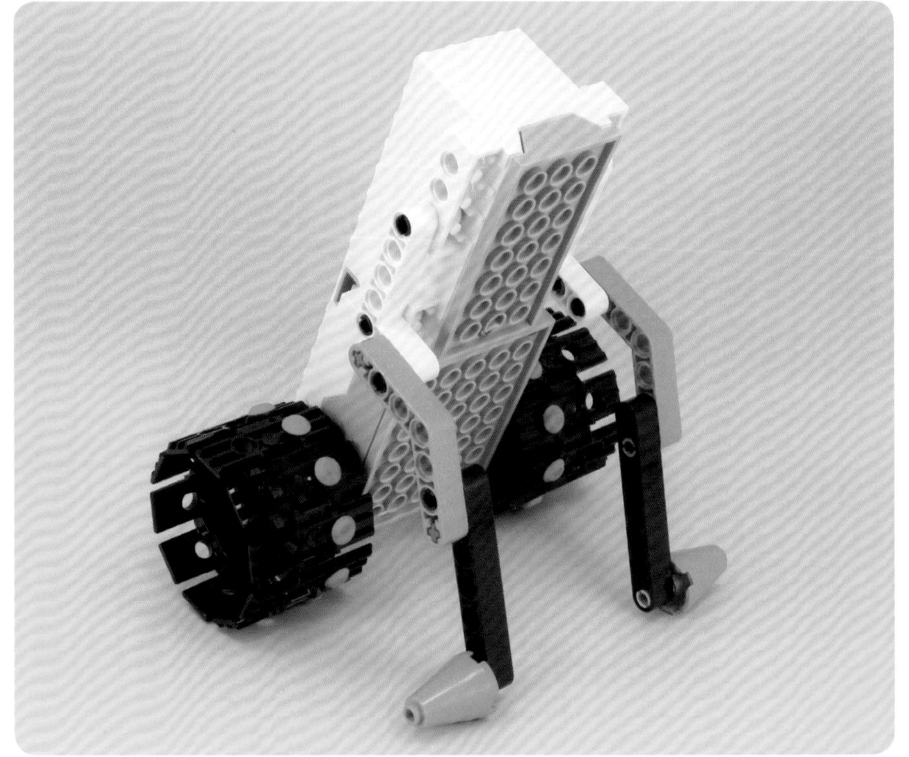

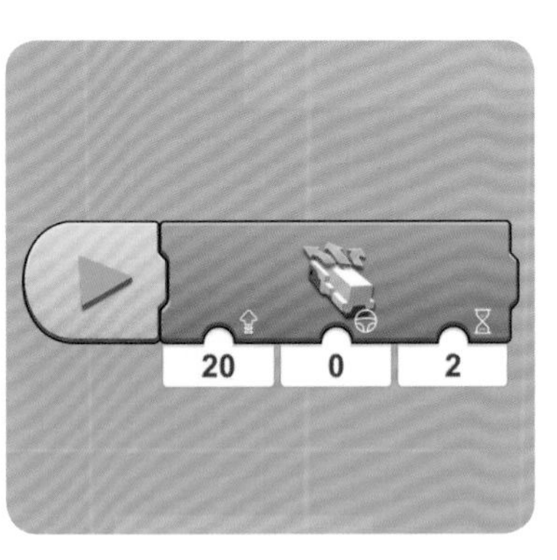

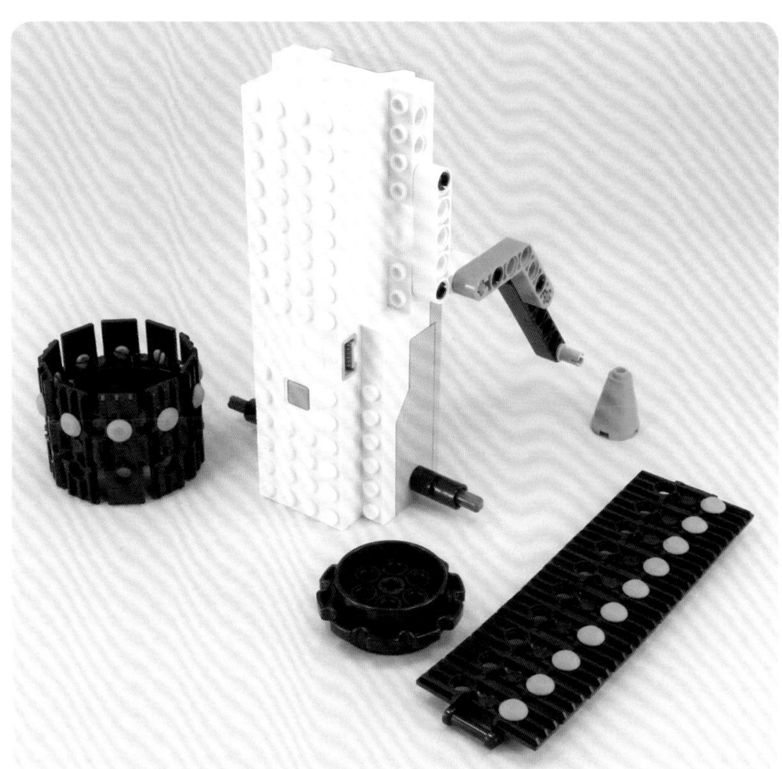

×2
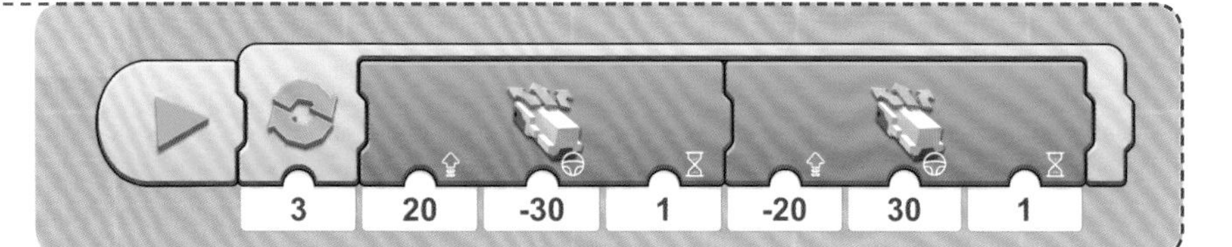
3
20
-30
1
-20
30
1
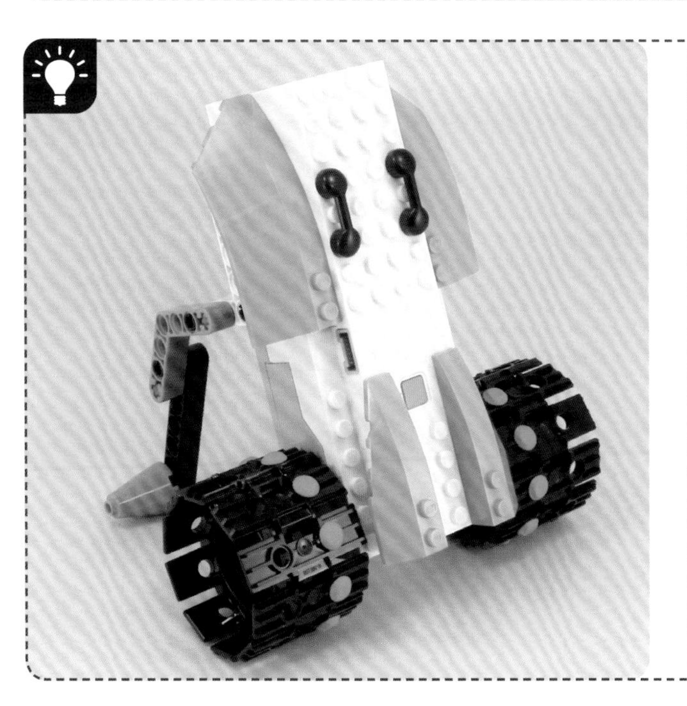

#4

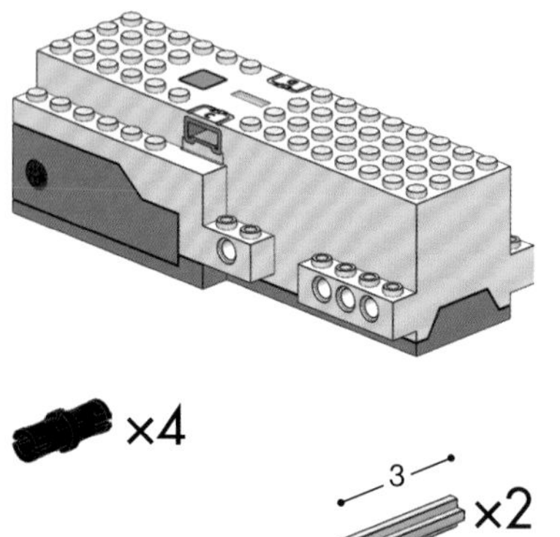

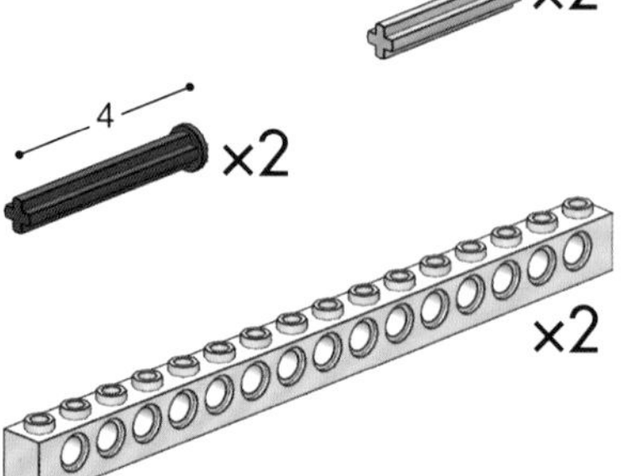
×4
3
×2
4
×2
×2

×2
×2

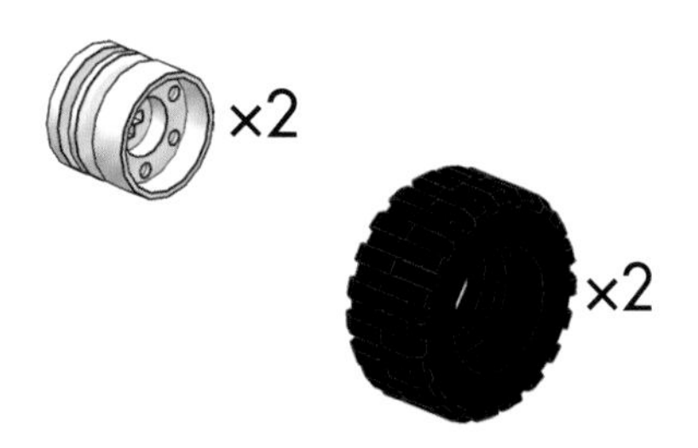
×2
×2

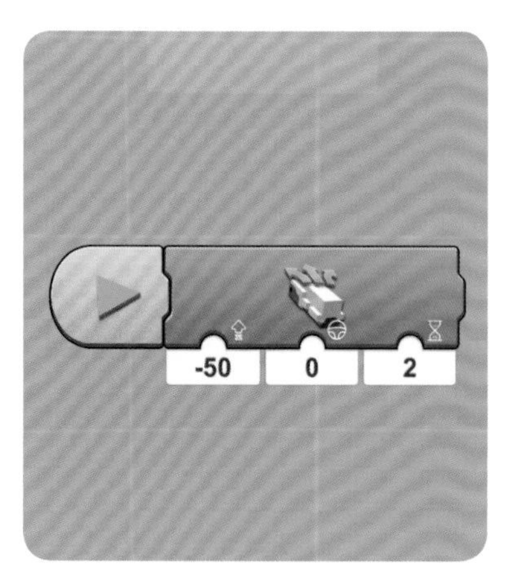
-50
0
2

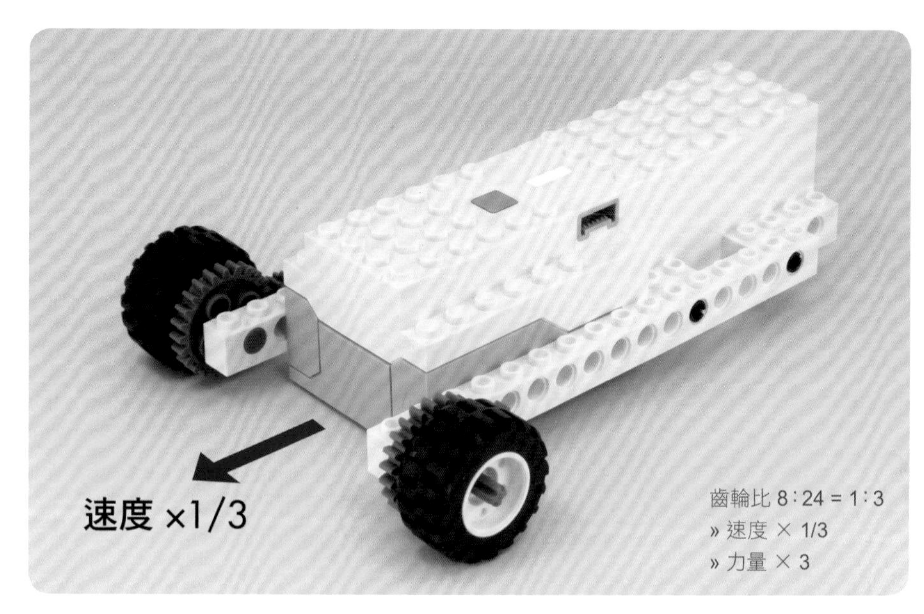
速度 ×1/3
齒輪比 8 : 24 = 1 : 3
» 速度 × 1/3
» 力量 × 3

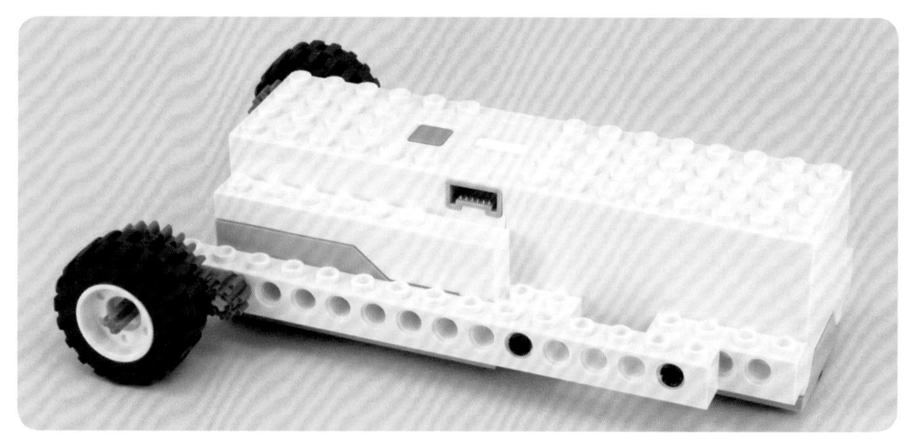

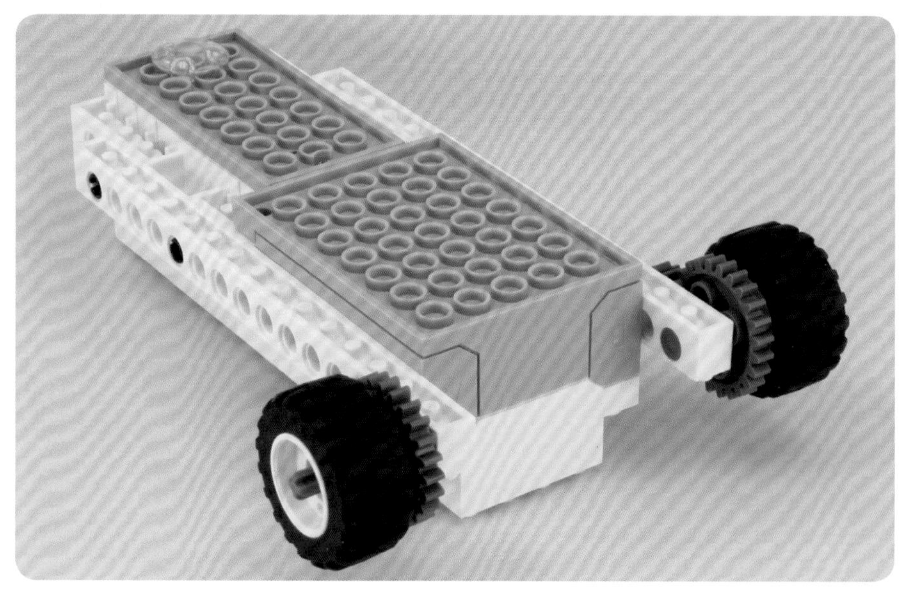

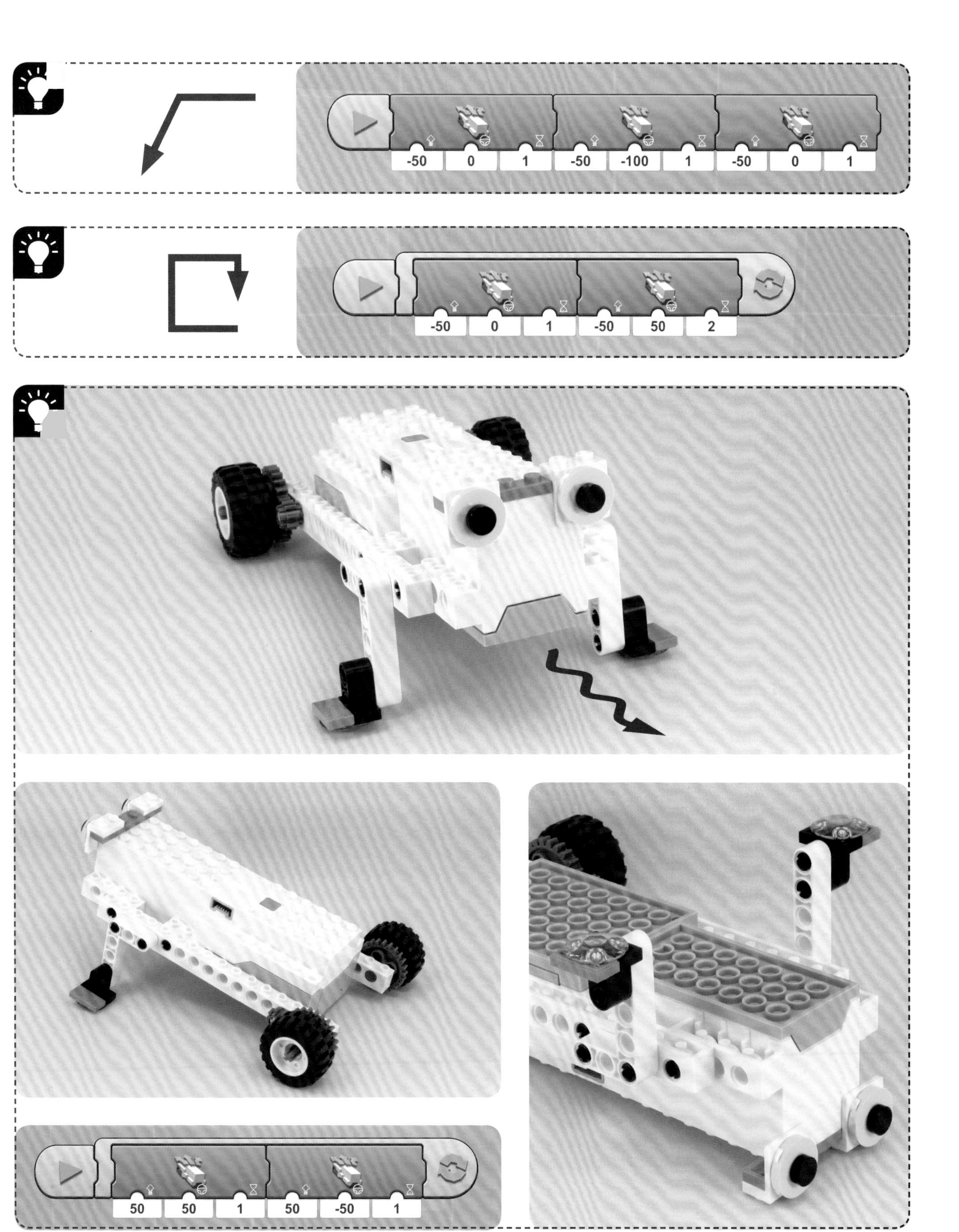
-50
0
1
-50
-100
1
-50
0
1
-50
0
1
-50
50
2
50
50
1
50
-50
1

#5

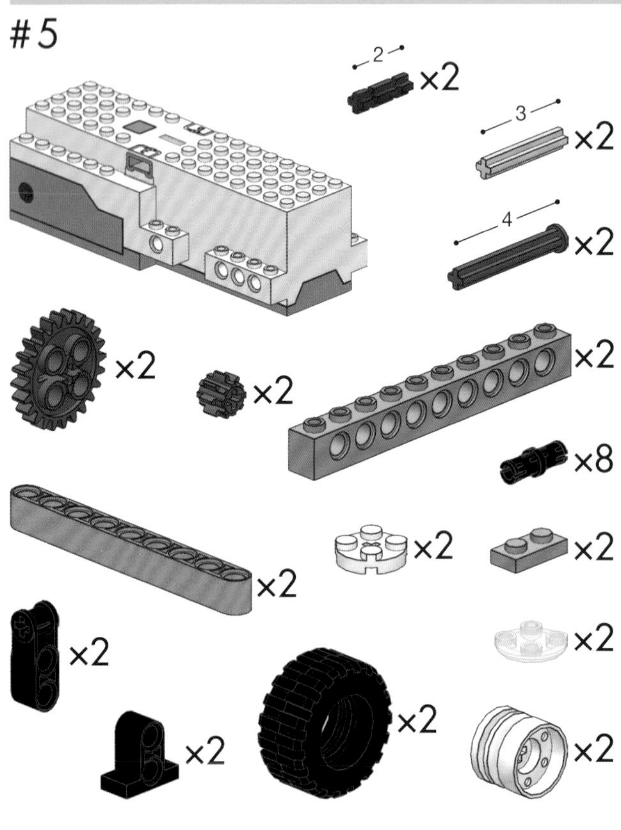

齒輪比 8∶24 = 1∶3
» 速度 × 1/3
» 力量 × 3

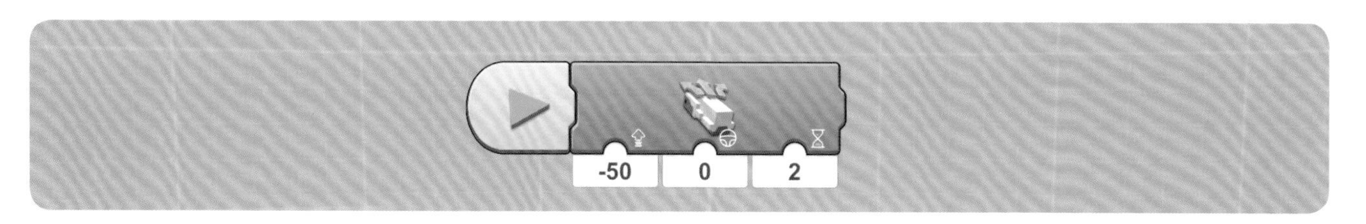

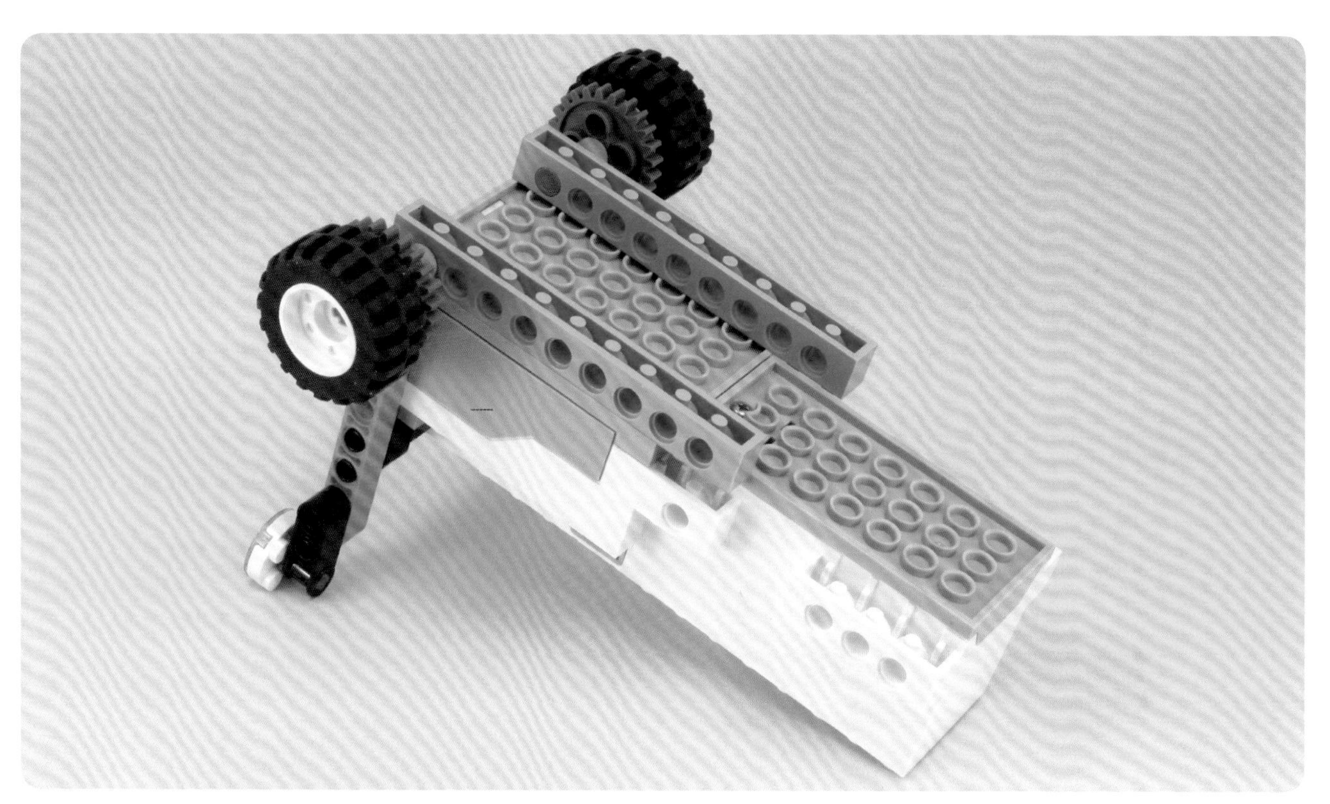

這個搖桿程式中有一個等候（**Wait**）指令，會在程式中產生一小段延遲。如果沒有這個延遲的話，程式會因為裝置不斷送出指令給機器人而搞混——太快而來不及反應啦！

搖桿元件
請用這個搖桿來控制您的小車。

#6

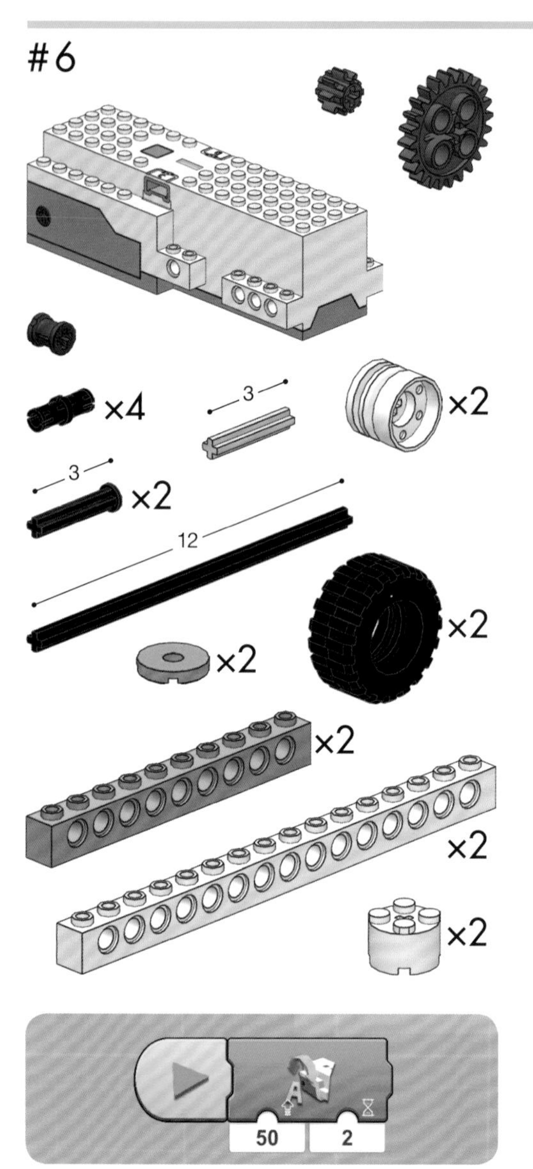

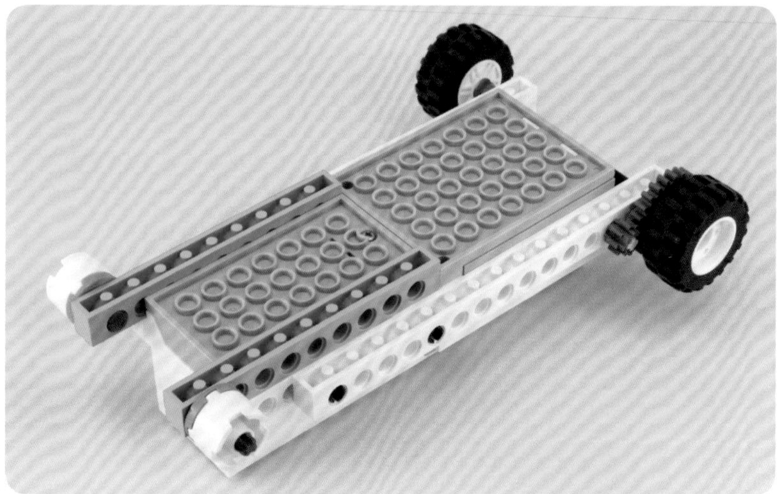

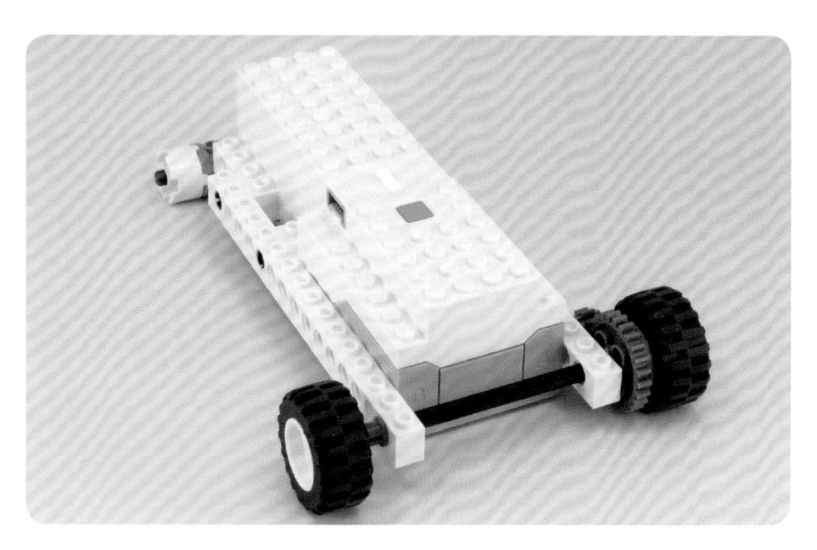

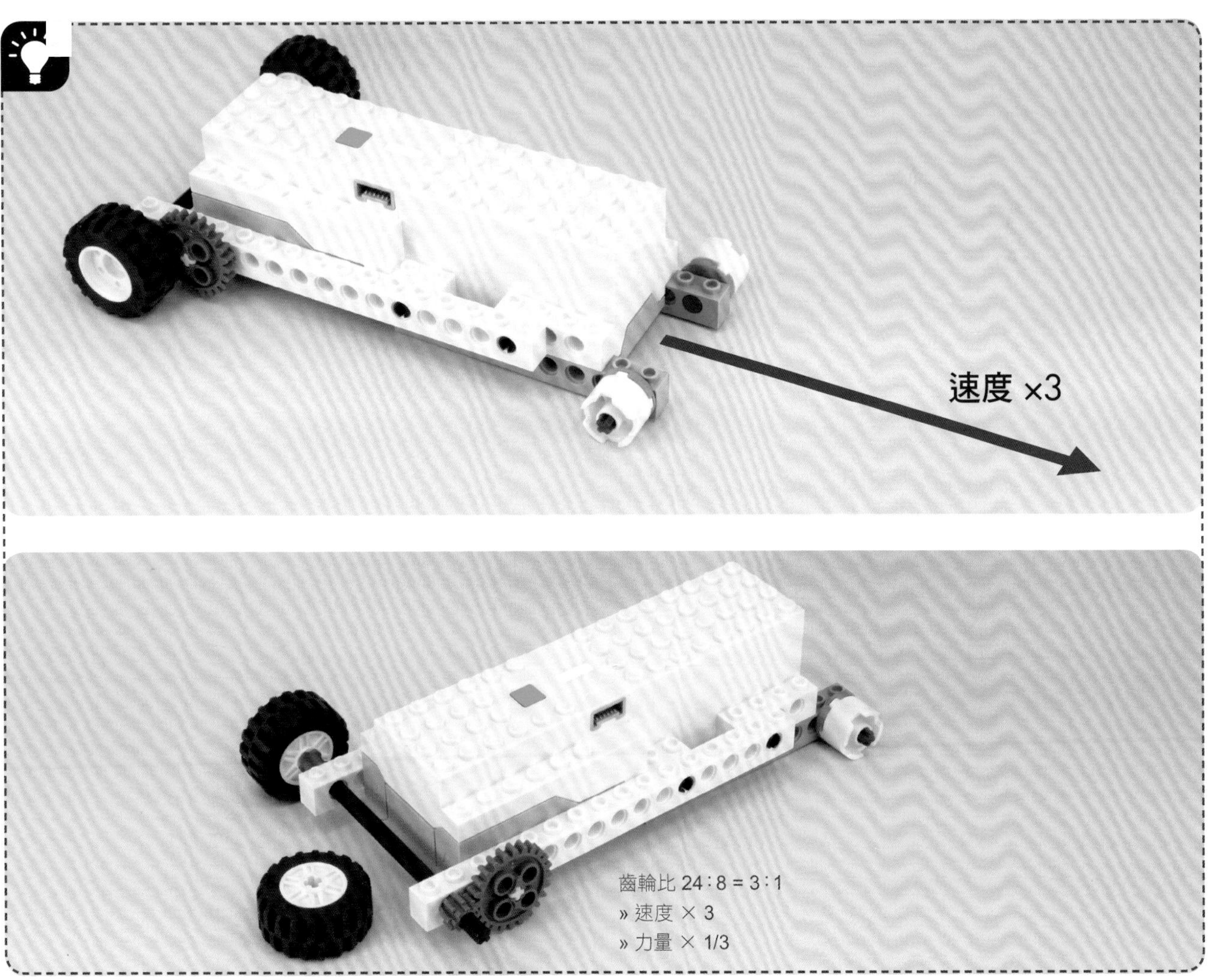
速度 ×3
齒輪比 24：8 = 3：1
» 速度 × 3
» 力量 × 1/3

使用履帶來移動

#7

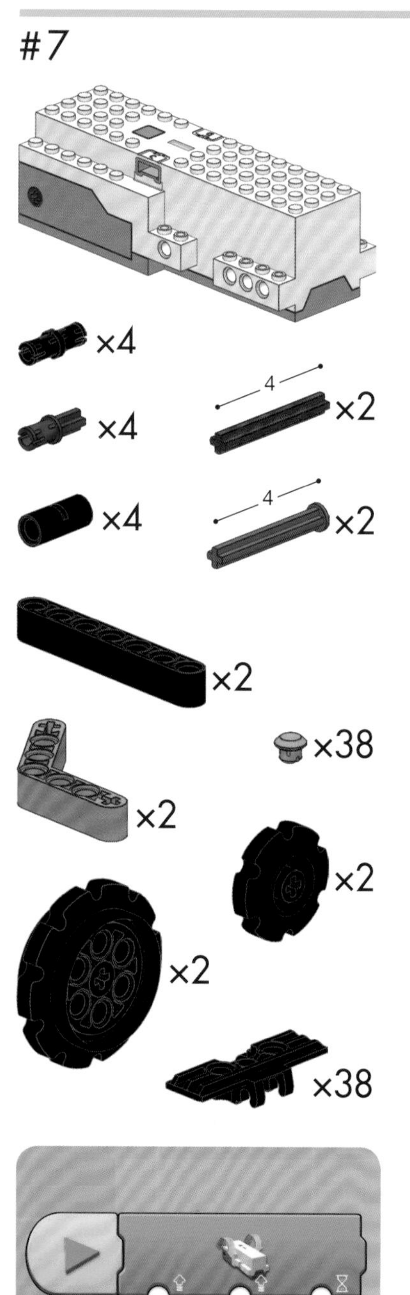

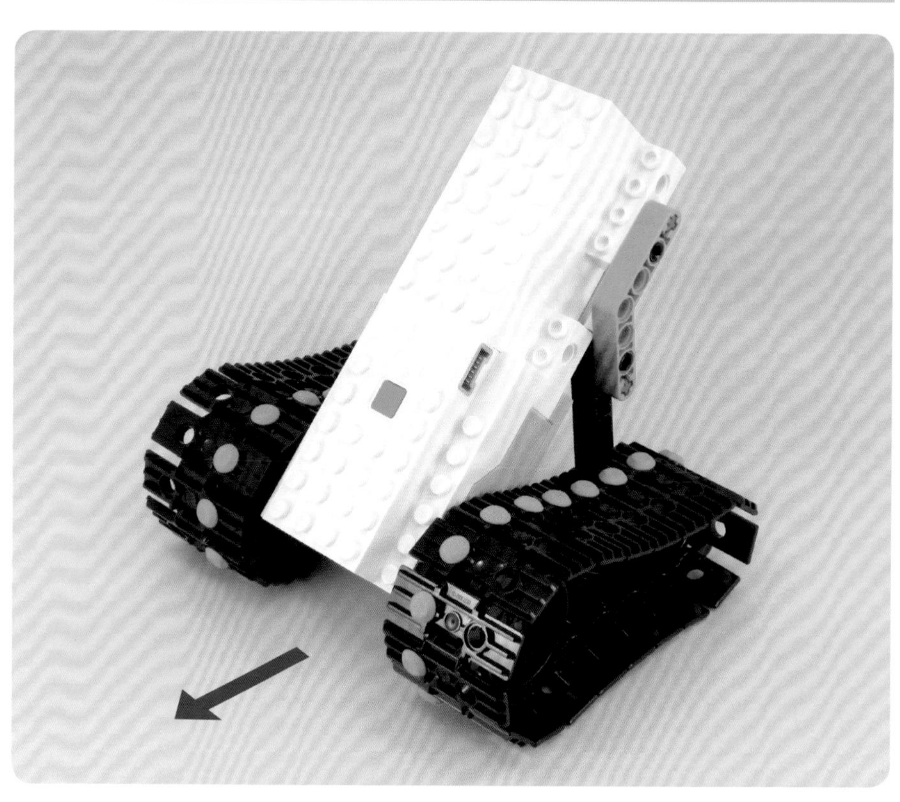

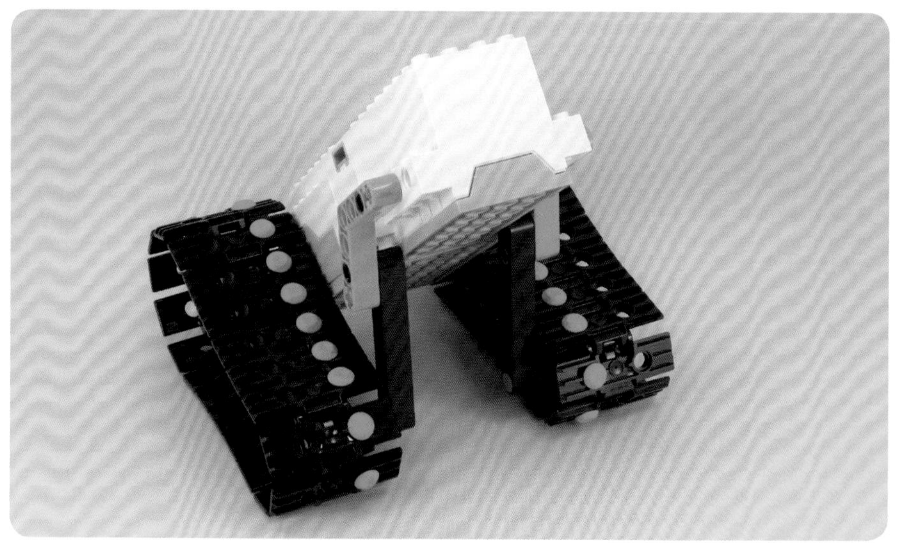

這個搖桿程式中有一個等候（**Wait**）指令，會在程式中產生一小段延遲。如果沒有這個延遲的話，程式會因為裝置不斷送出指令給機器人而搞混——太快而來不及反應啦！

搖桿元件
請用這個搖桿來控制您的小車。

#8

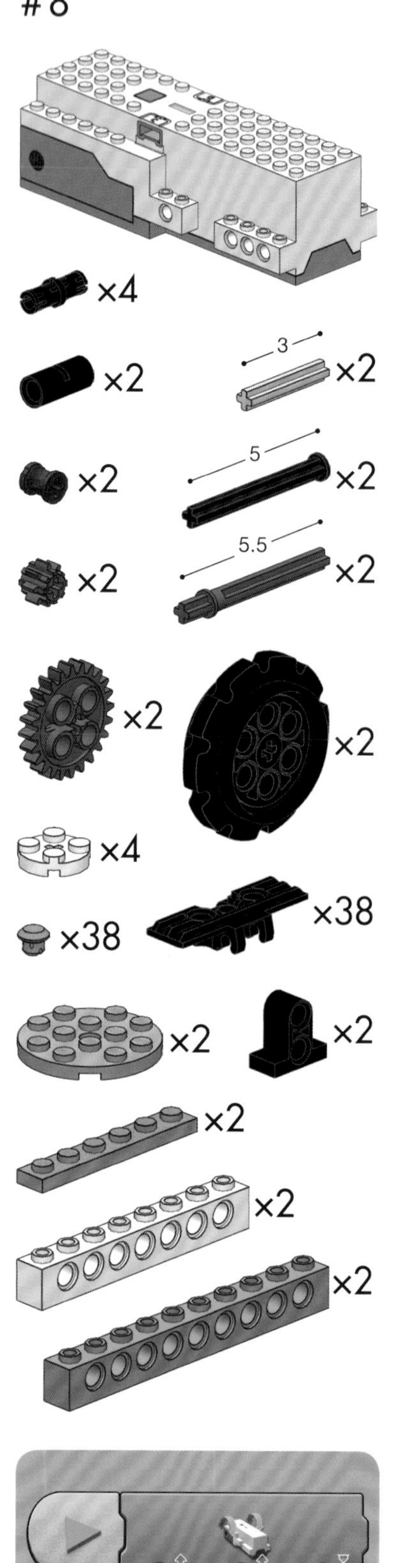

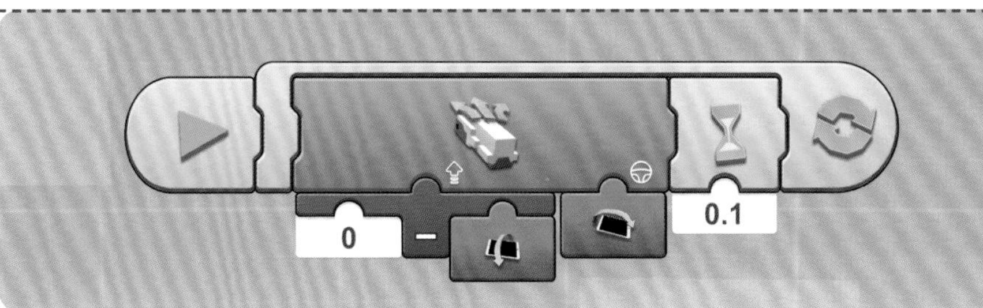

將您的平板電腦或智慧型手機前後或左右傾斜來控制這台機器人。
注意：並非每台平版或手機都可以。

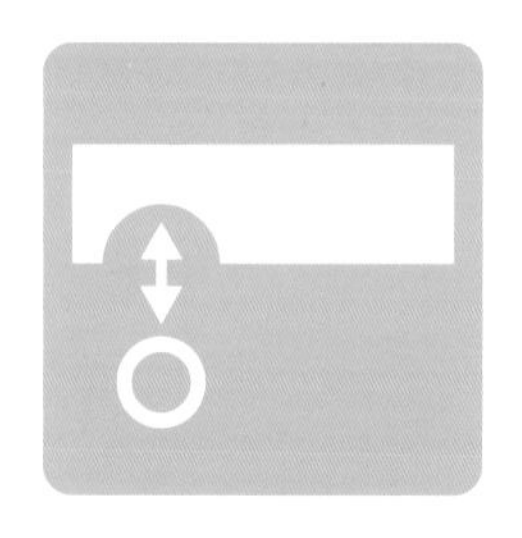

有避震器的車子

#9

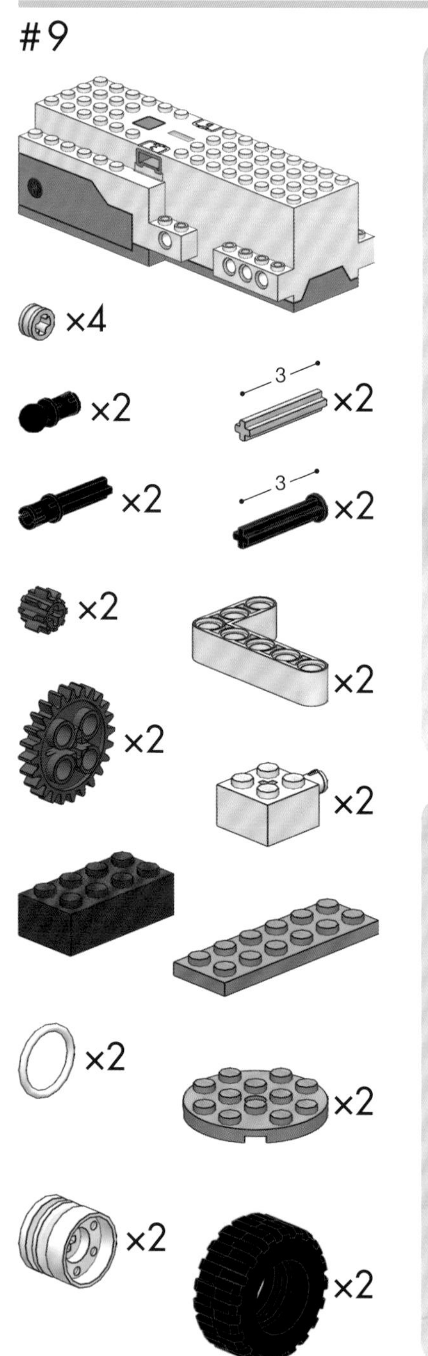

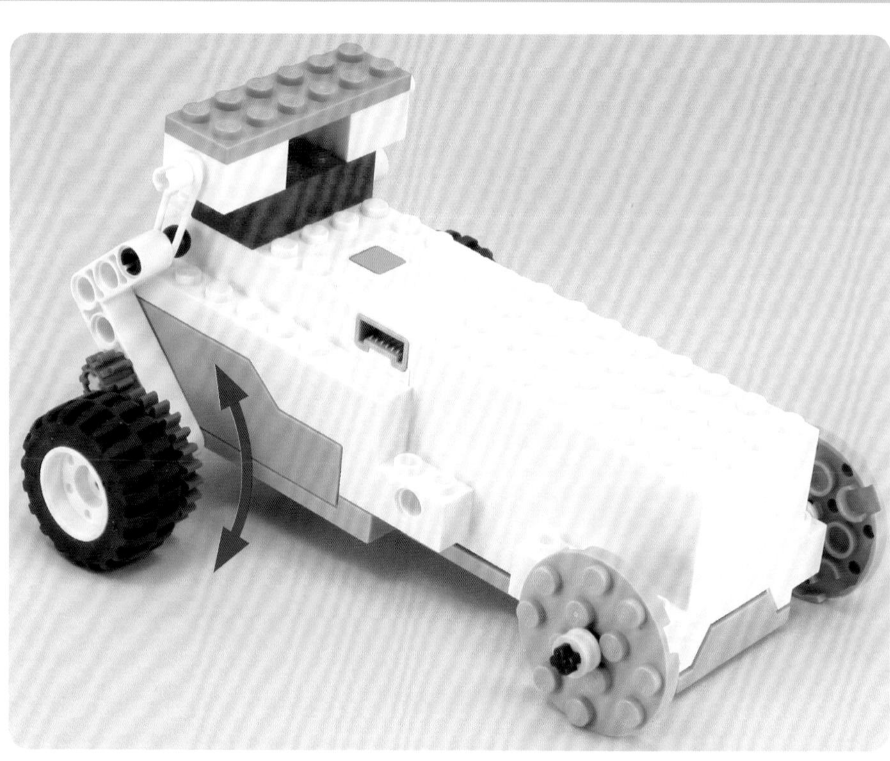

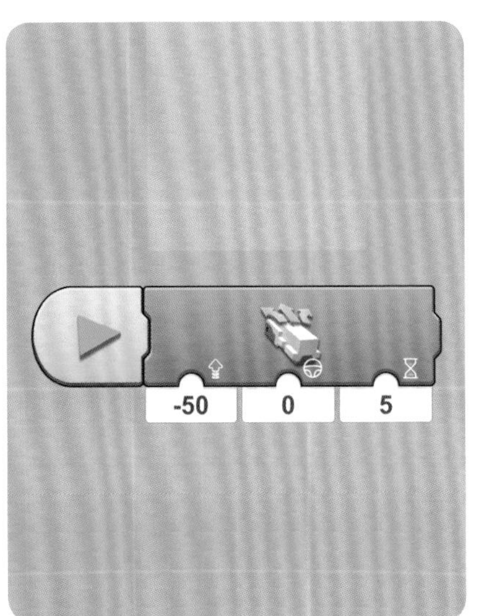

-50
0
5

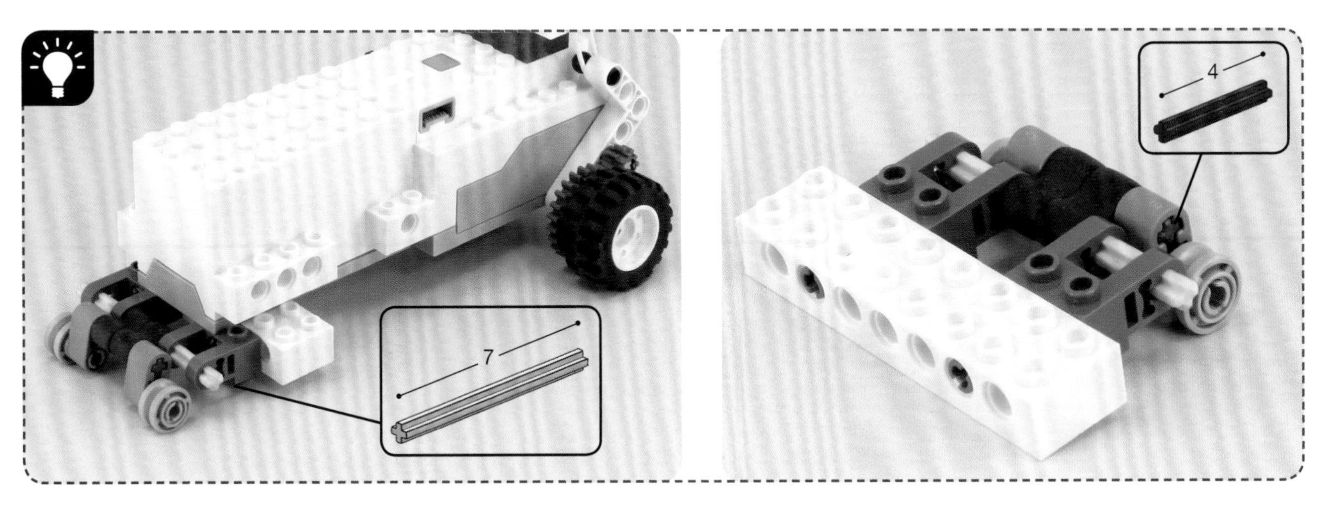

7
4

#10

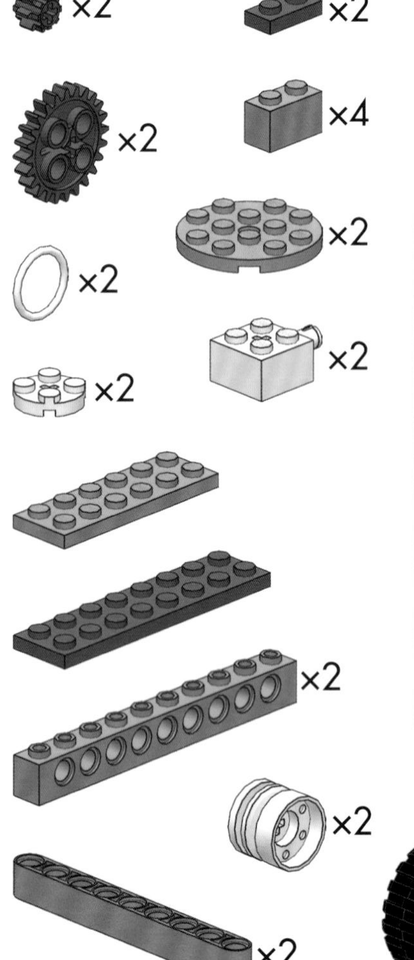

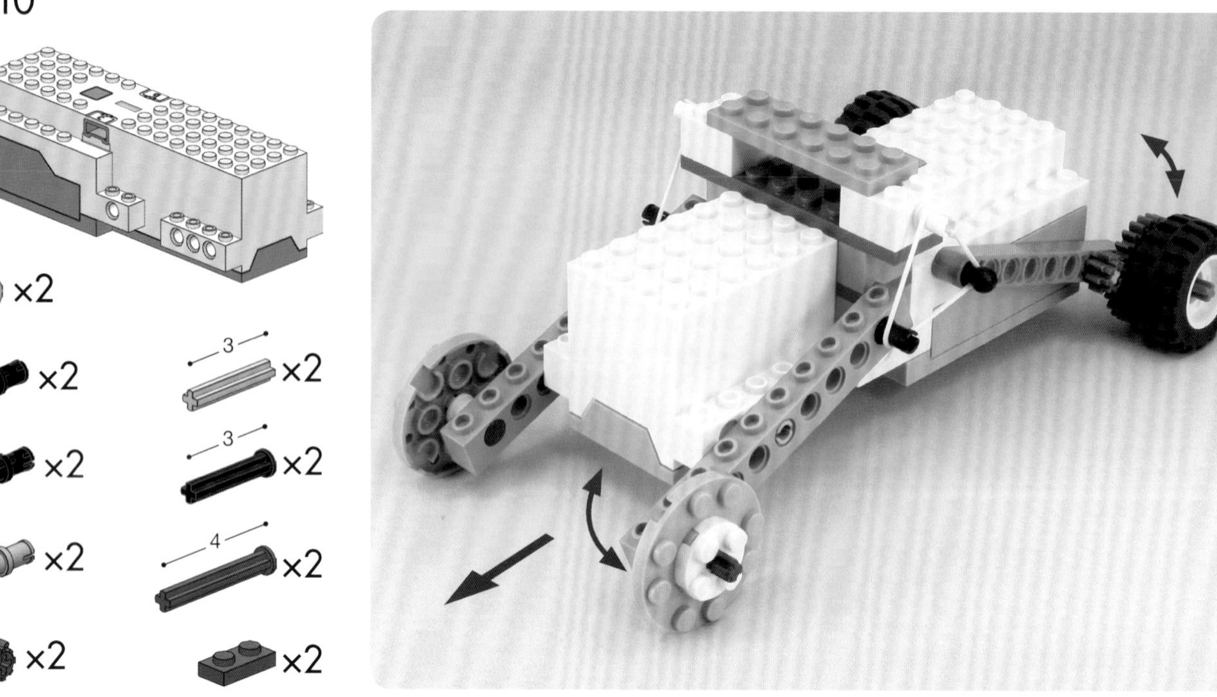

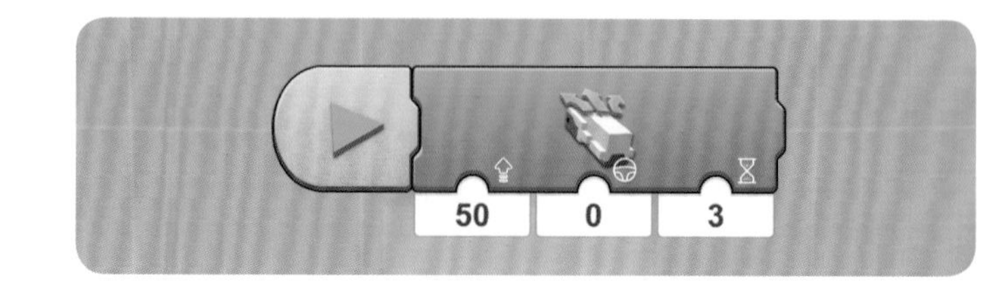

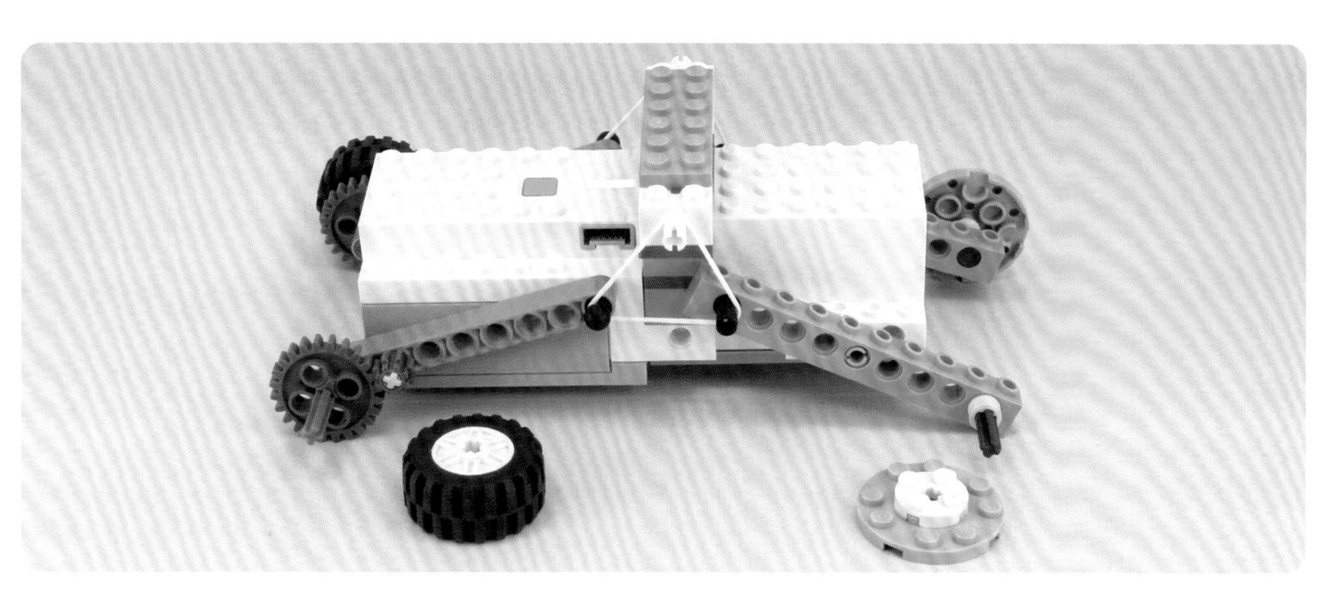

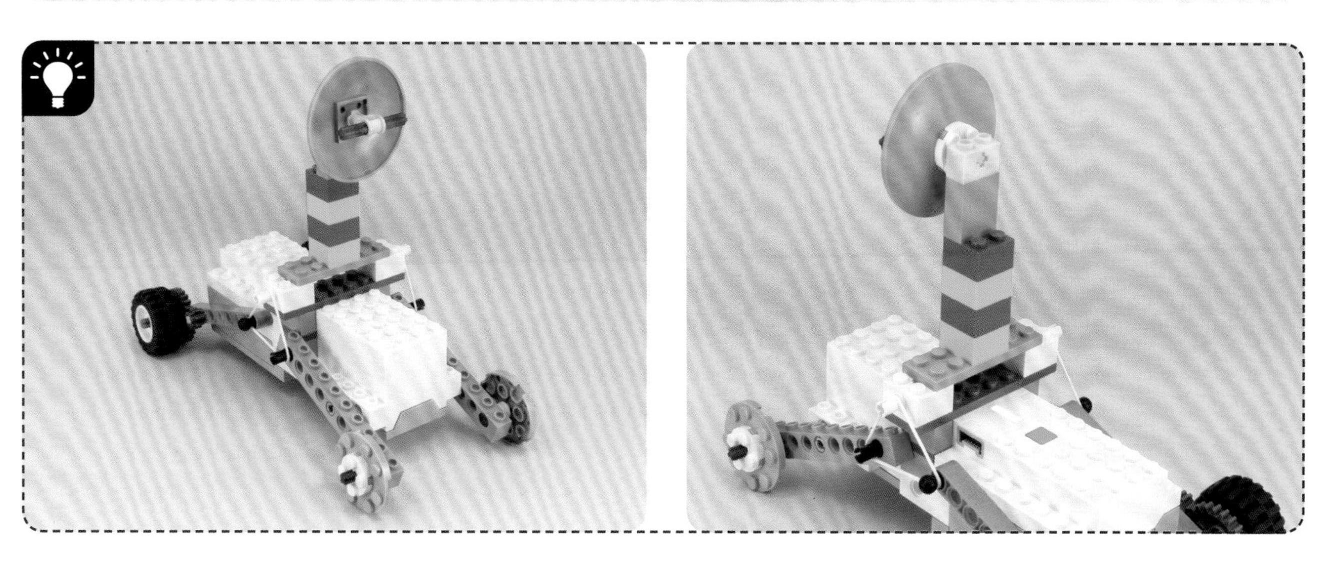

11

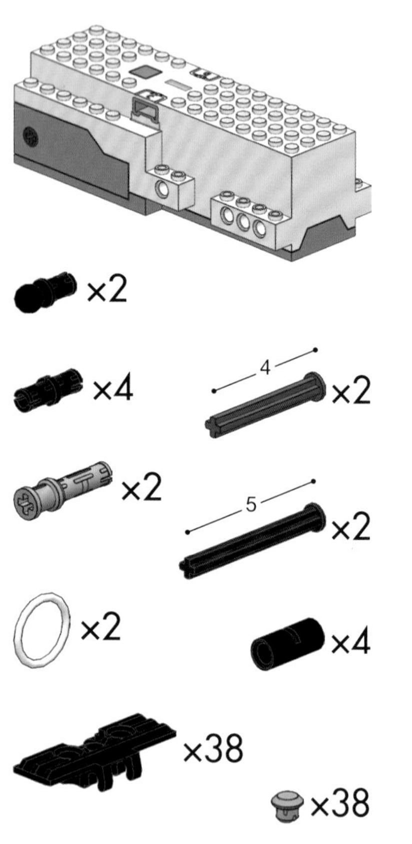

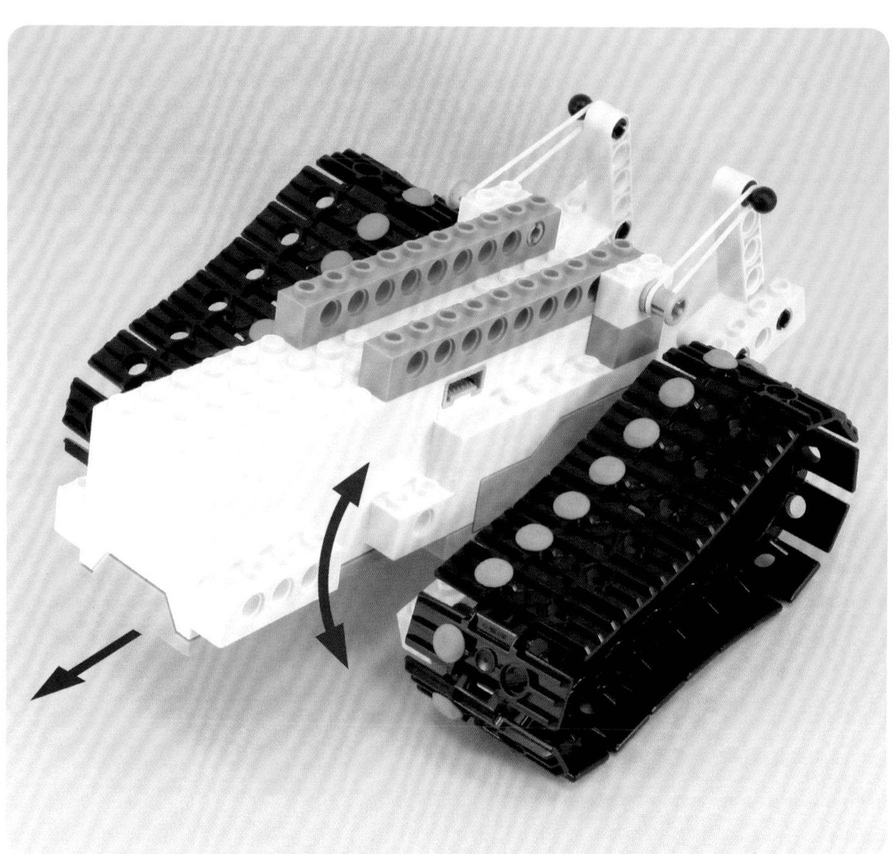

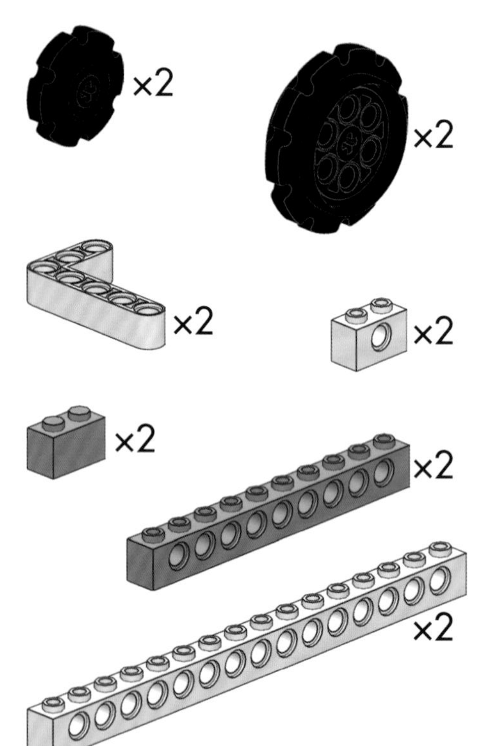

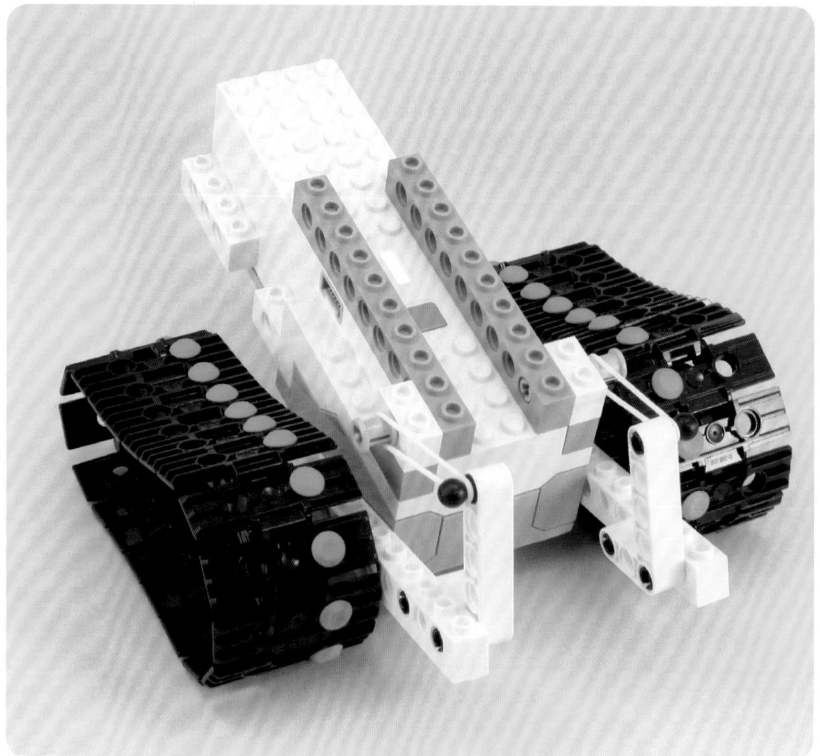

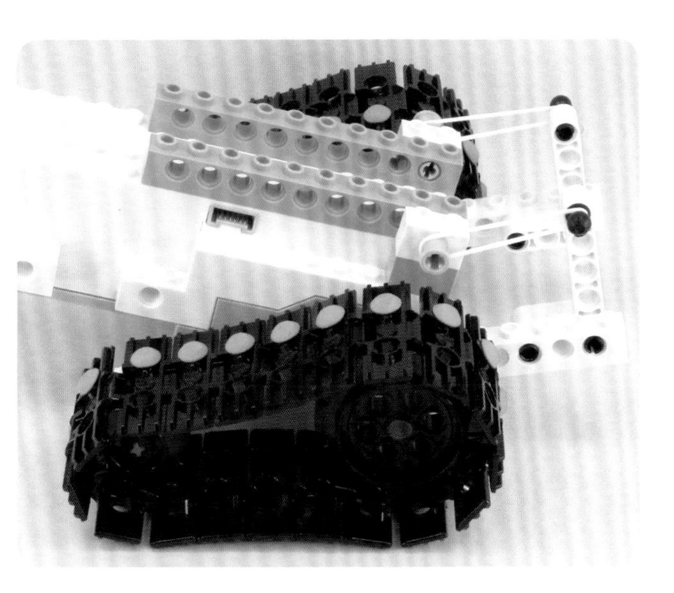

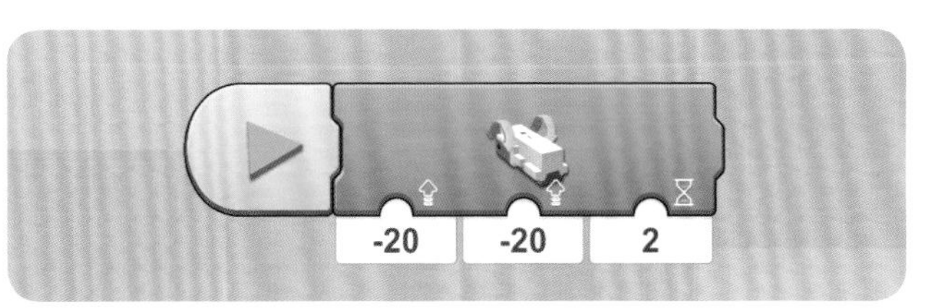
-20
-20
2

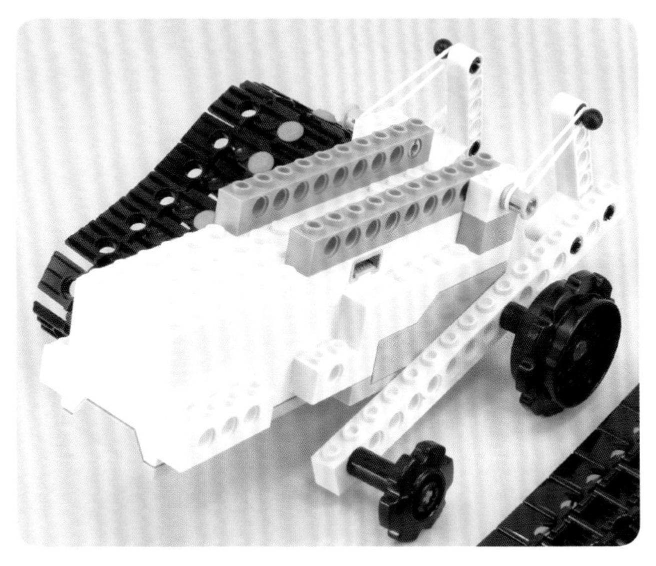

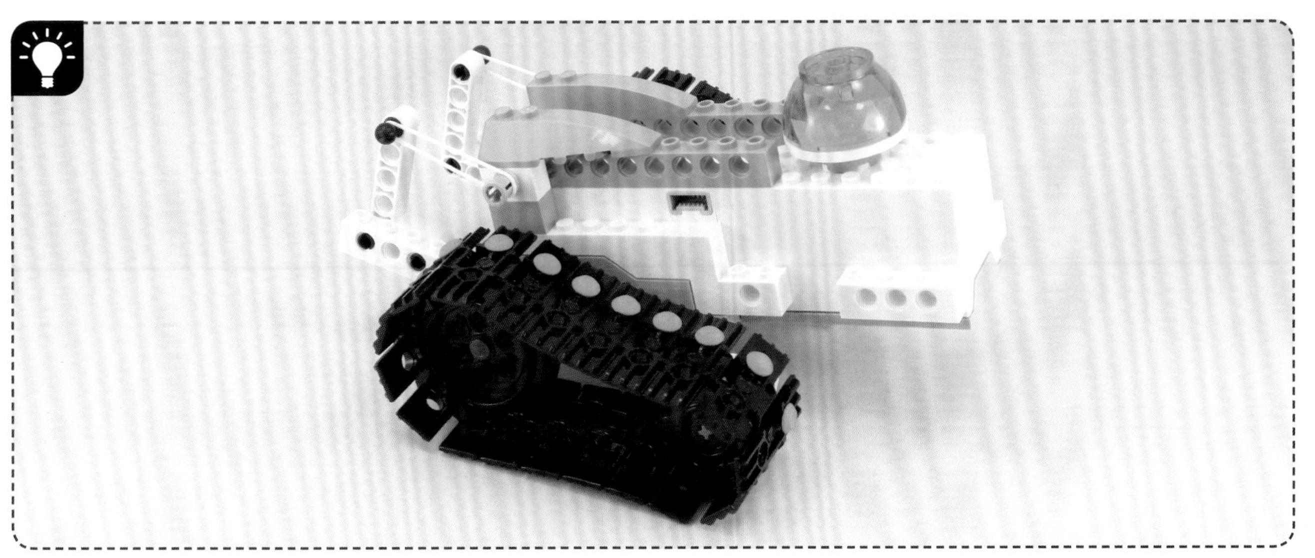

會走路的機器

12

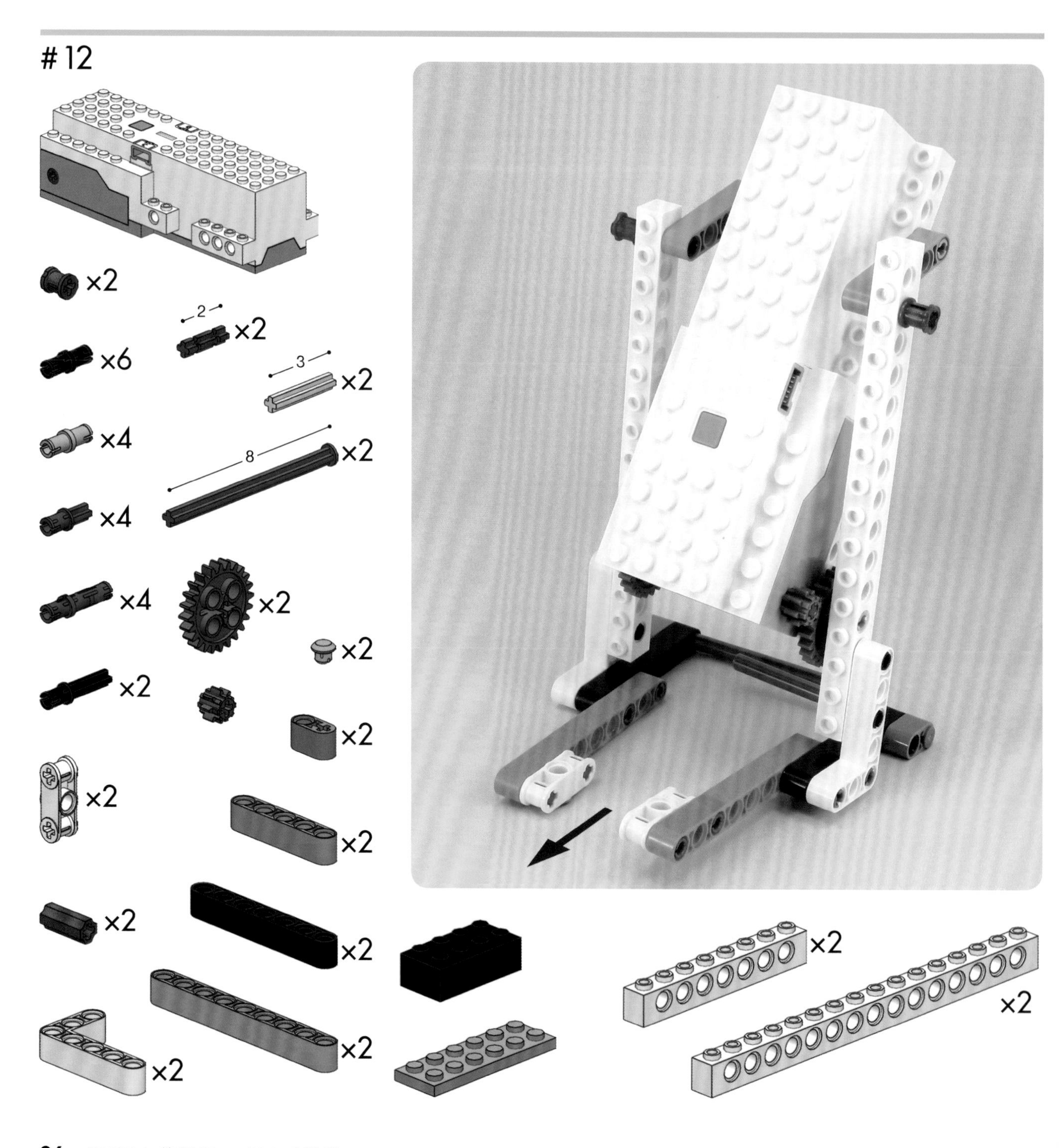

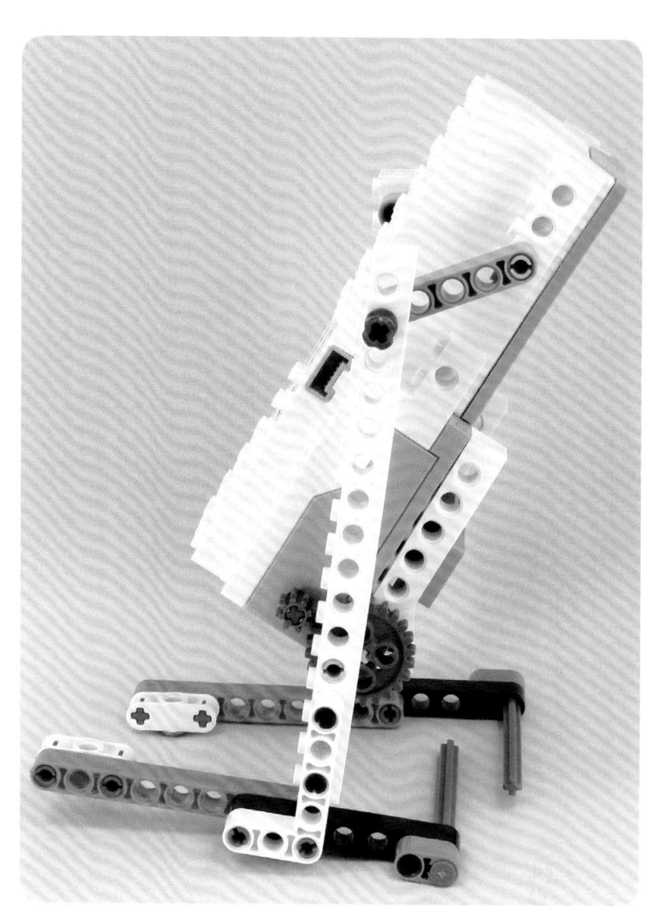

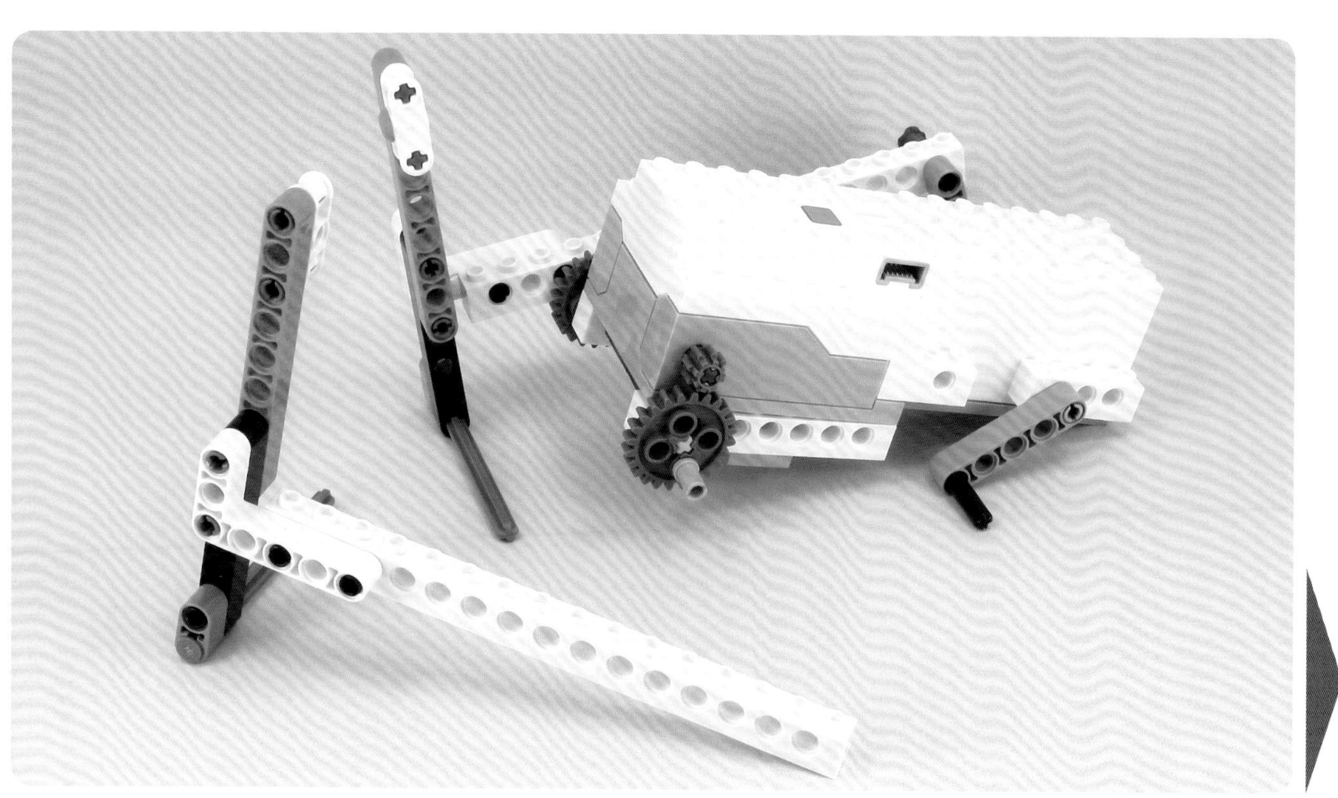

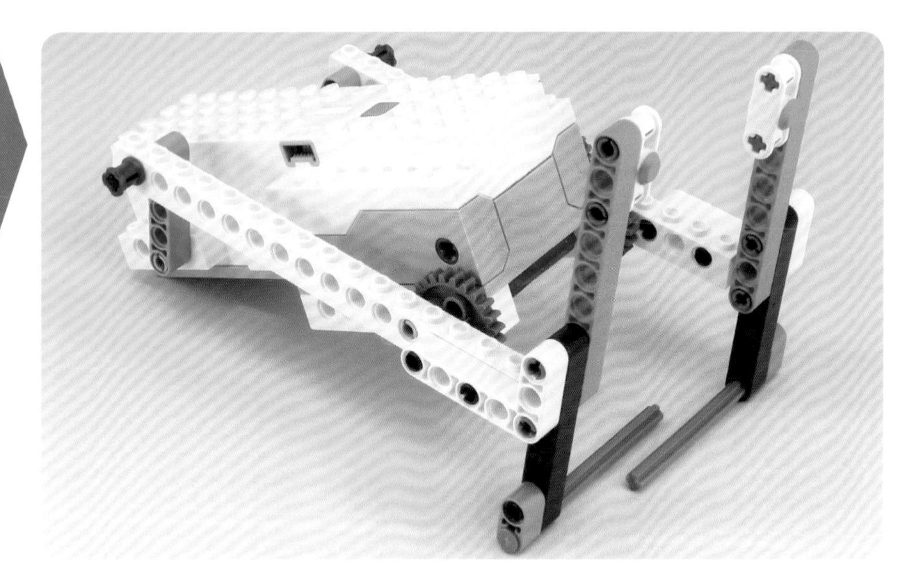

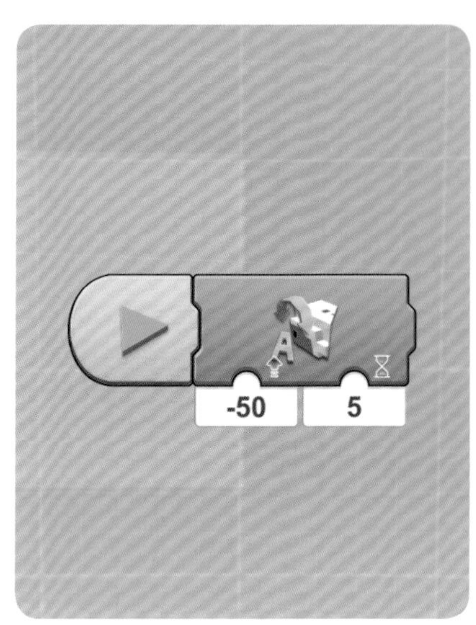
-50
5

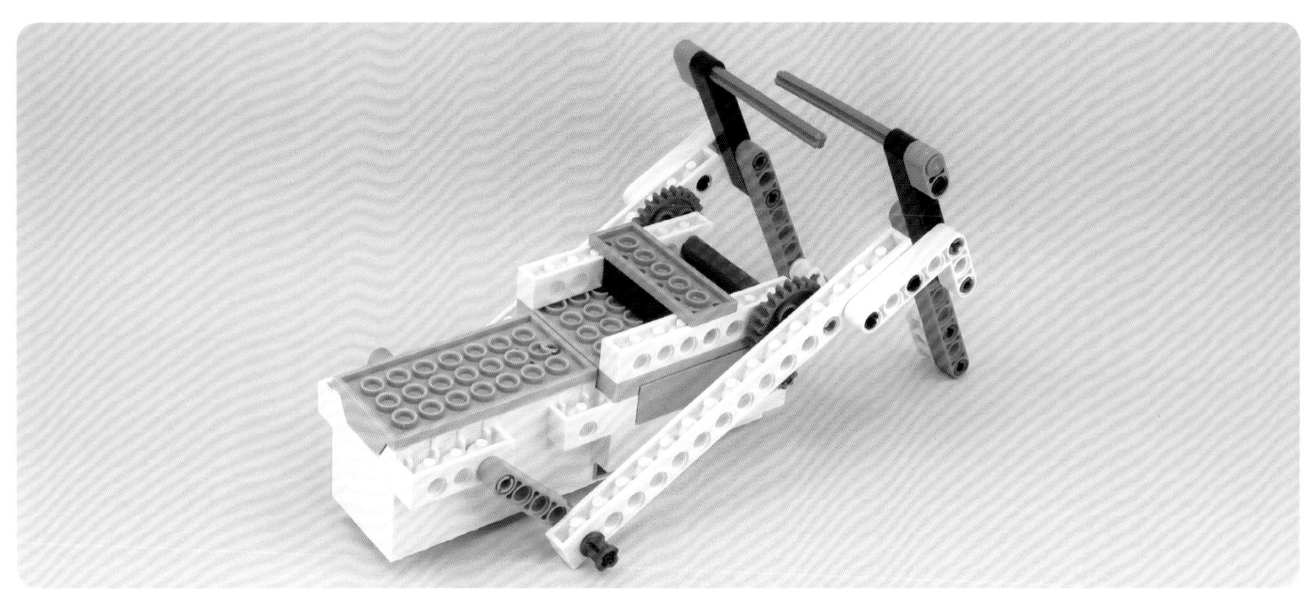

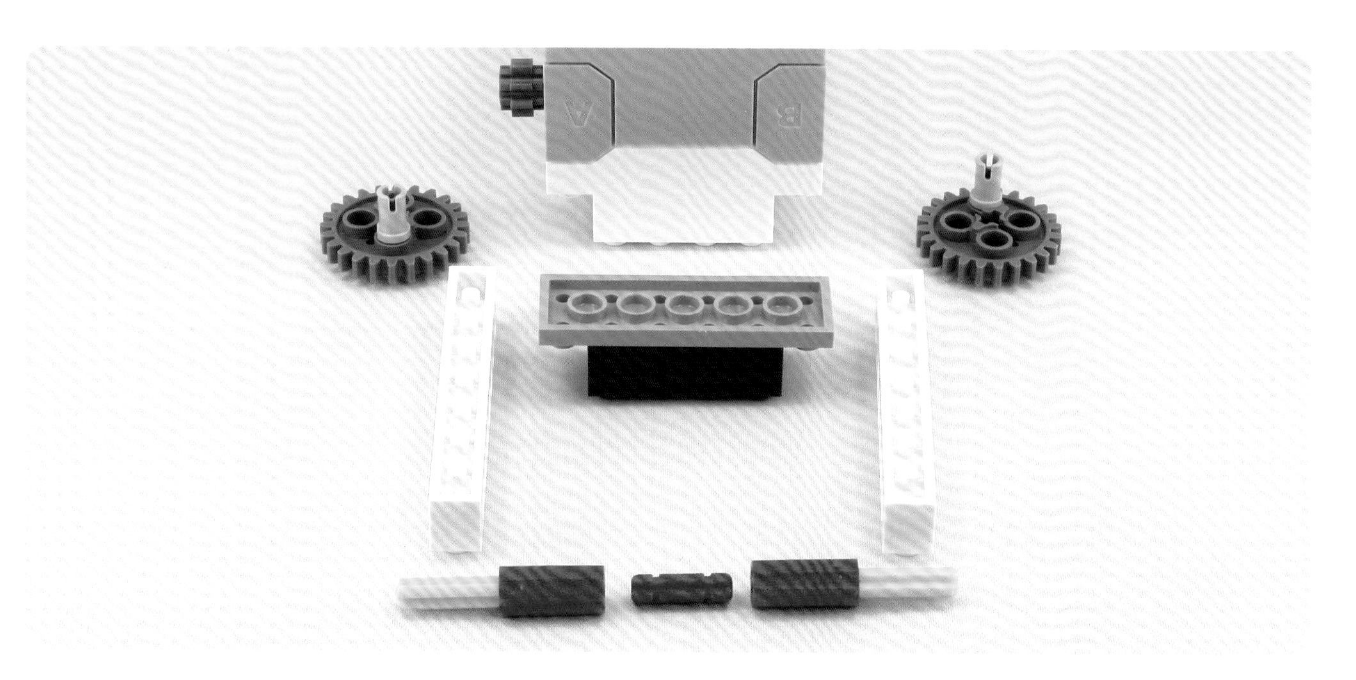
A
B

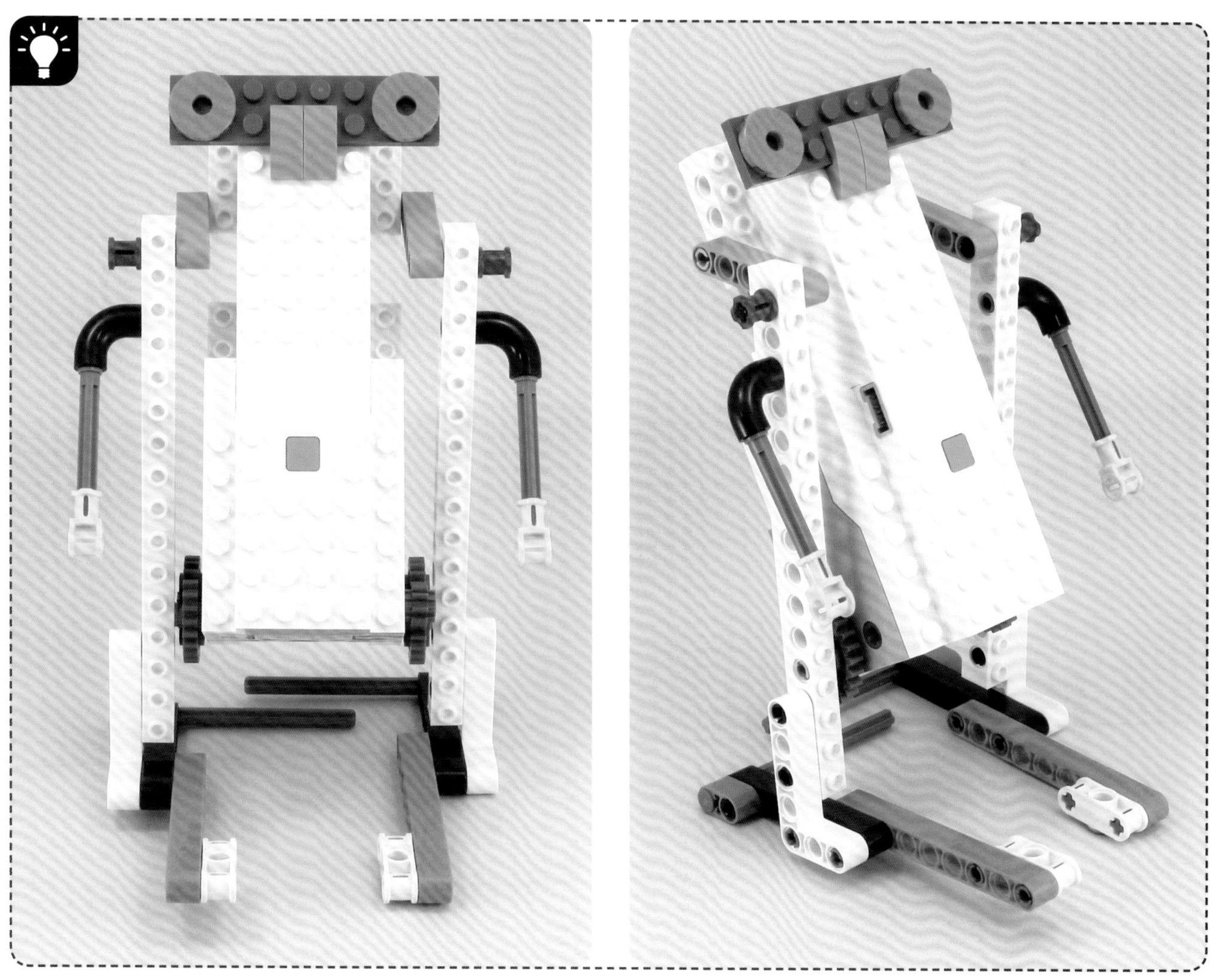

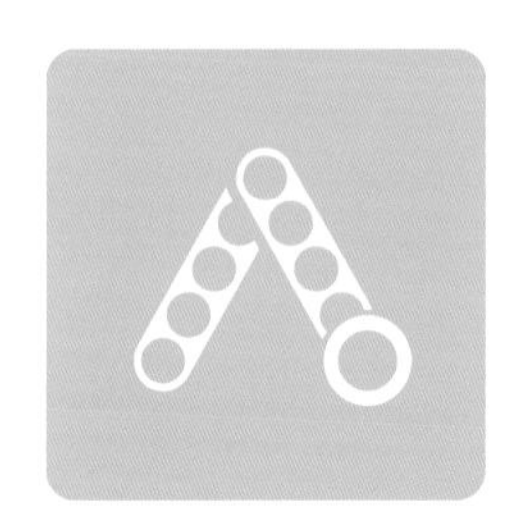

像尺蠖一樣移動

#13

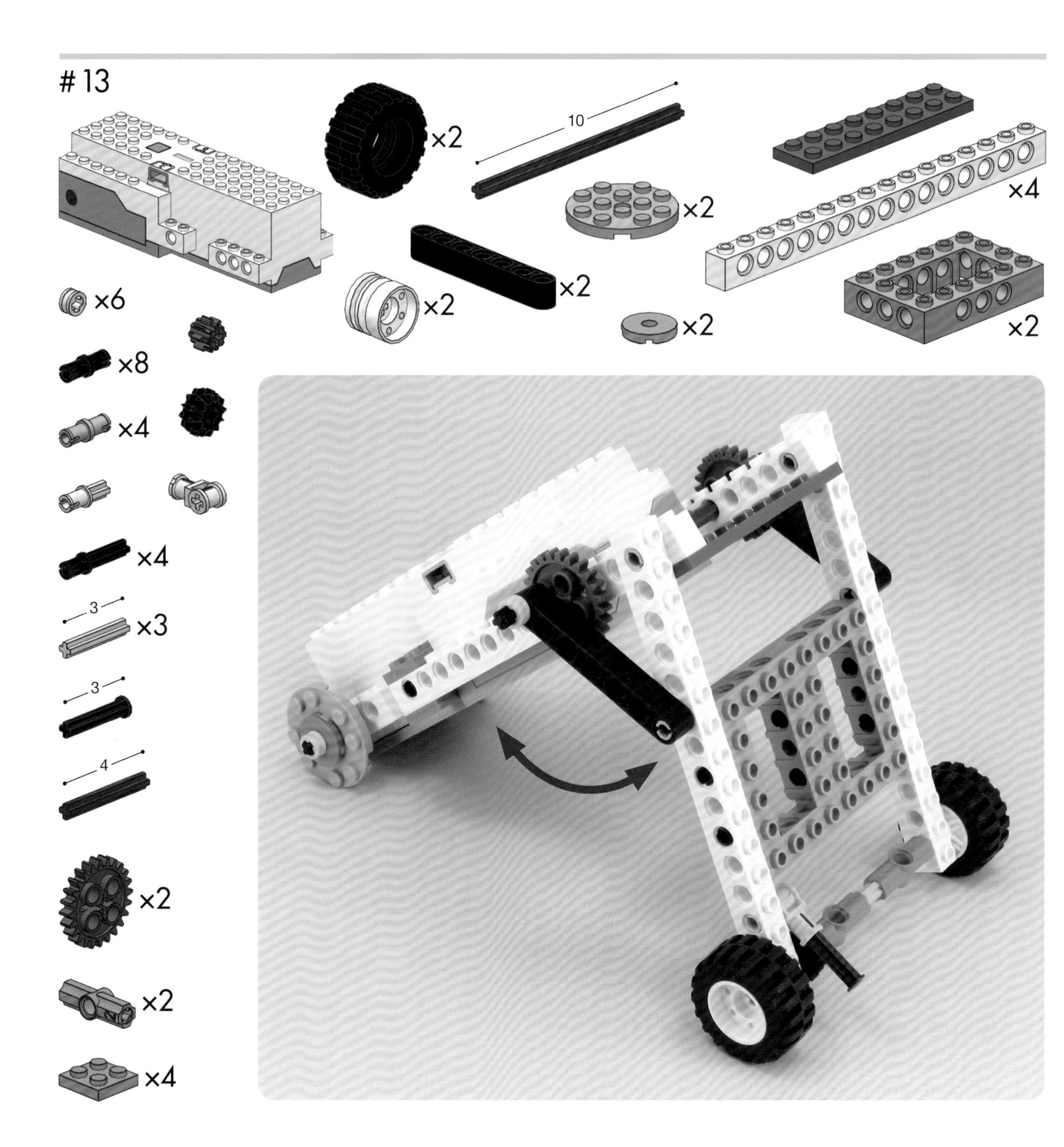

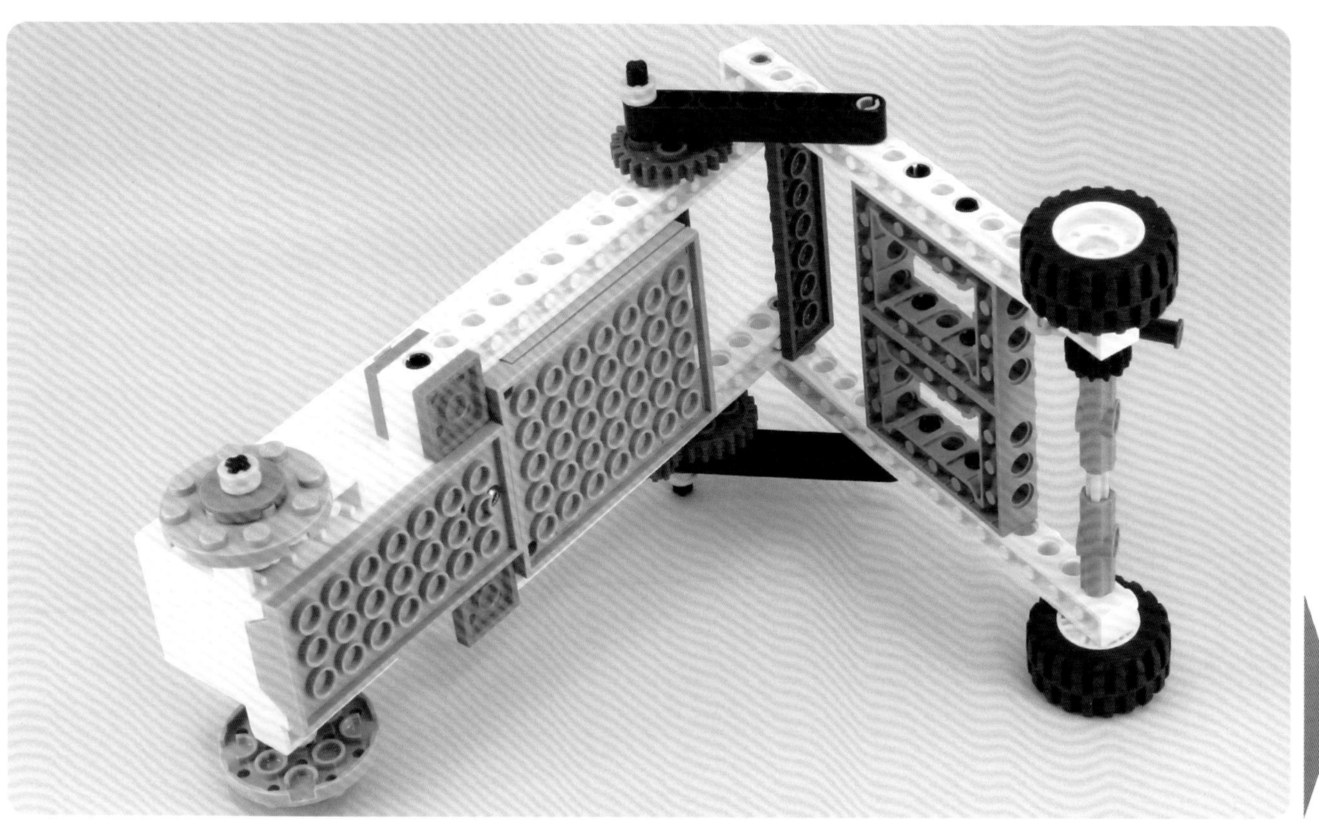

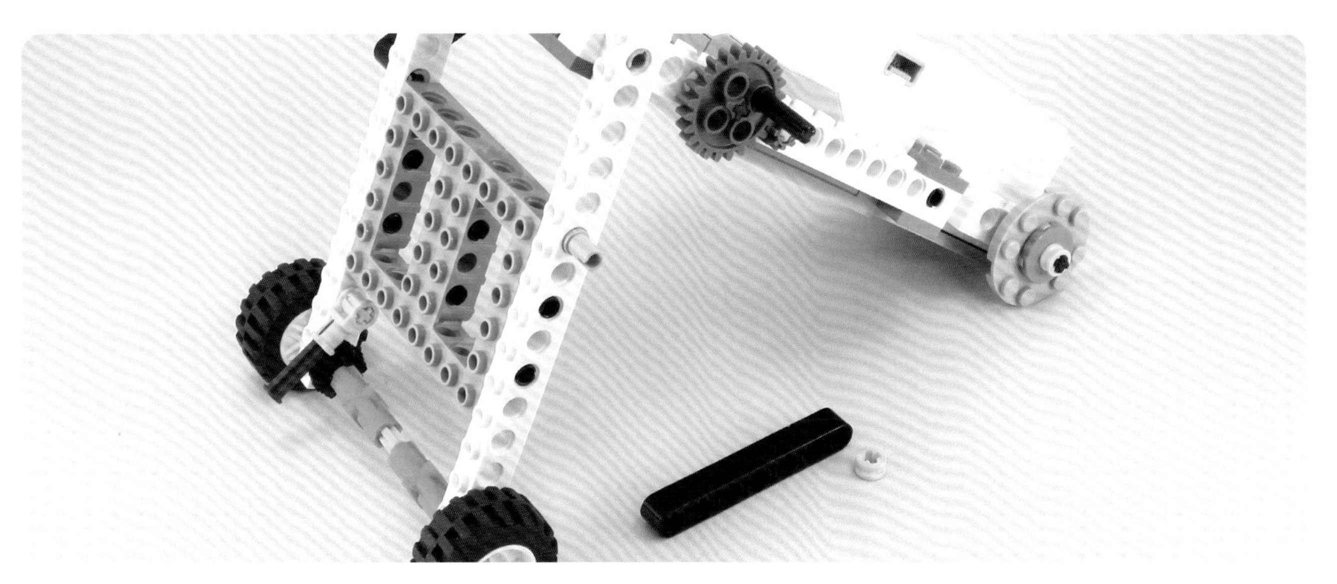

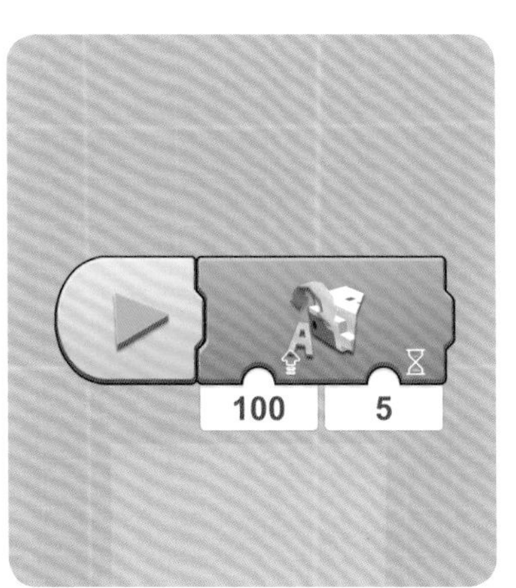
100
5

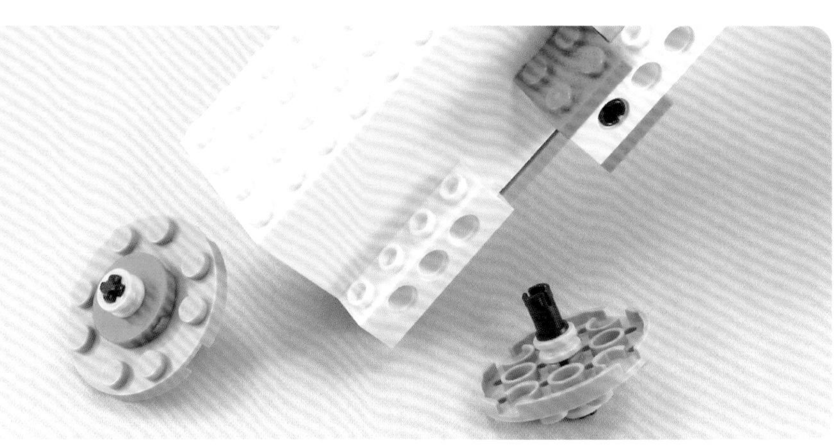

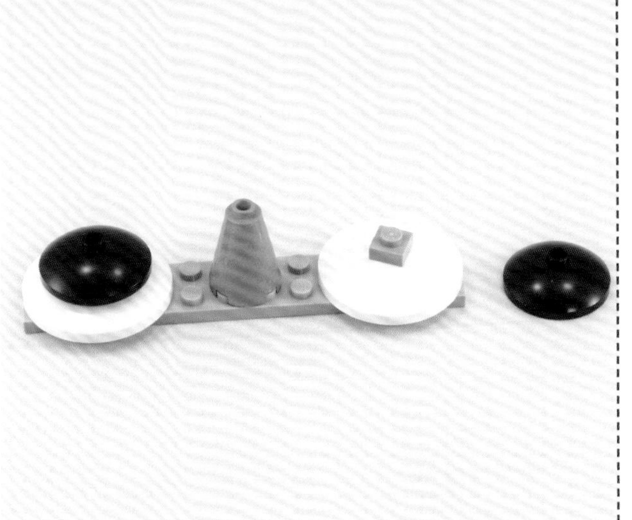

其他的移動方式

#14

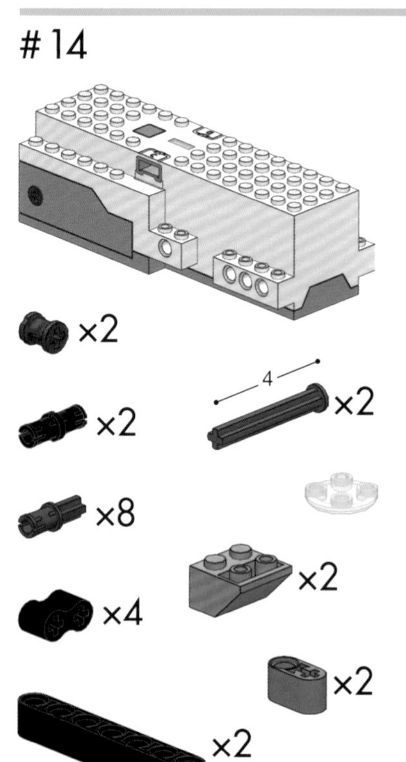

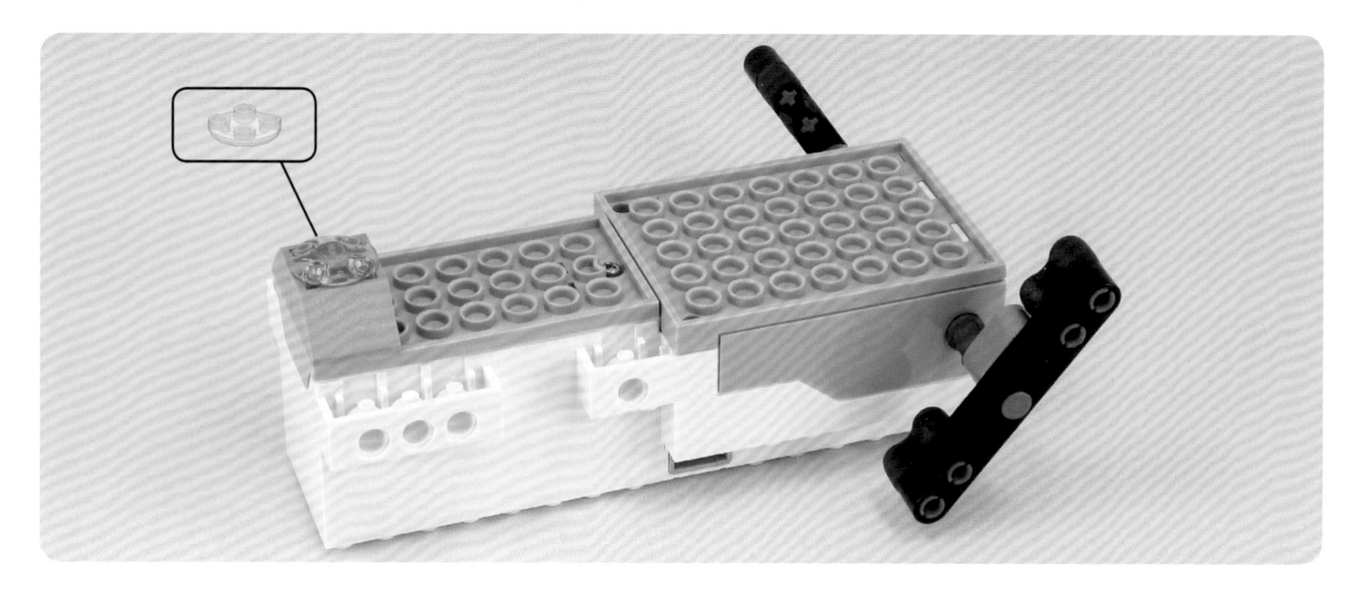

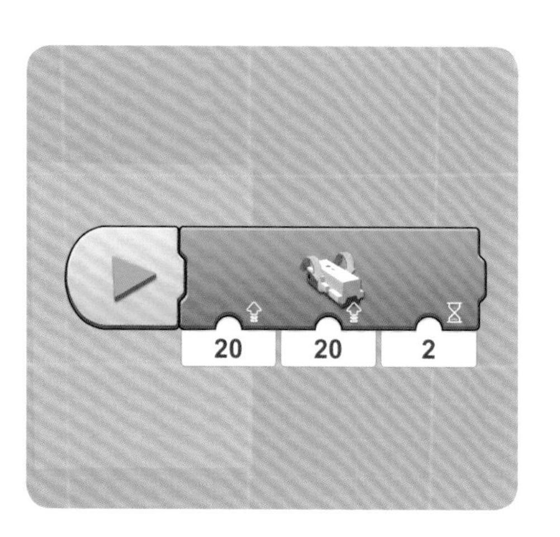
20
20
2

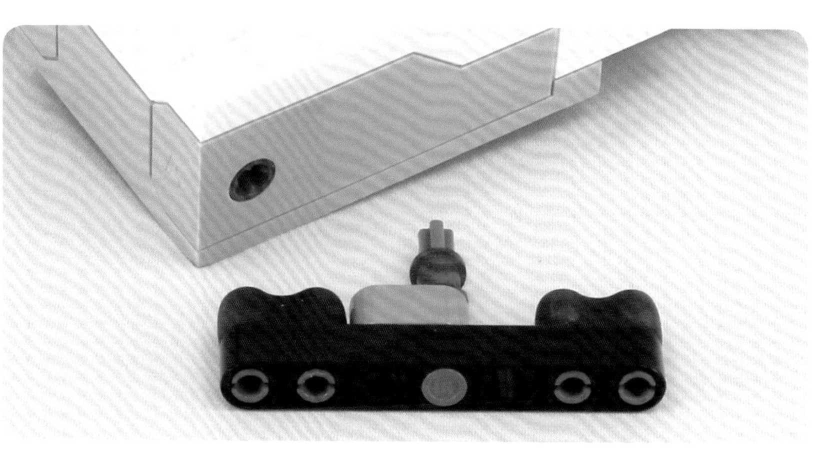

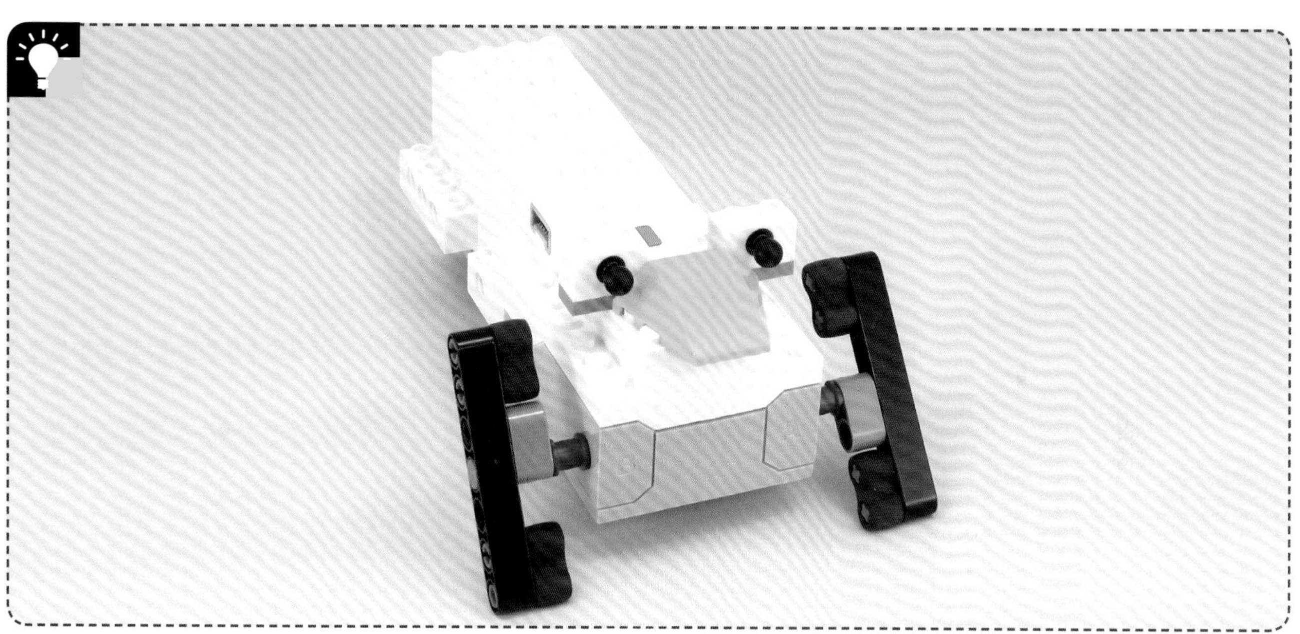

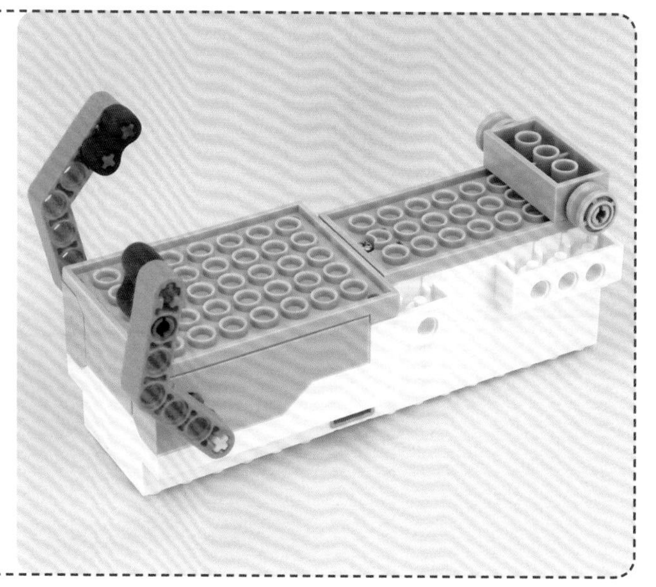

#15

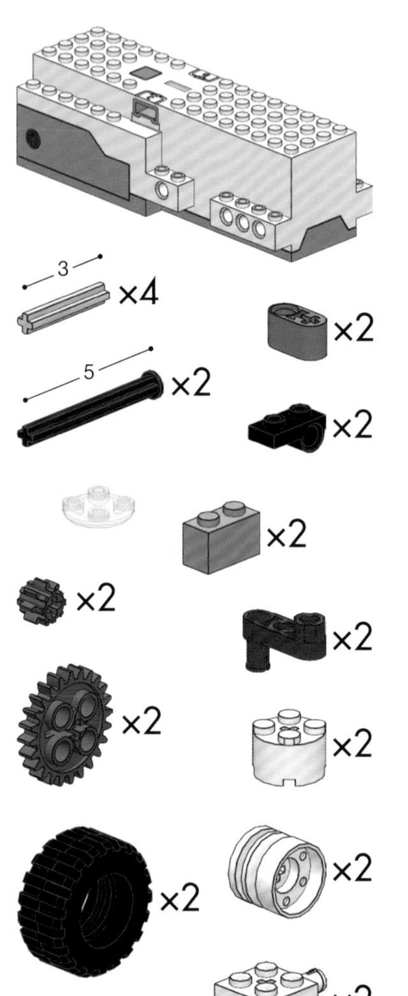

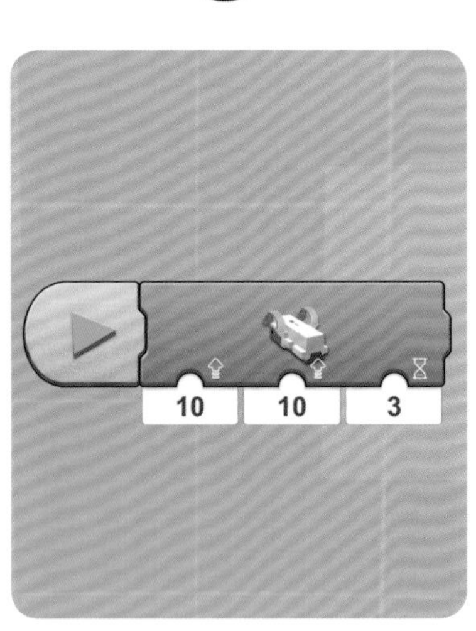

裝在離心軸上的輪子會產生很
不一樣的動作！

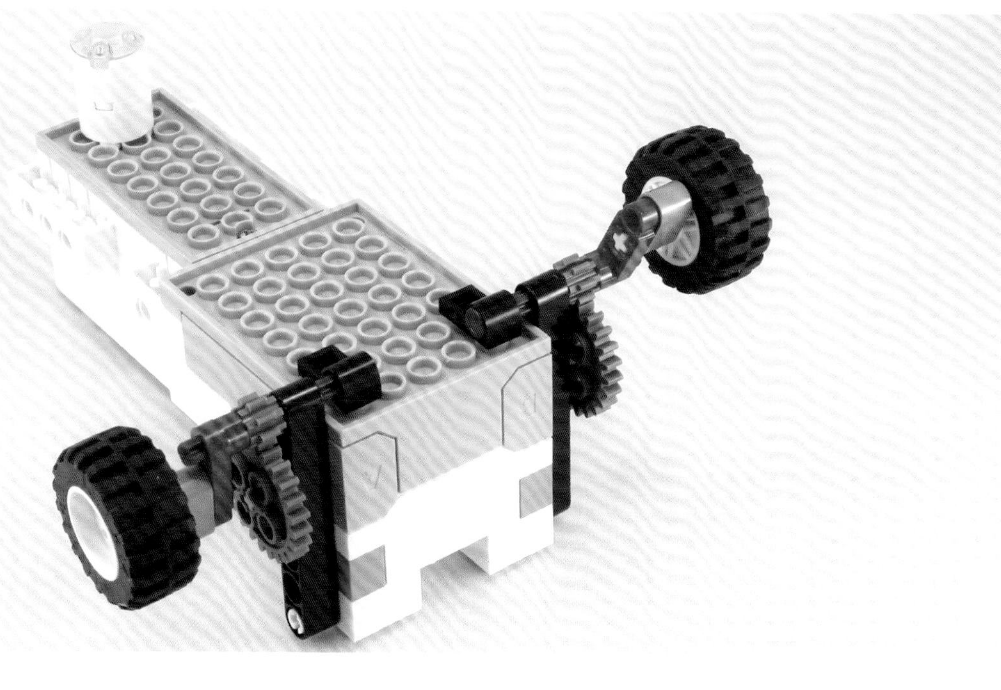

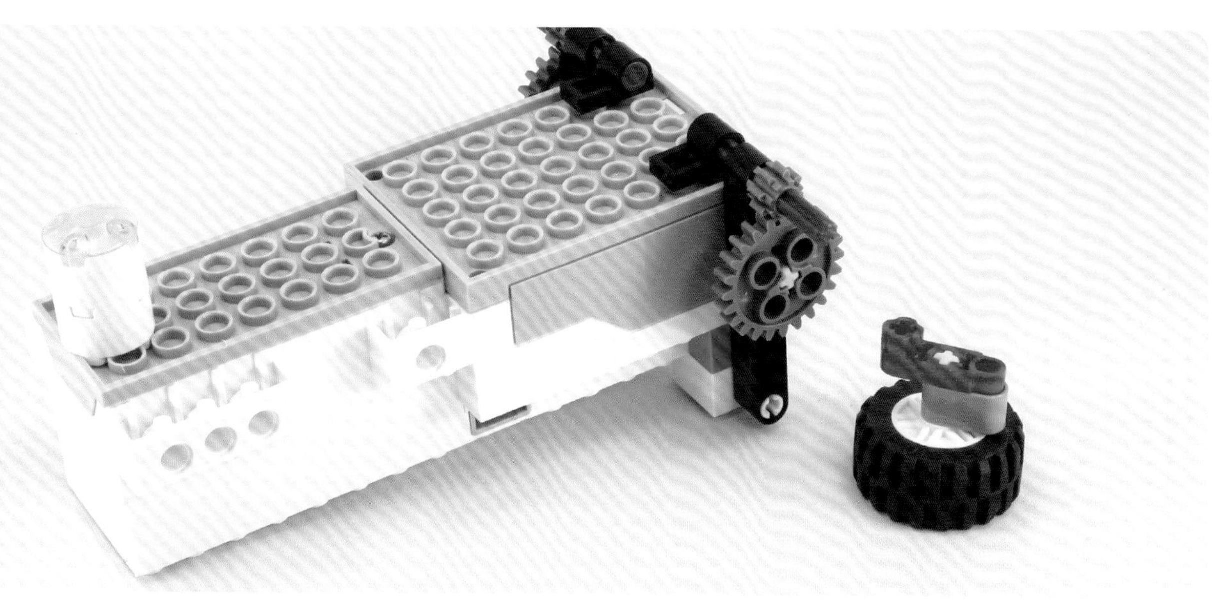

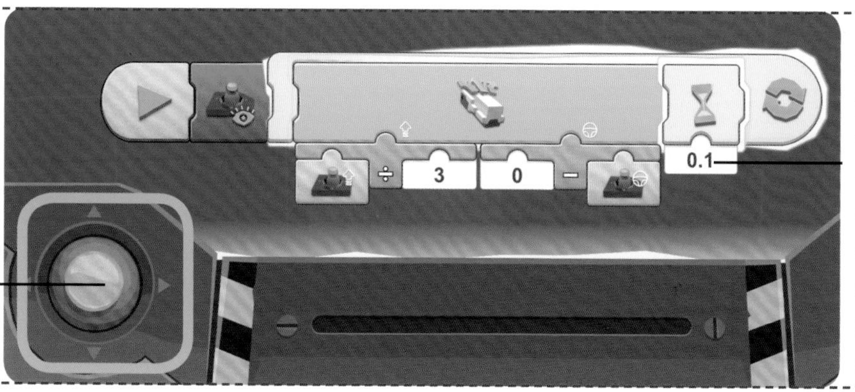

搖桿元件
請用這個搖桿來控制您的小車。

這個搖桿程式中有一個等候（**Wait**）指令，會在程式中產生一小段延遲。如果沒有這個延遲的話，程式會因為裝置不斷送出指令給機器人而搞混——太快而來不及反應啦！

16

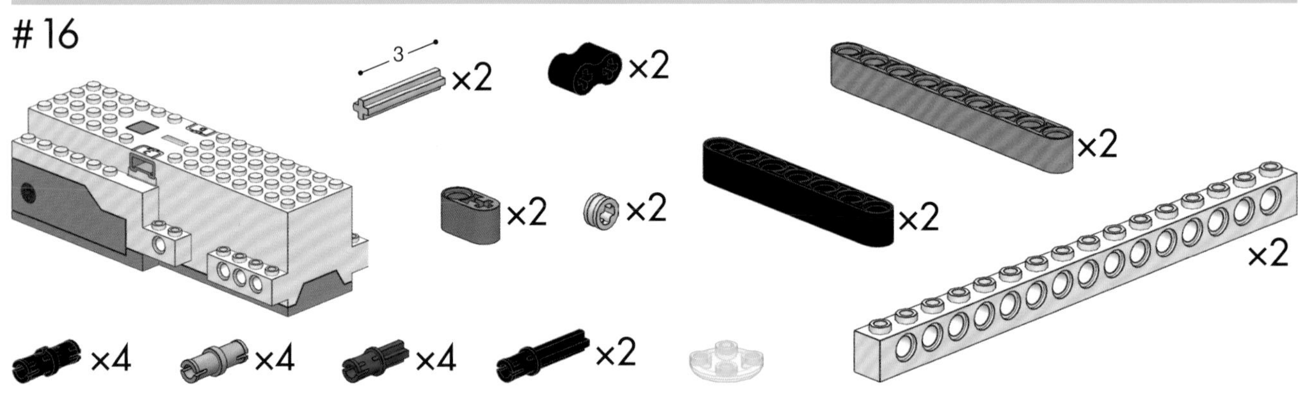

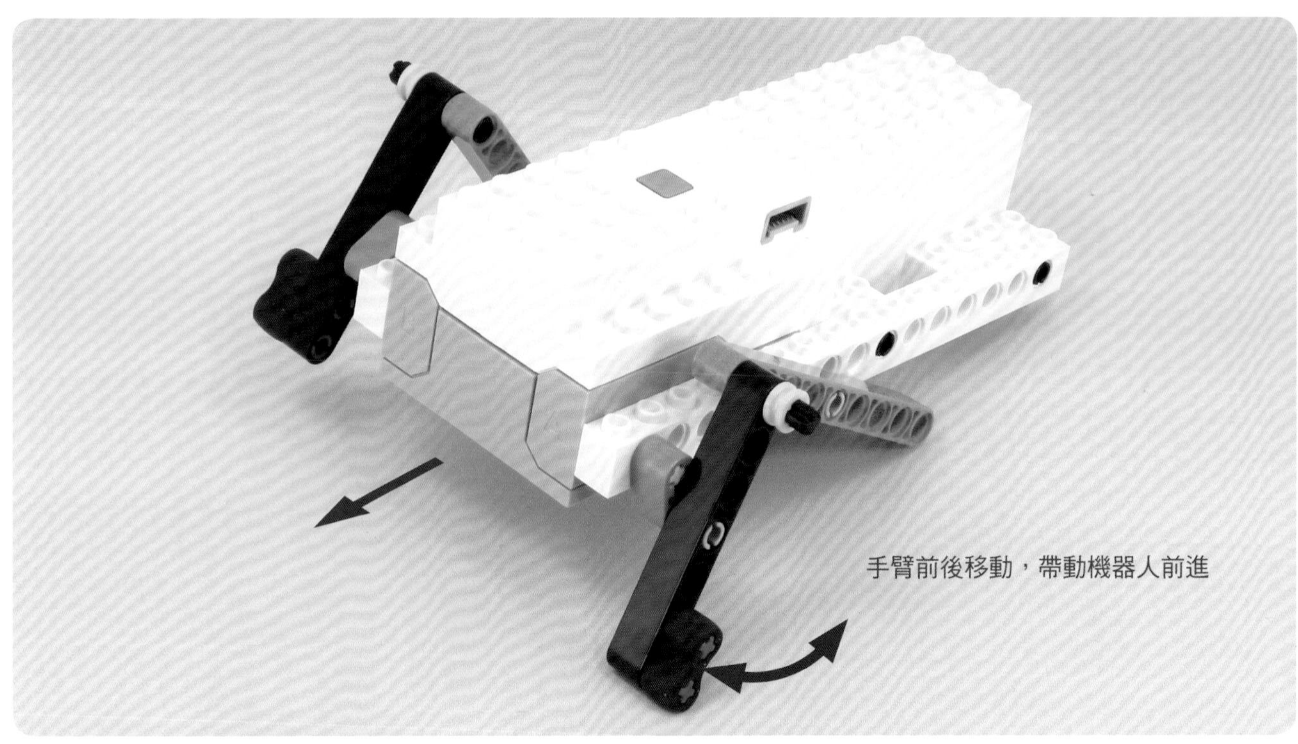

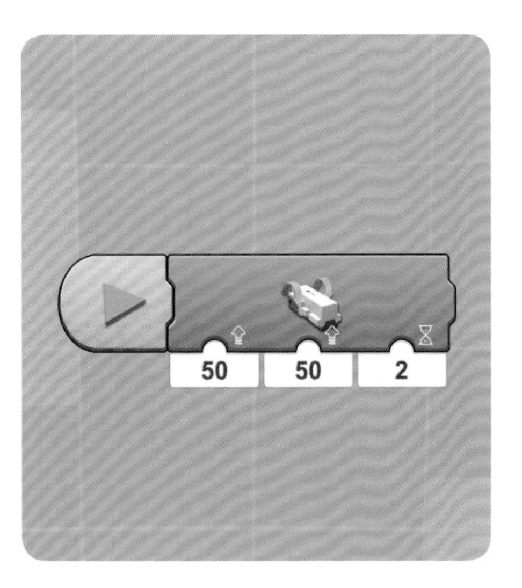

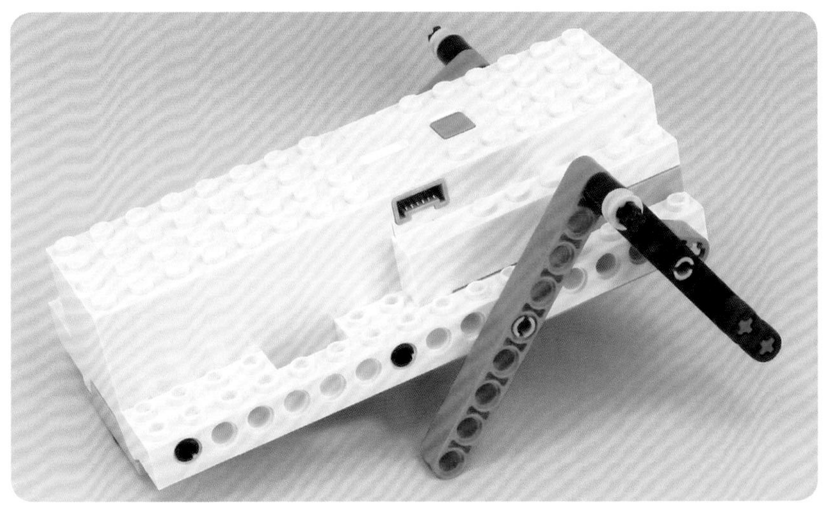

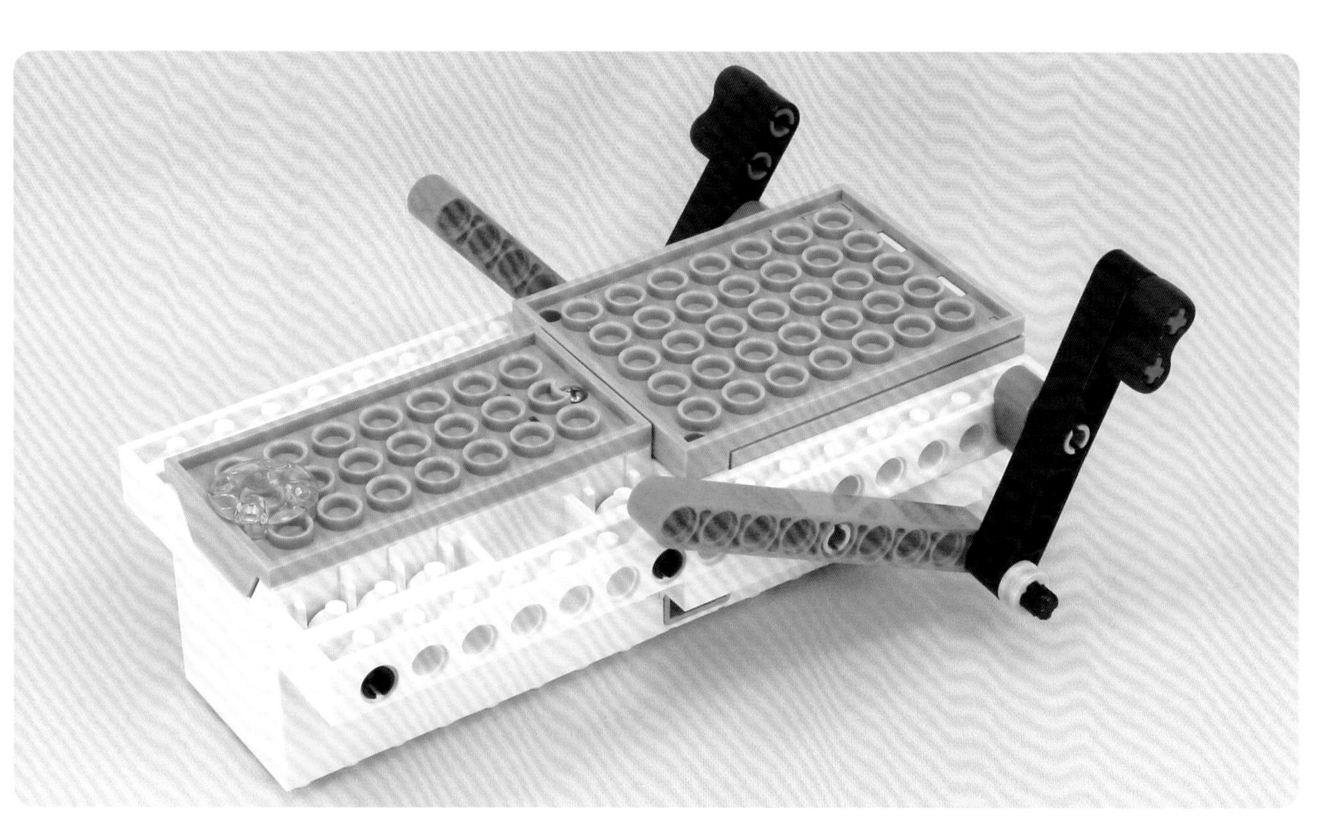

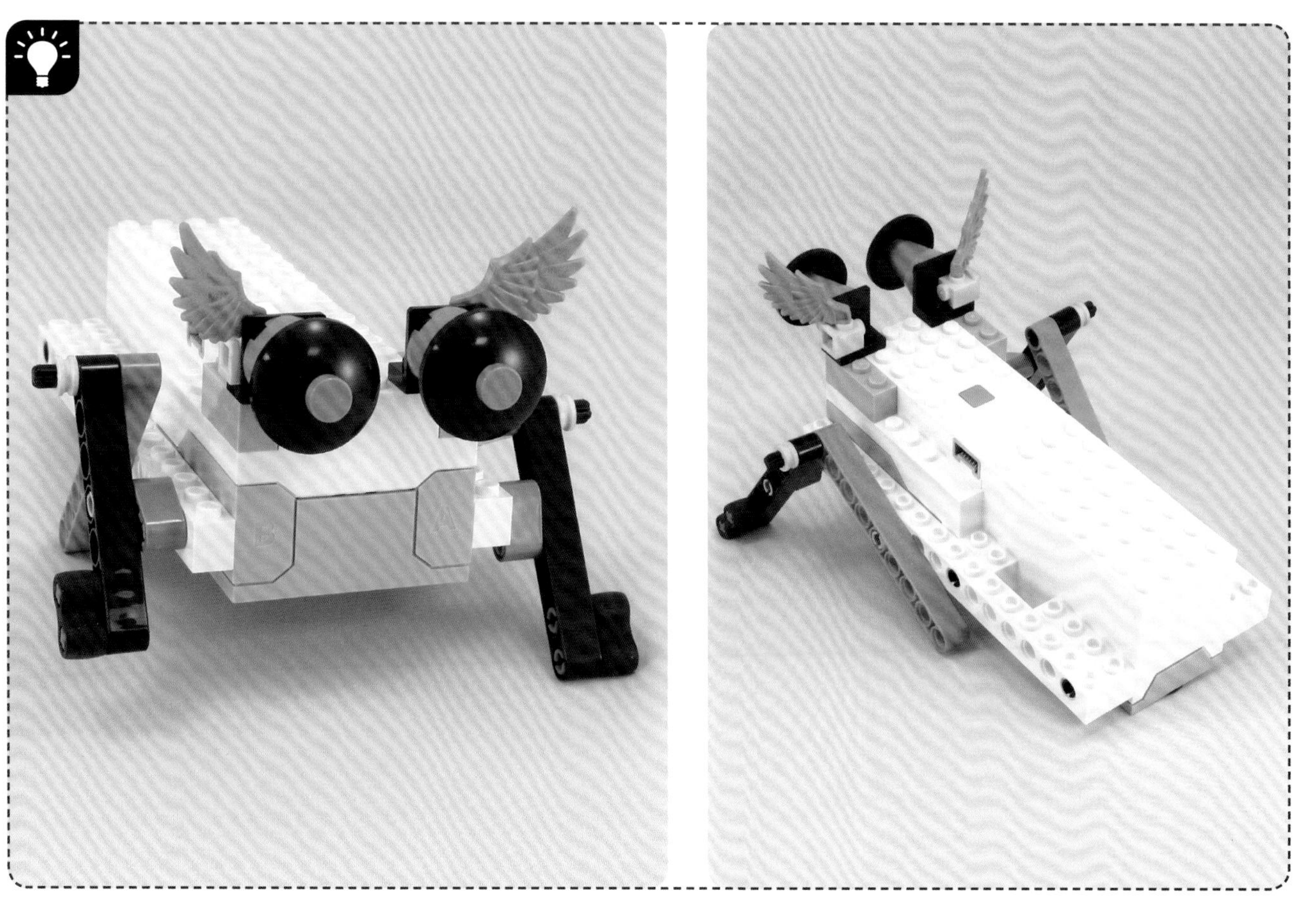

17

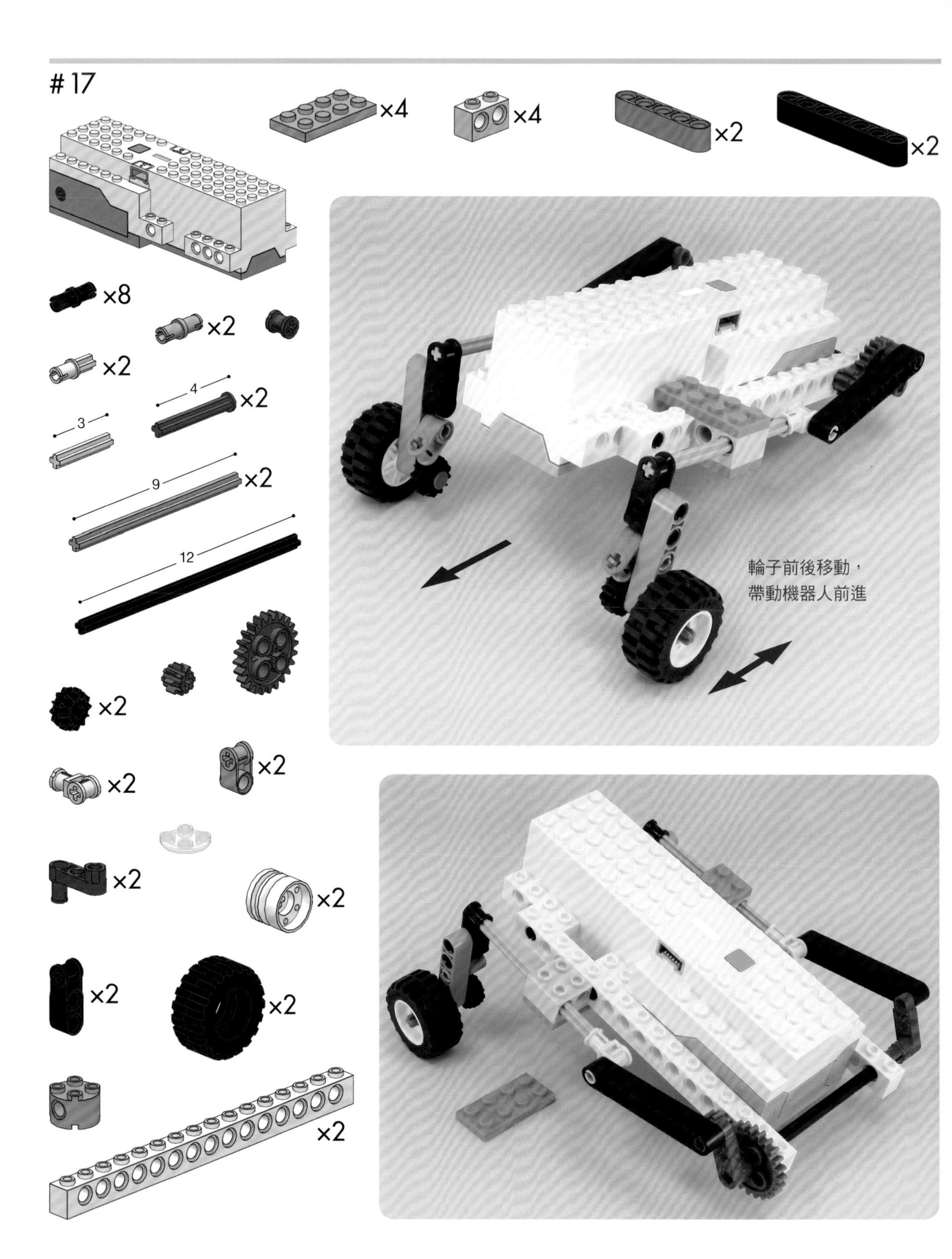

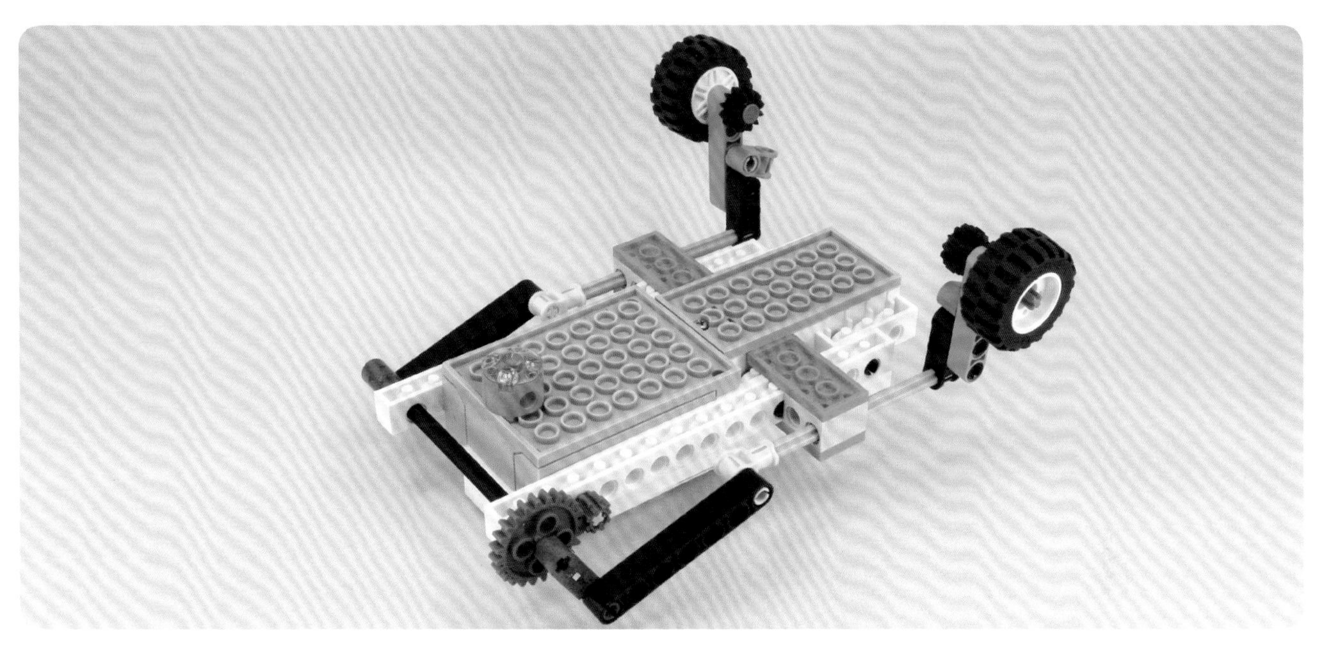

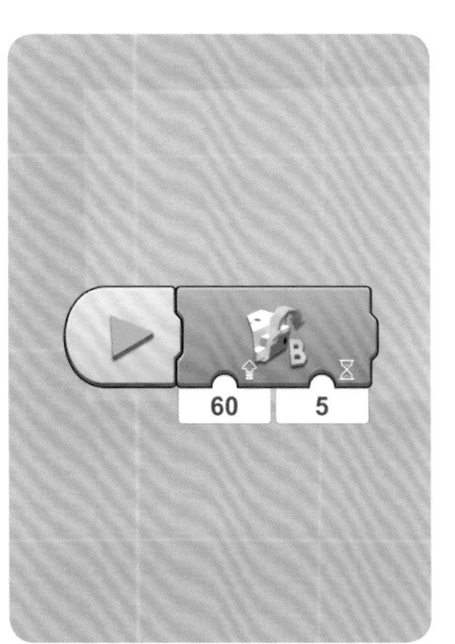
B
60
5

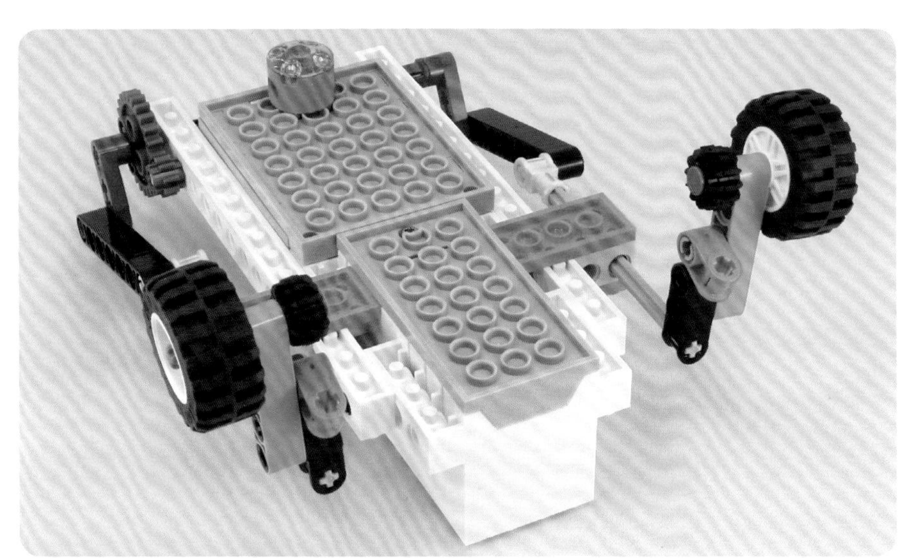

#18

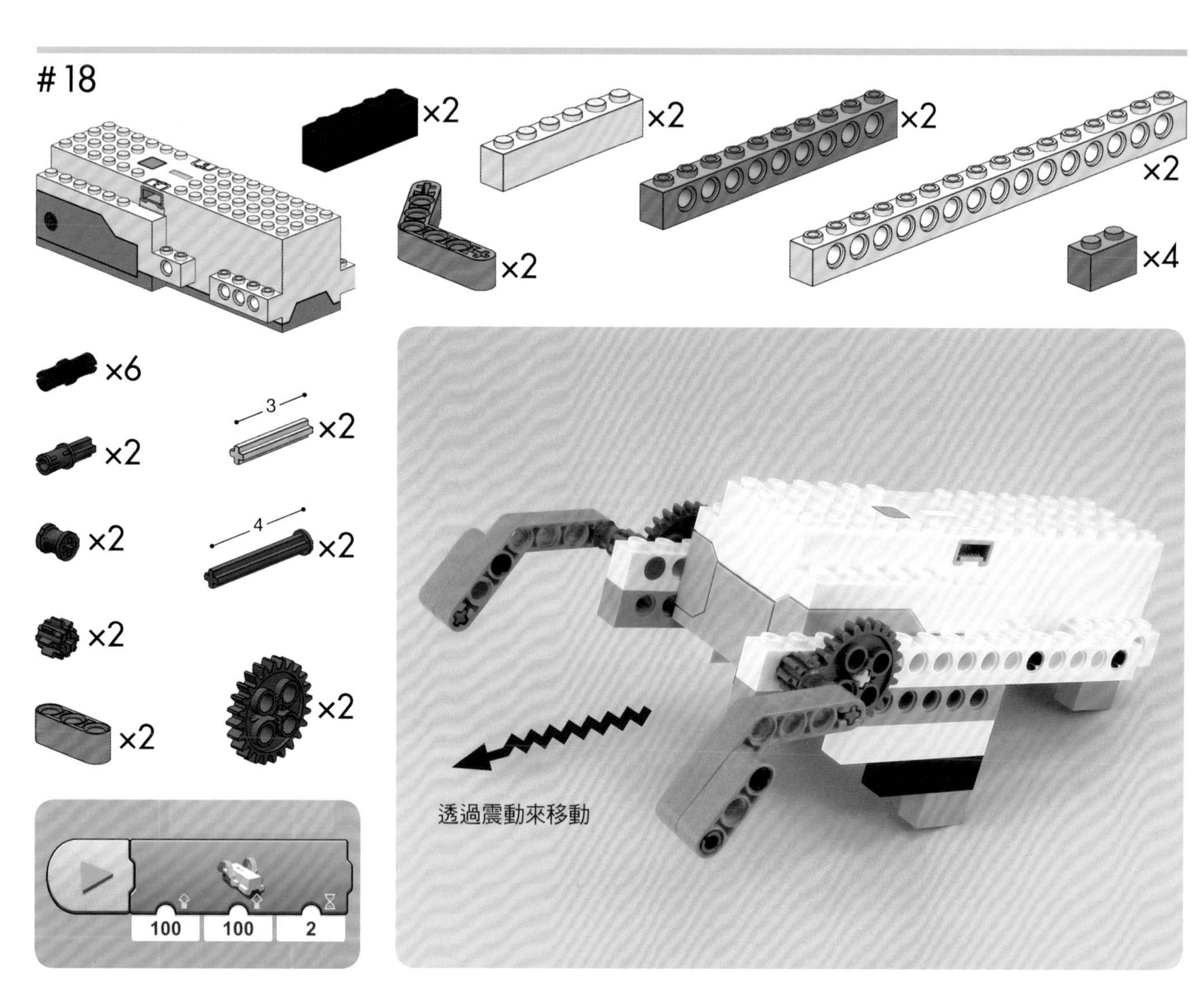

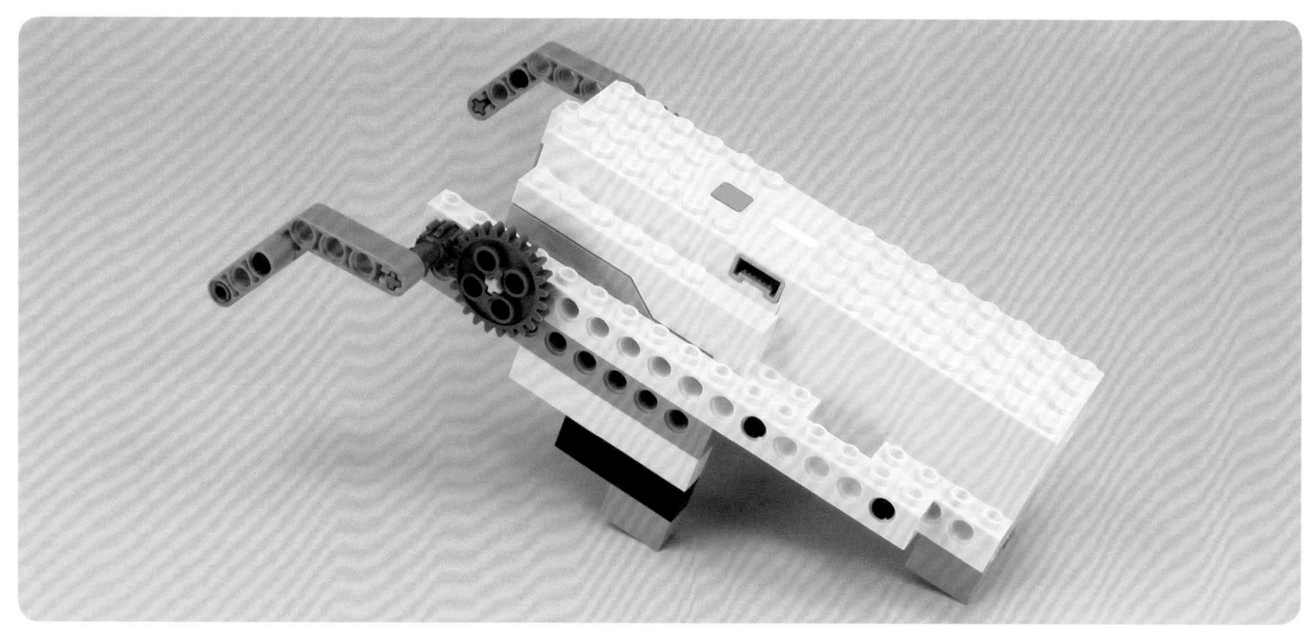

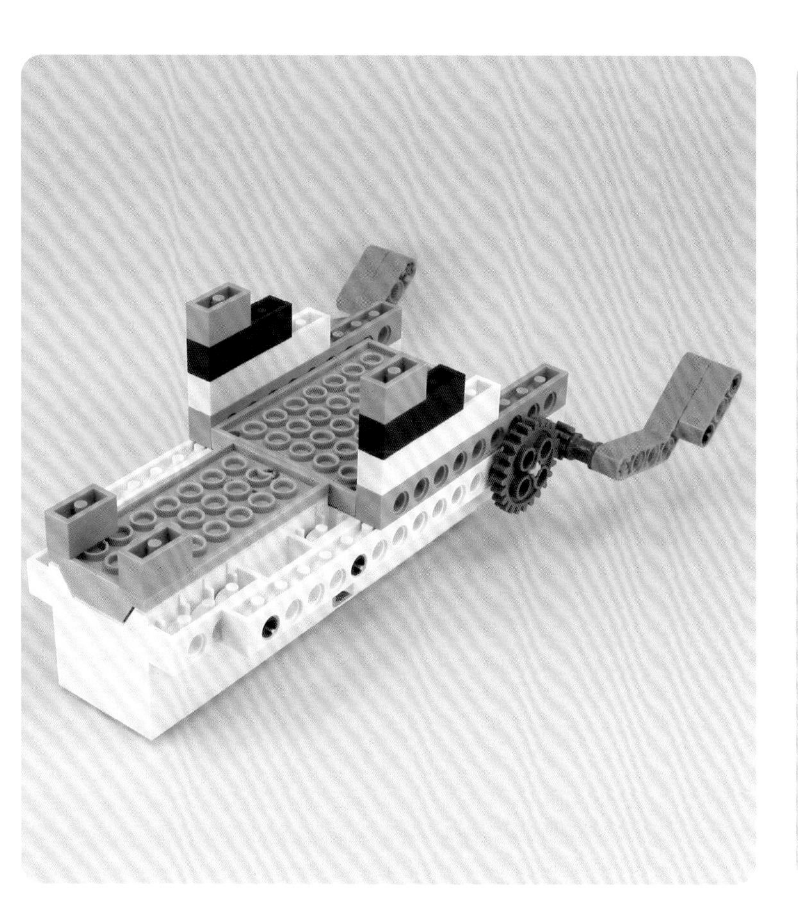

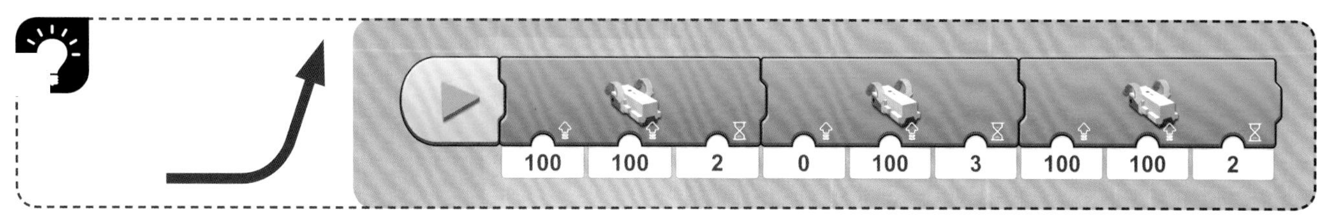
100
100
2
0
100
3
100
100
2

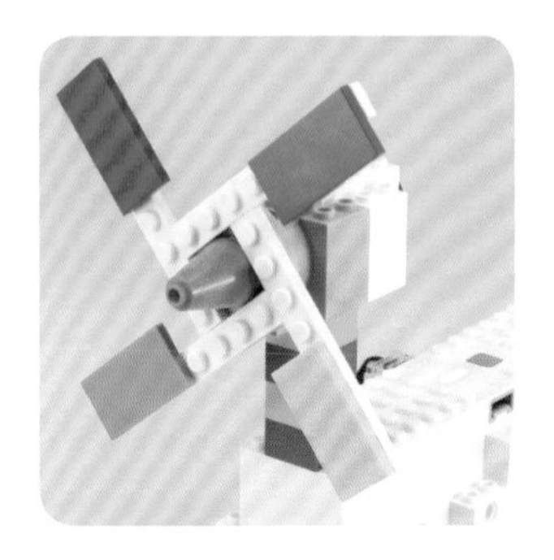

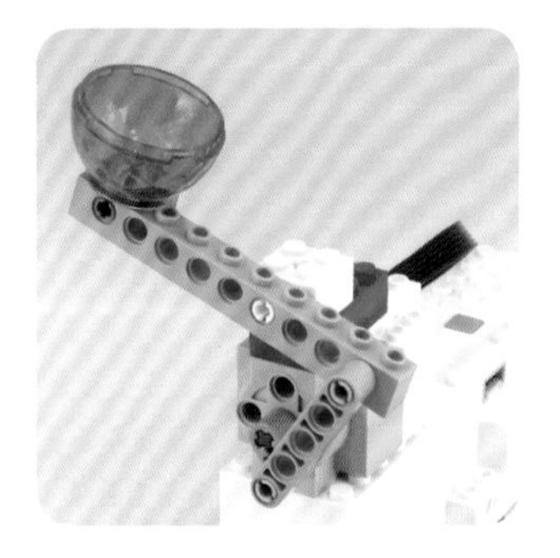

PART 2

使用互動式馬達

46
68
92
126
150
50
76
102
136
154
54
84
108
140
56
86
112
144
62
88
118
148

會旋轉的東西

19

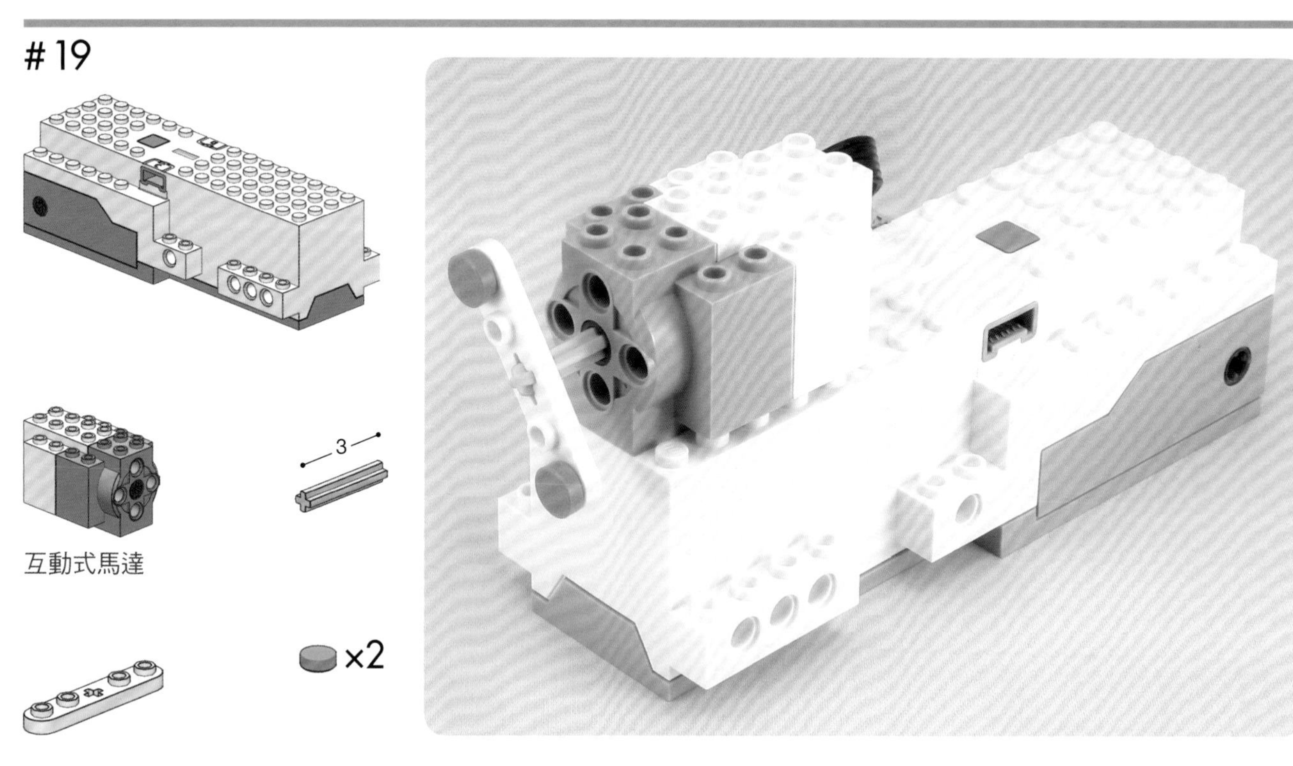

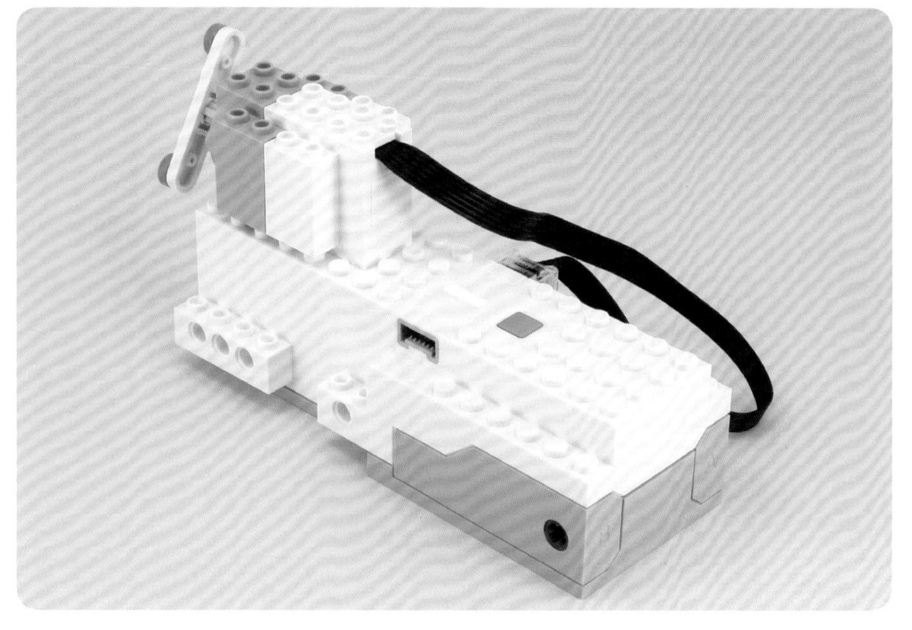

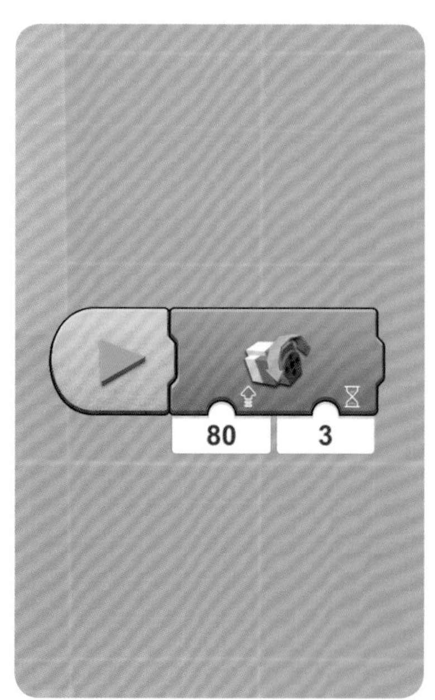

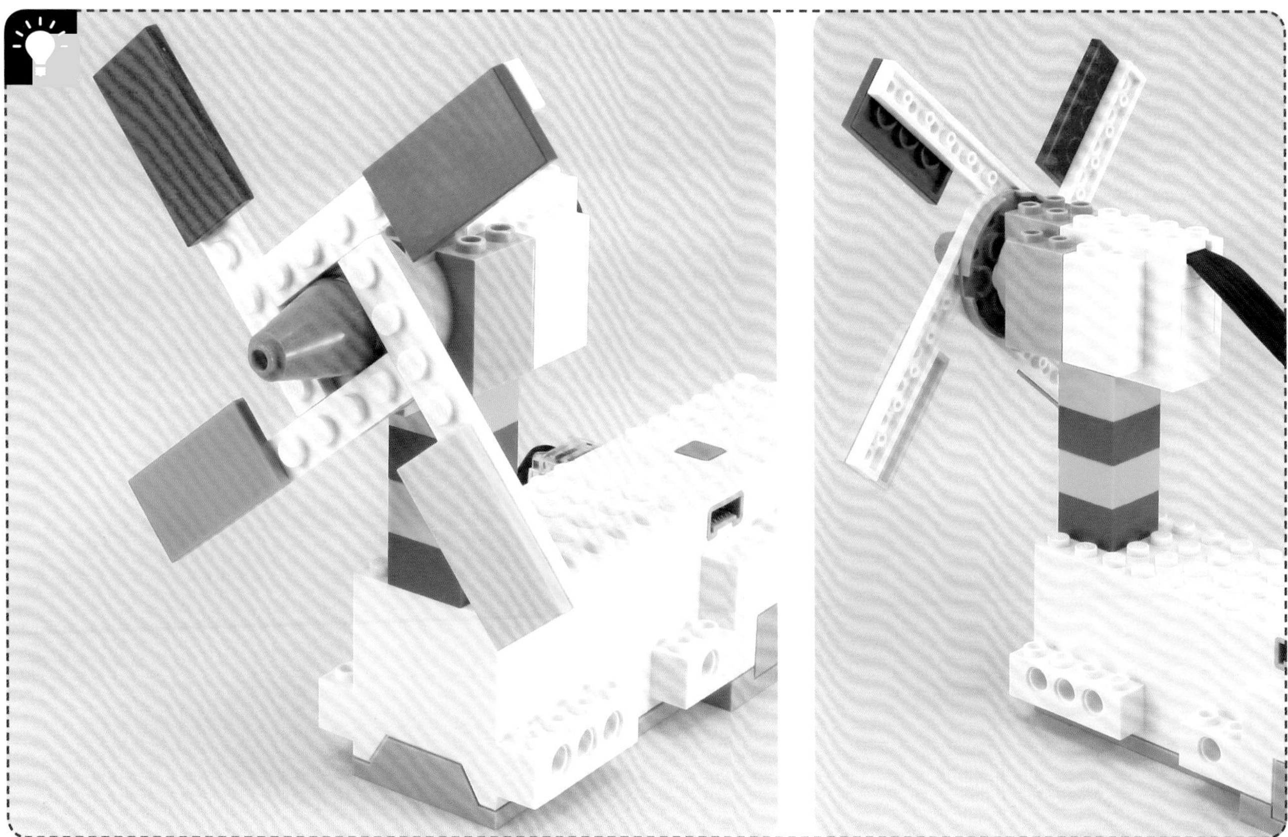

#20

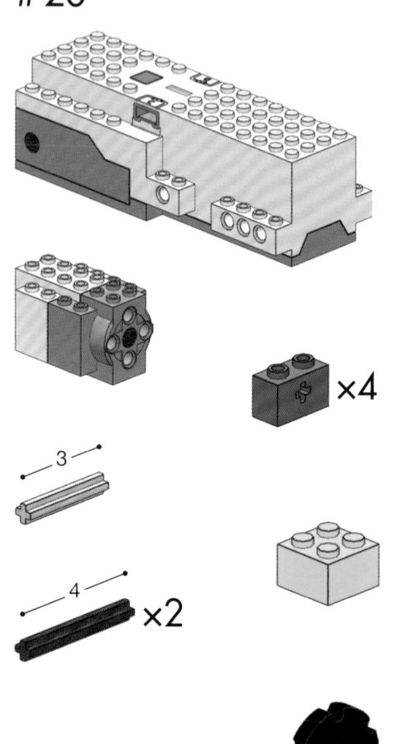

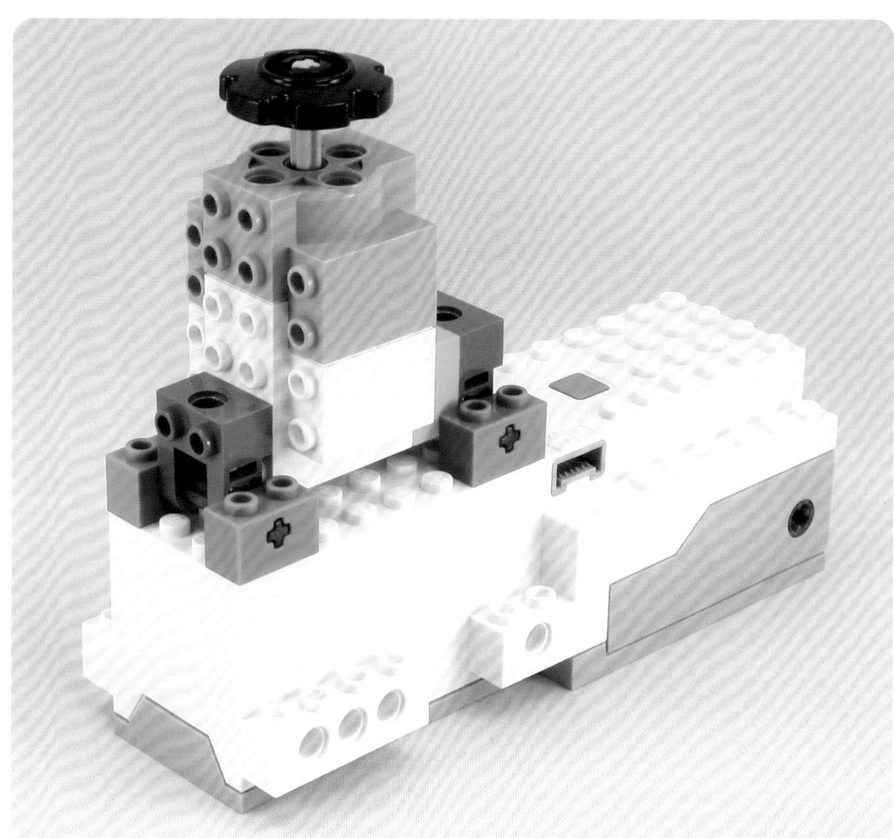

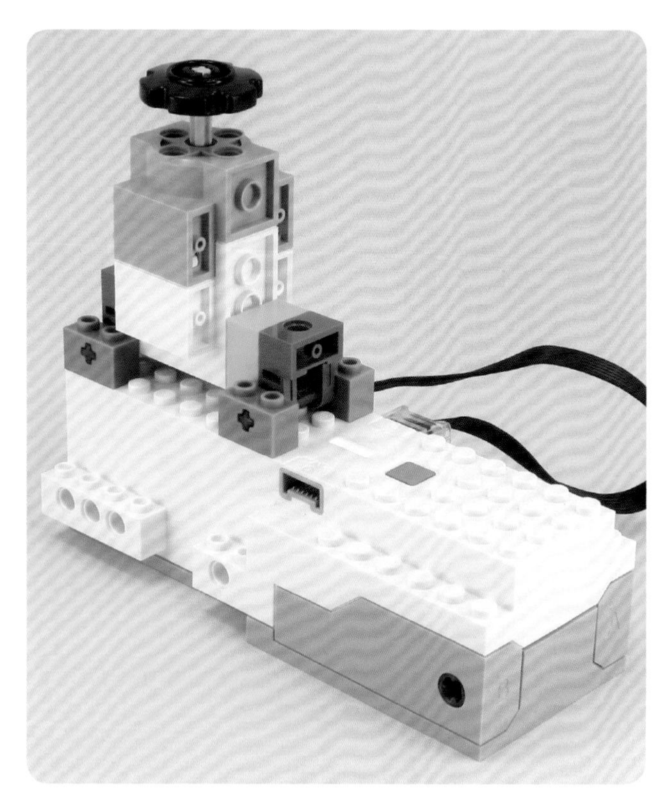

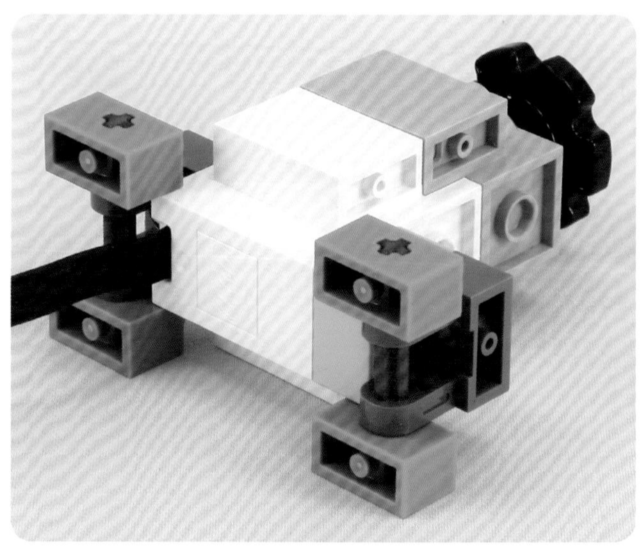

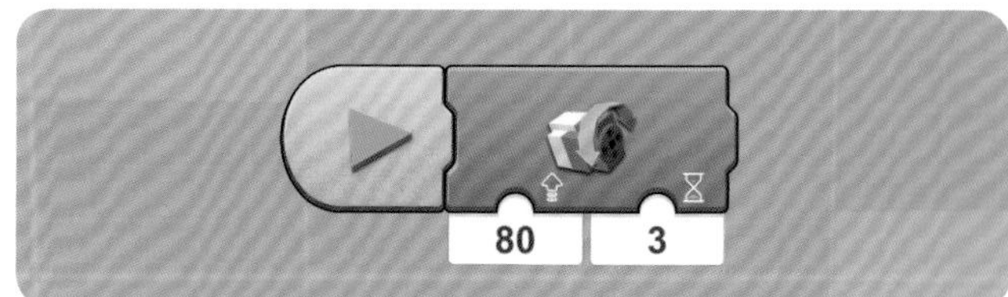

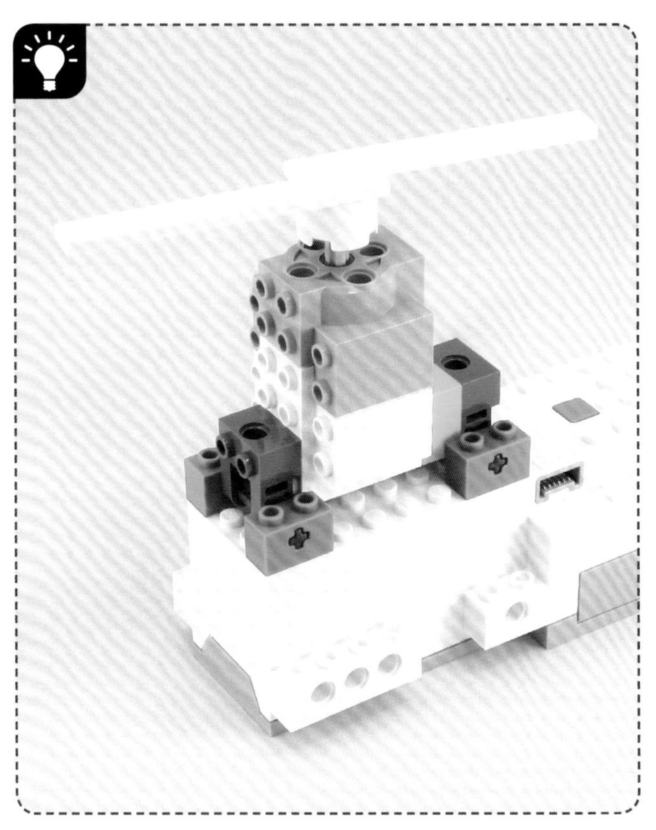

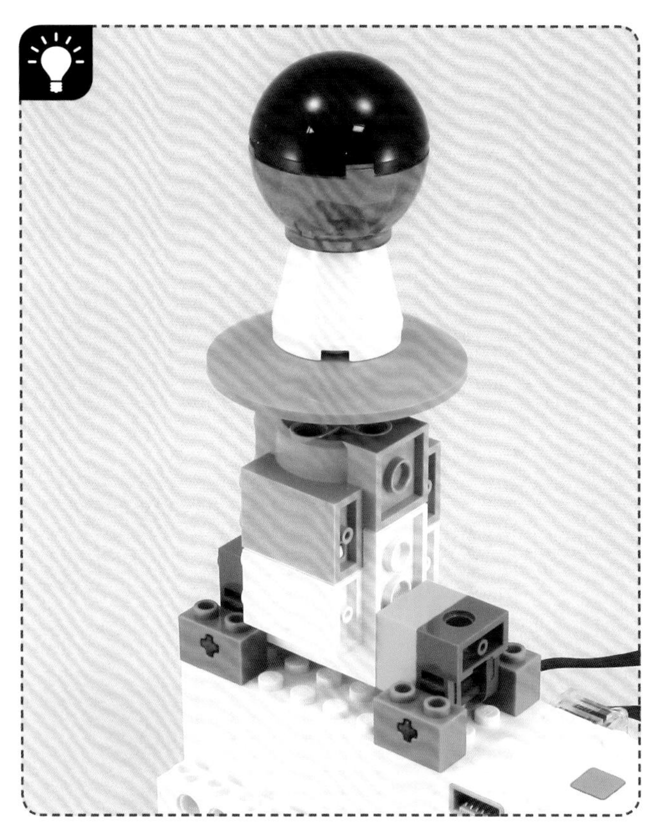

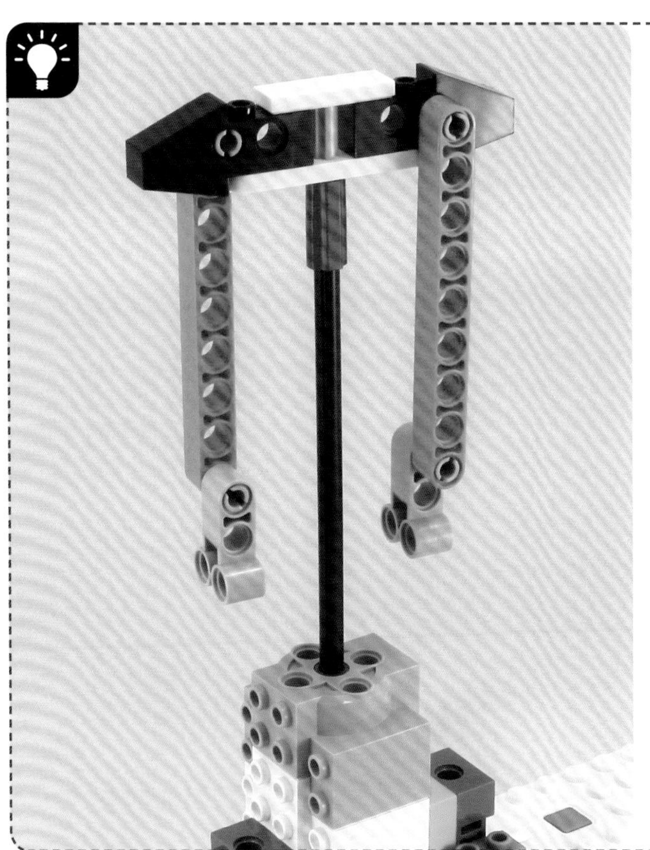

使用齒輪來改變速度

#21

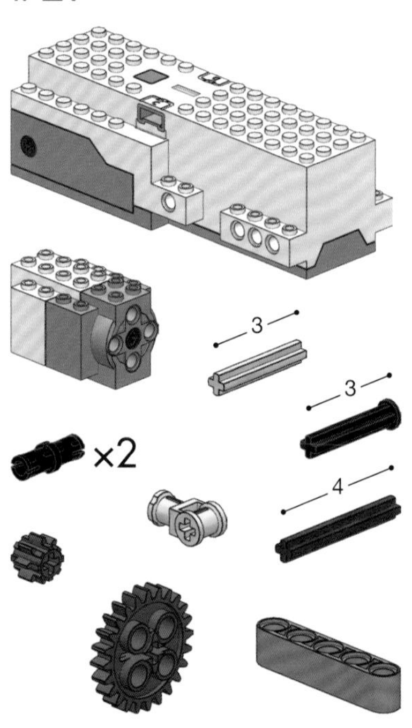

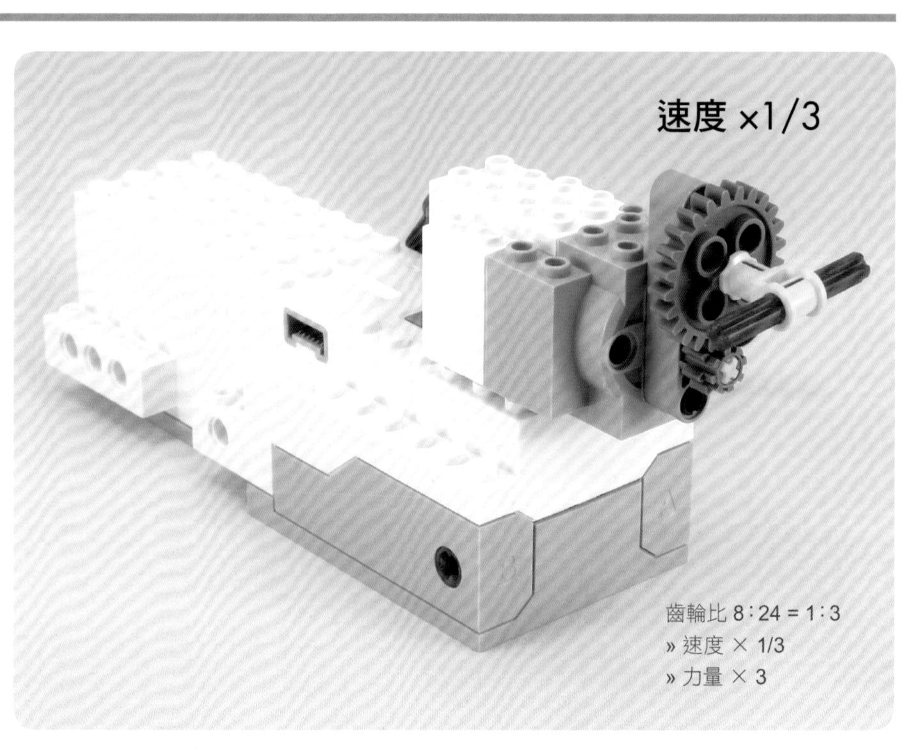

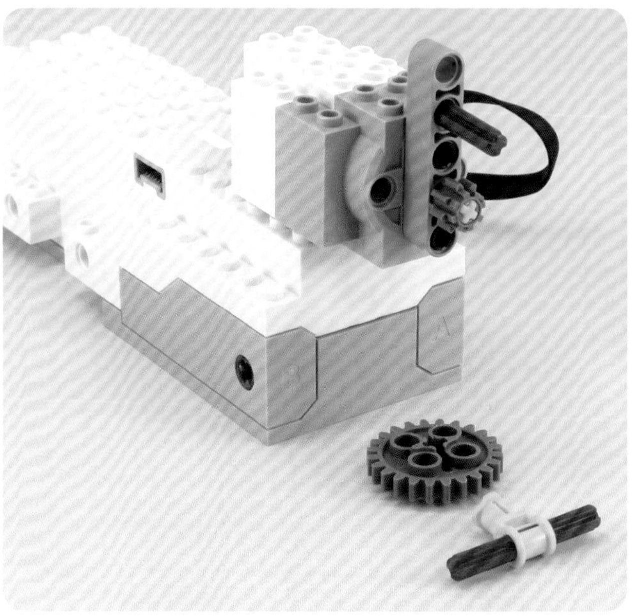

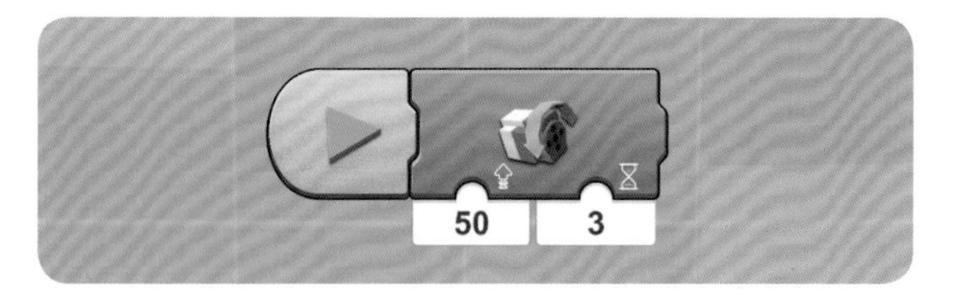

#22

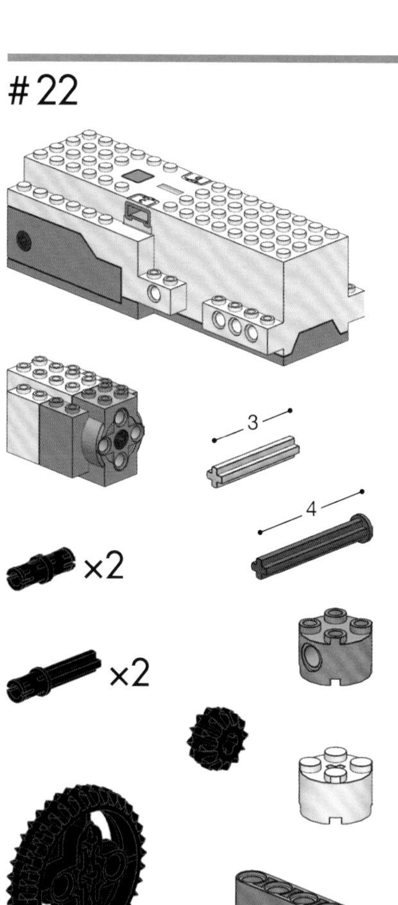

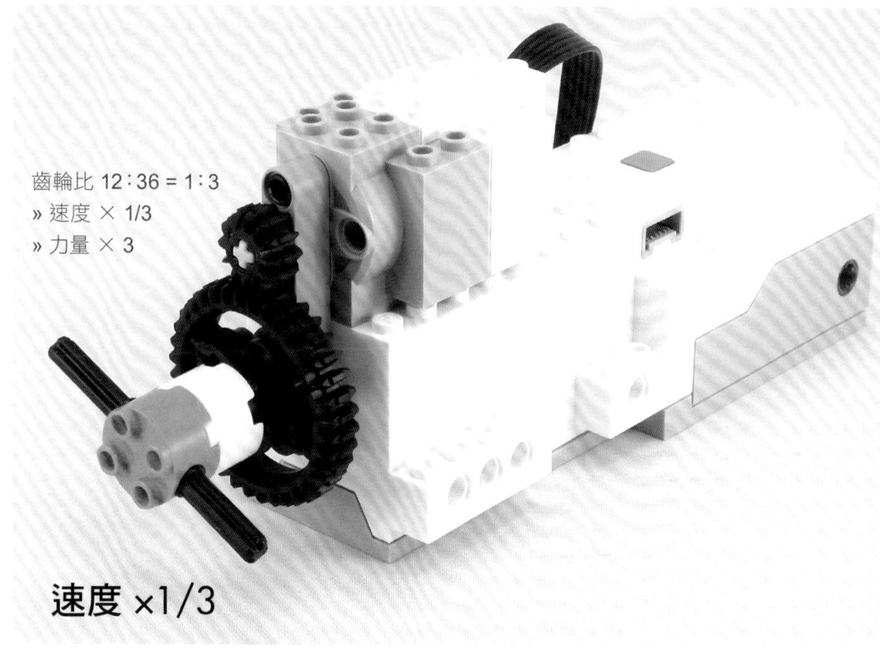

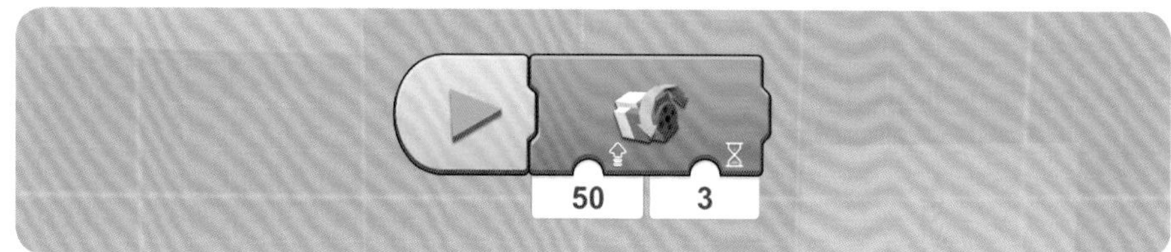

#23

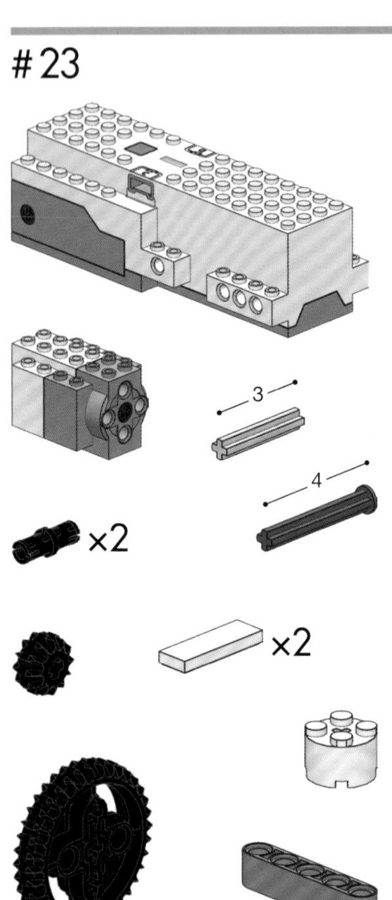

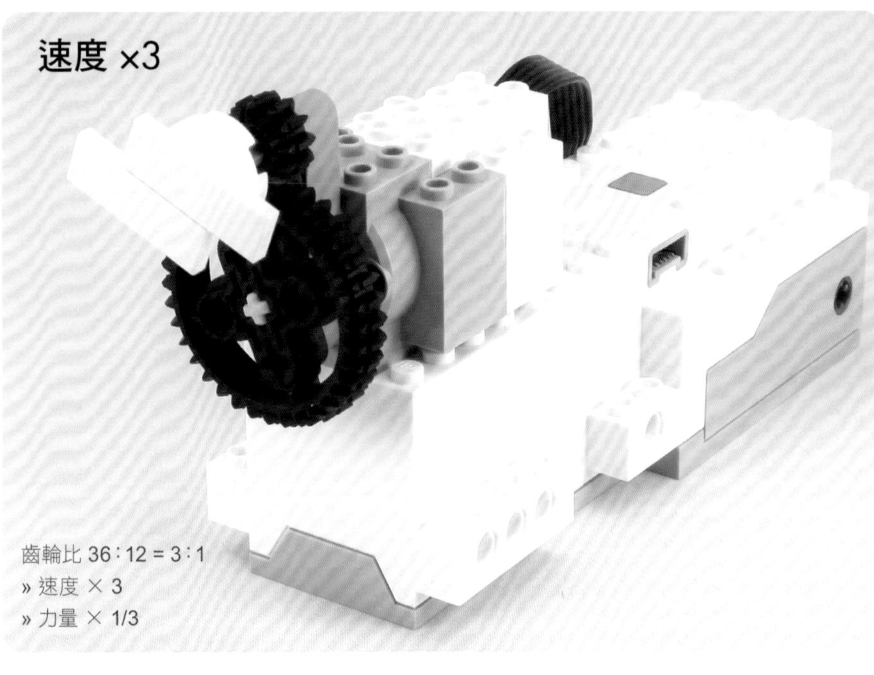

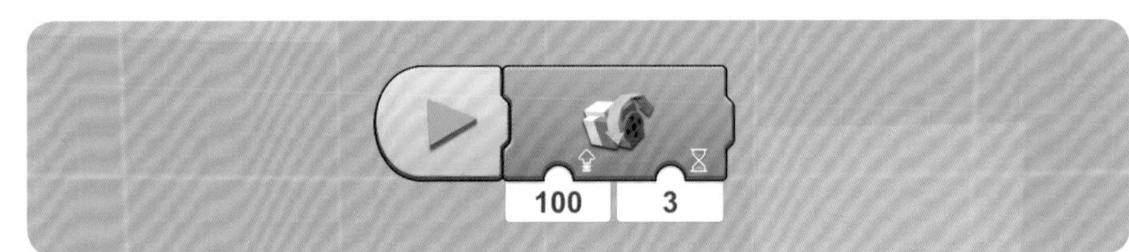

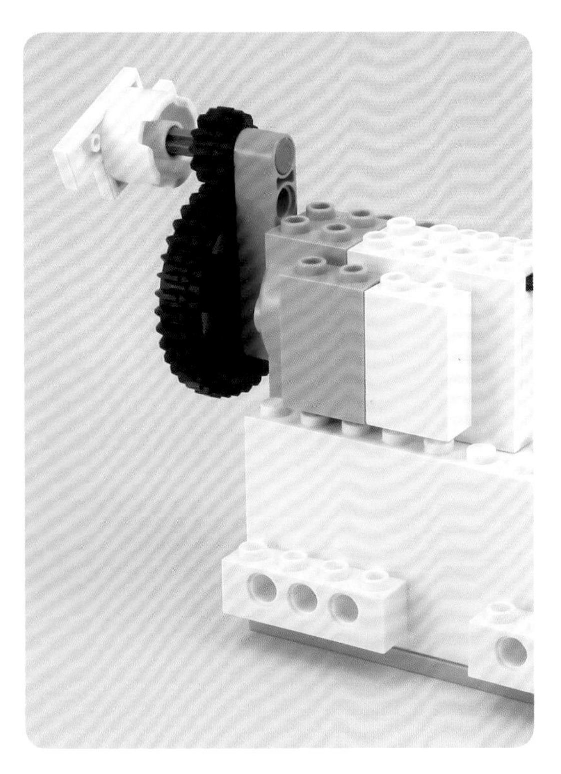

#24

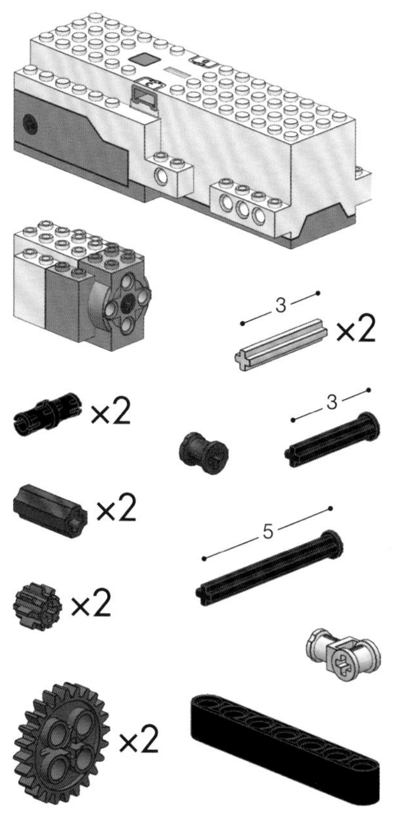

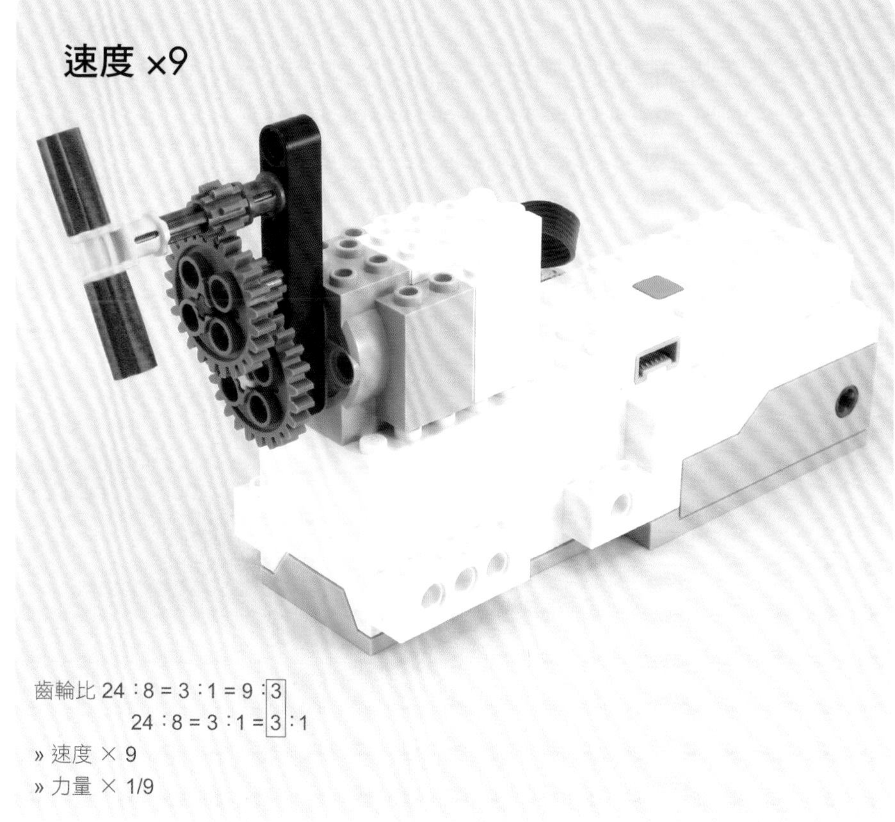

齒輪比 24：8 = 3：1 = 9：3
24：8 = 3：1 = 3：1
» 速度 × 9
» 力量 × 1/9

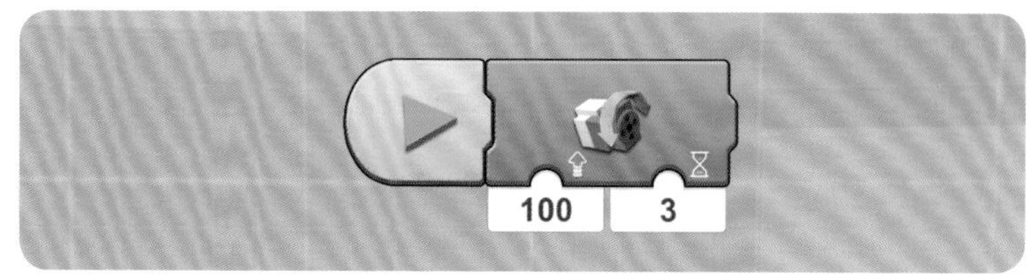

改變轉動方向

#25

×2

×2

×2

3

×2

×2

3

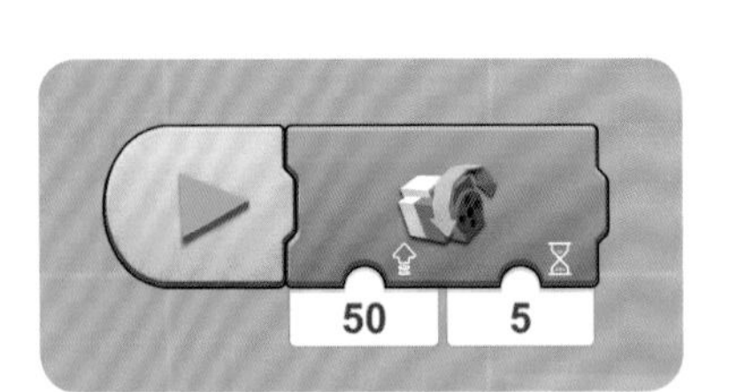

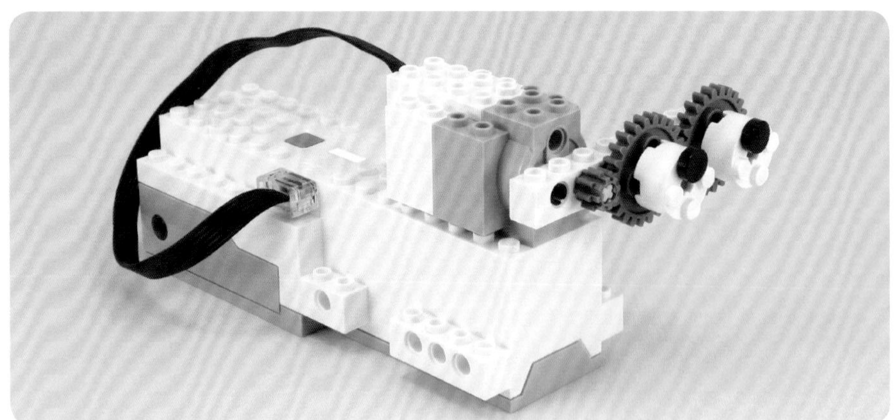

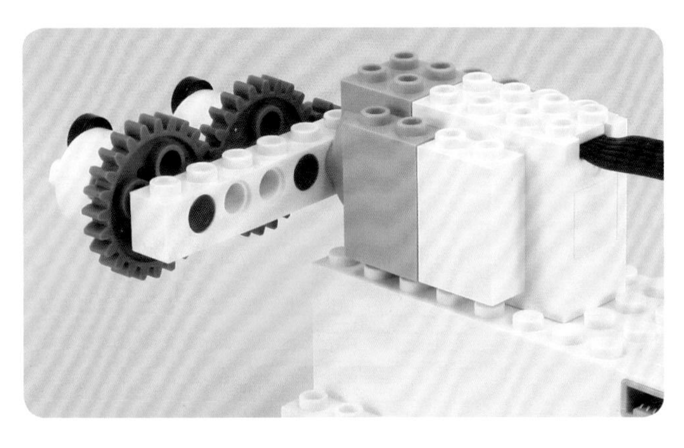

26

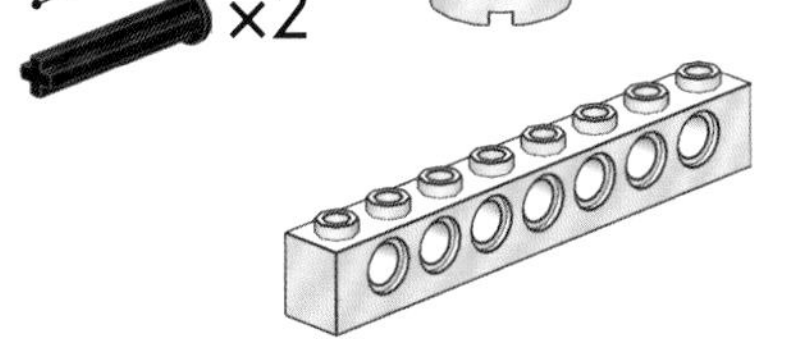

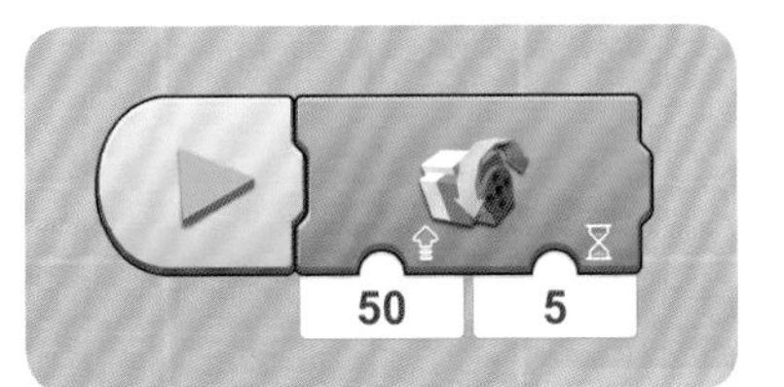

將帶有動力的齒輪放在中間，兩端齒輪的轉動方向就一樣了。

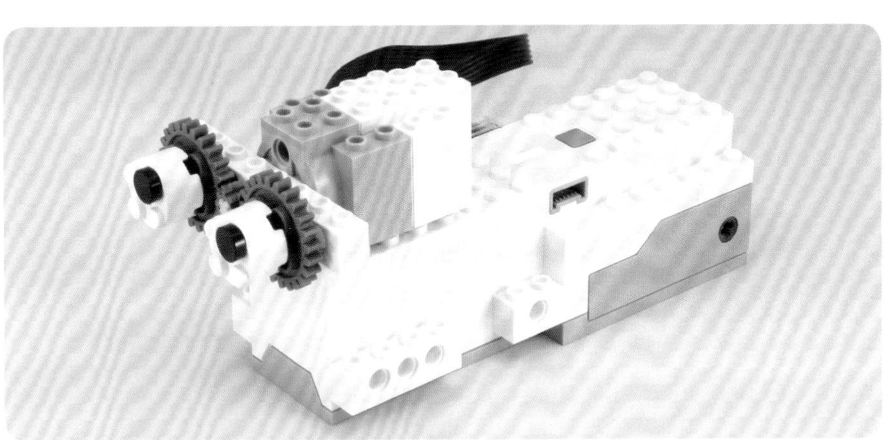

改變轉動方位

#27

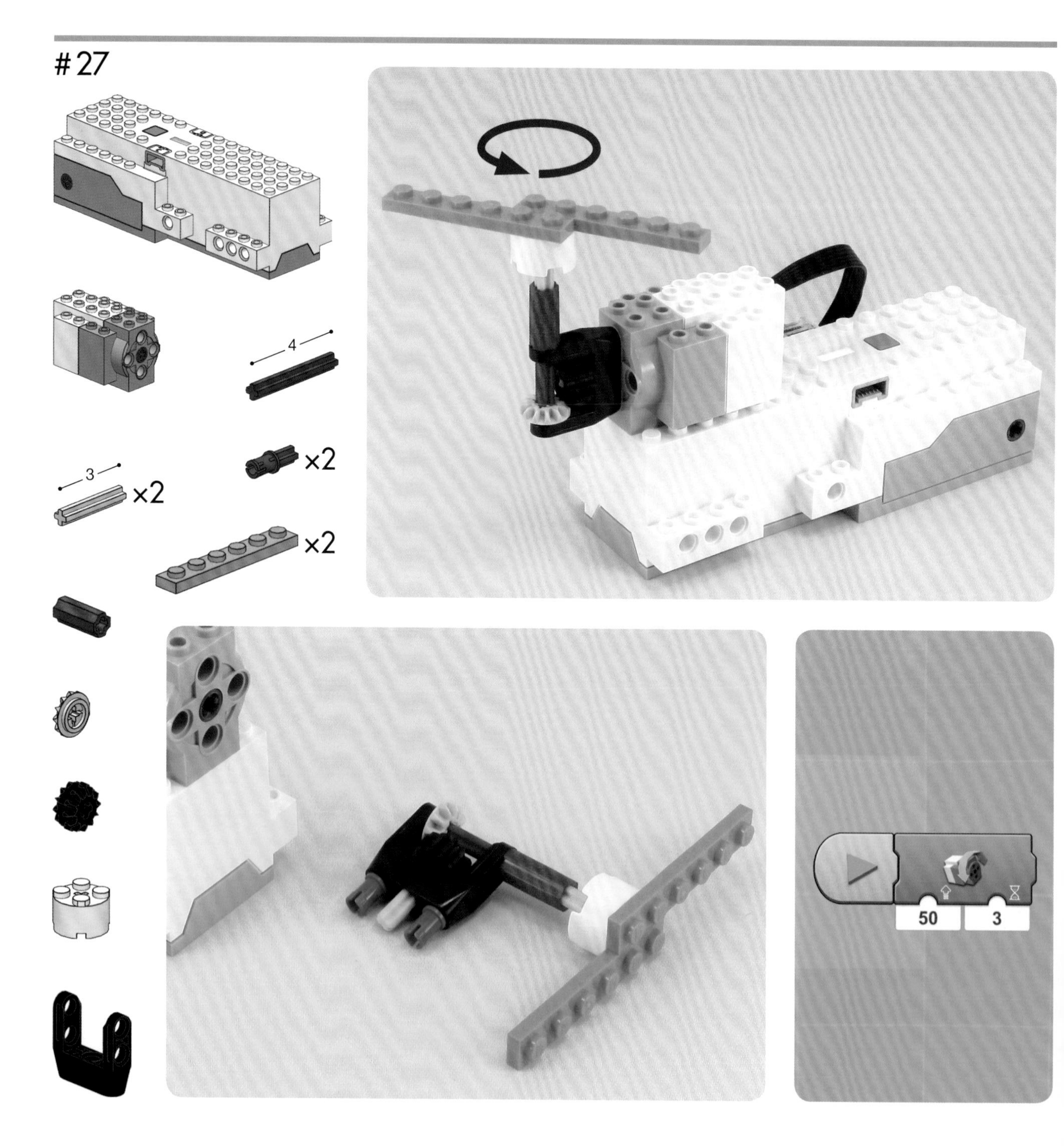

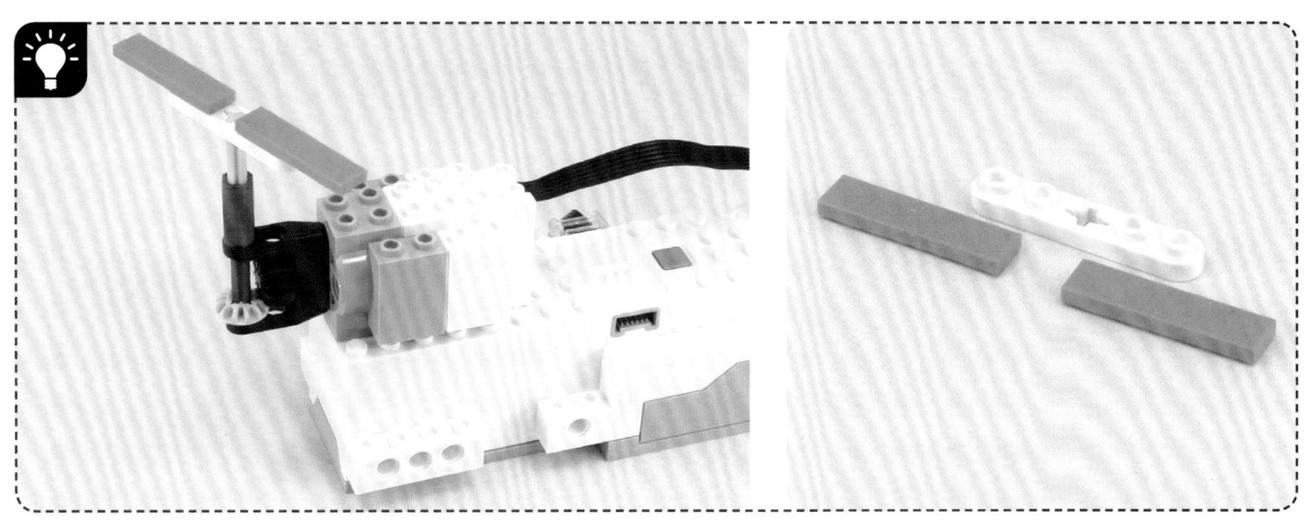

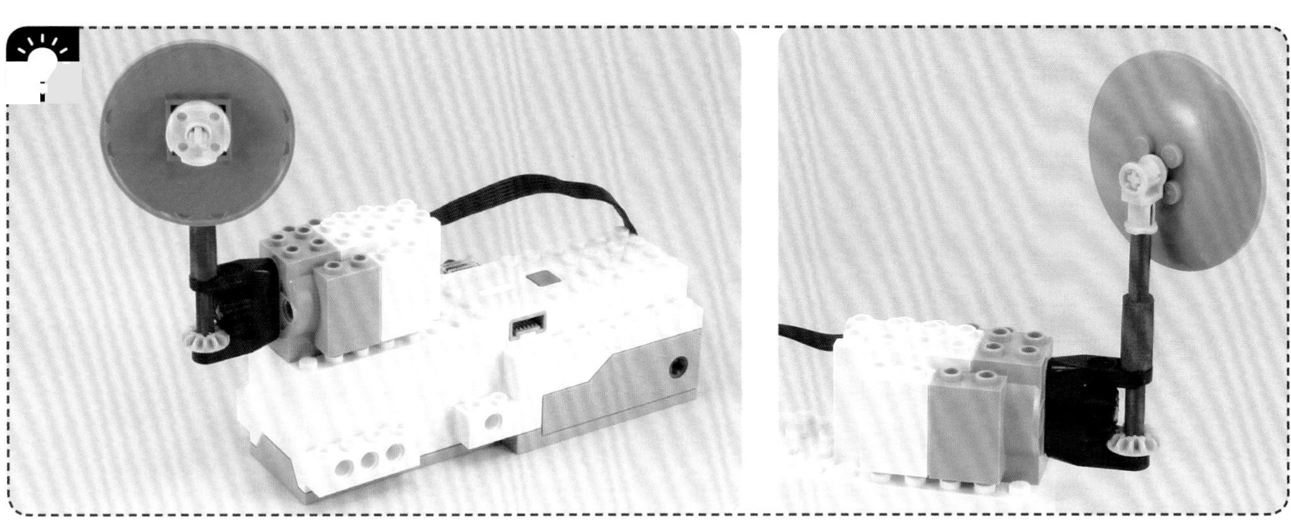

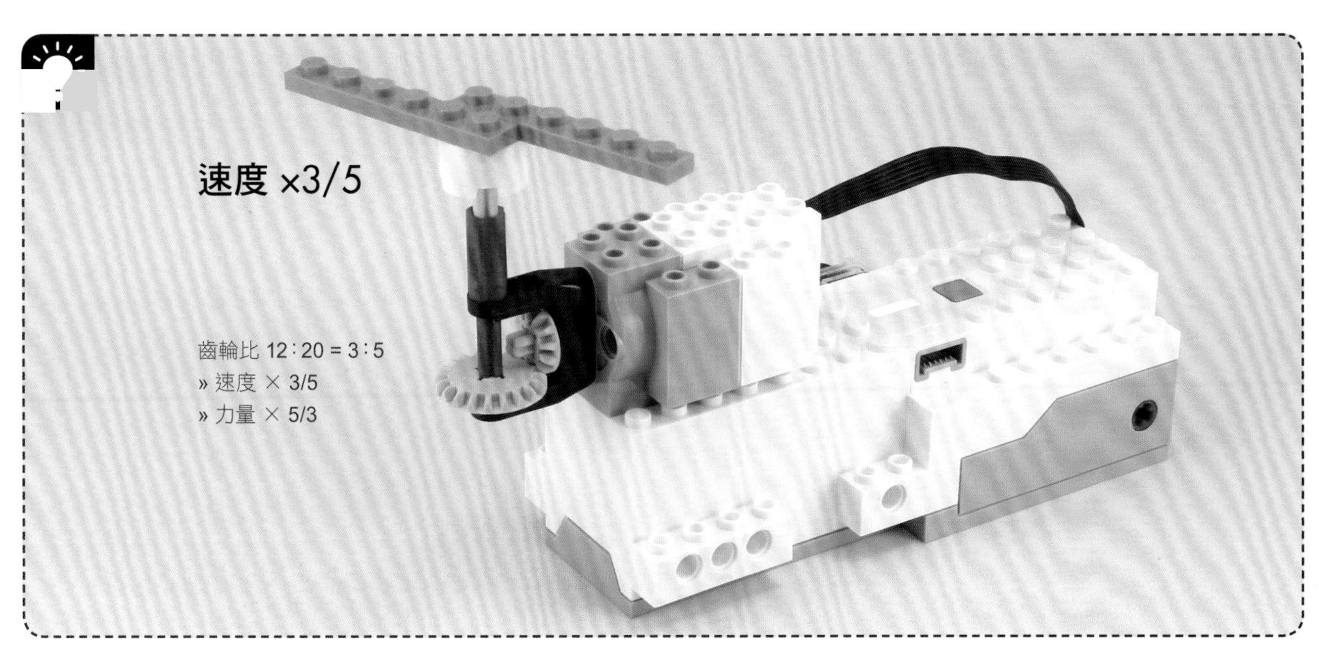
速度 ×3/5
齒輪比 12:20 = 3:5
» 速度 × 3/5
» 力量 × 5/3

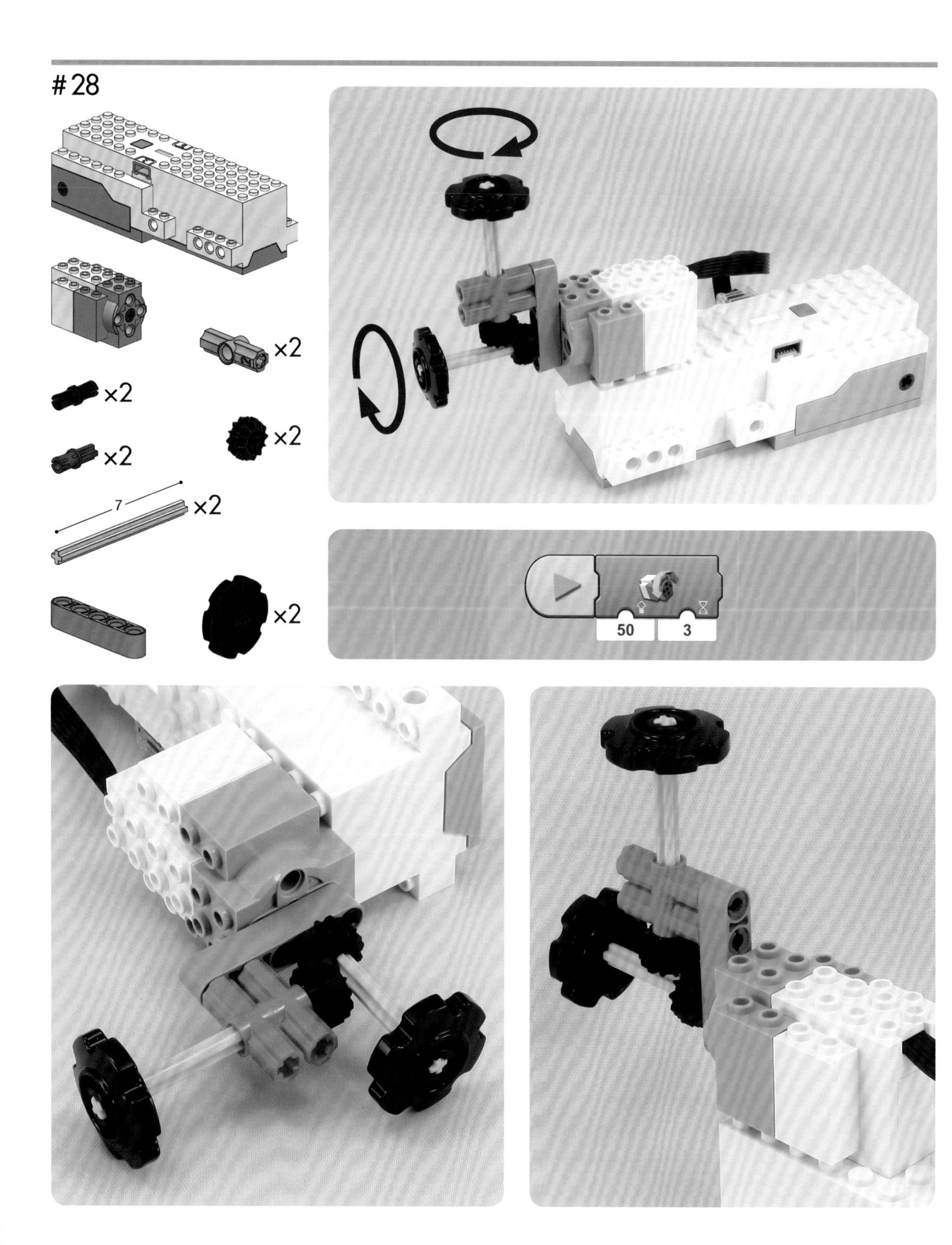
#28
×2
×2
×2
×2
7
×2
×2
50
3

#29

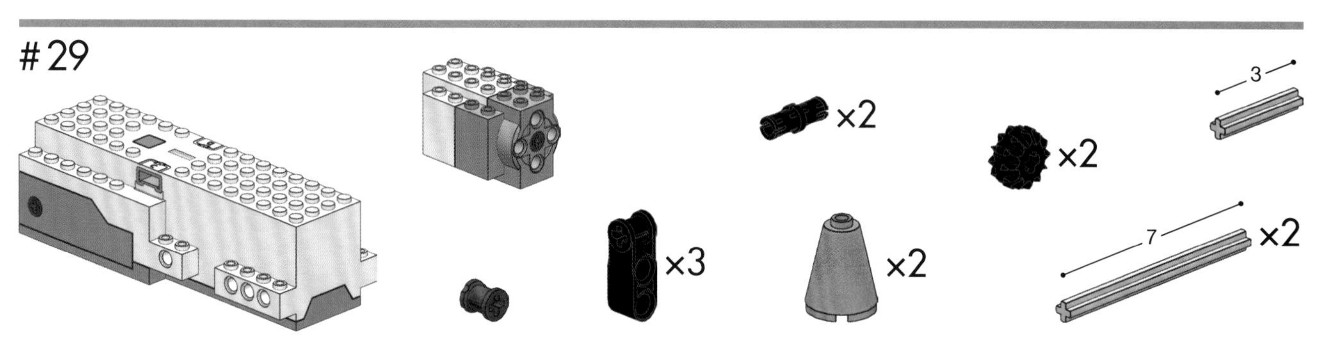

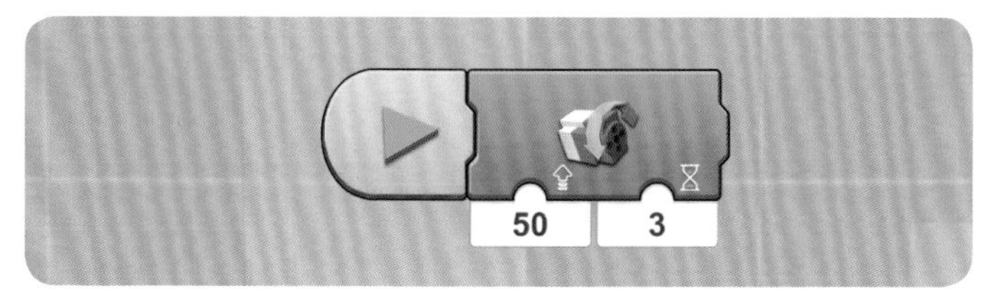

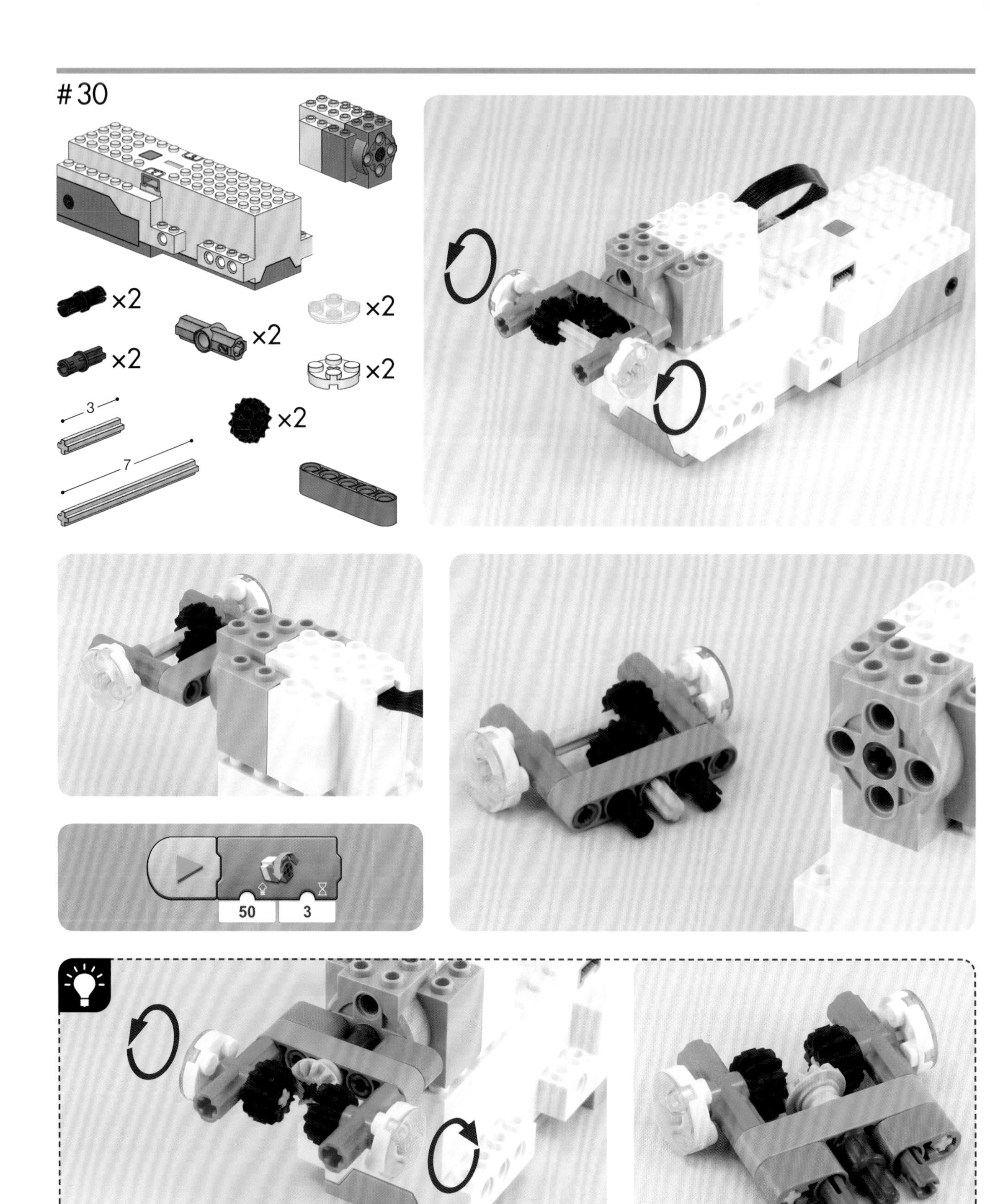

#30
×2
×2
×2
×2
×2
×2
3
7
50
3

#31

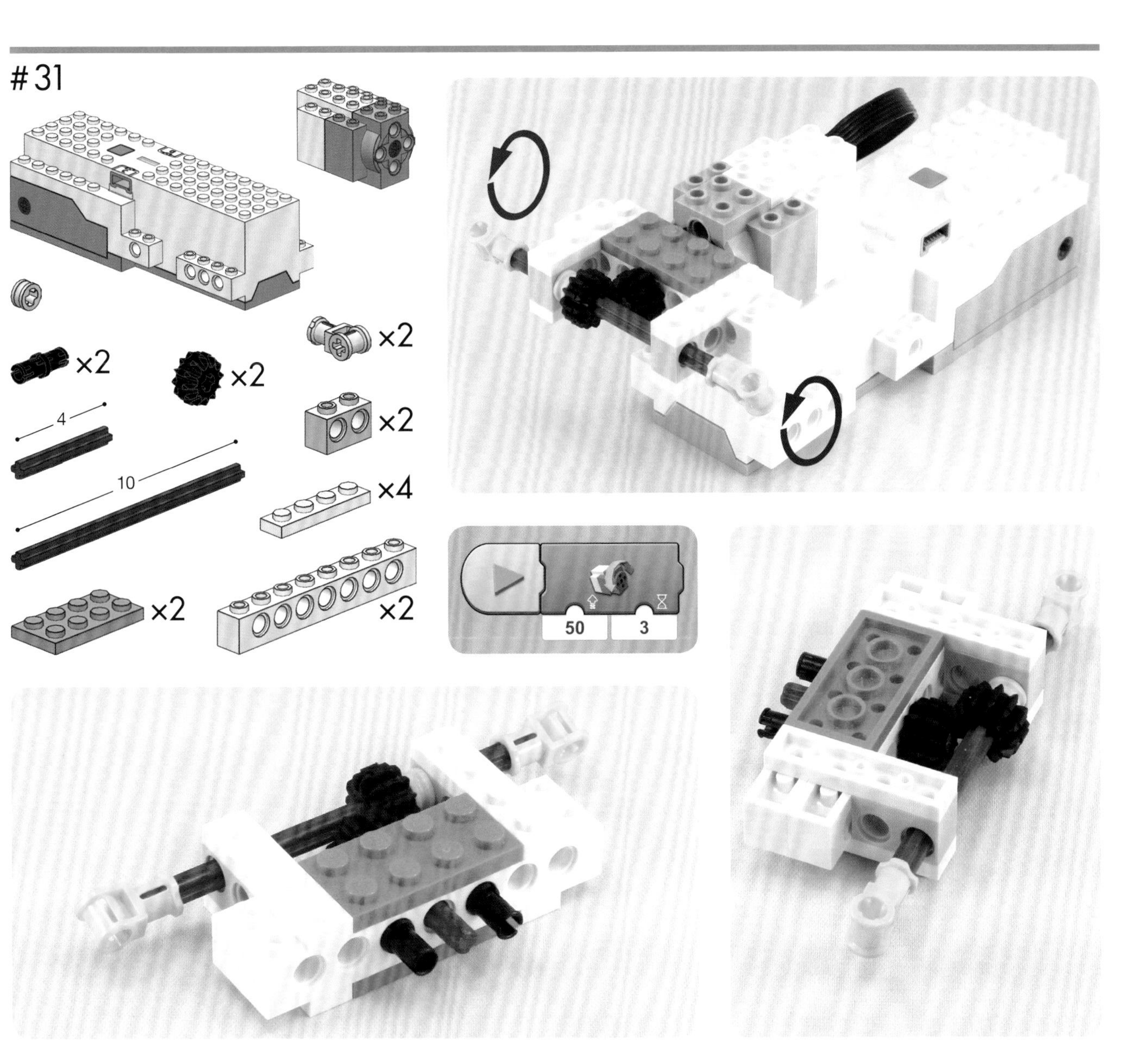

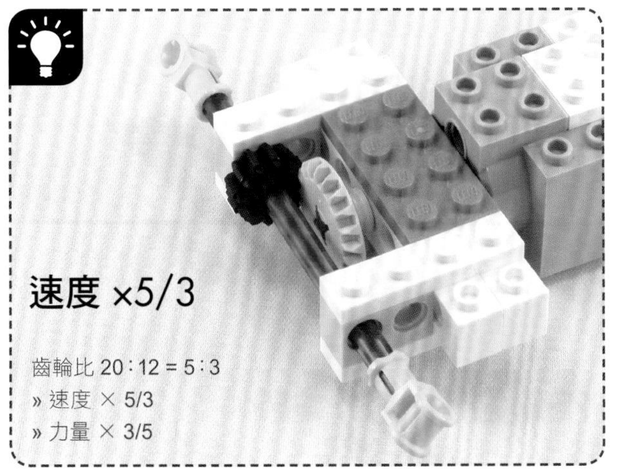

齒輪比 20：12 = 5：3
» 速度 × 5/3
» 力量 × 3/5

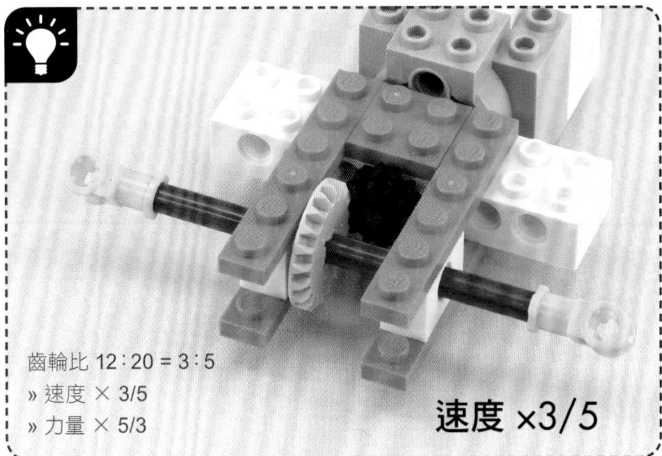

齒輪比 12：20 = 3：5
» 速度 × 3/5
» 力量 × 5/3

搖擺式機構

#32

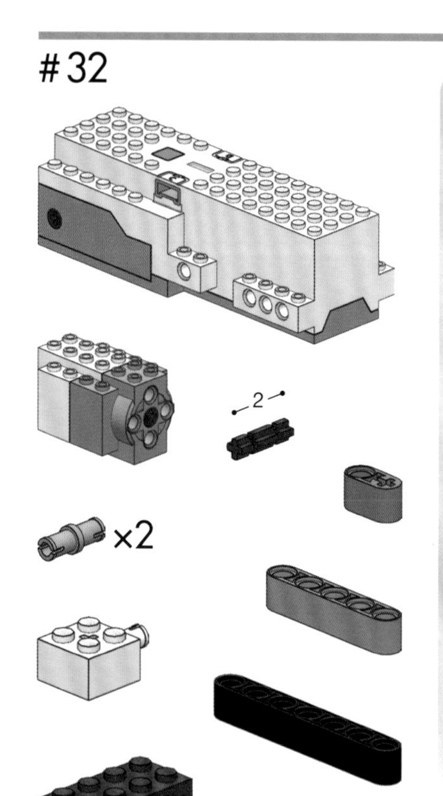

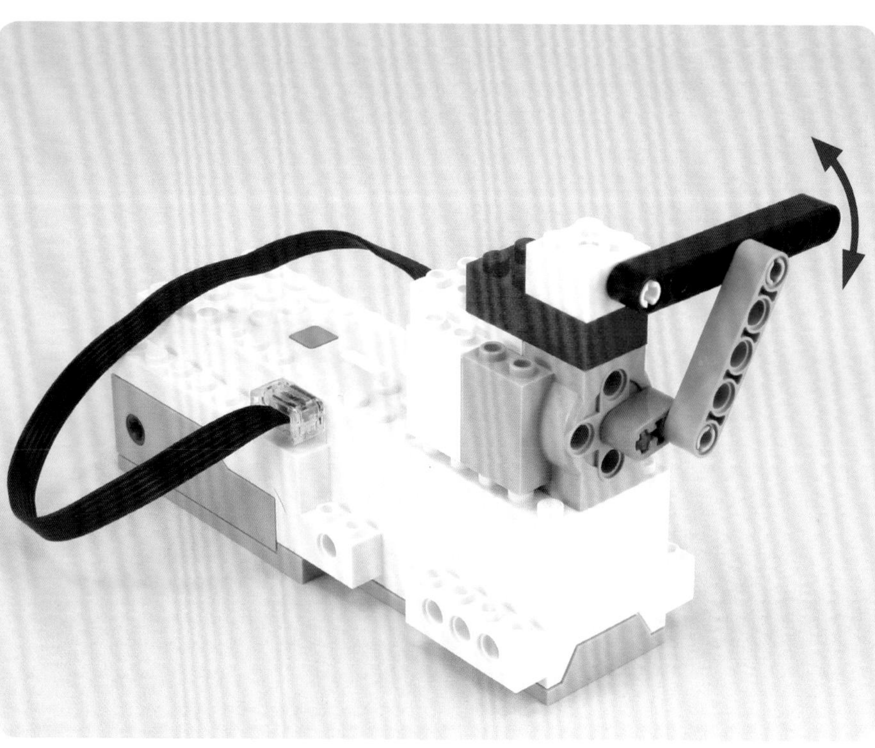

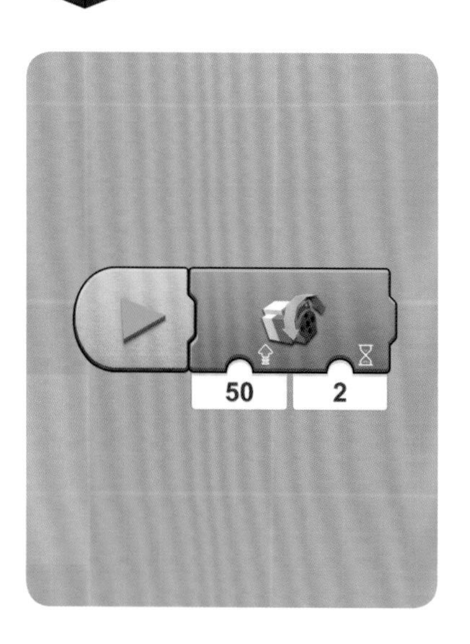

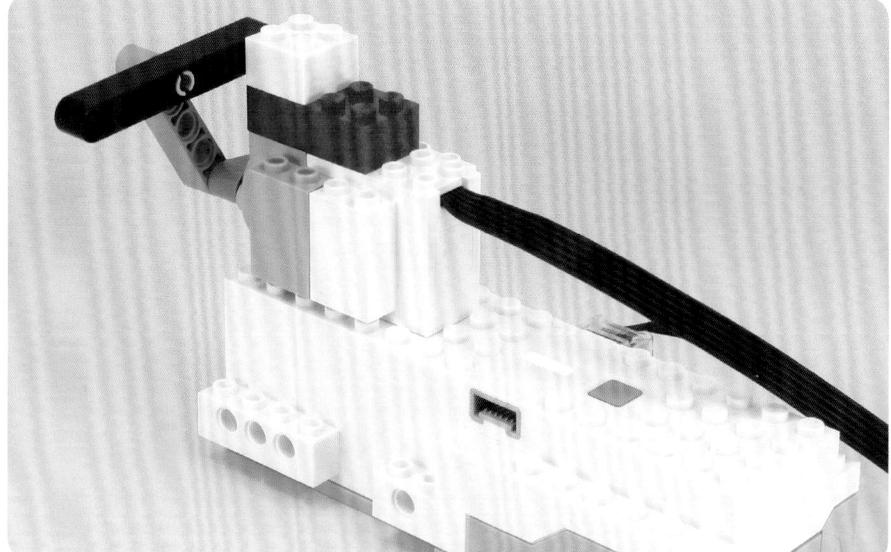

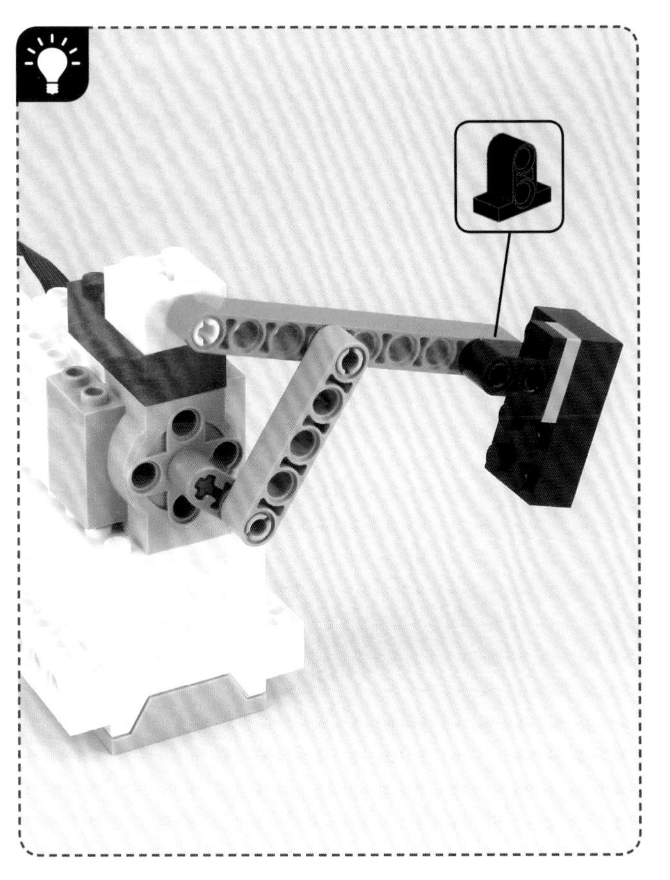

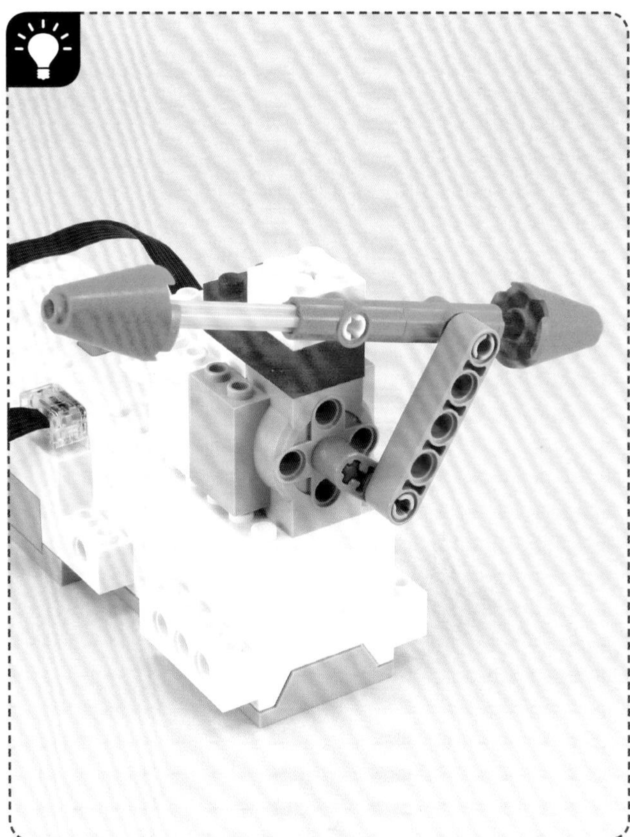

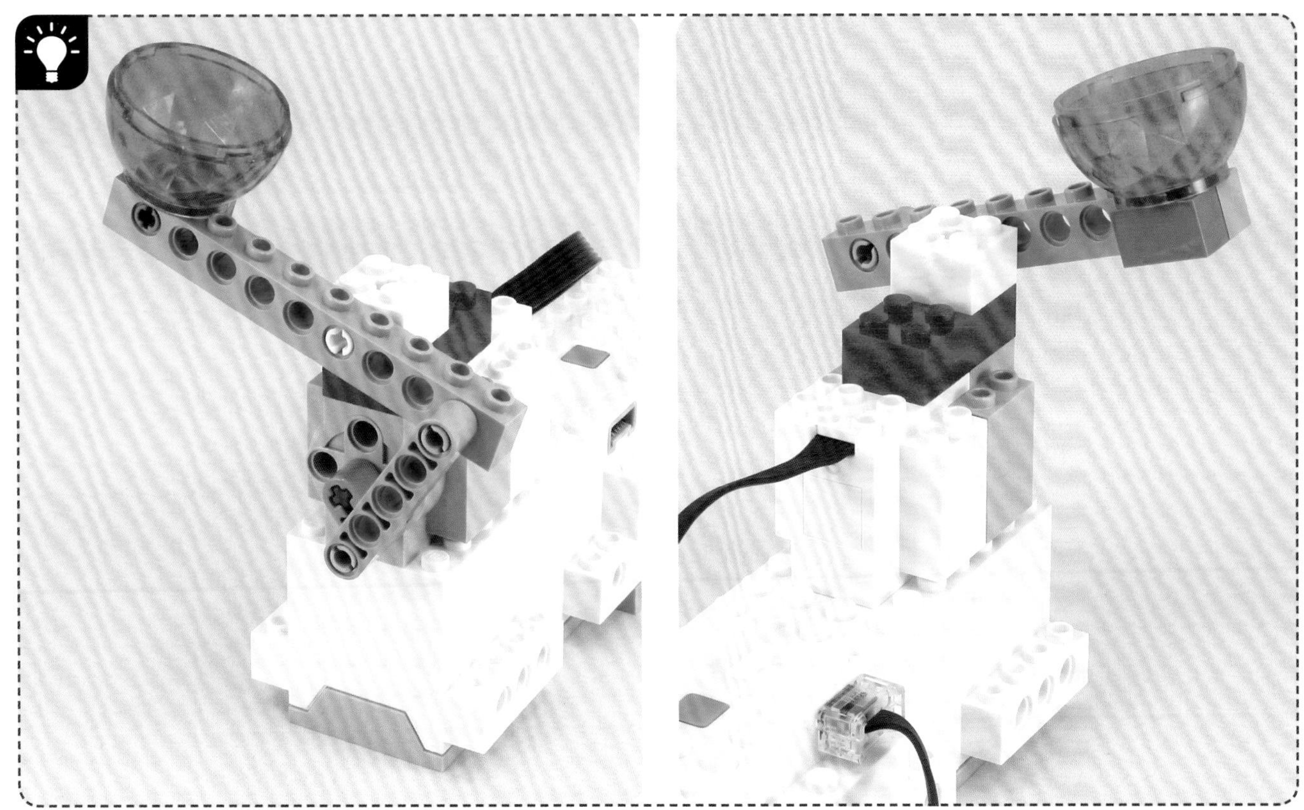

#33

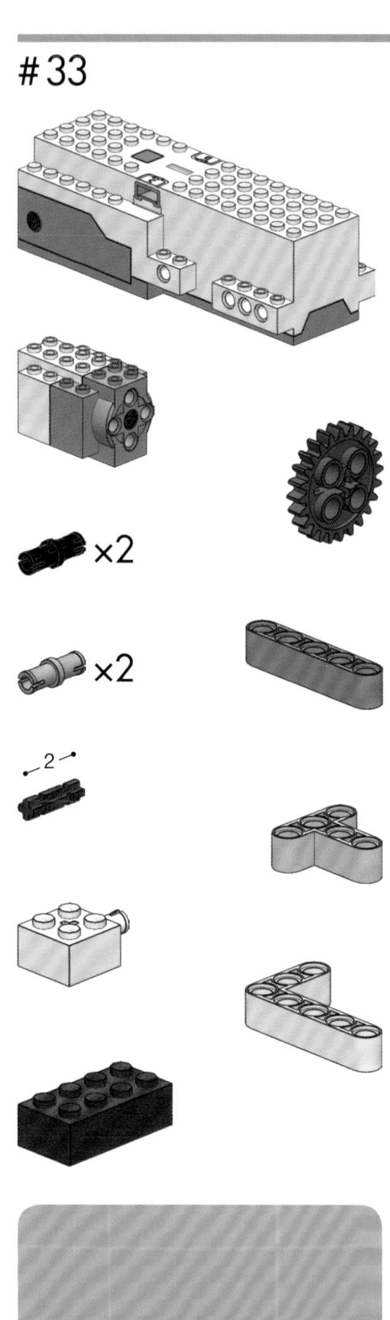

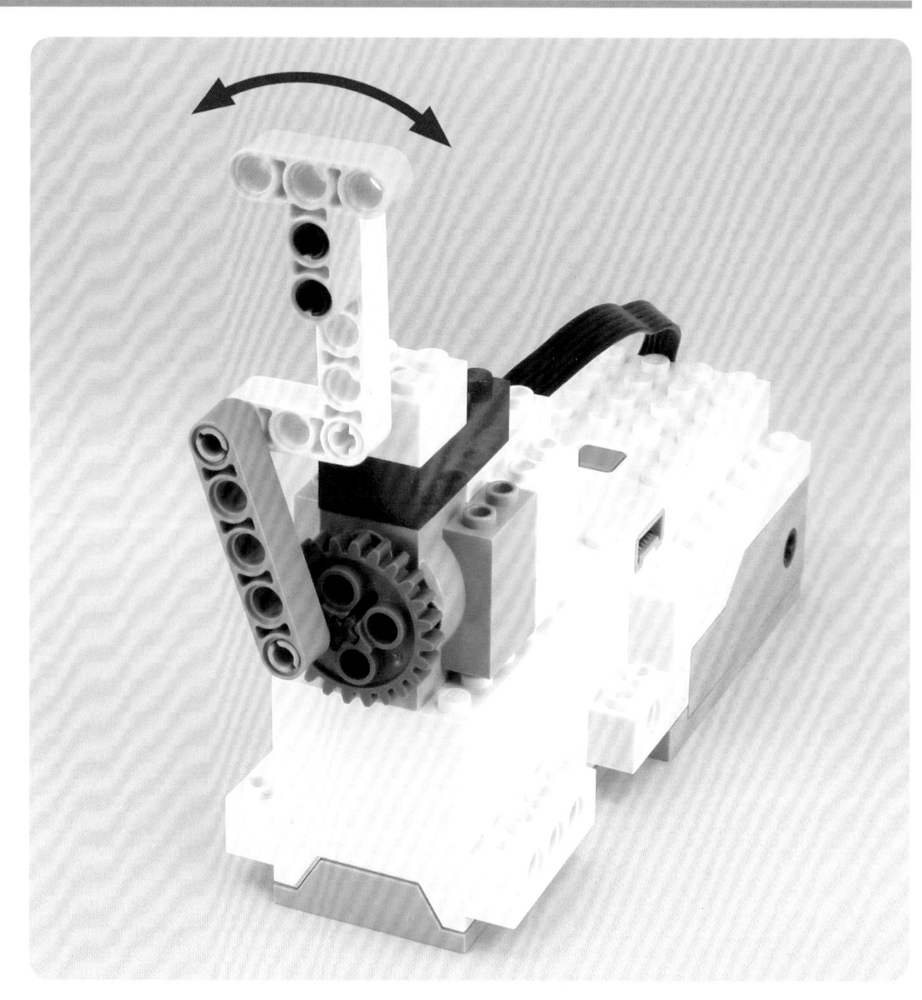

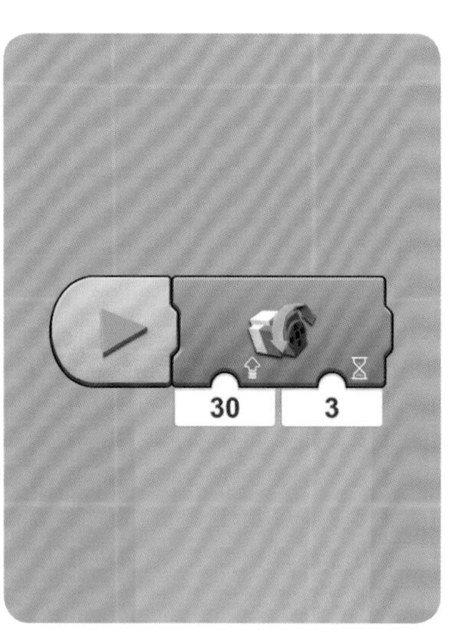

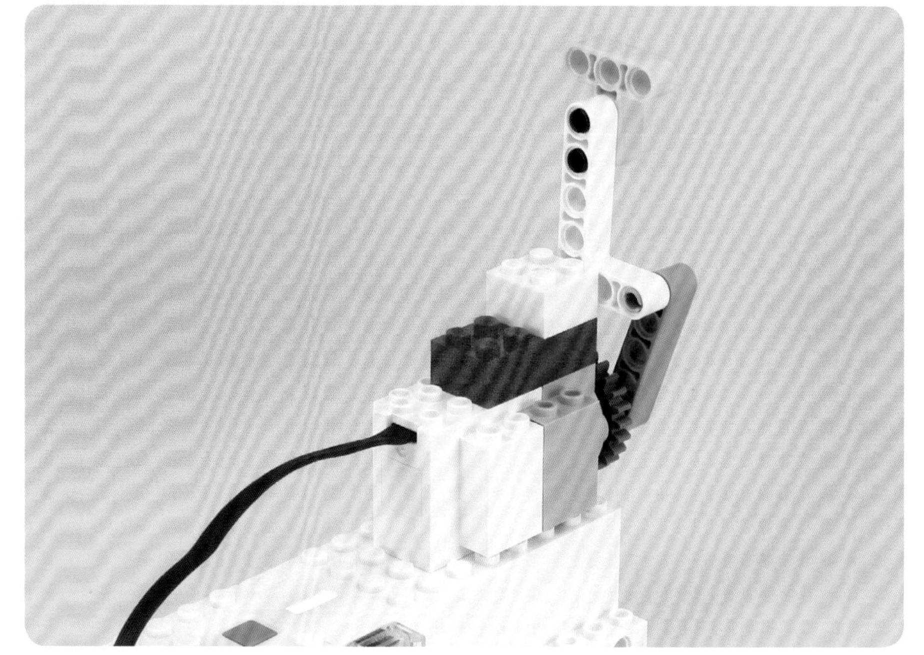

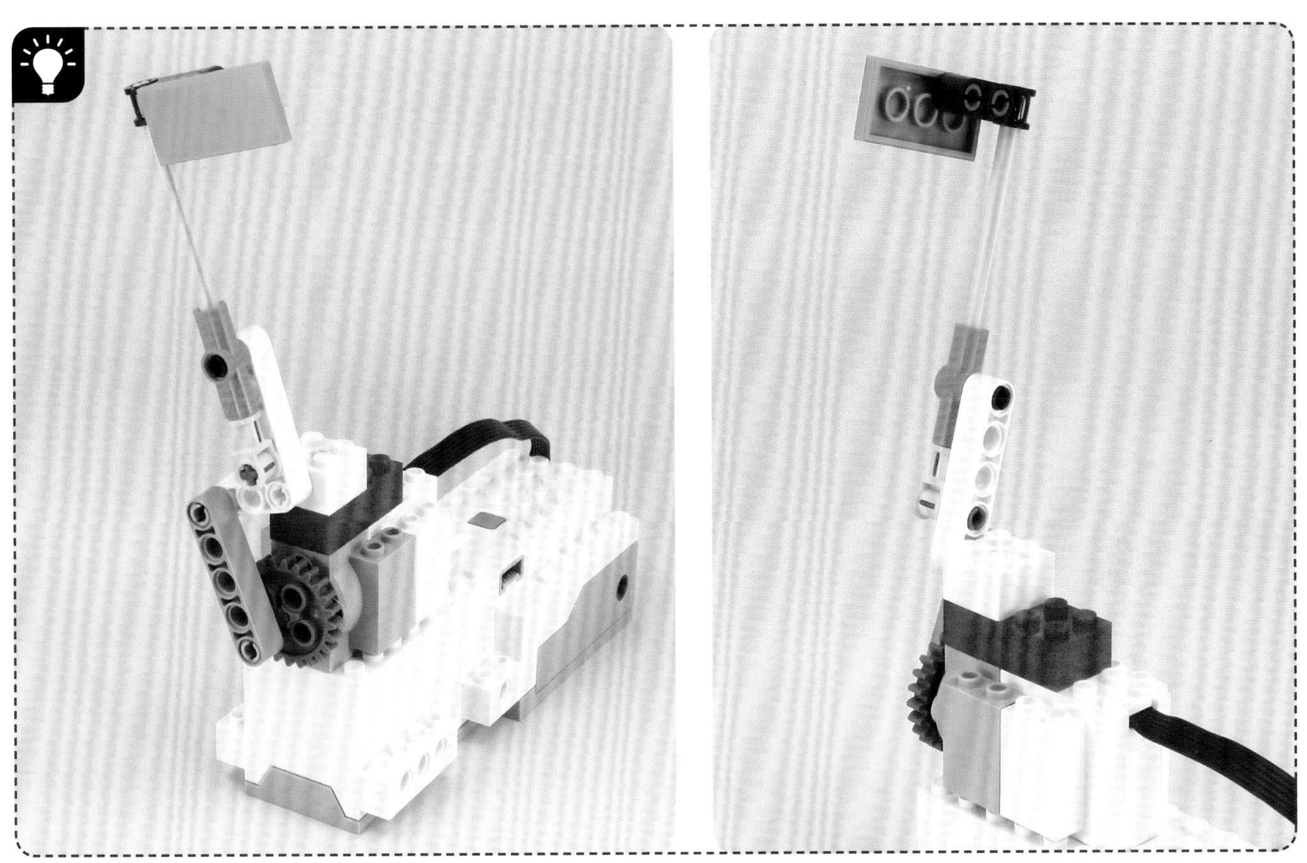

#34

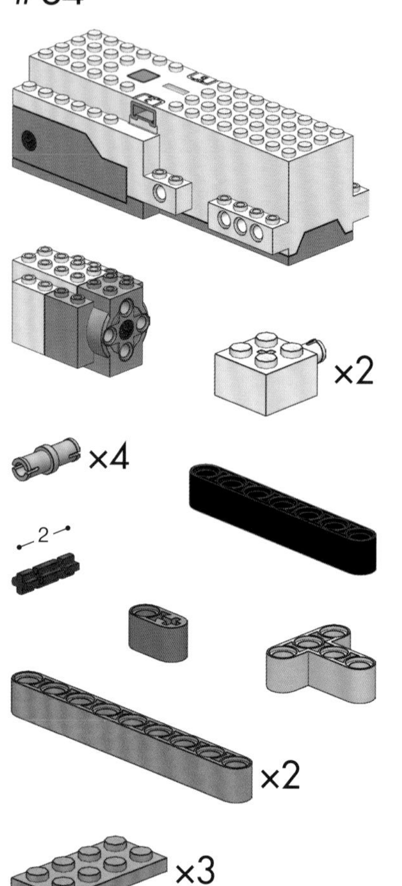

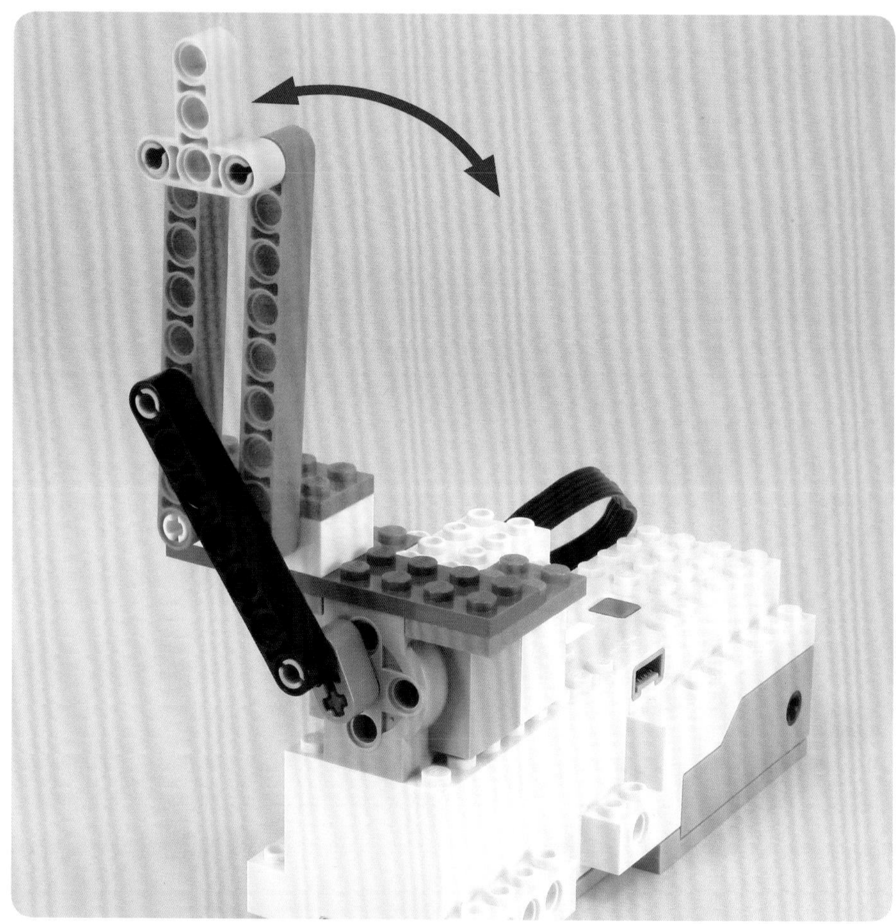

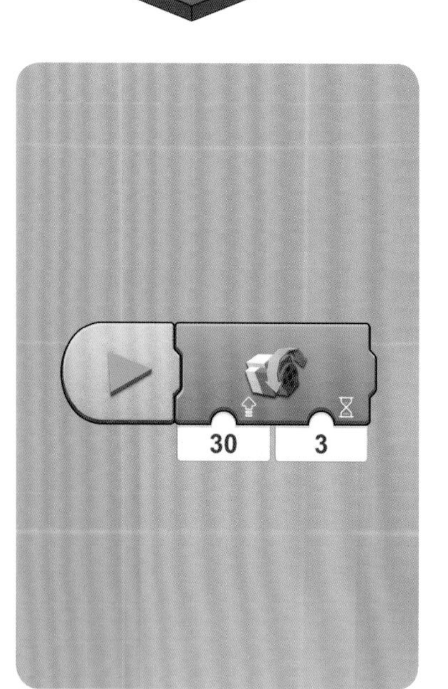

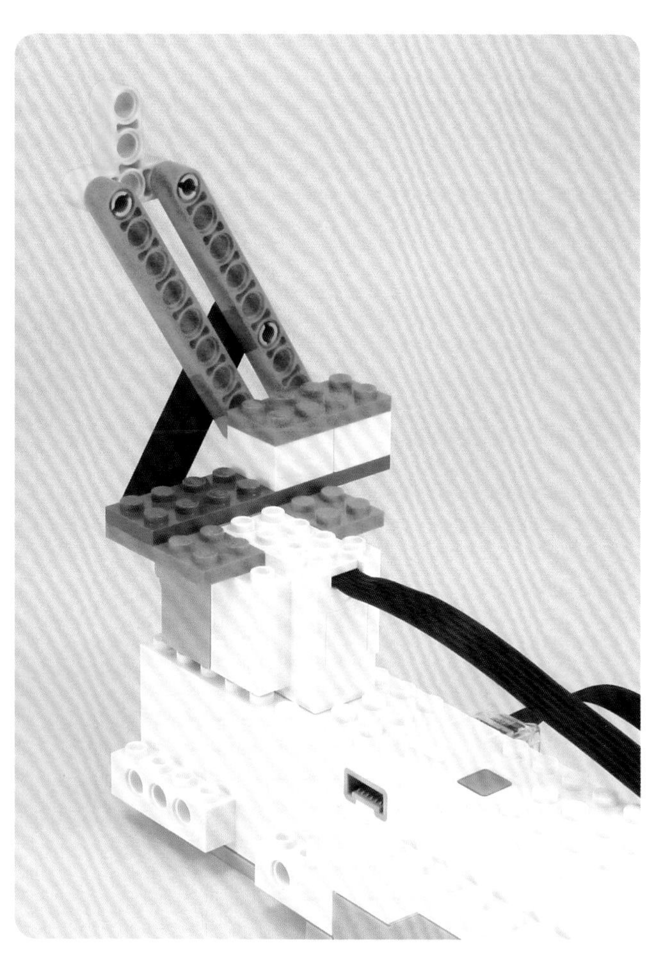

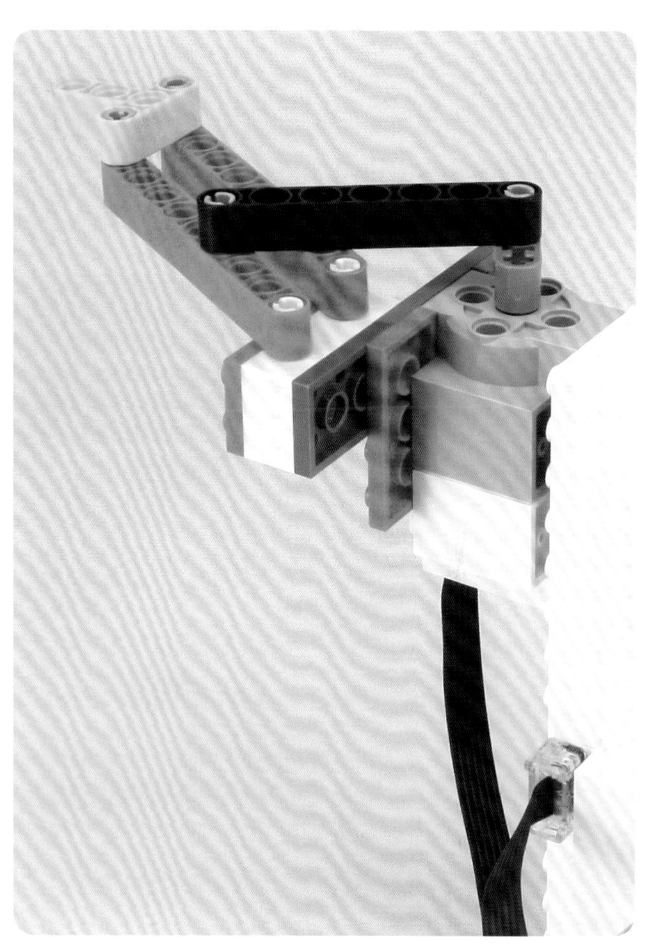

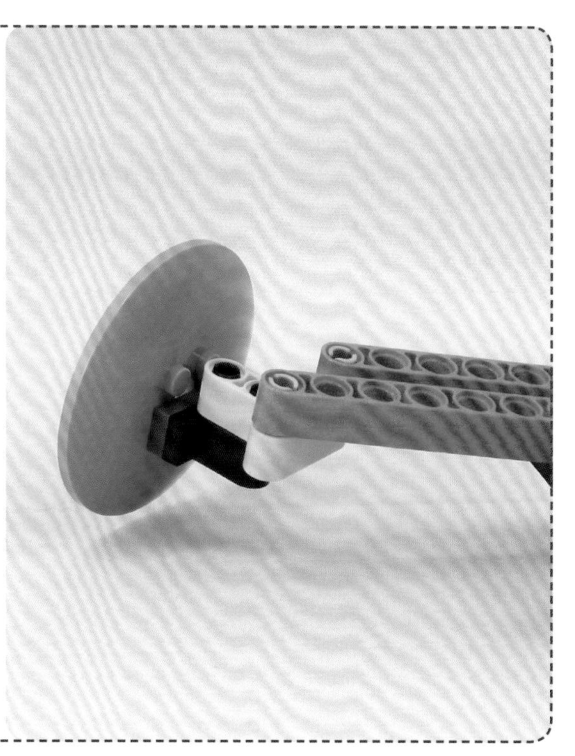

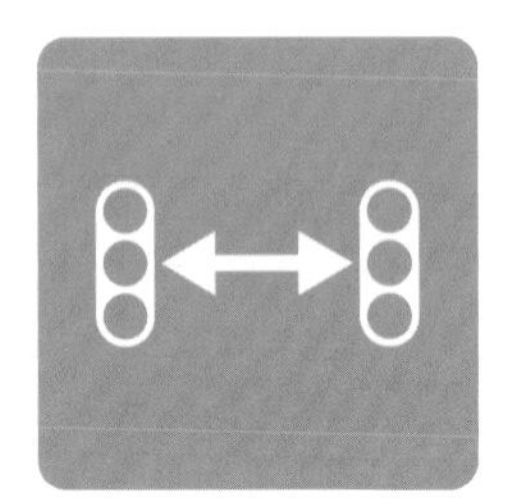

往復式機構

#35

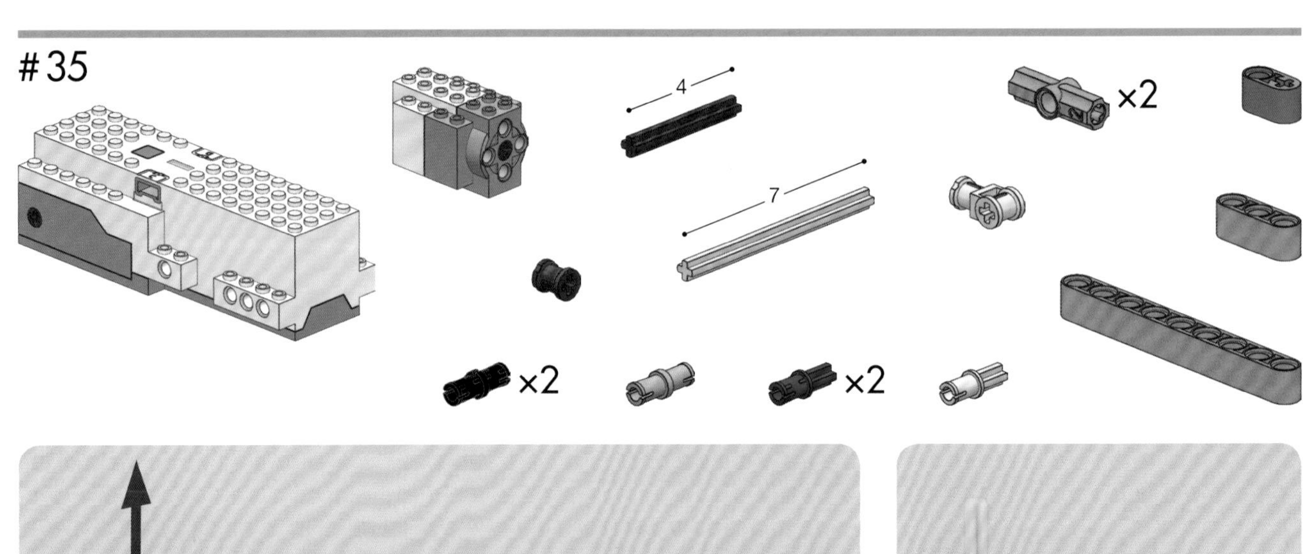

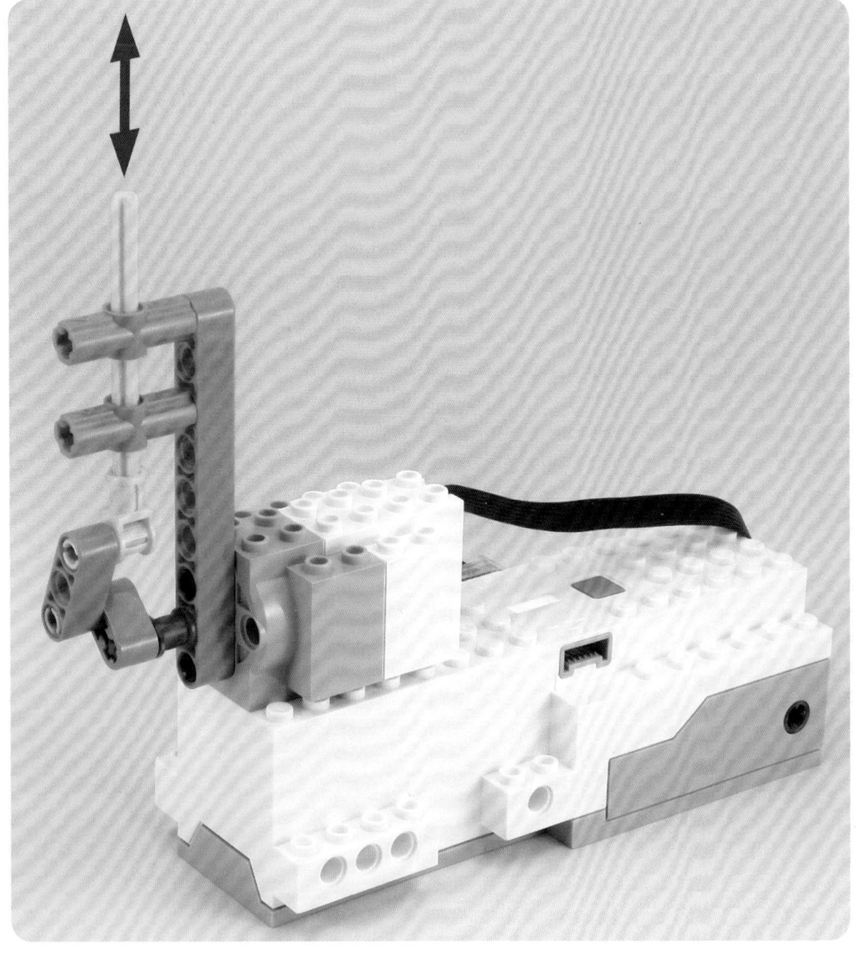

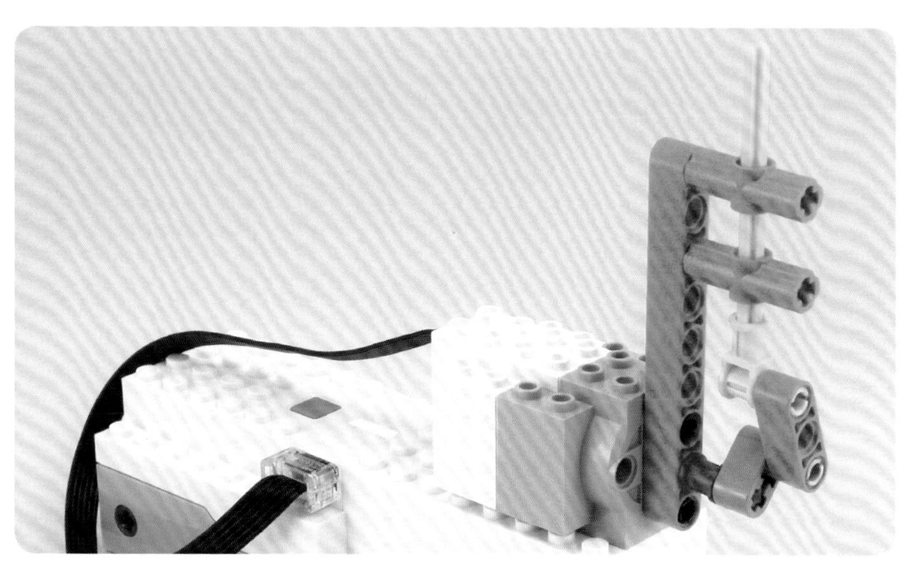

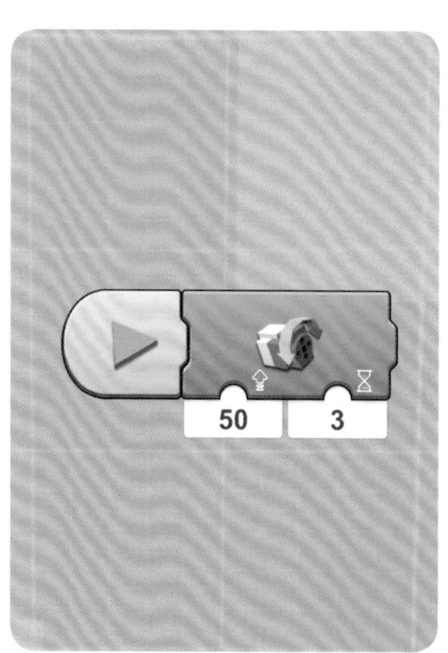

50
3

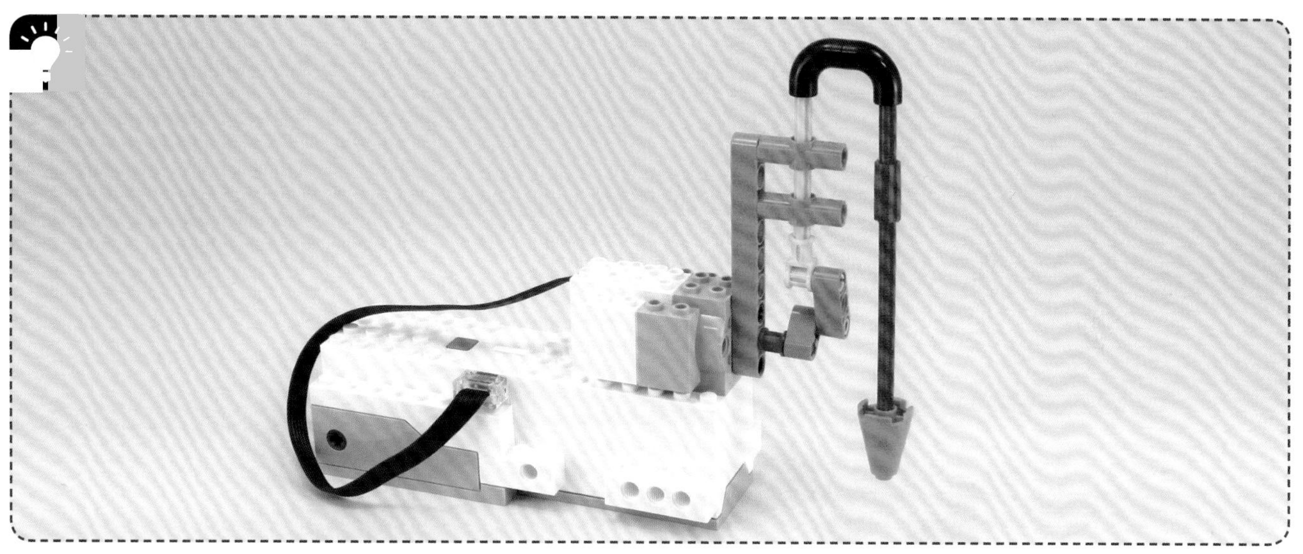

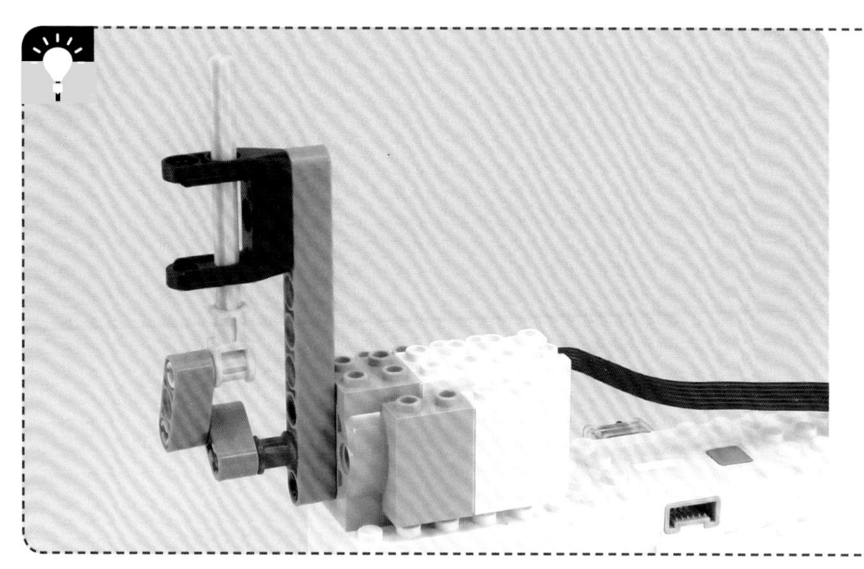

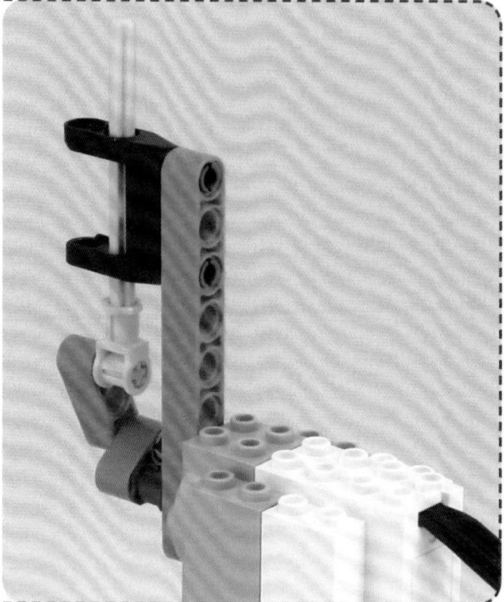

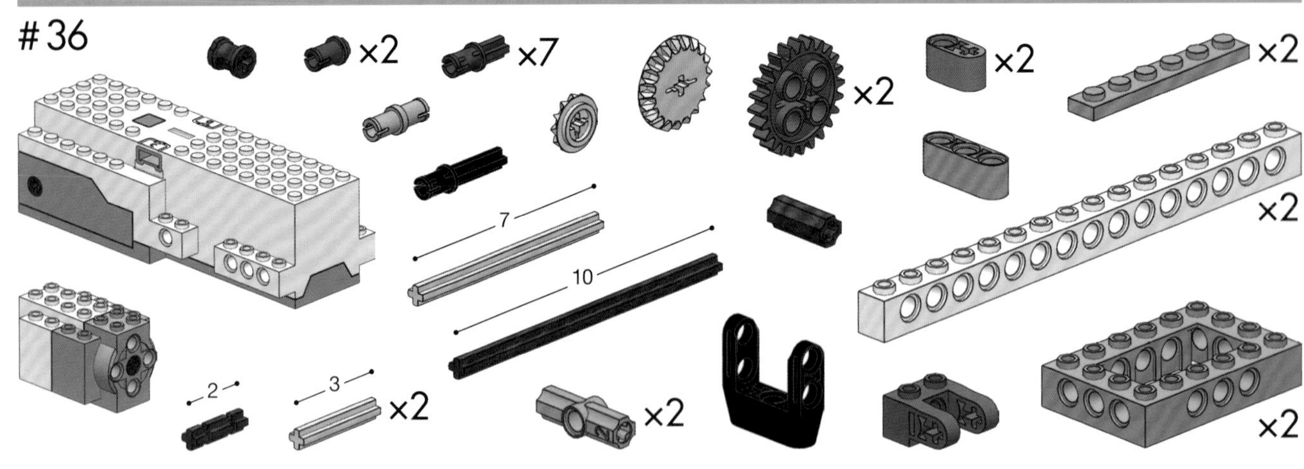
#36
×2
×7
×2
×2
×2
×2
7
10
2
3
×2
×2
×2

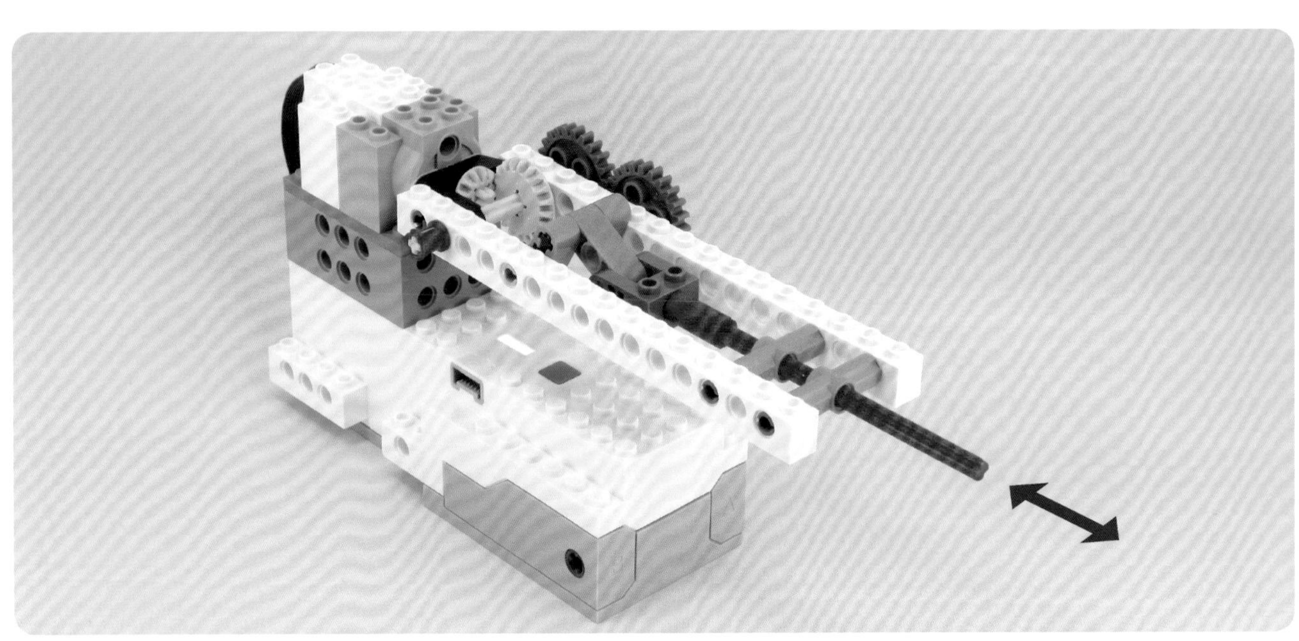

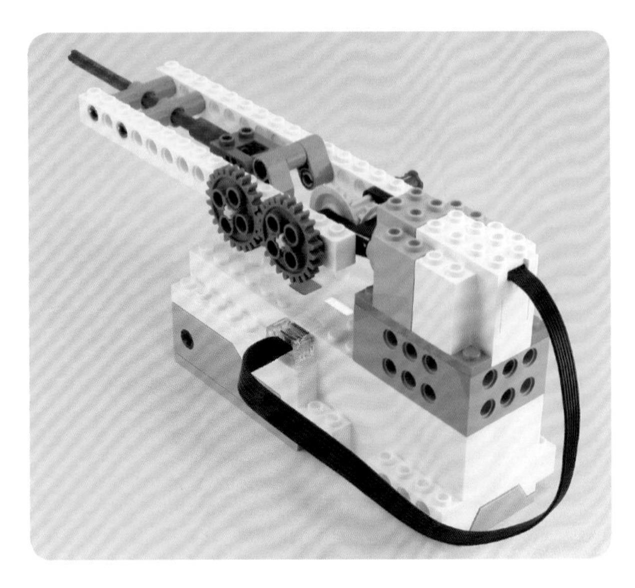

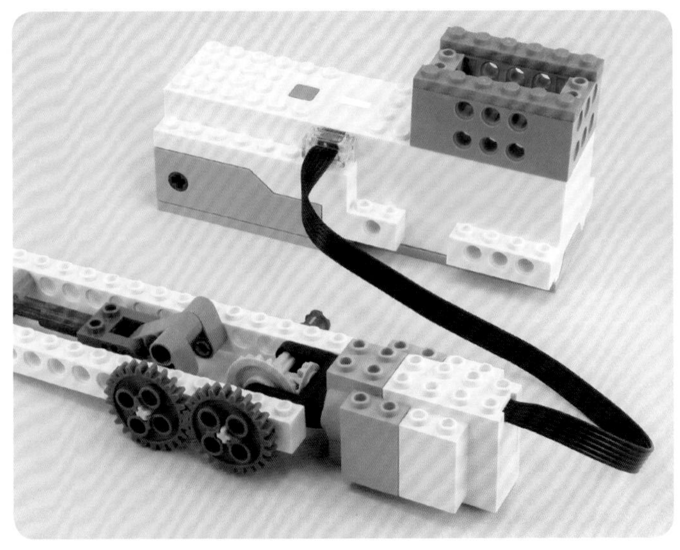

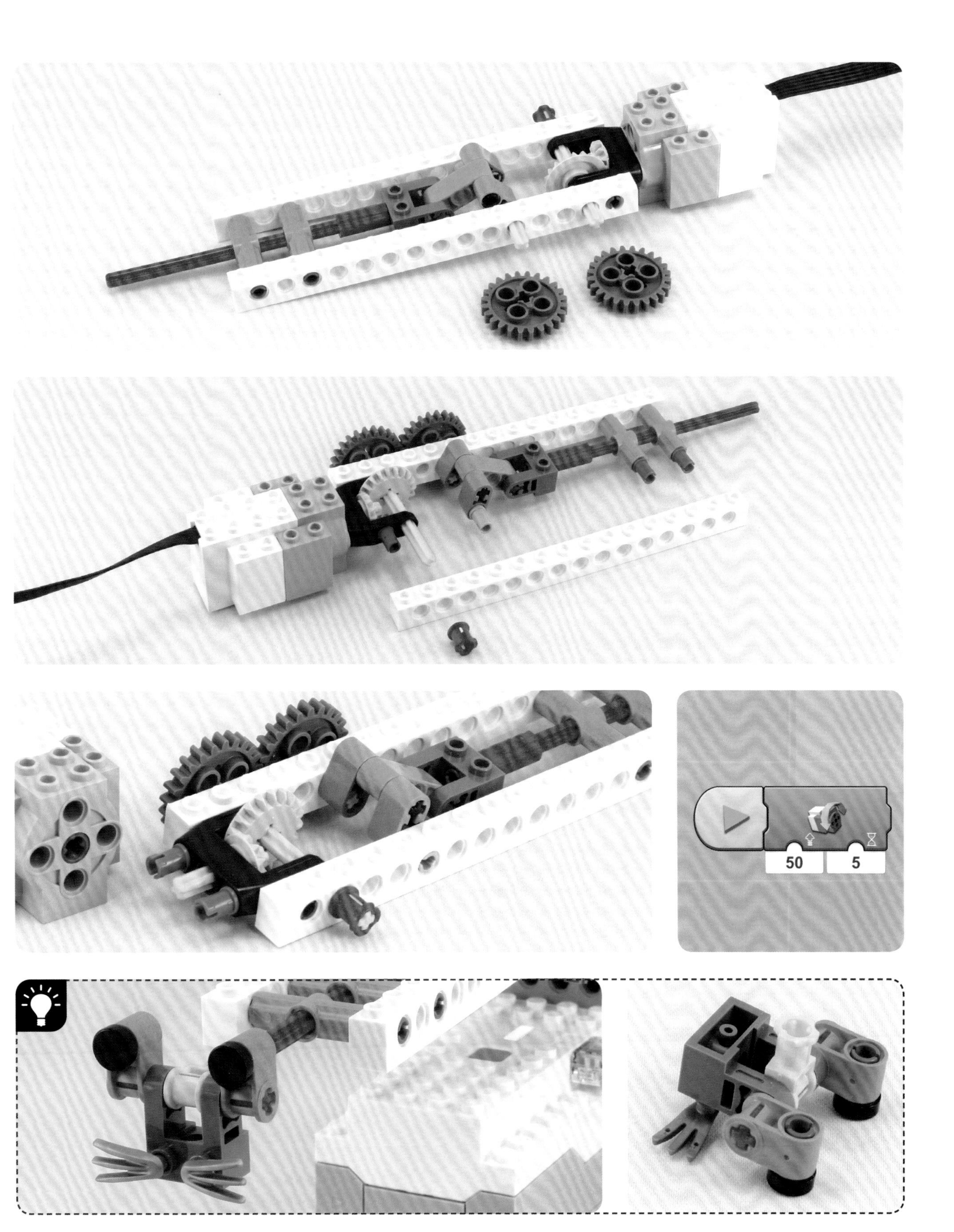
50
5

#37

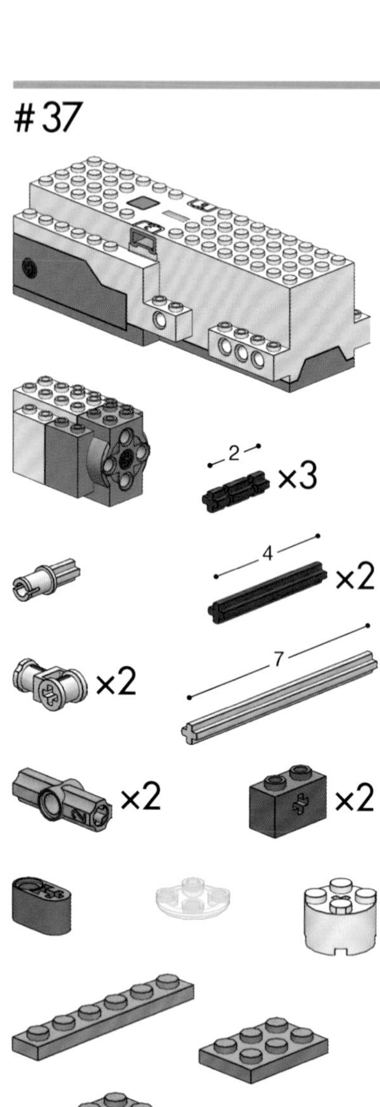

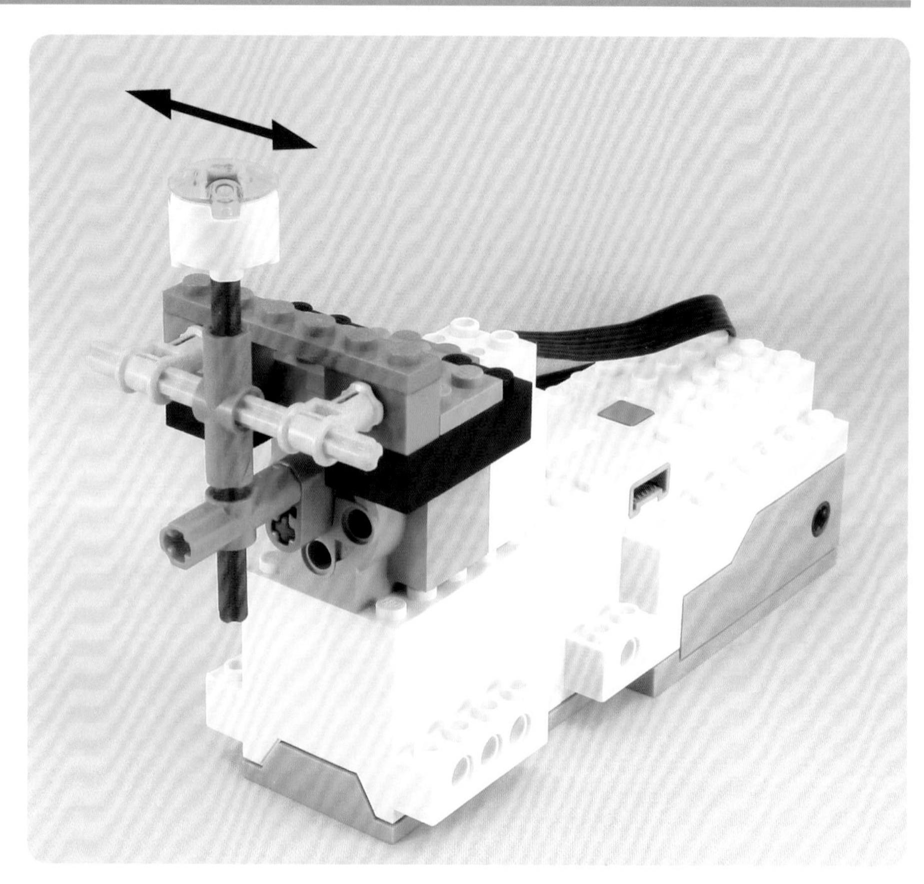

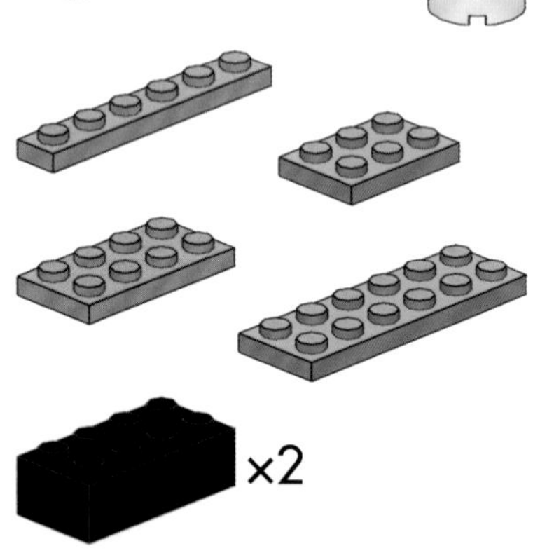

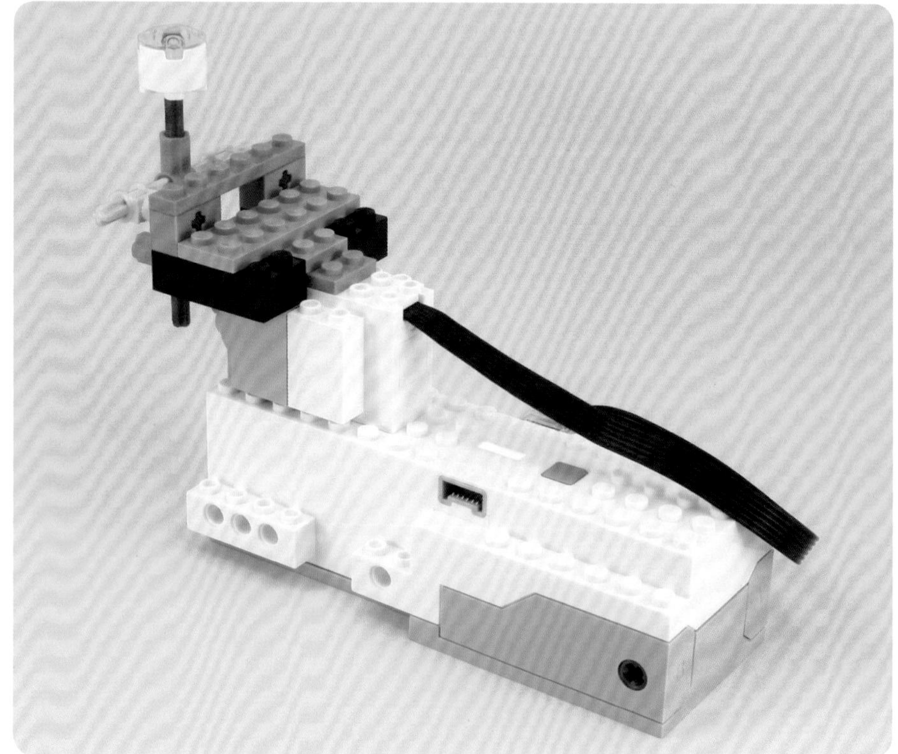

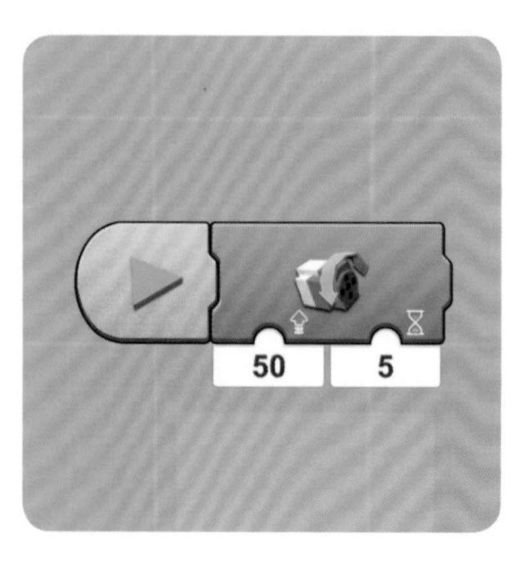

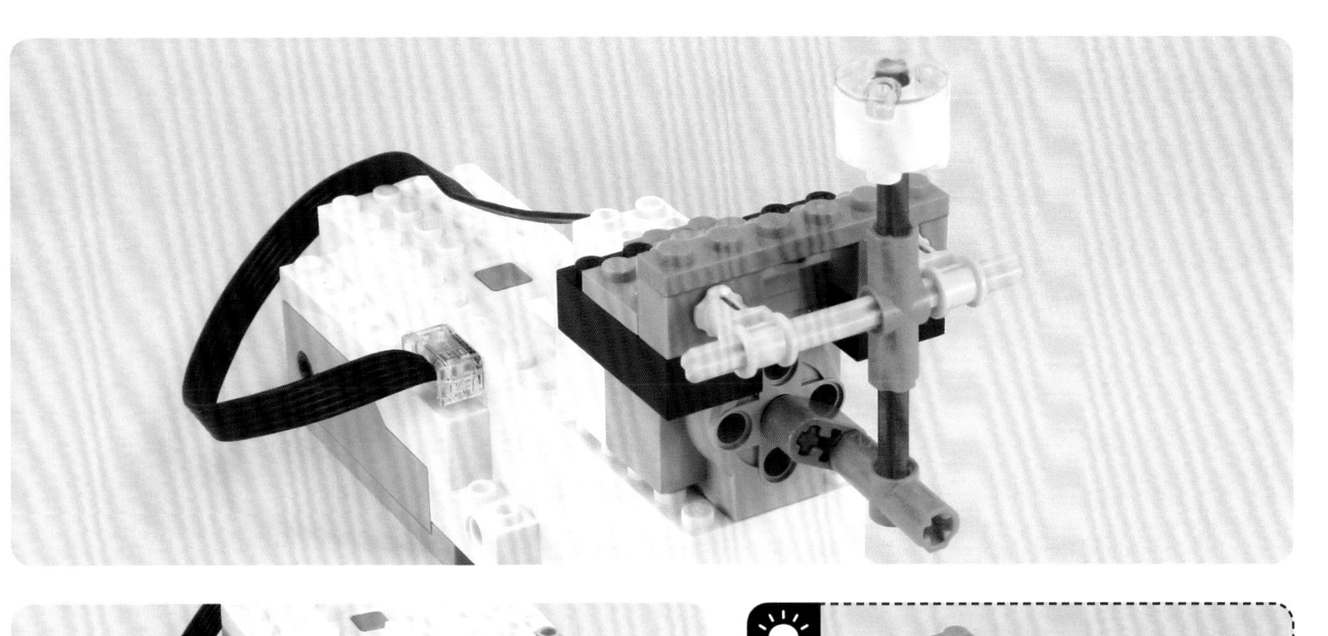

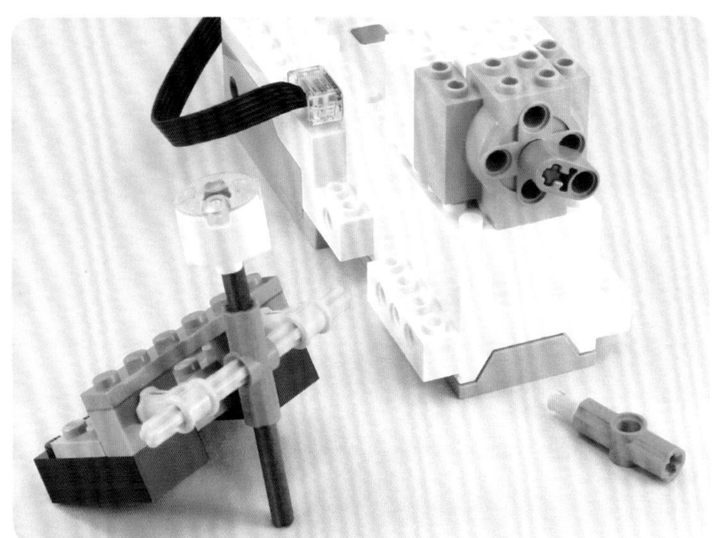

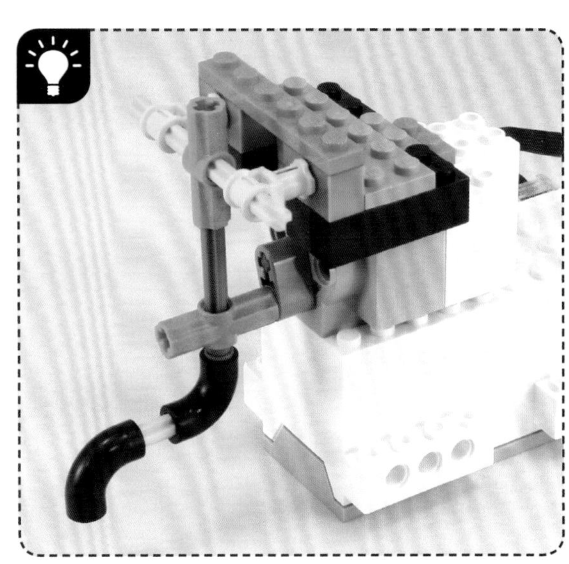

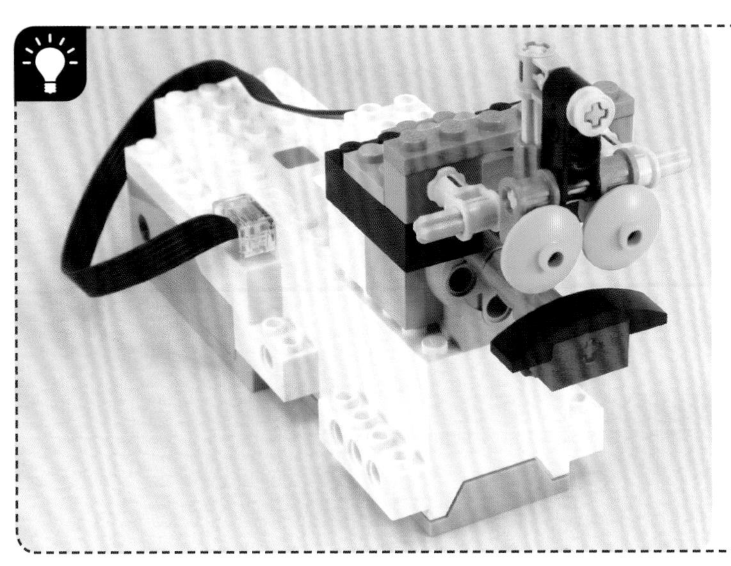

#38

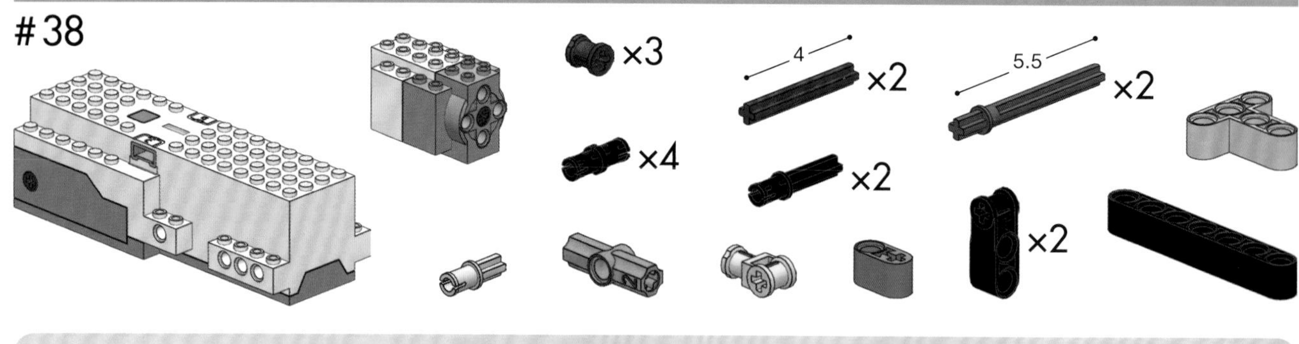

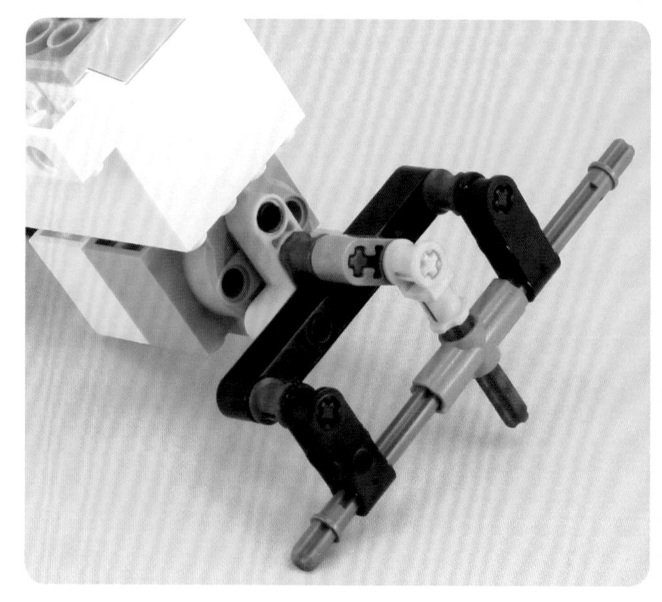

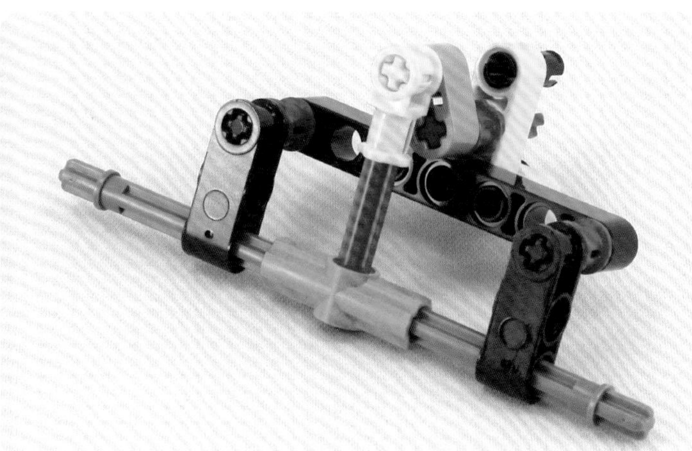

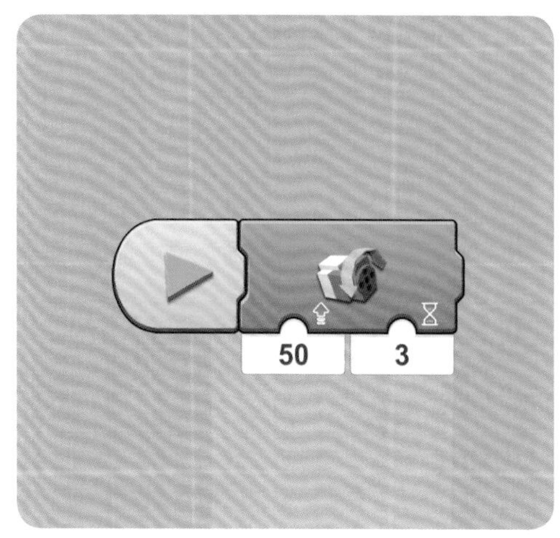
50
3

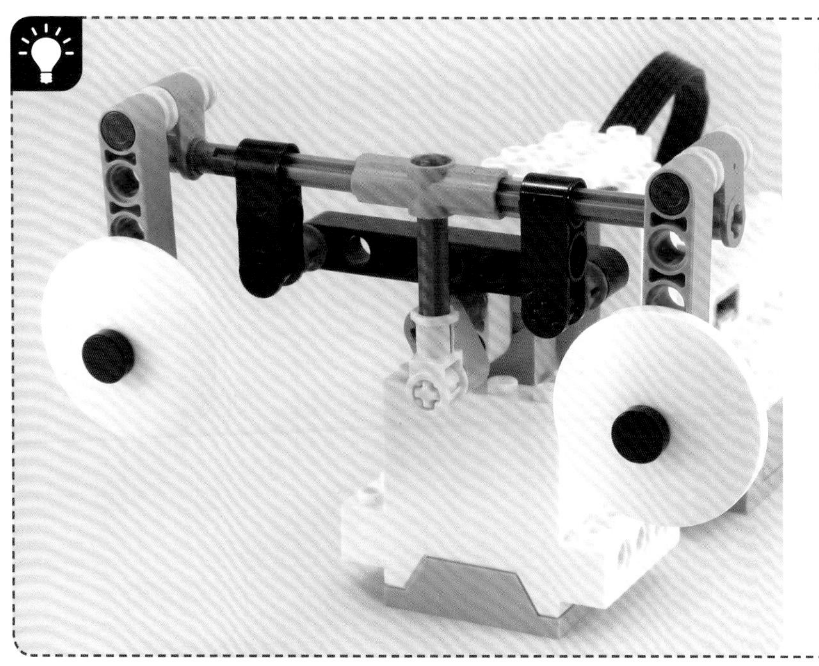

齒條與小齒輪

#39

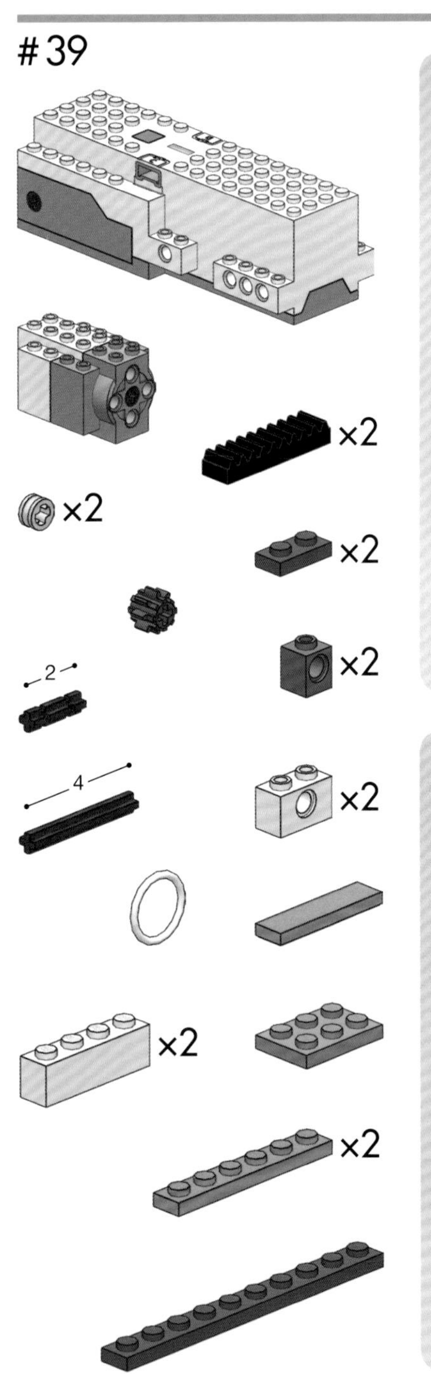

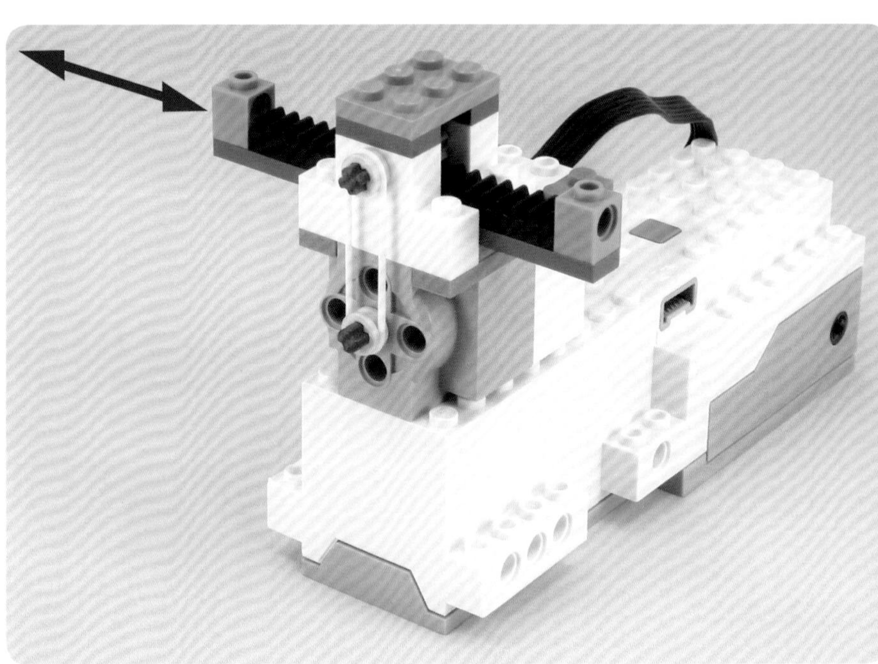

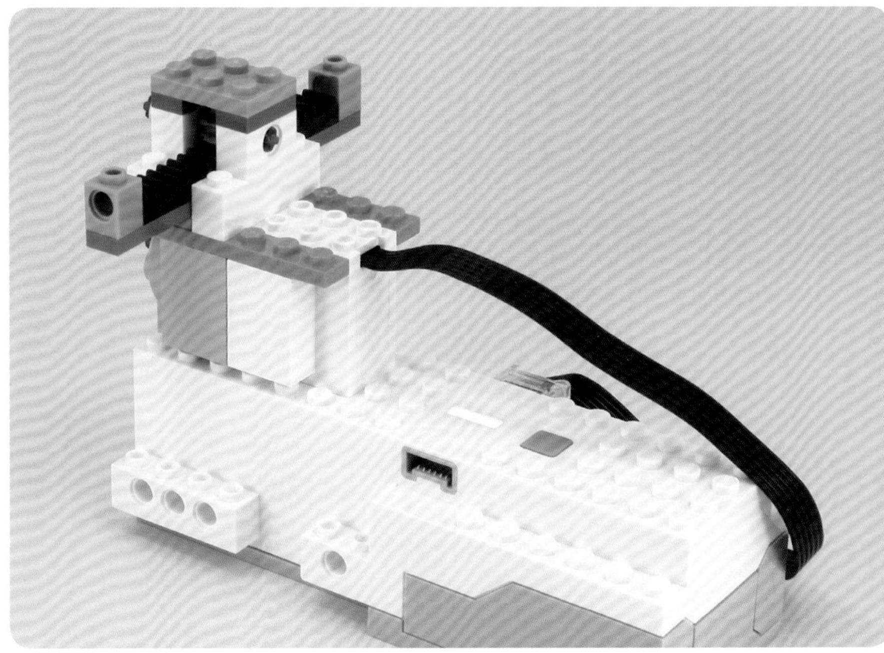

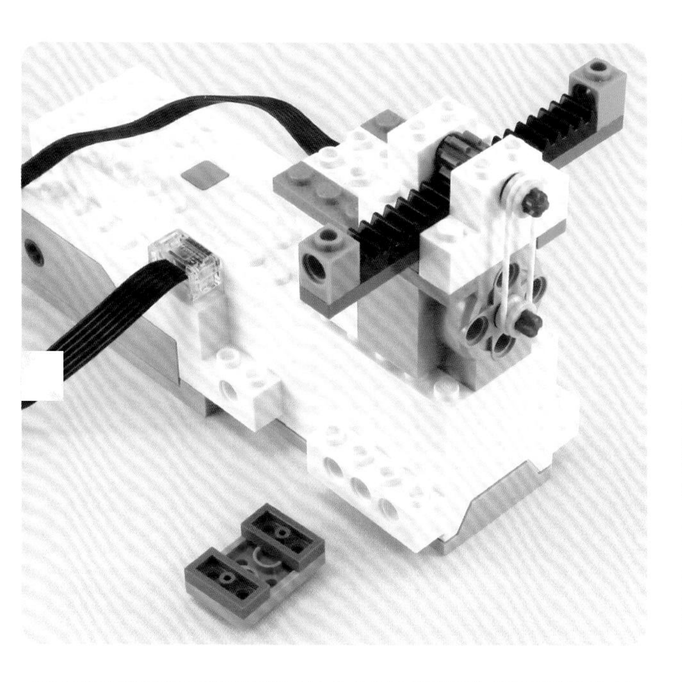

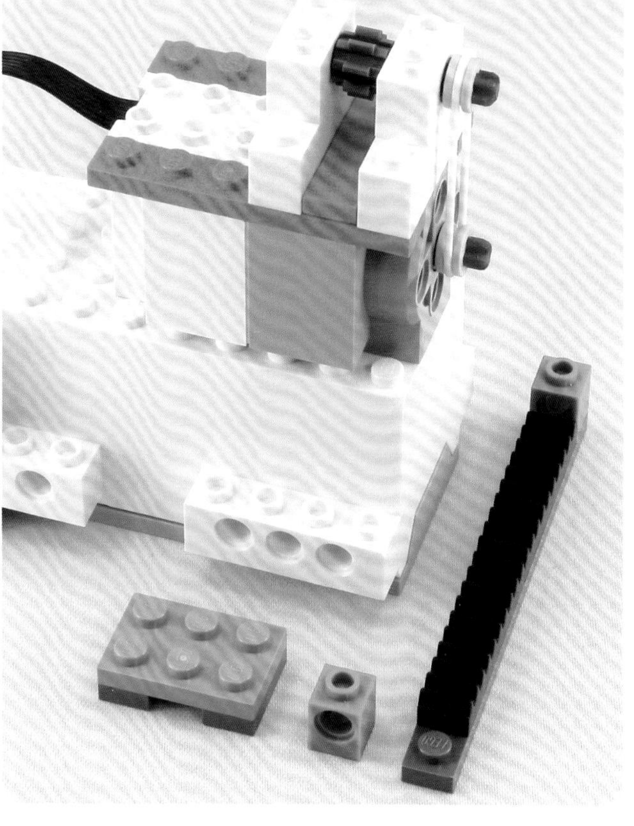

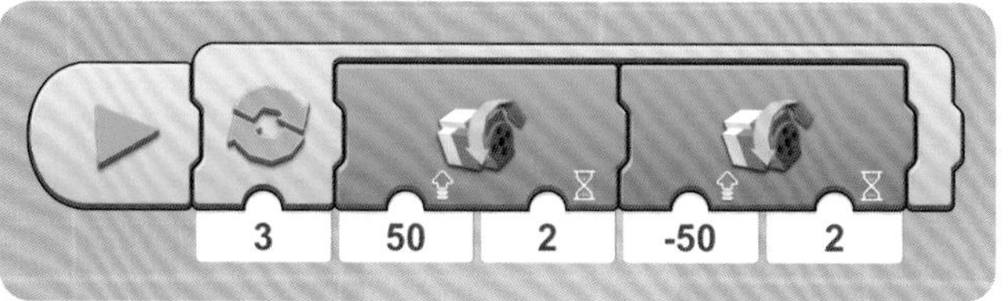
3
50
2
-50
2

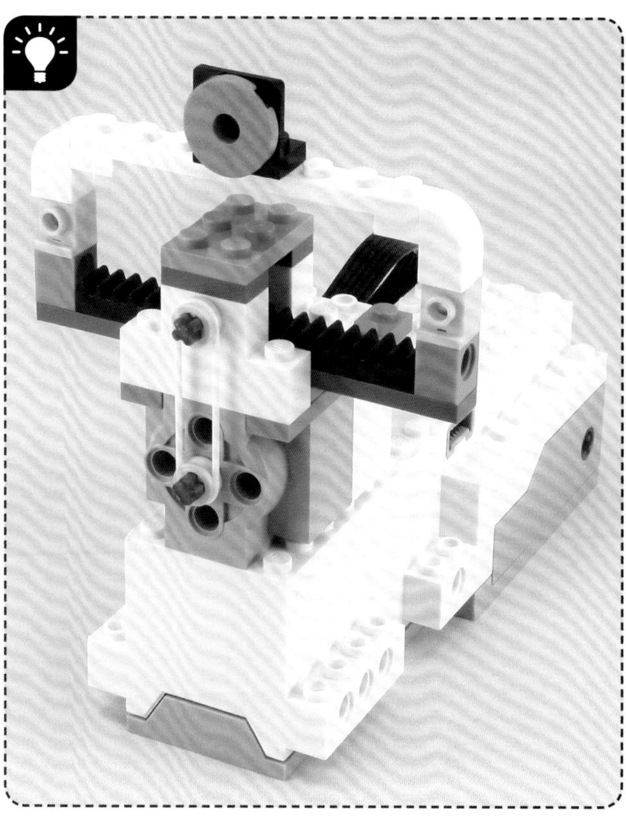

#40

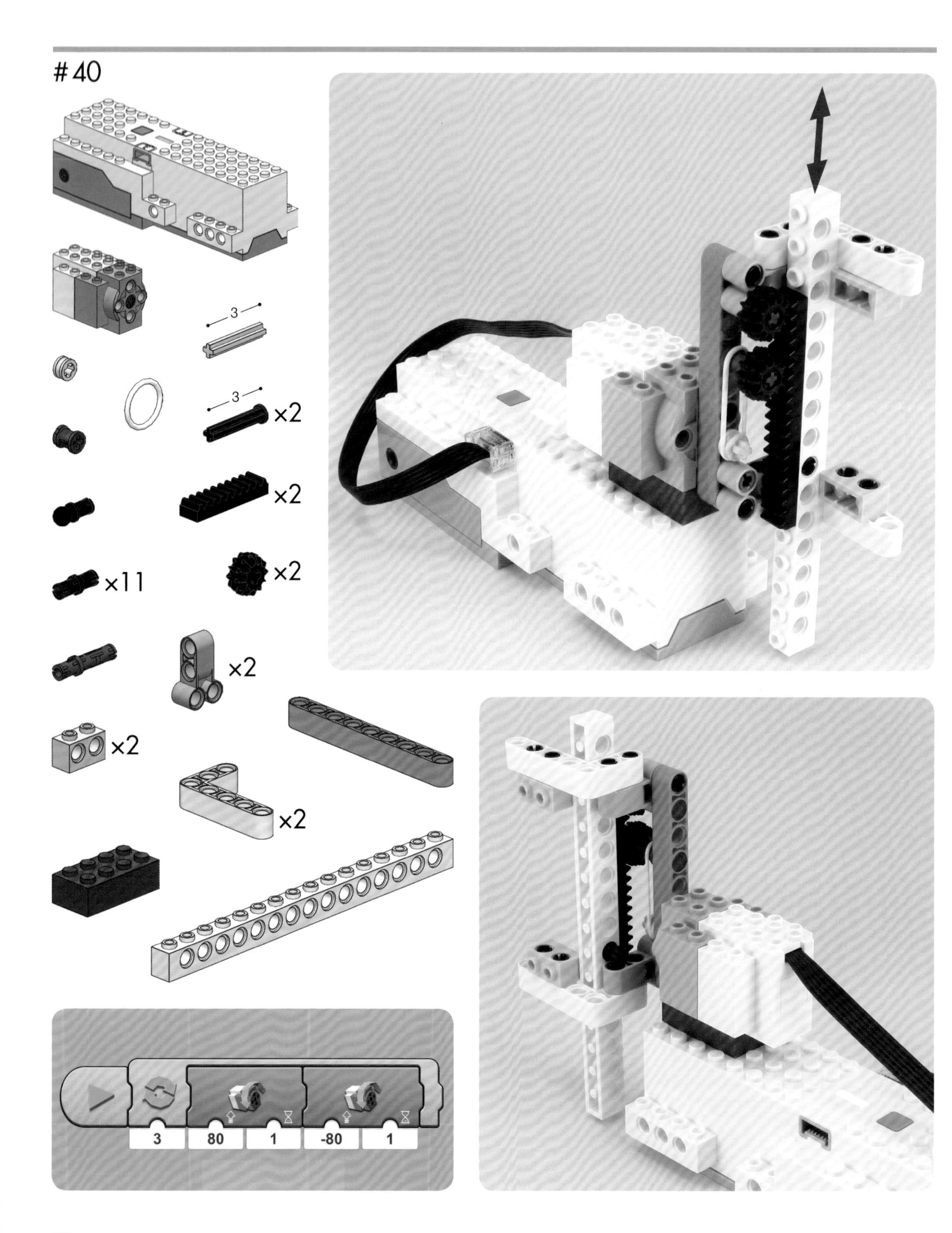

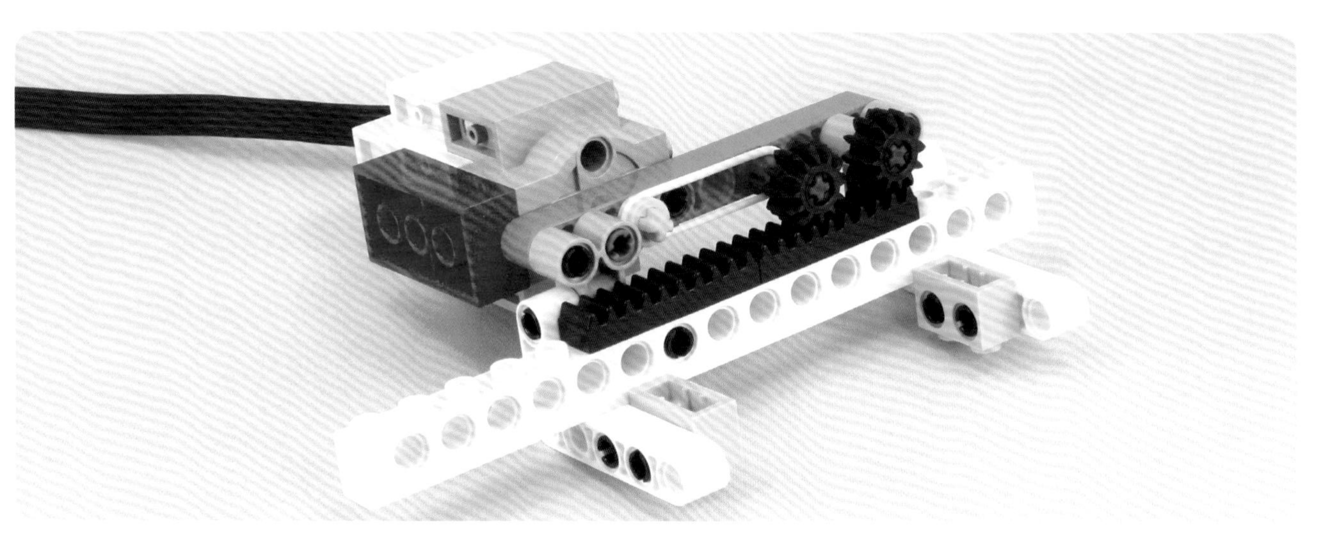

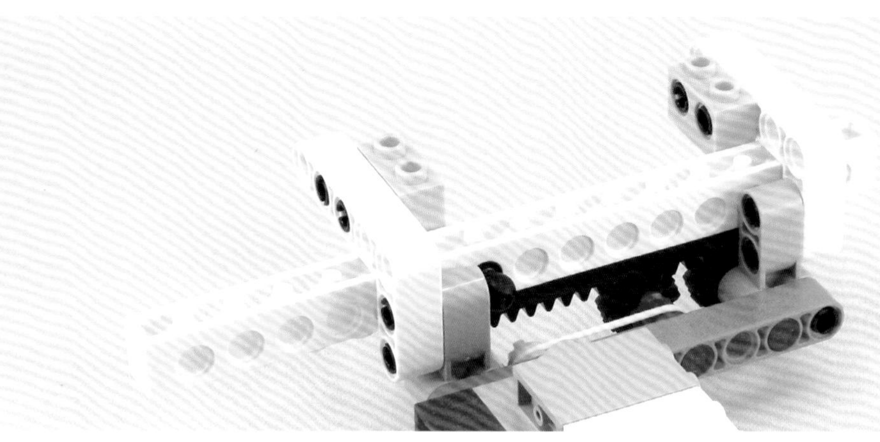

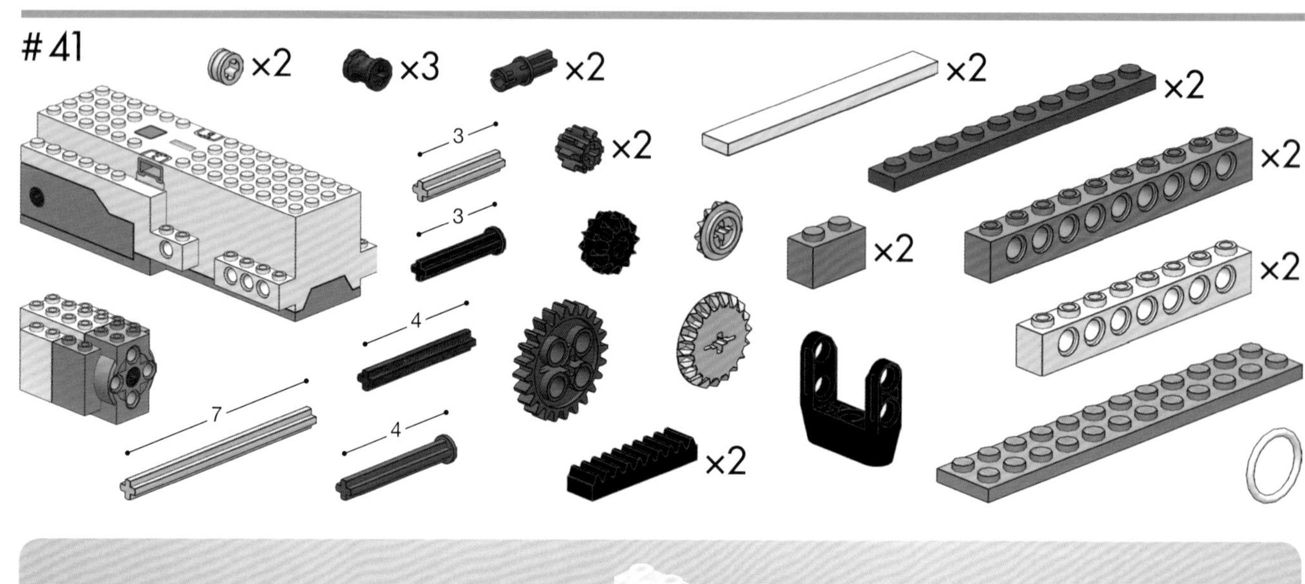
#41
×2
×3
×2
×2
×2
3
×2
×2
3
×2
×2
4
7
4
×2

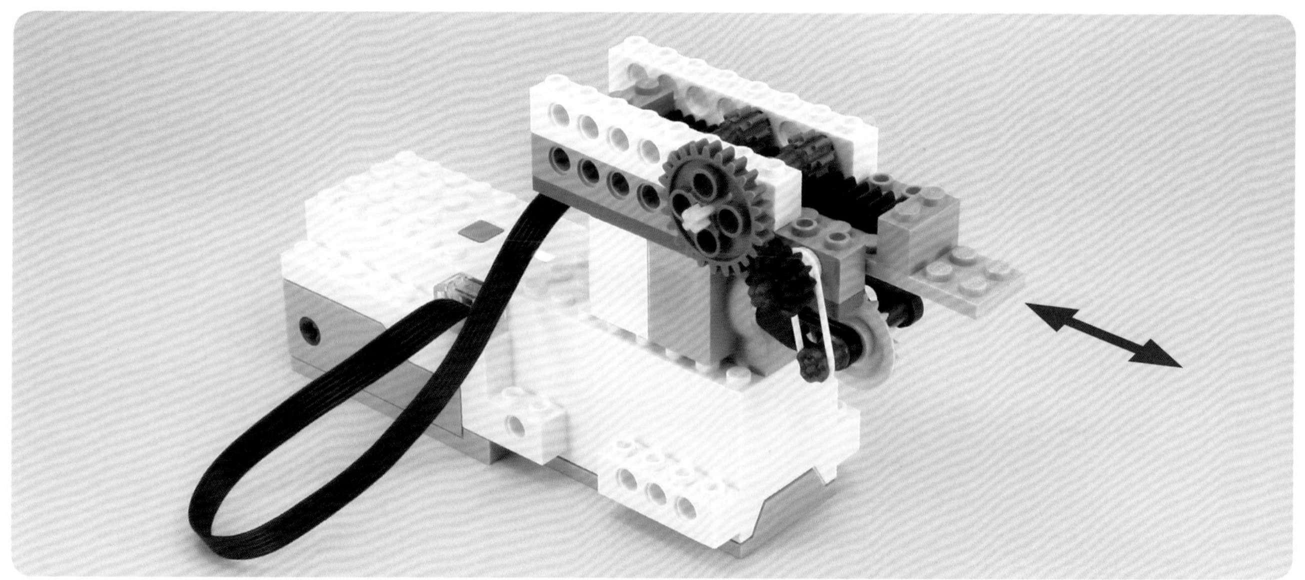

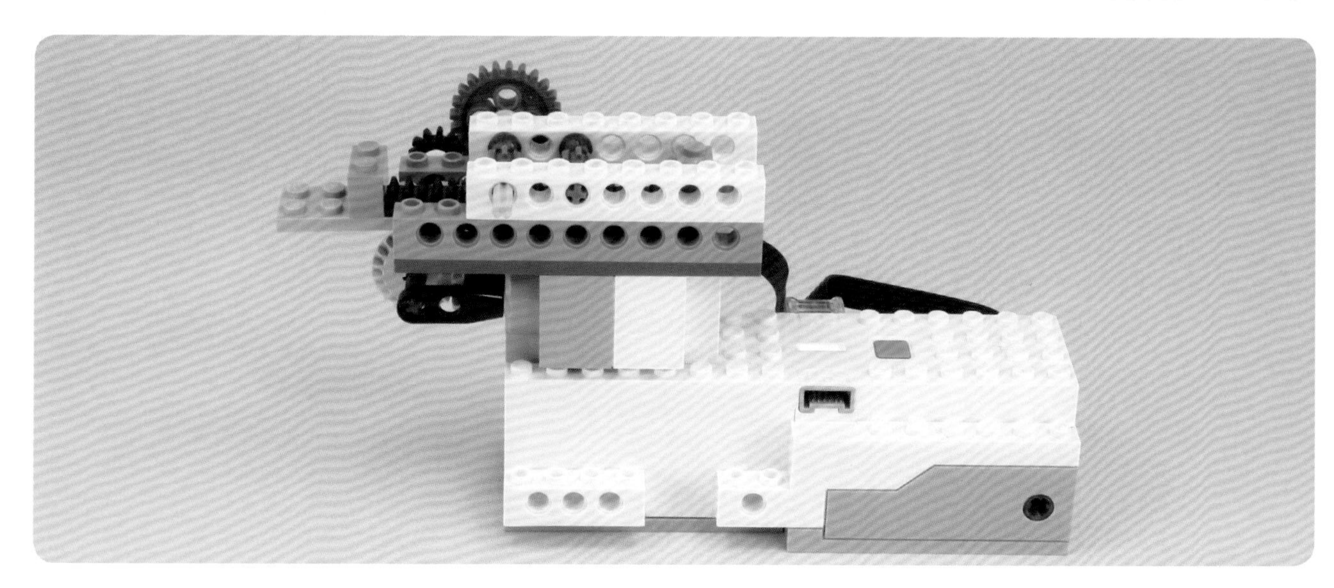

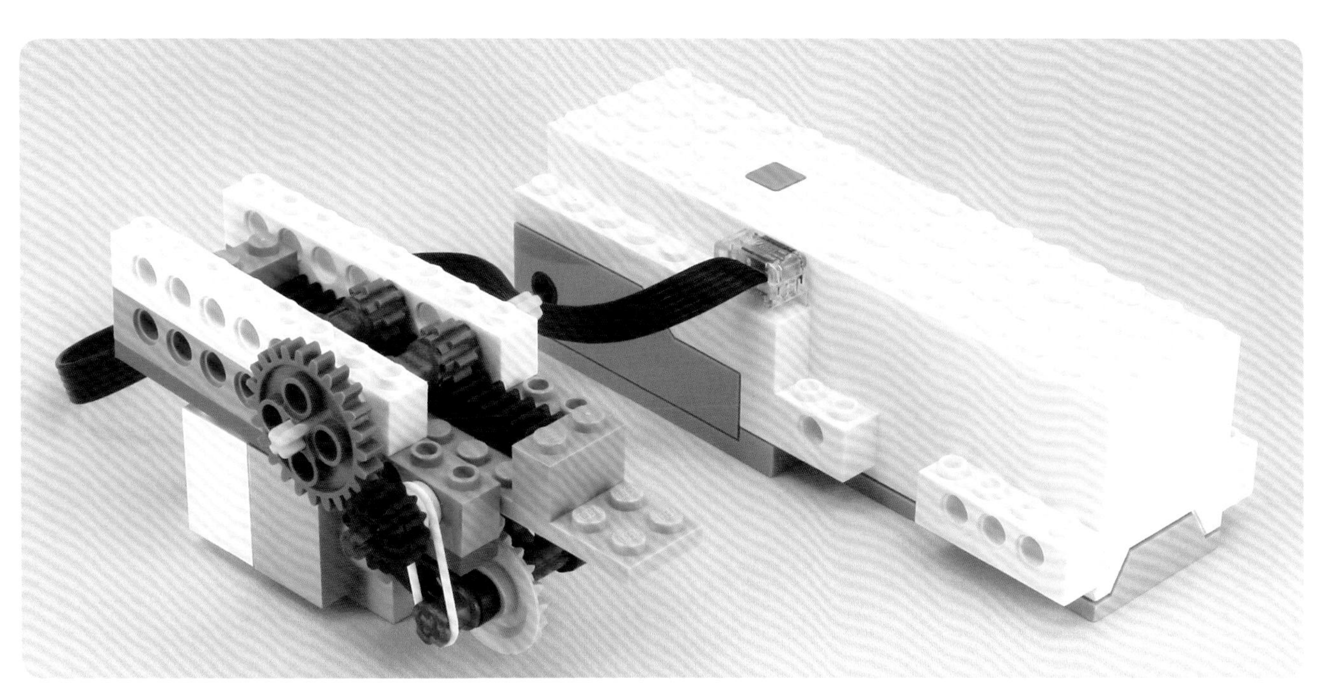

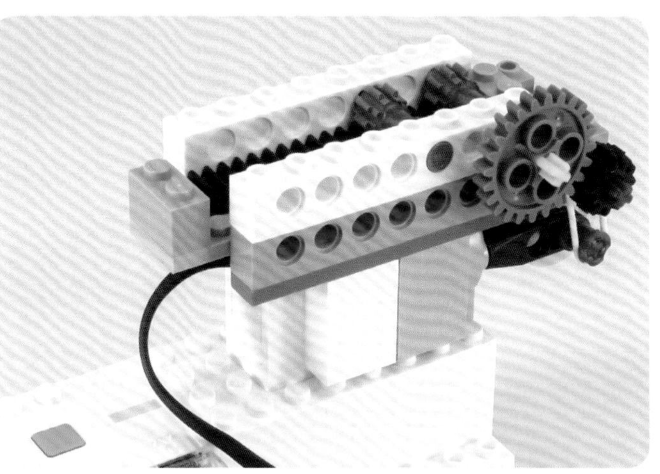

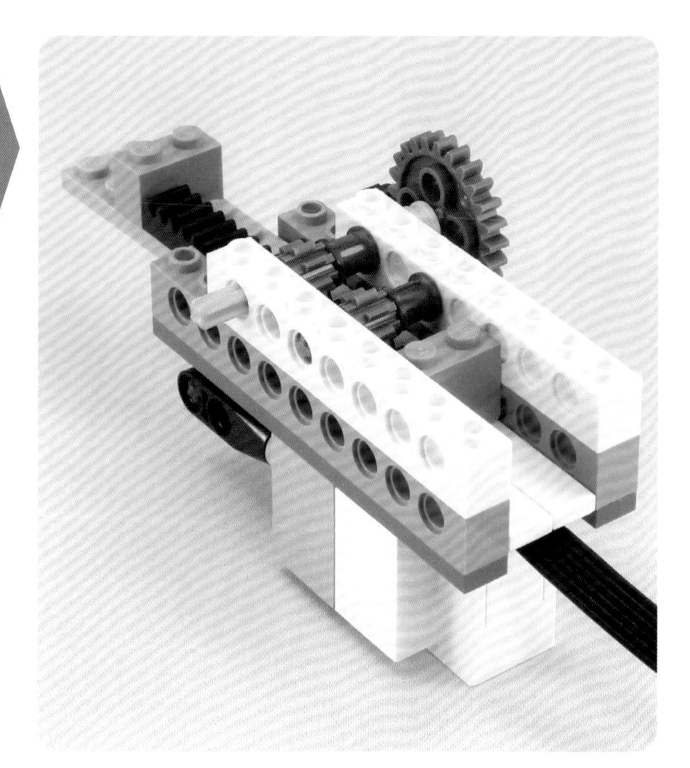

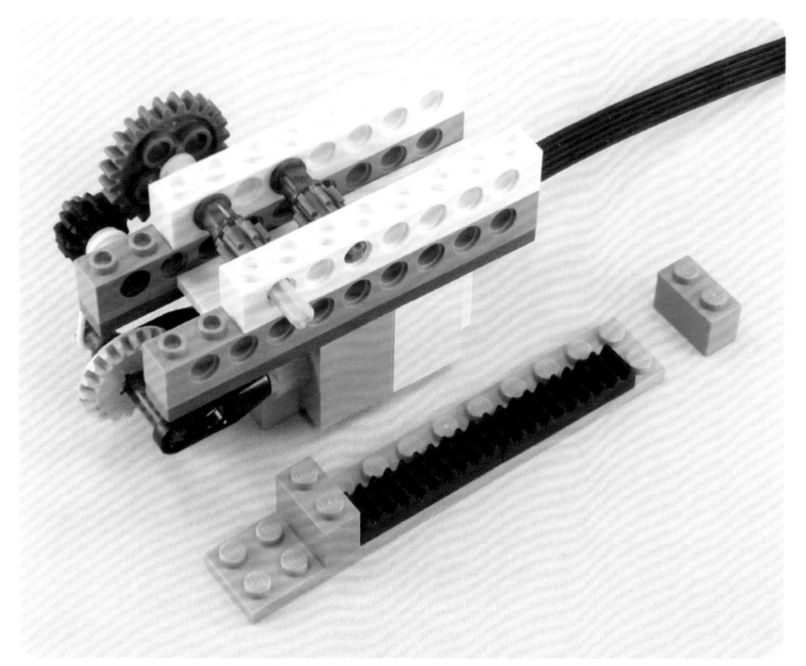

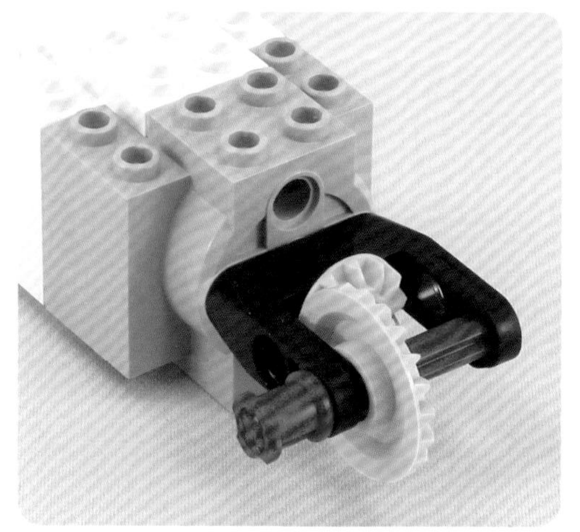

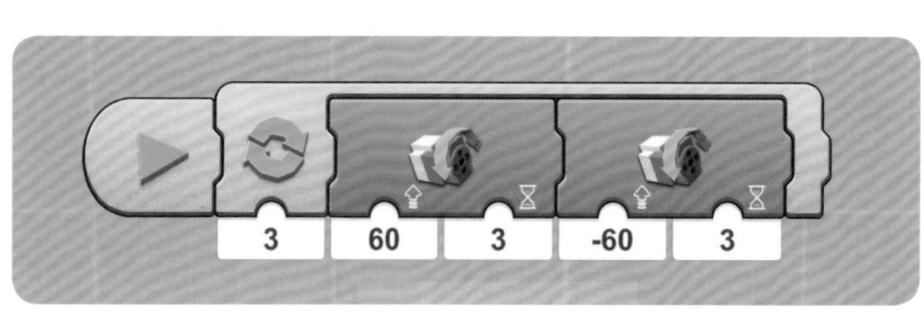
3
60
3
-60
3

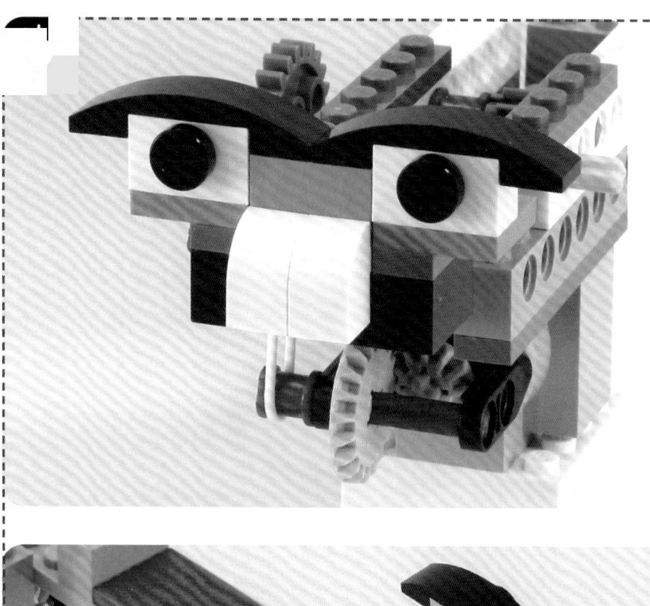

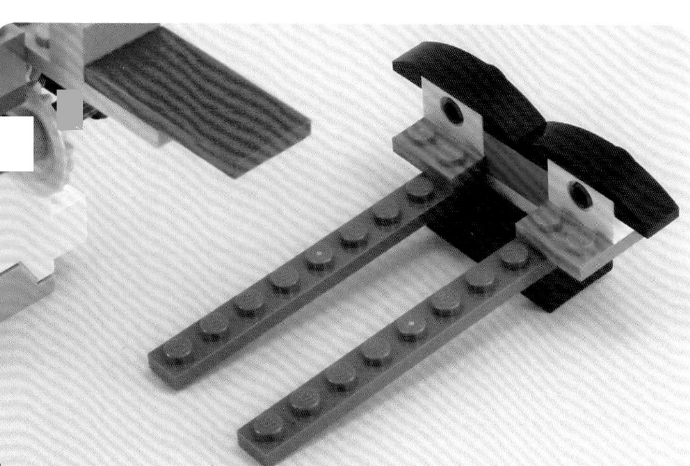

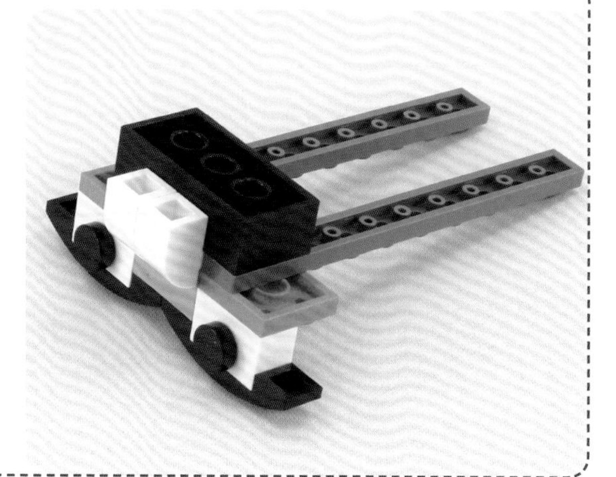

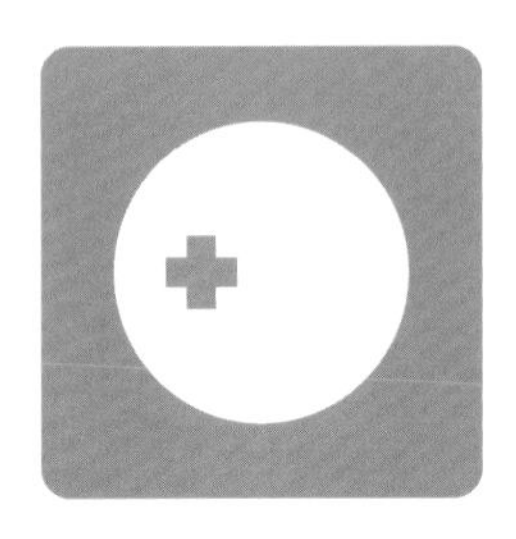

凸輪機構

#42

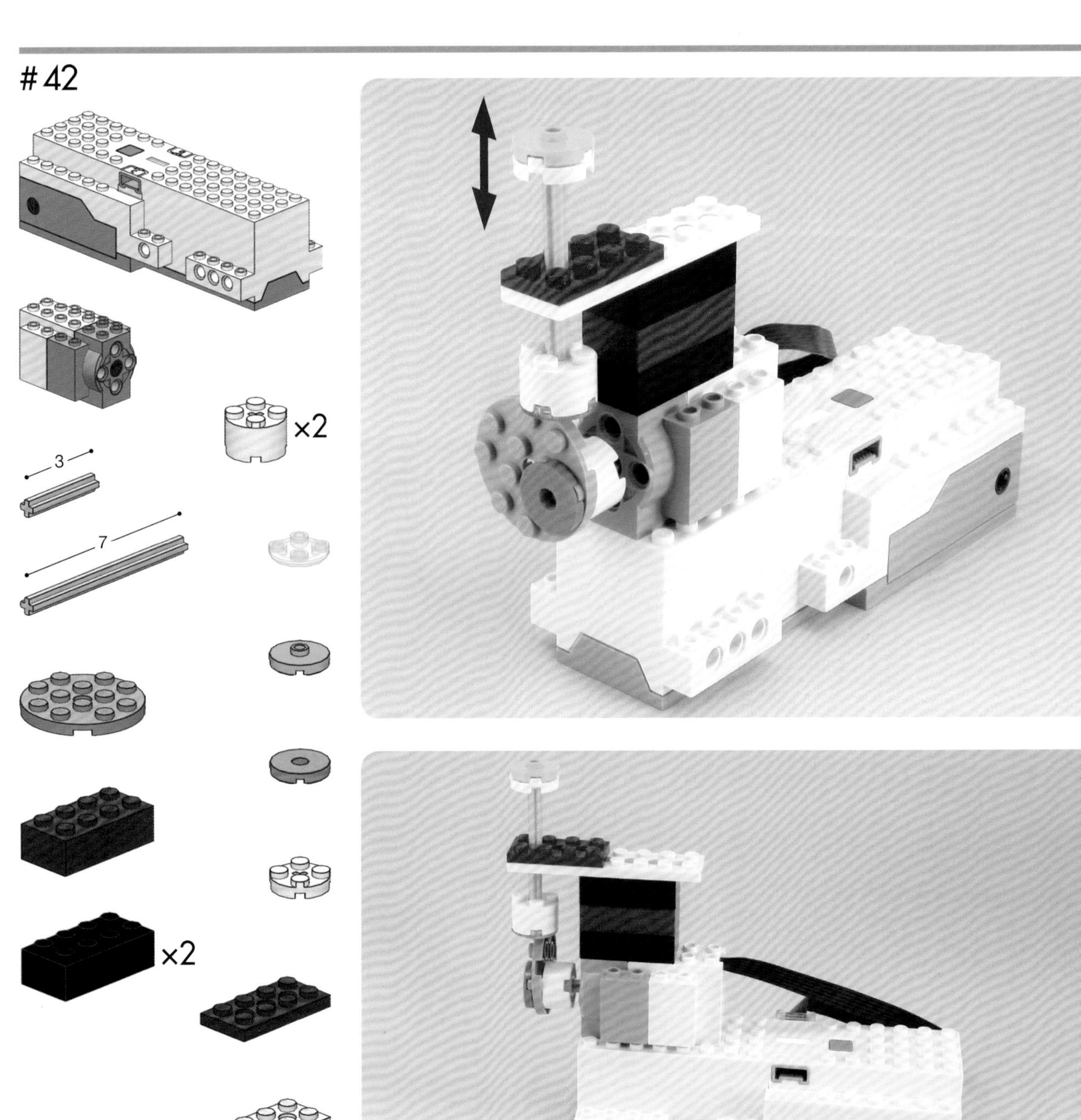

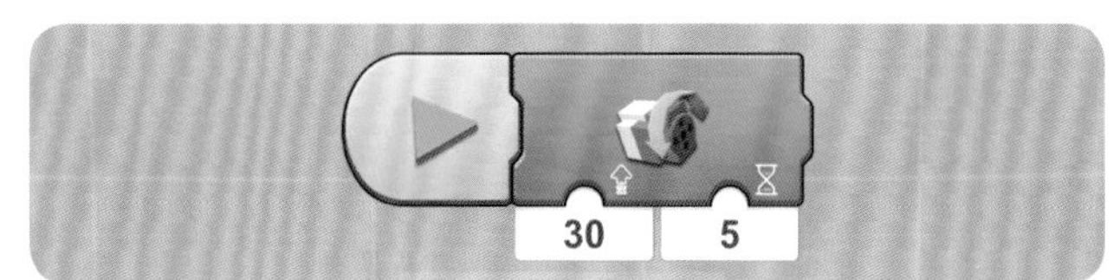
30
5

轉動用的離心軸

#43

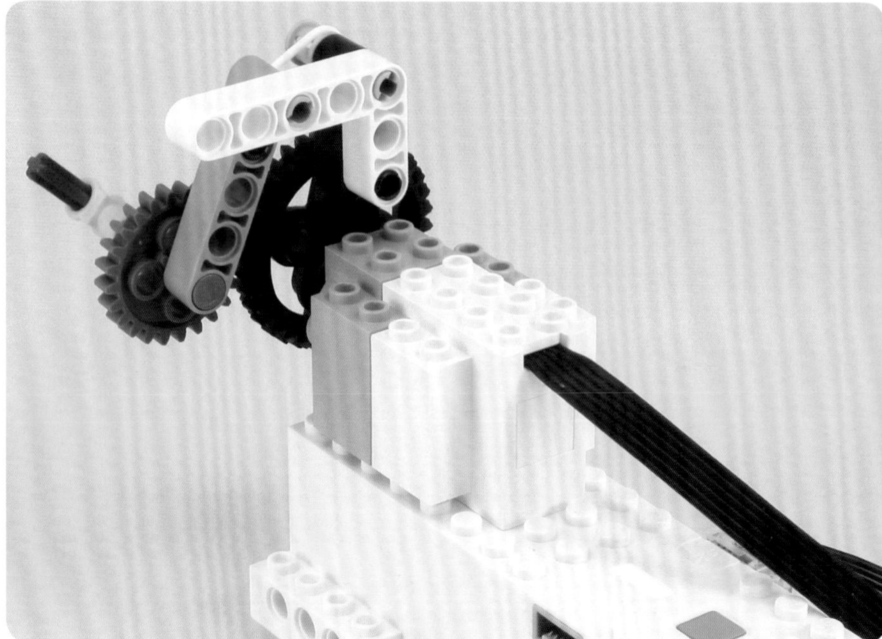

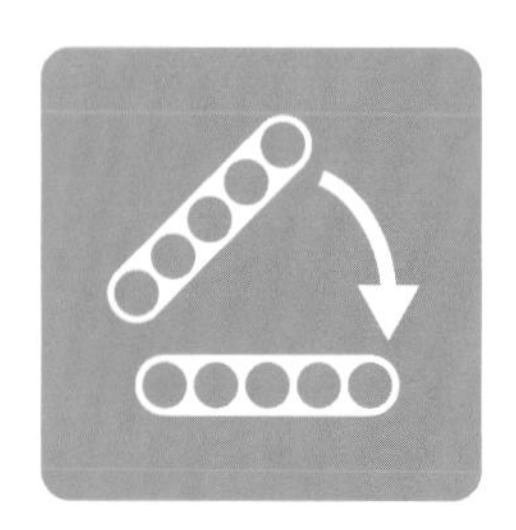

機器人咬東西

#44

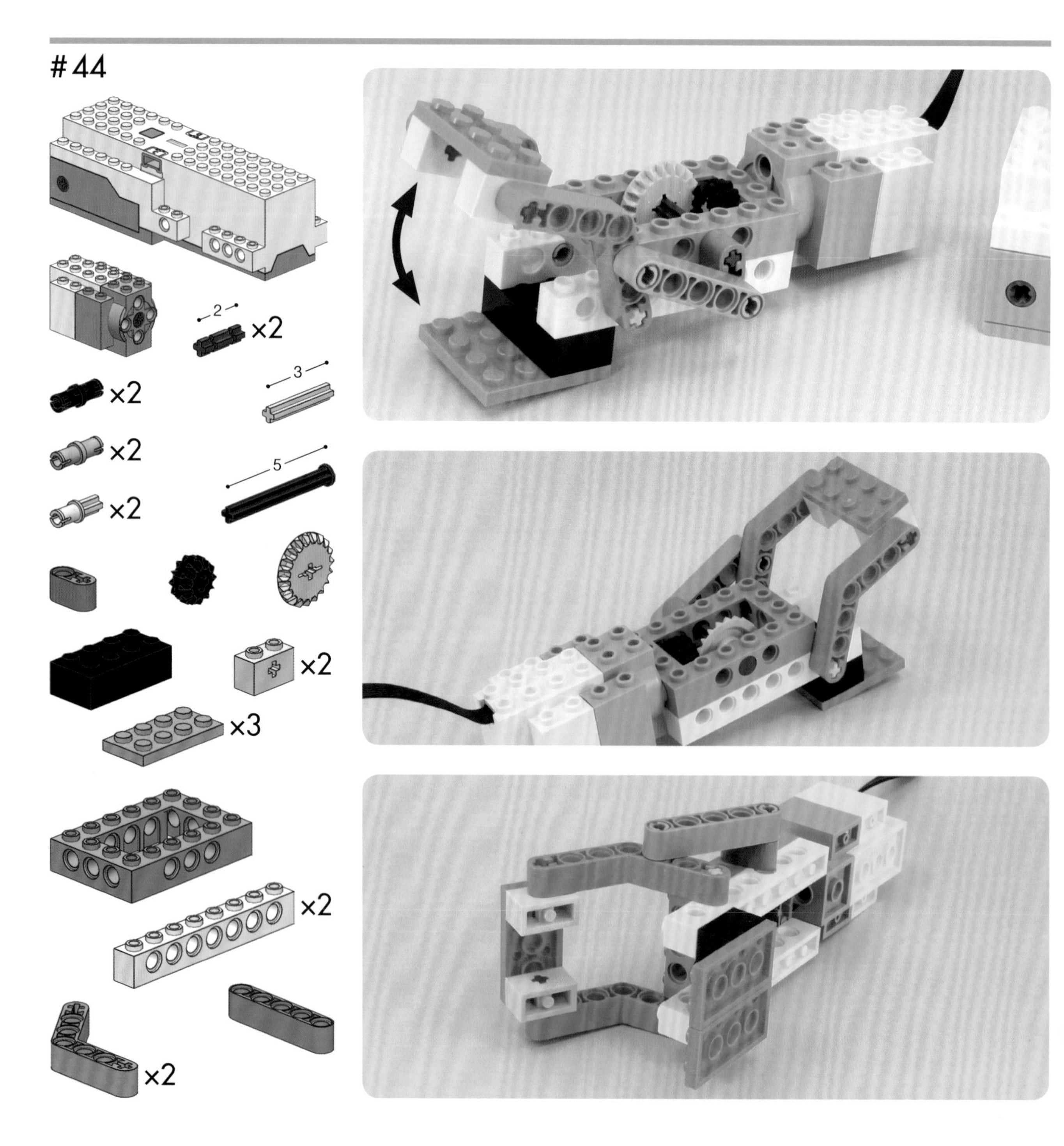

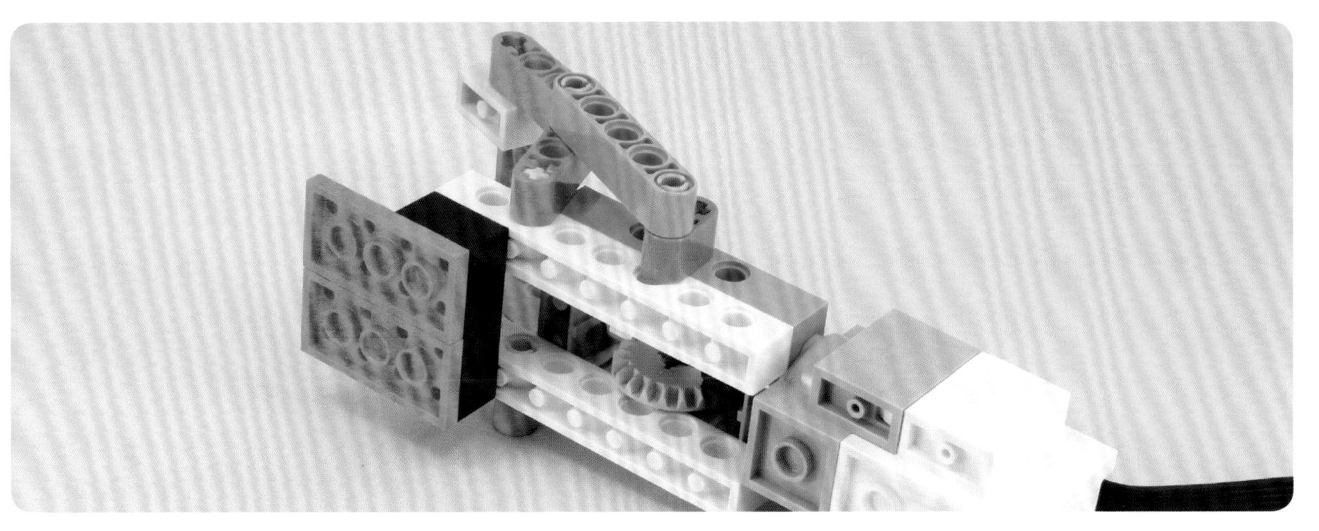

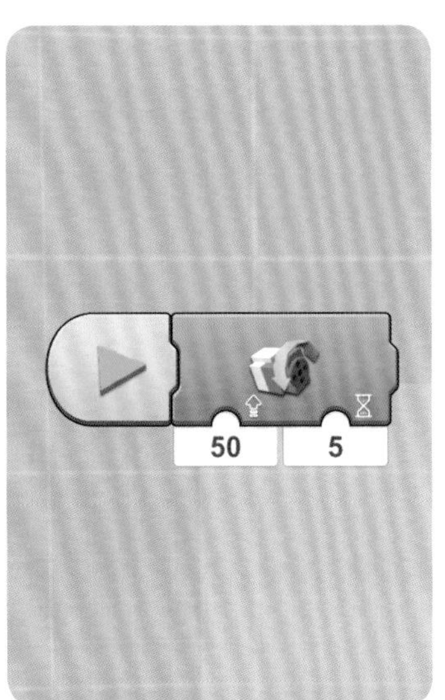
50
5

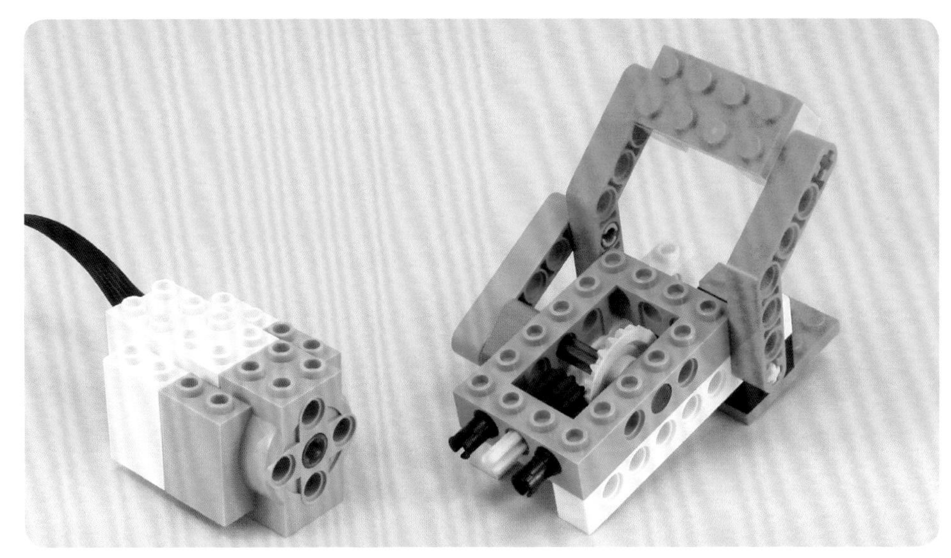

#45

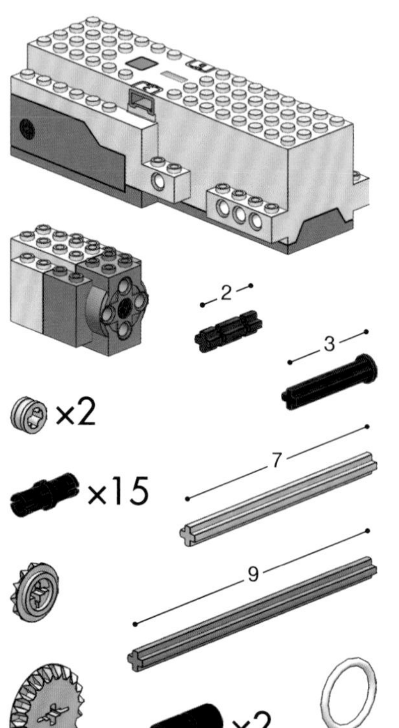

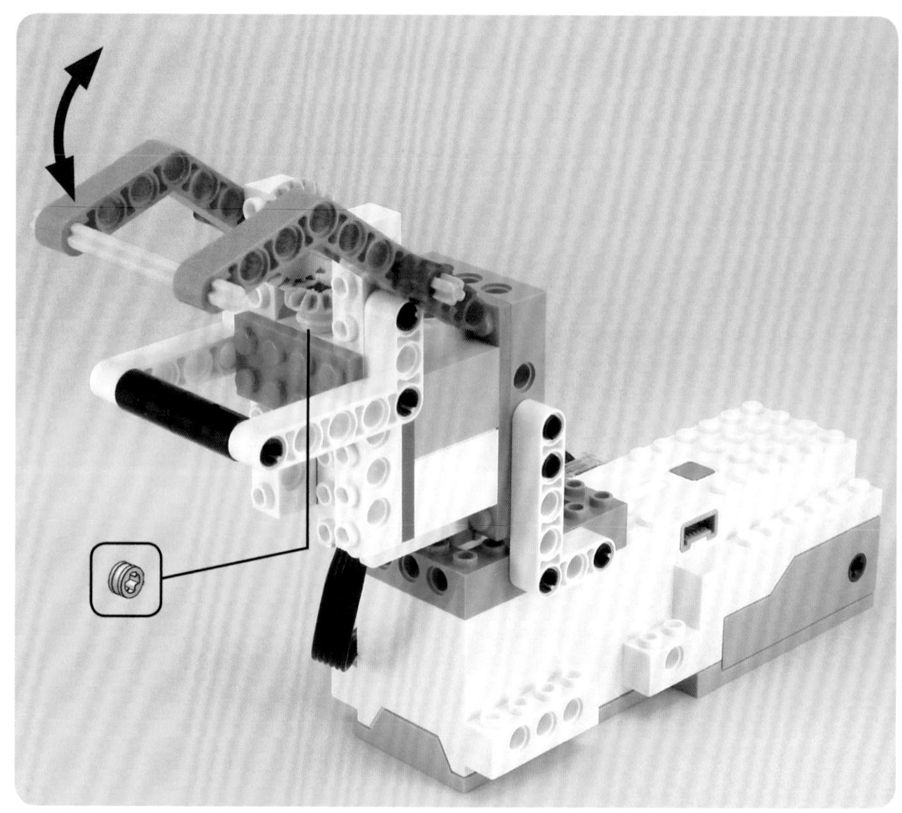

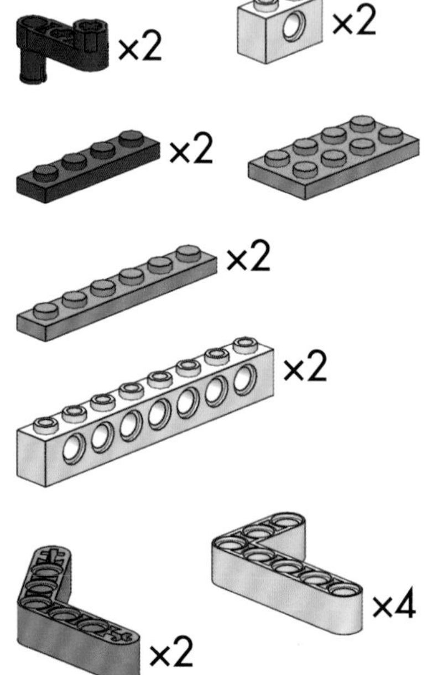

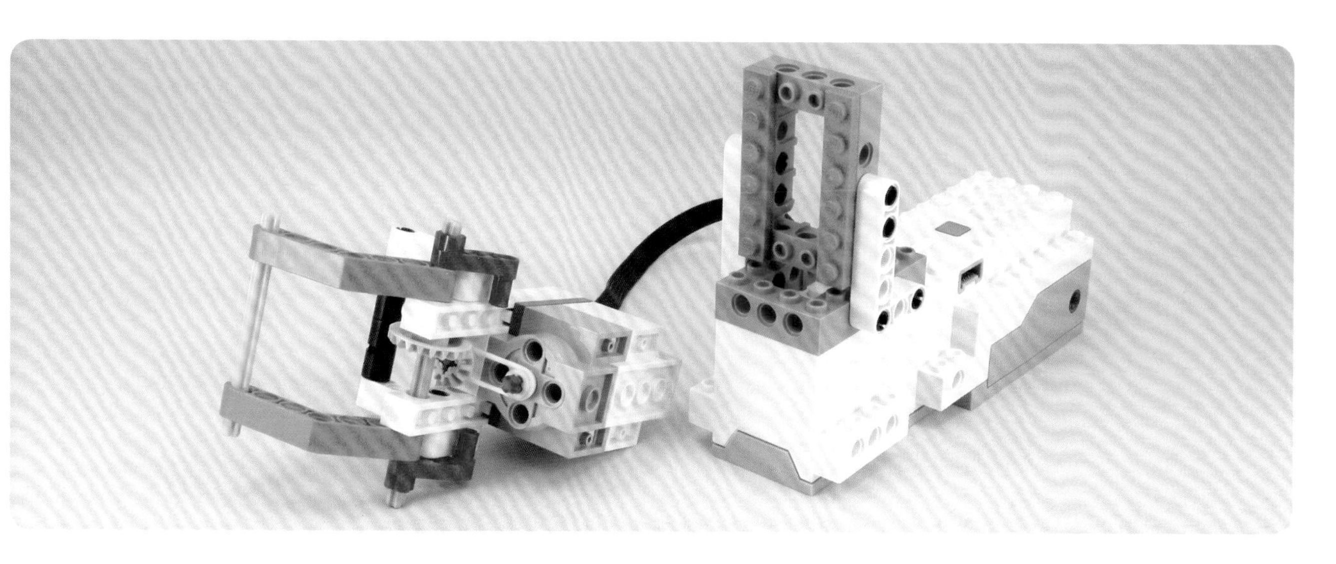

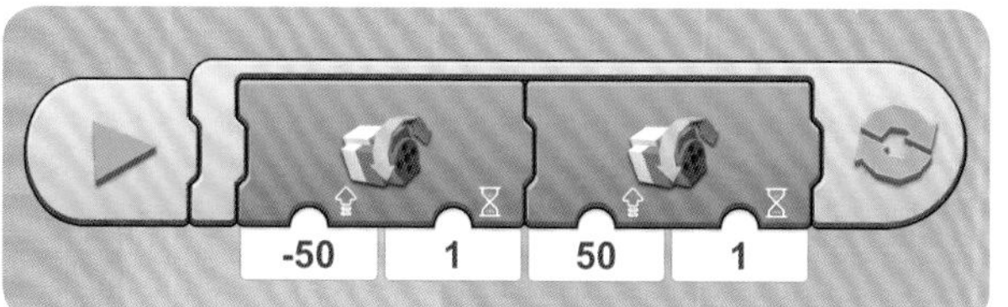
-50
1
50
1

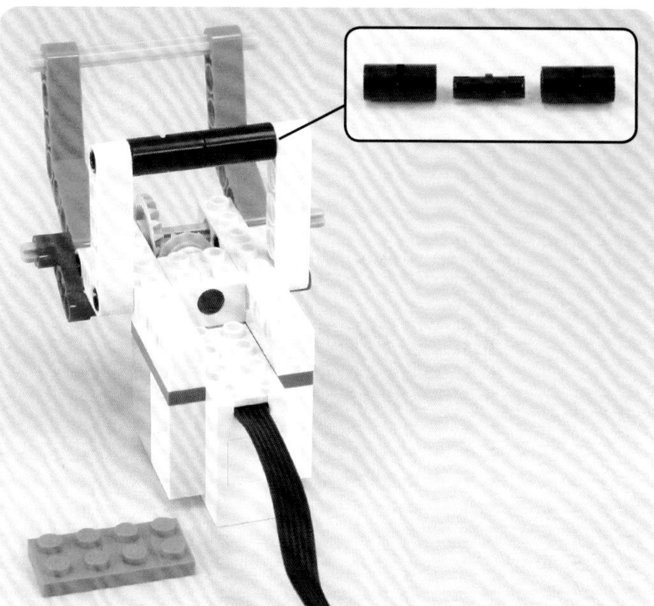

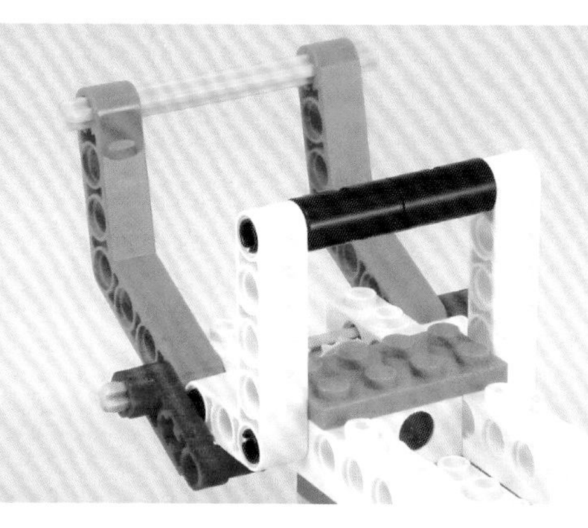

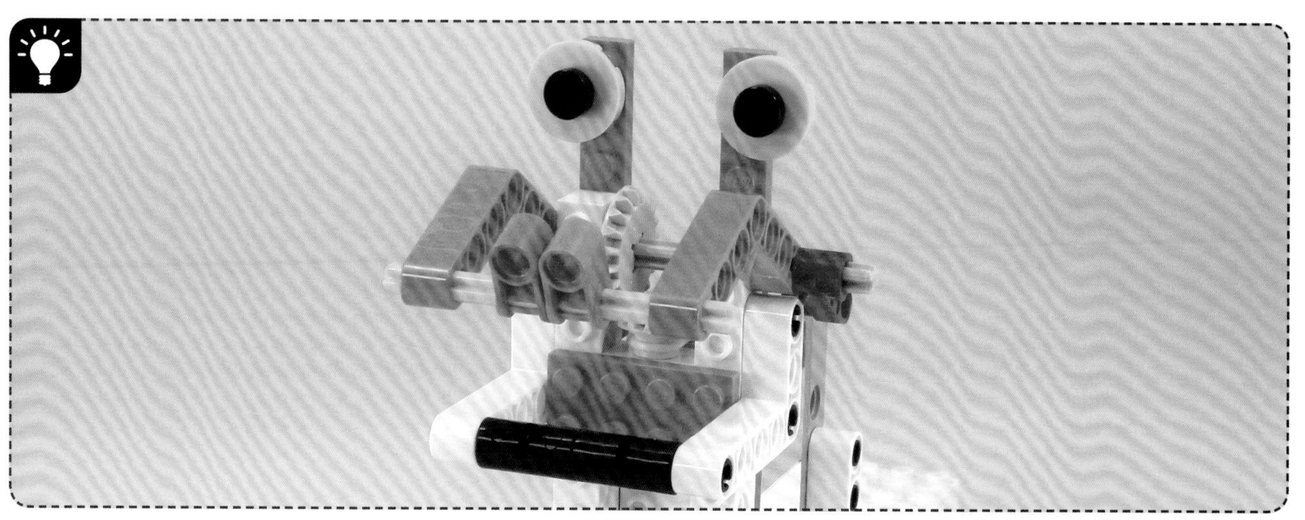

夾東西的手指

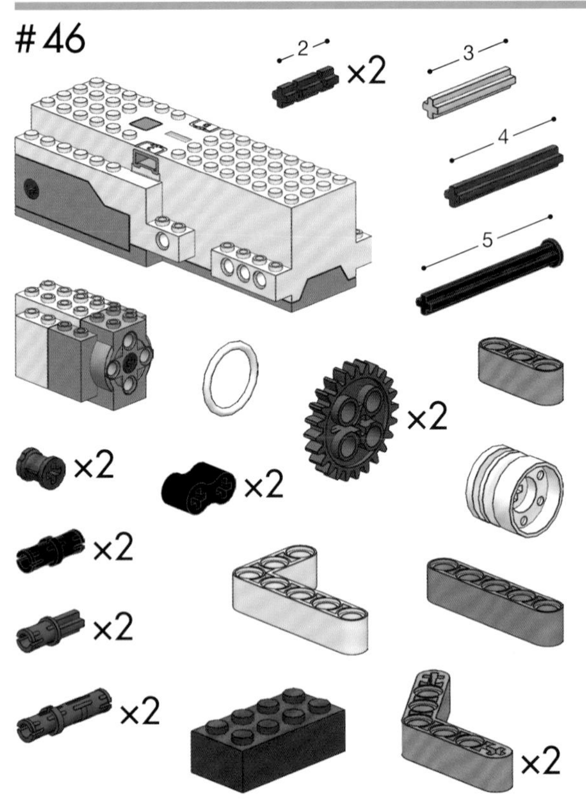

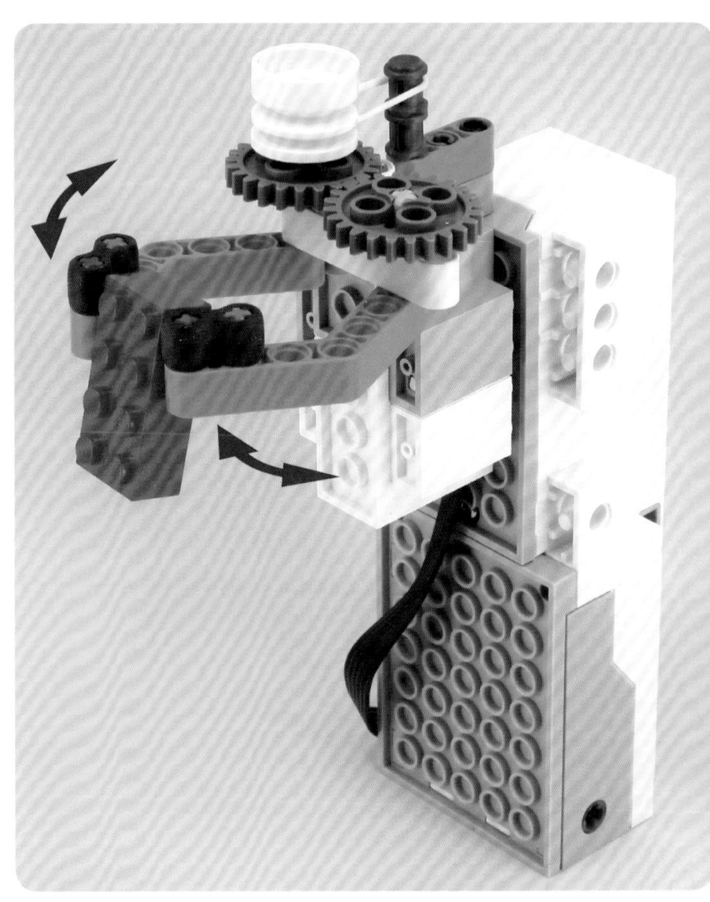

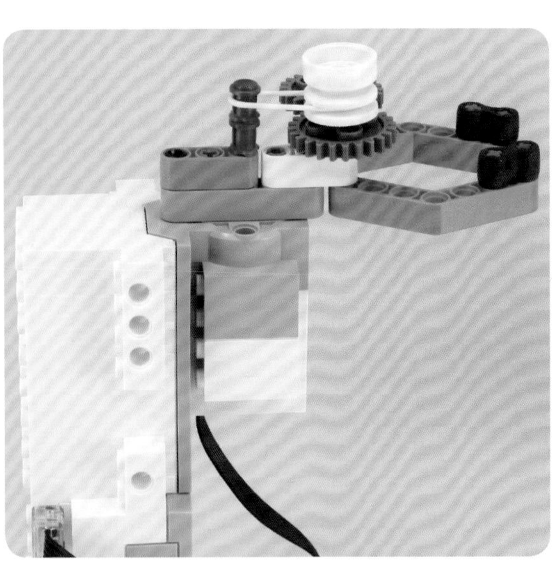

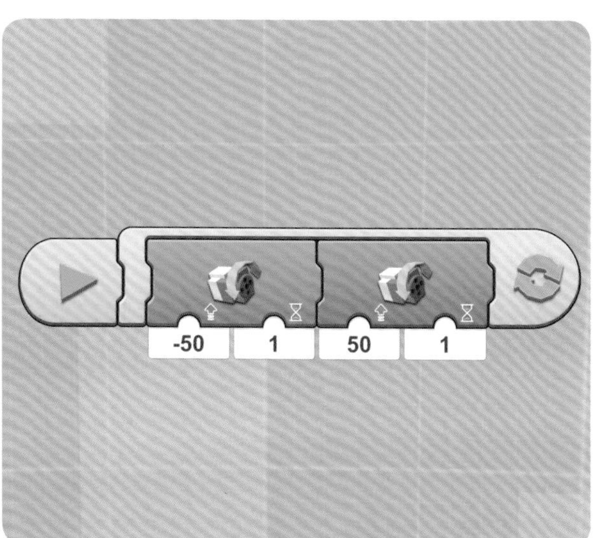

-50
1
50
1

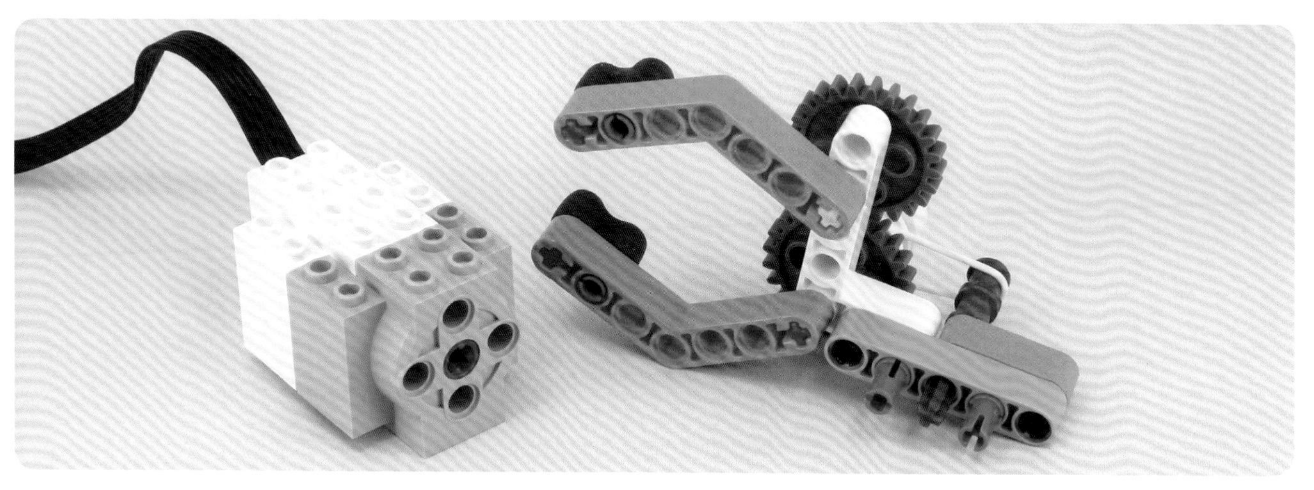

#47

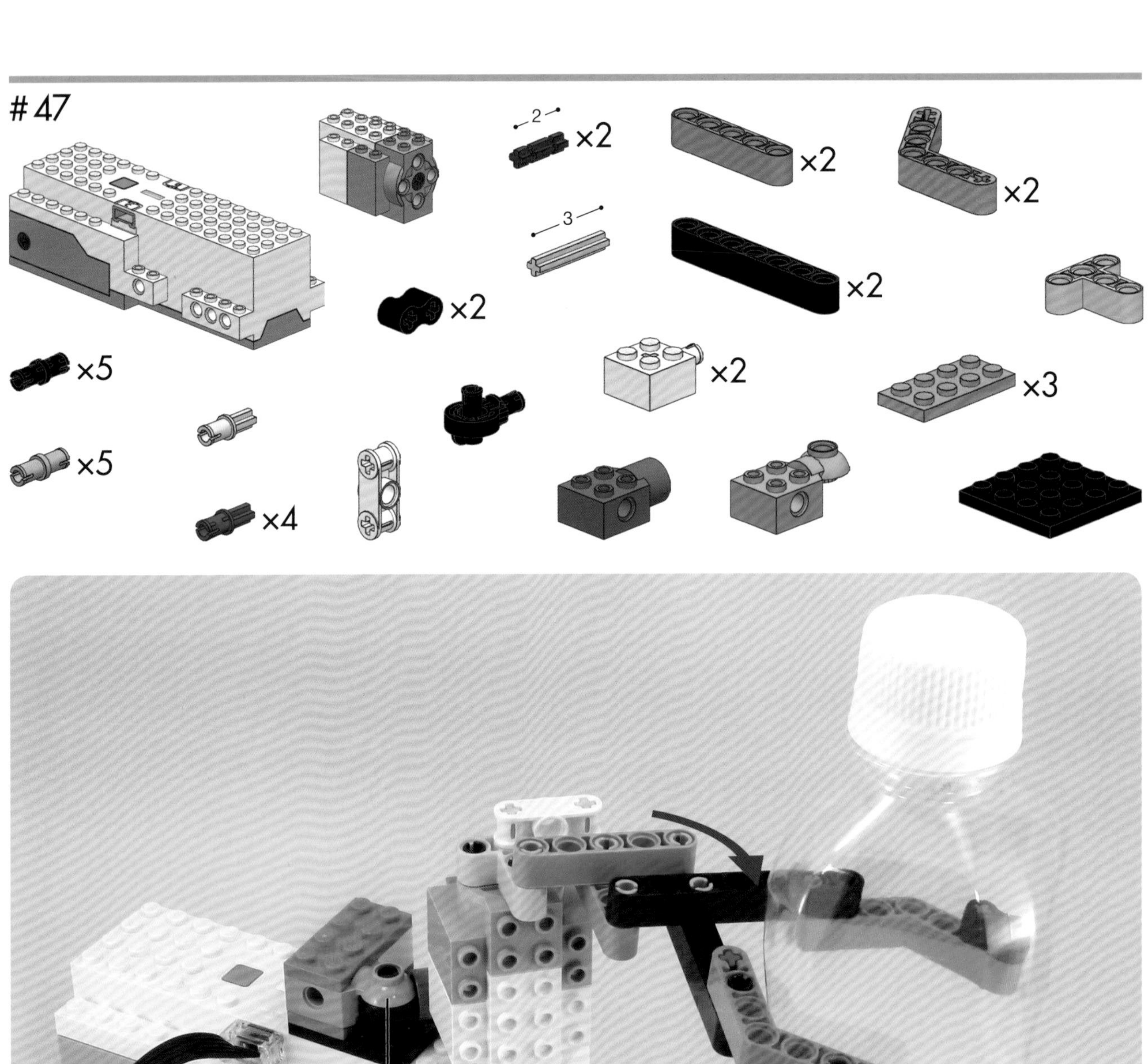

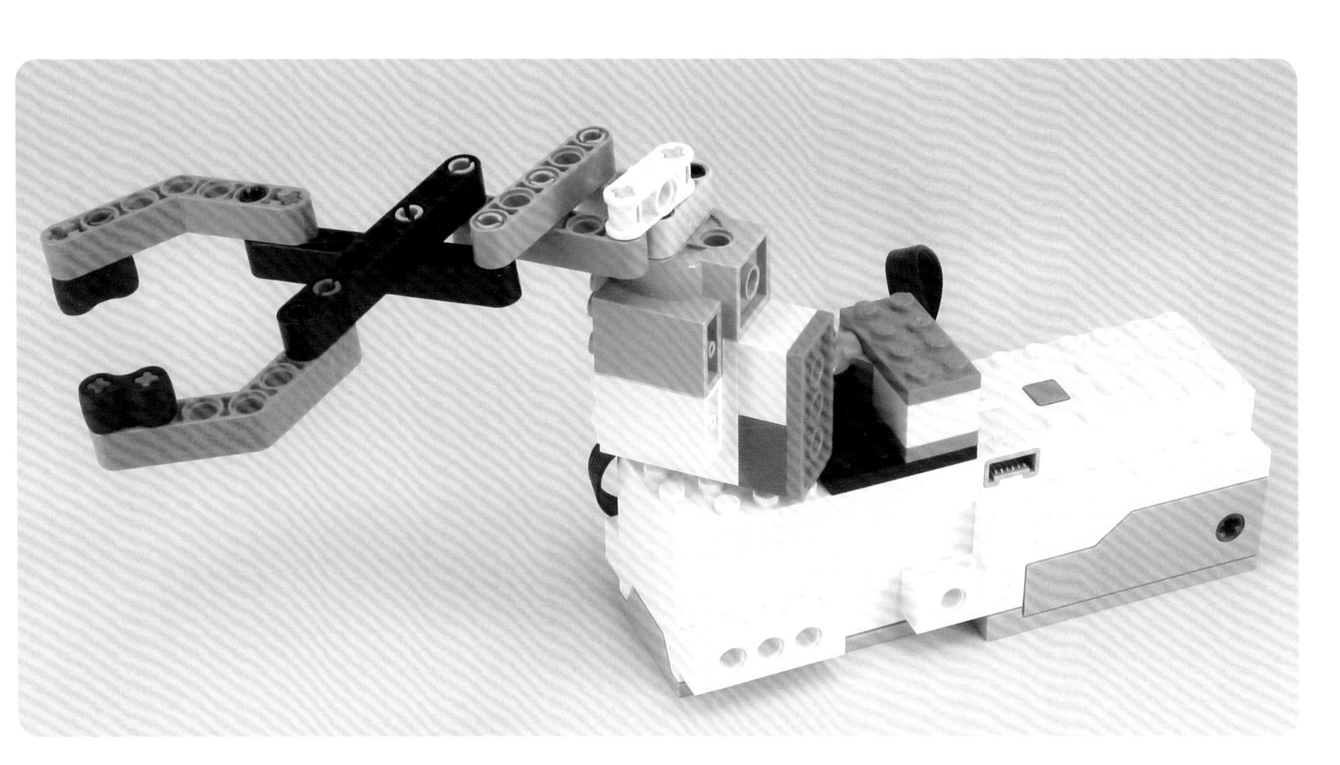

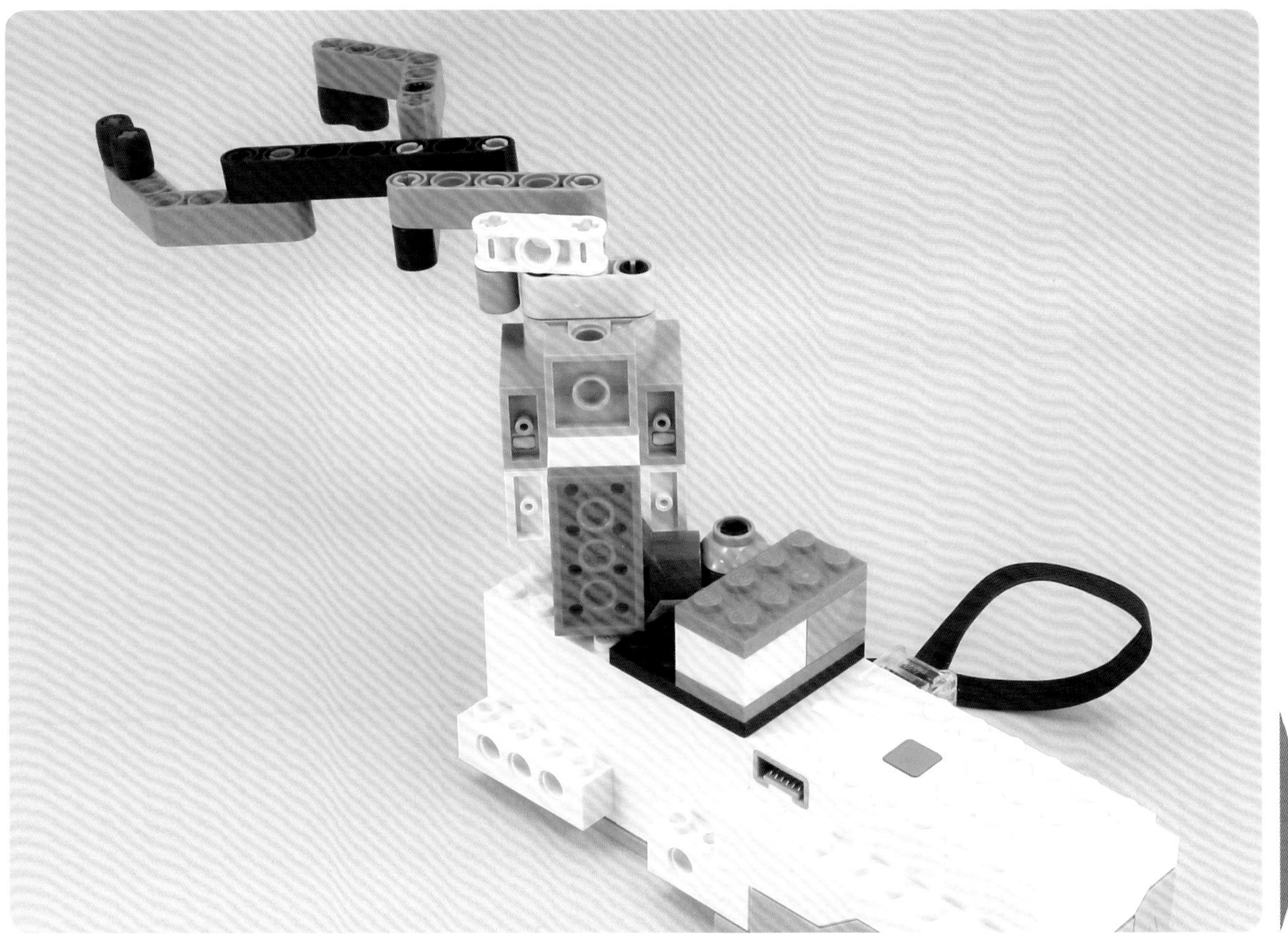

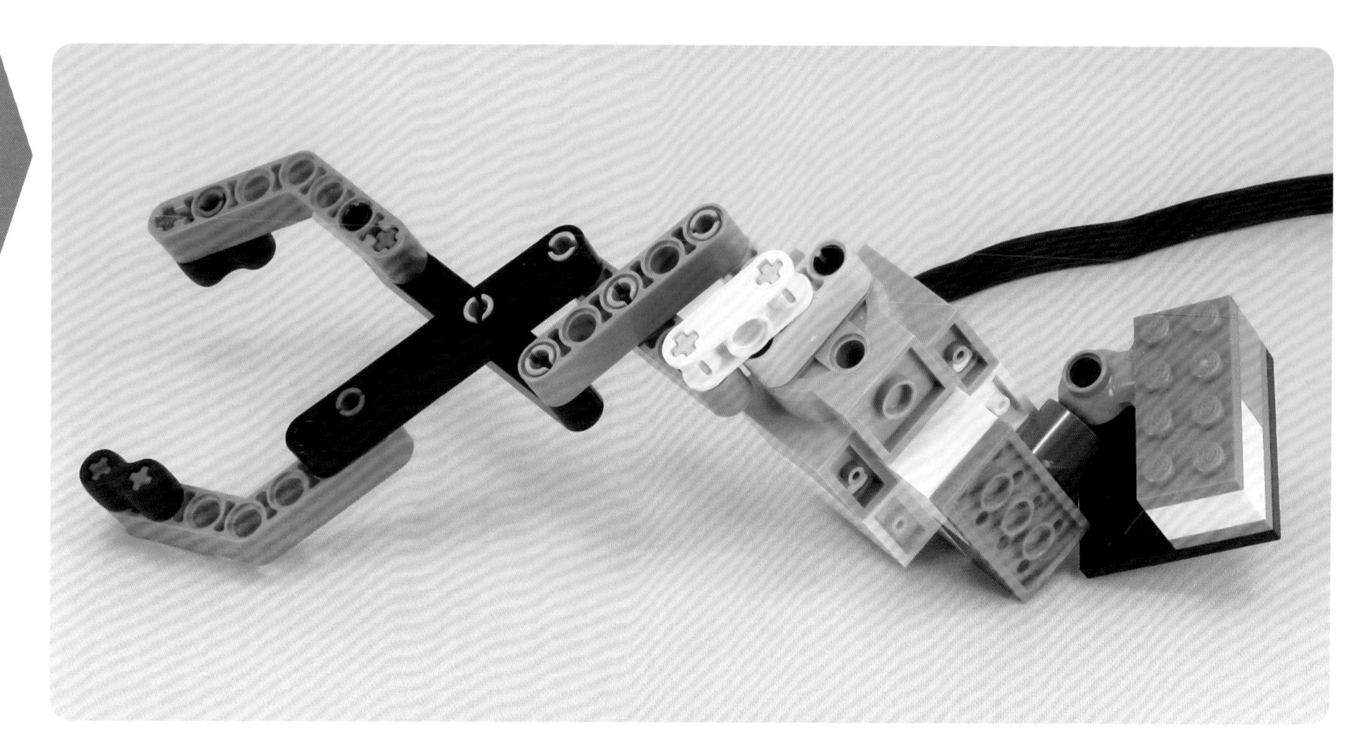

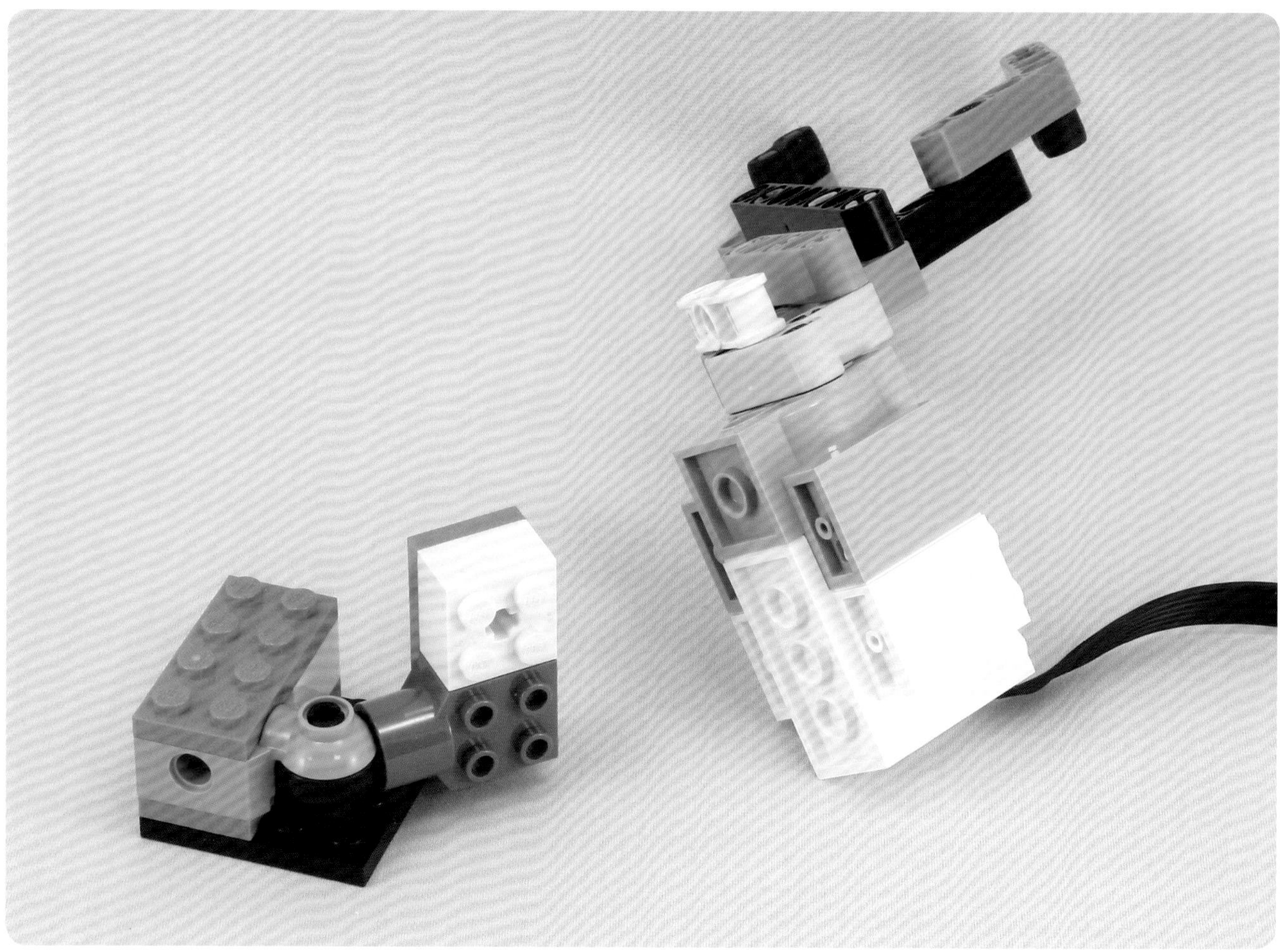

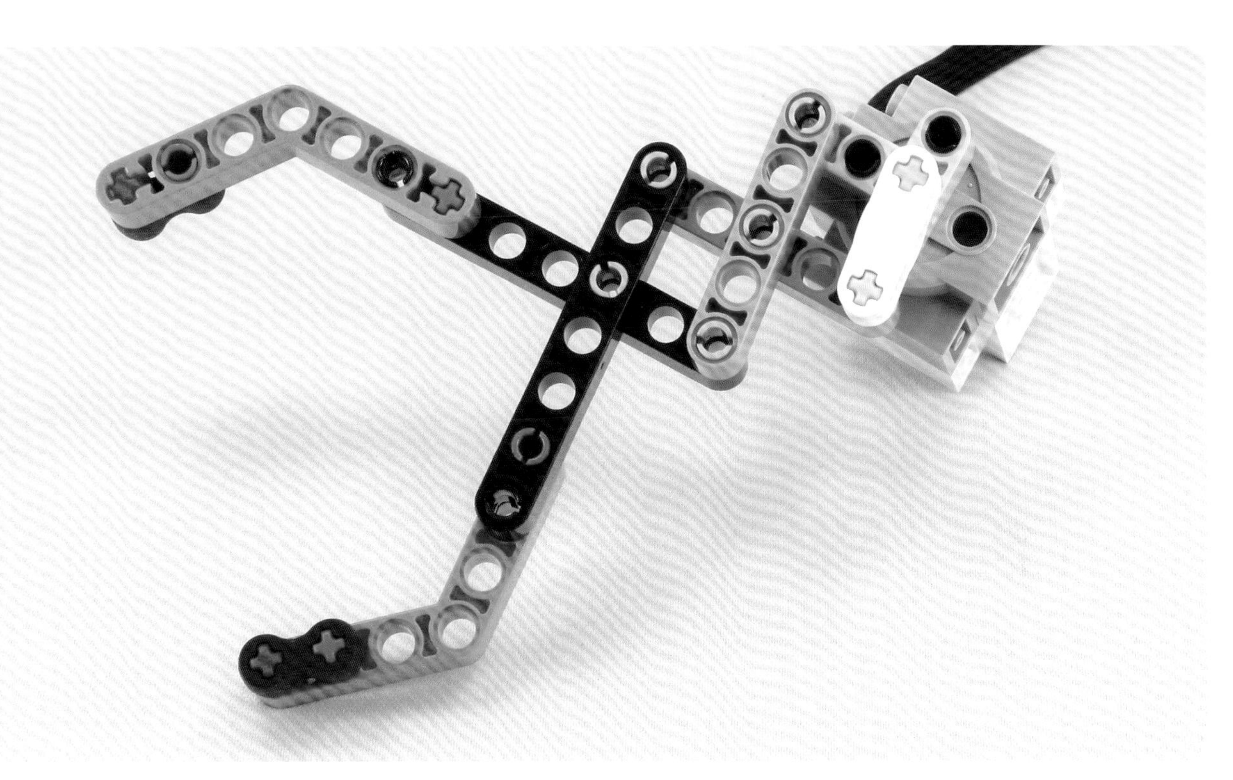

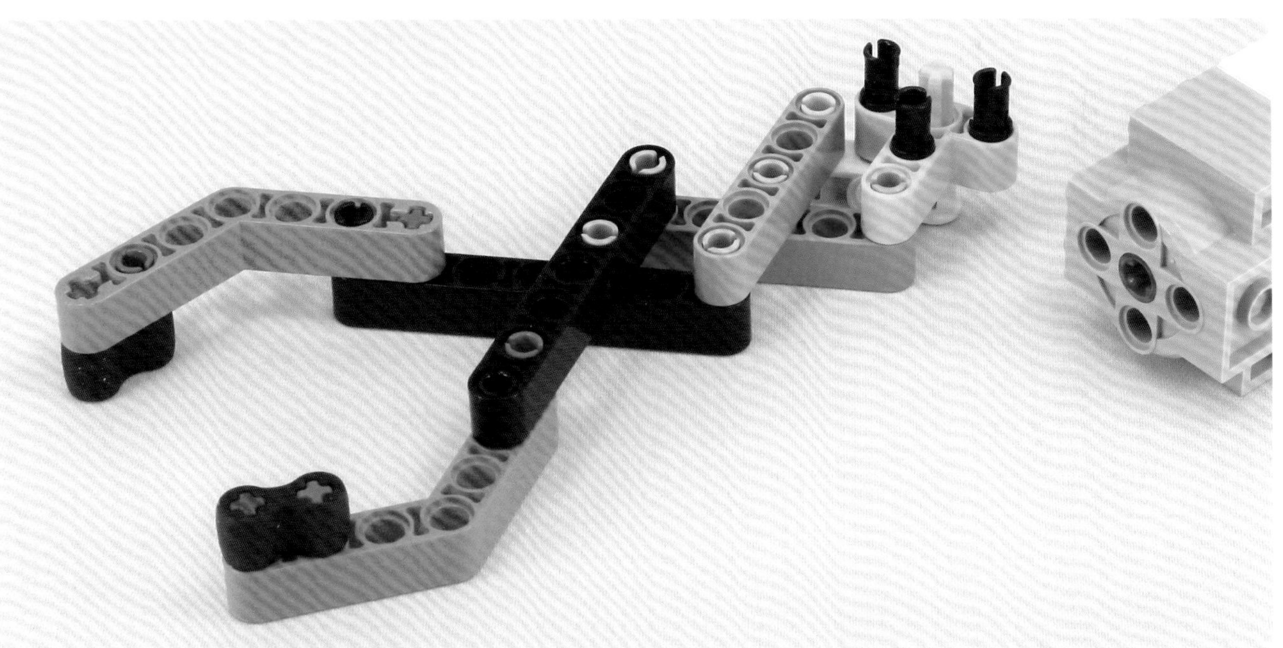

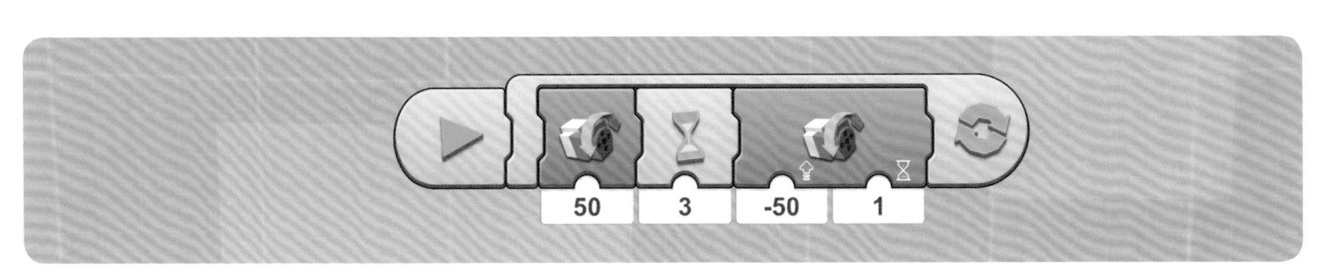
50
3
-50
1

#48

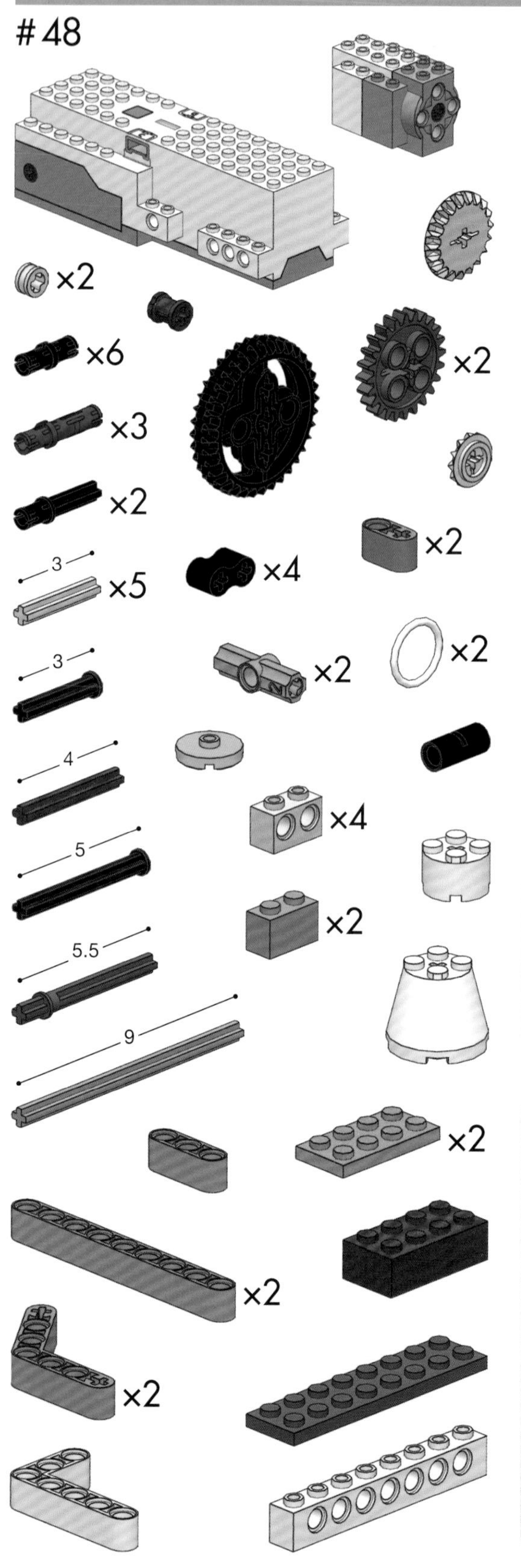

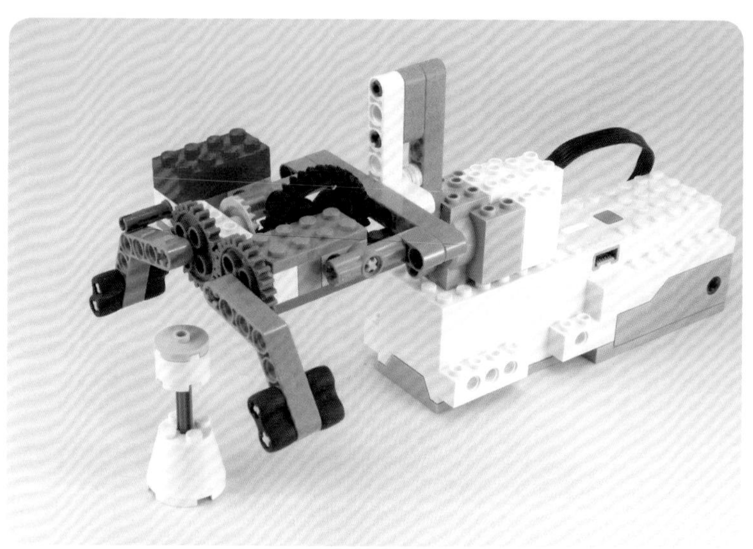

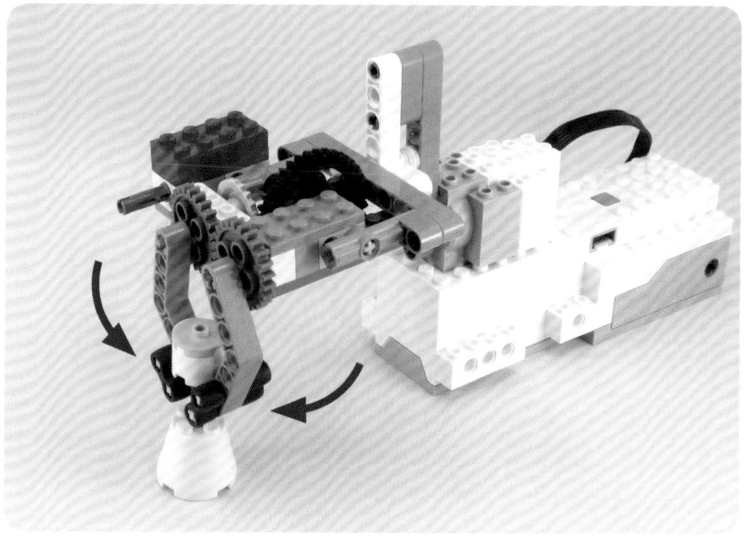

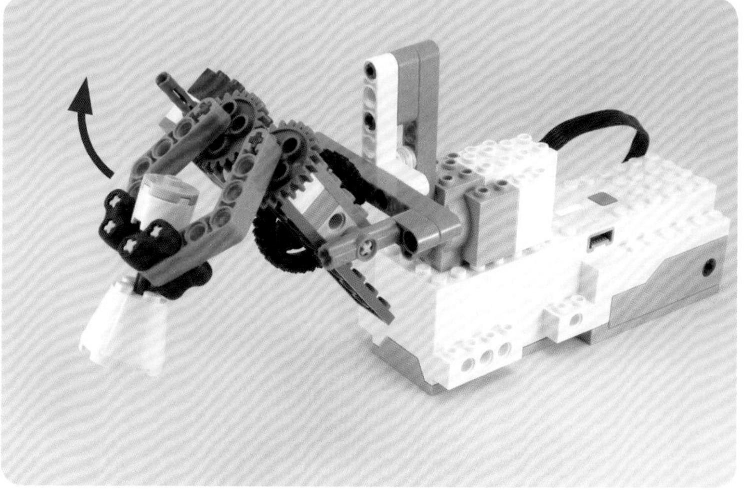

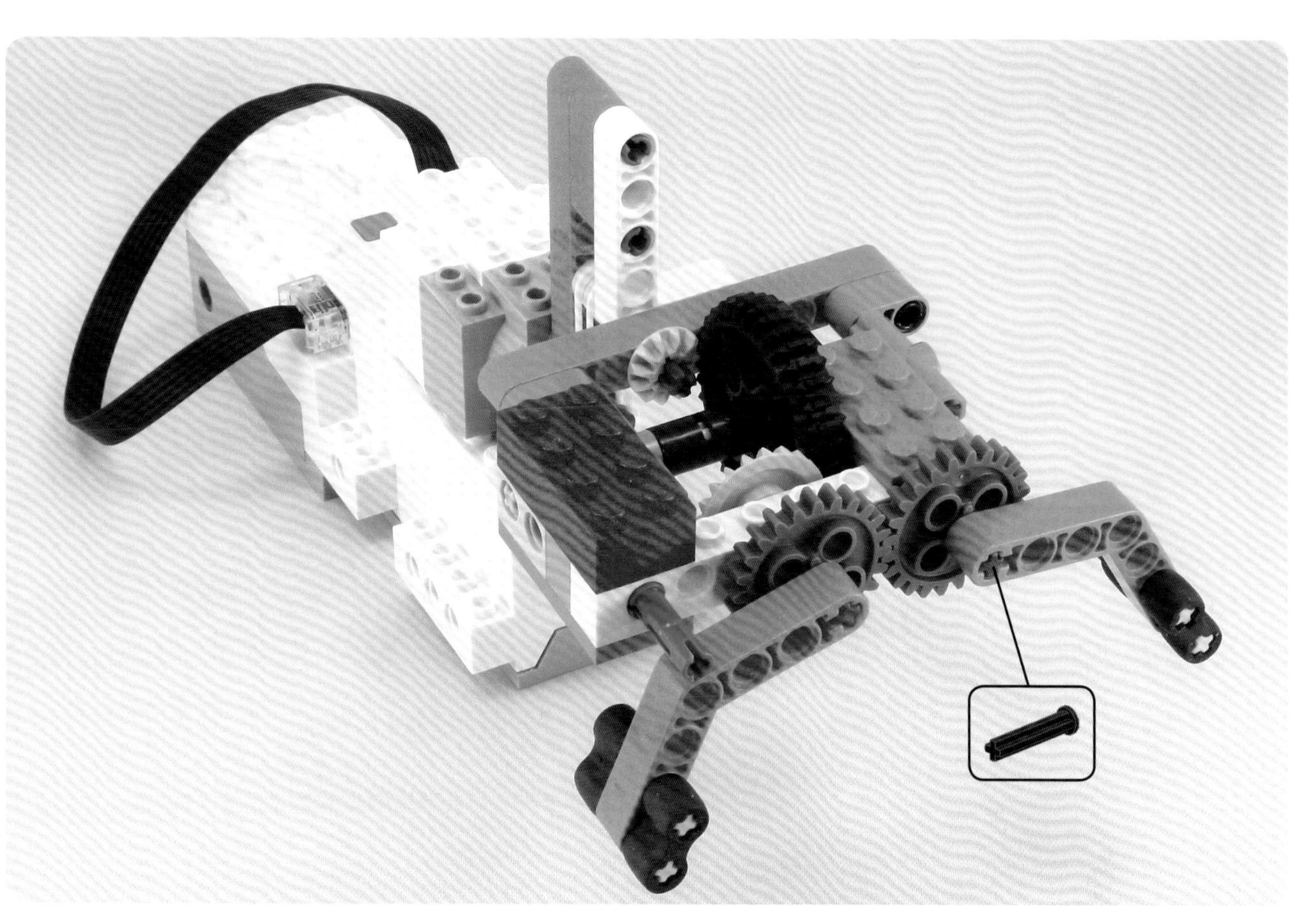

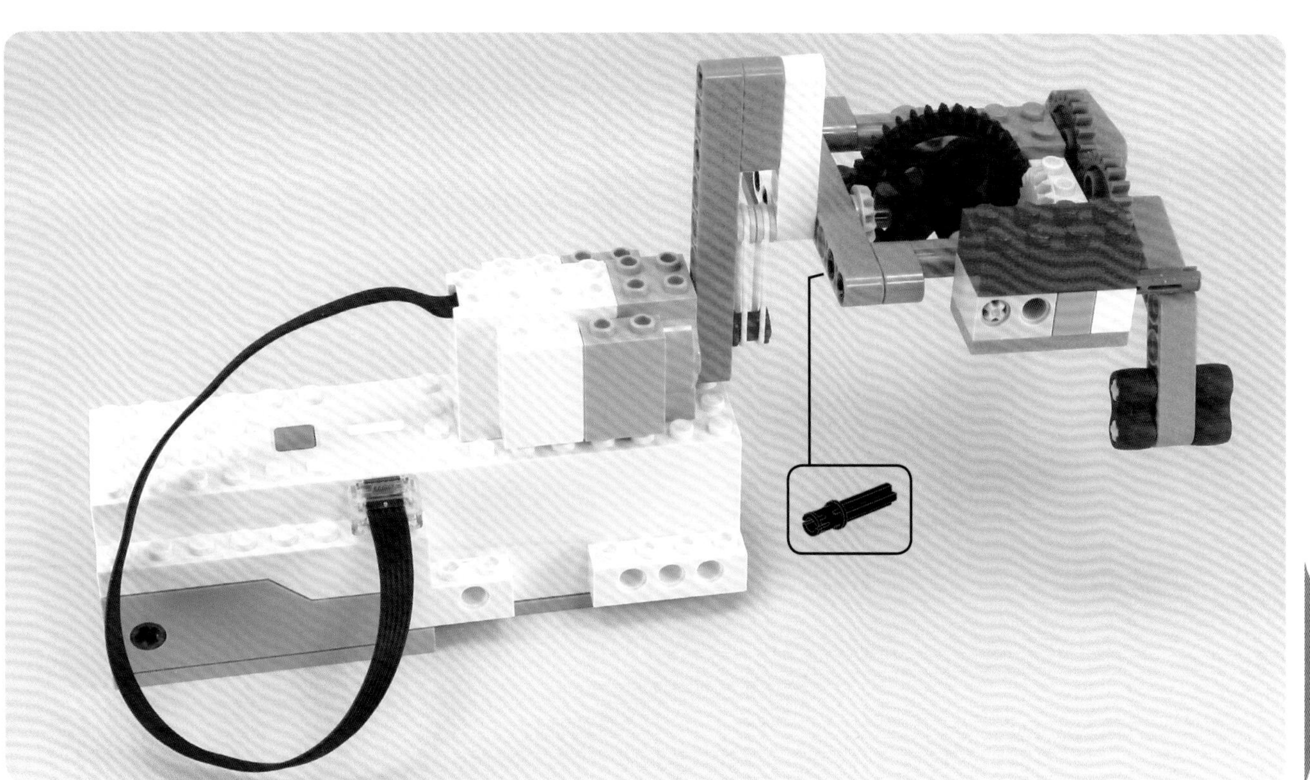

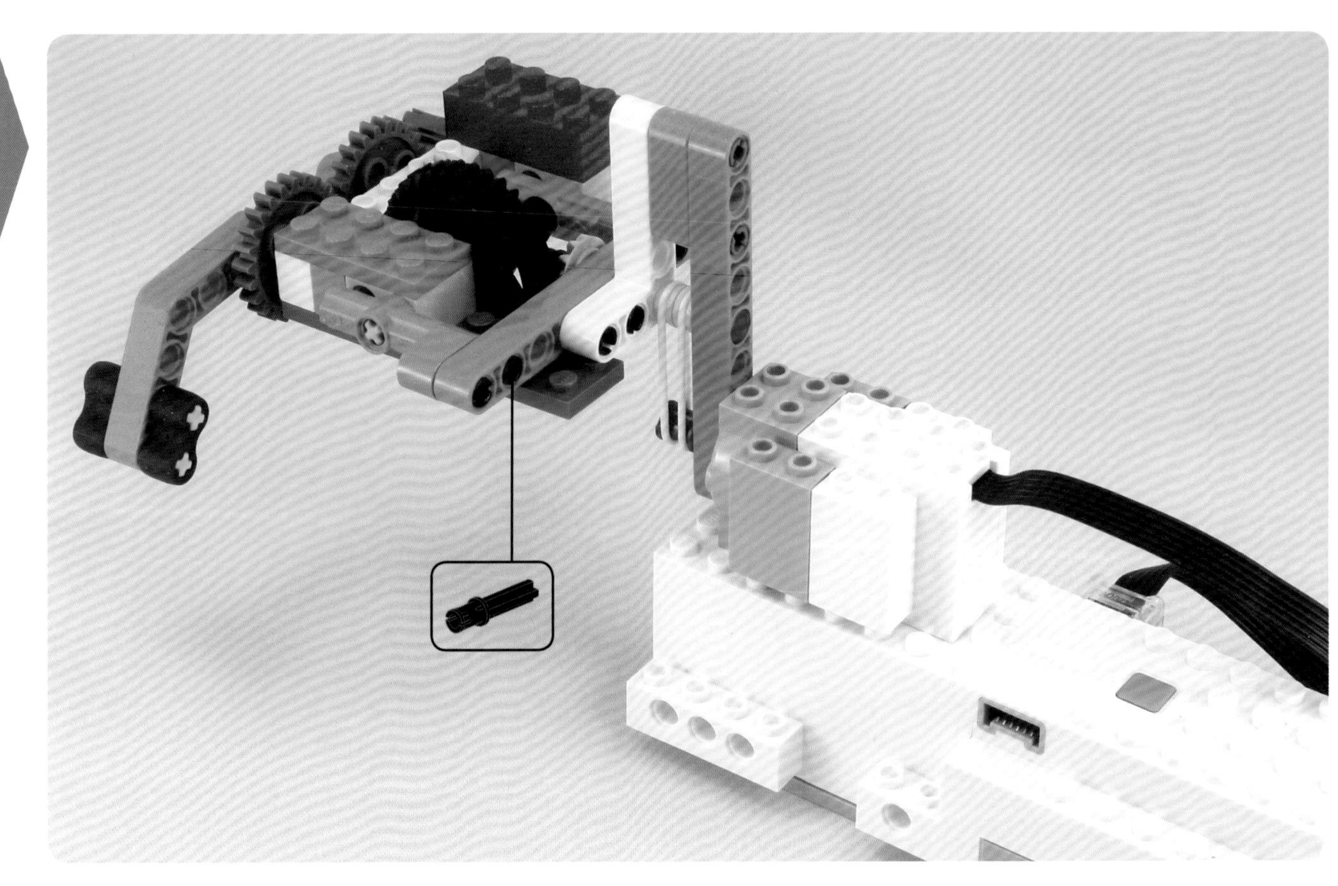

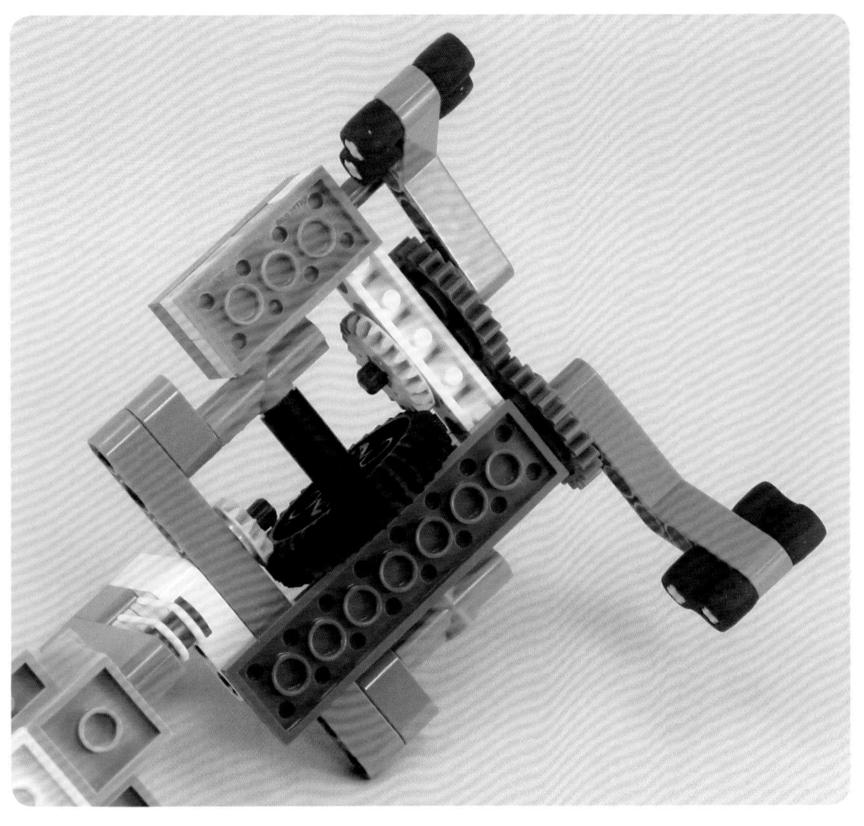

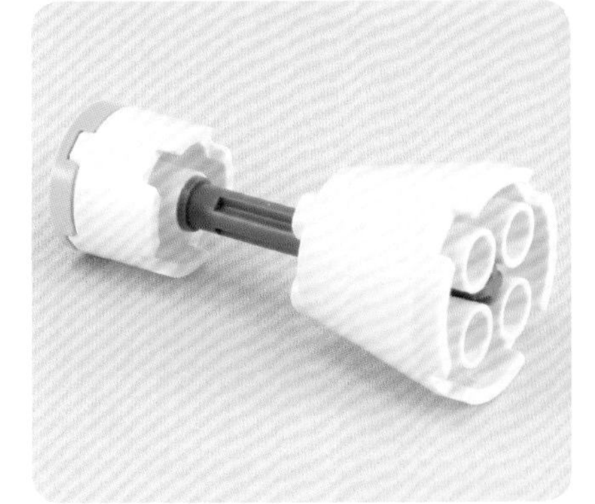

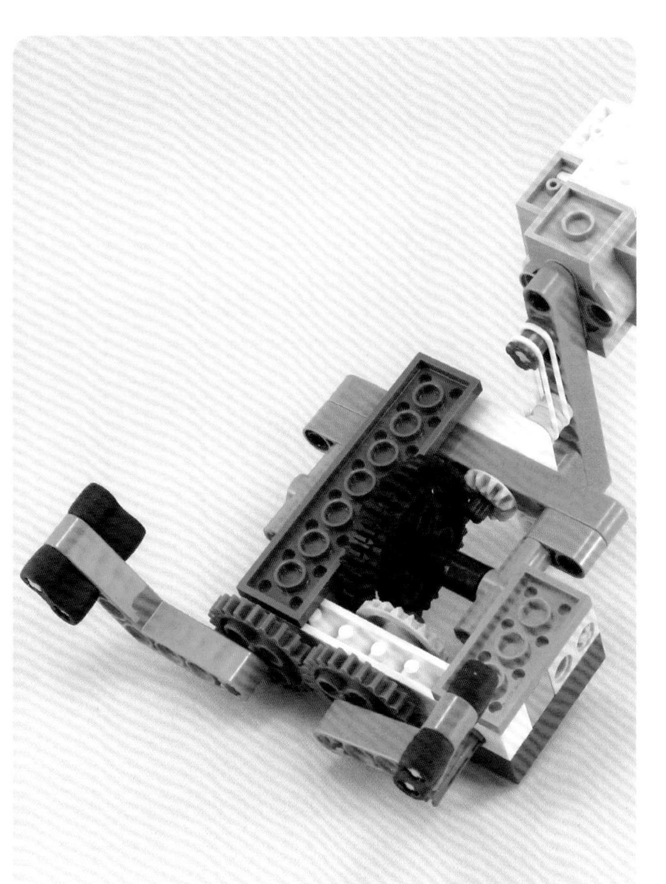

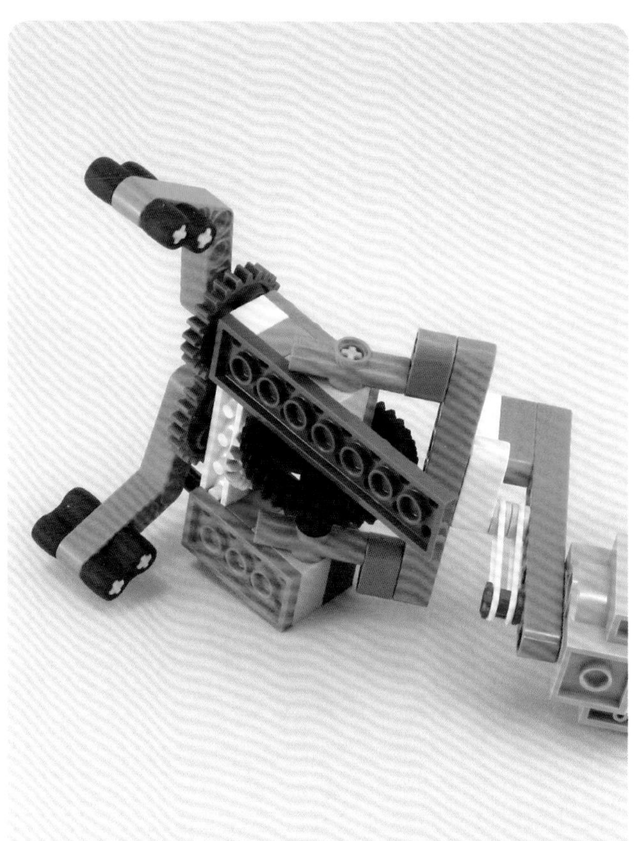

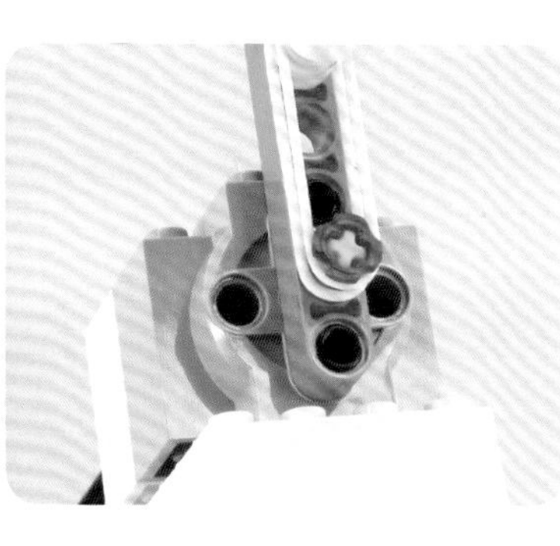

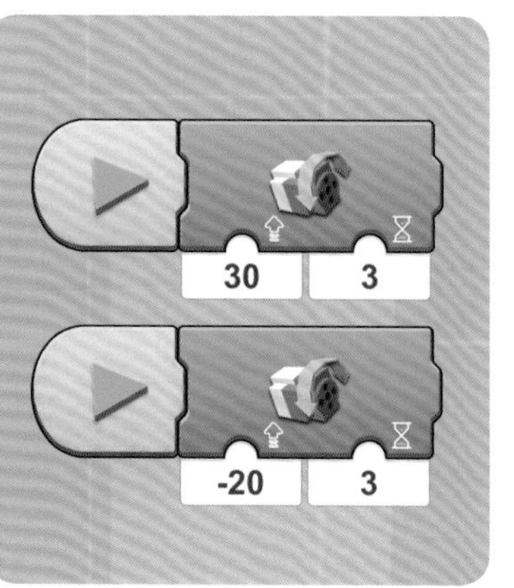
30
3
-20
3

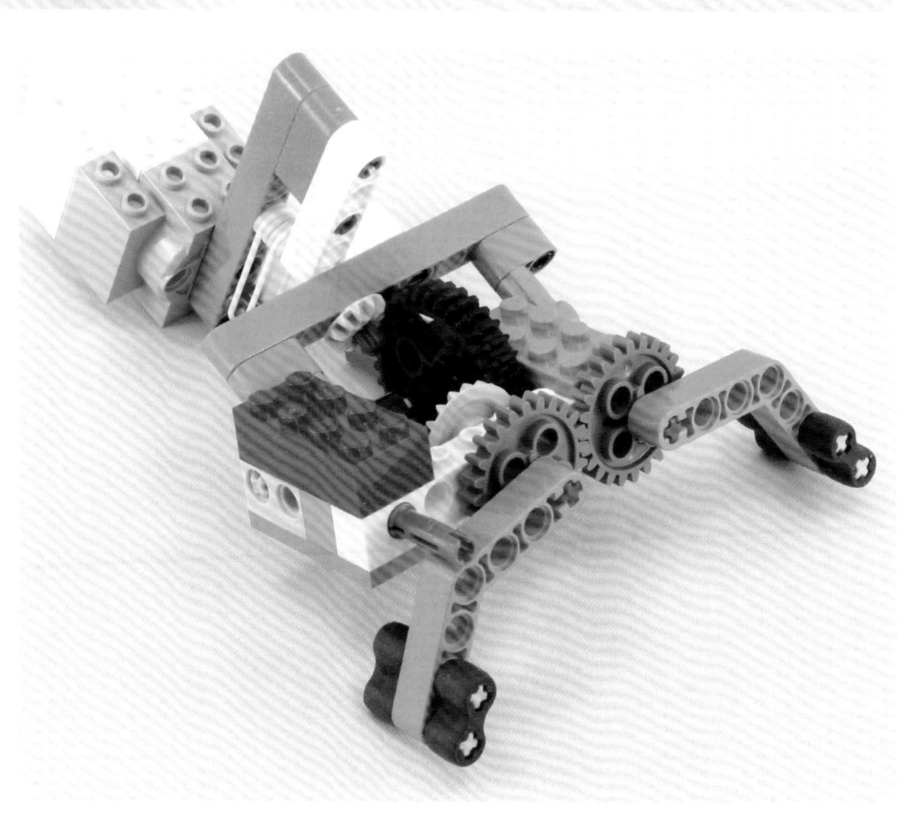

舉起東西

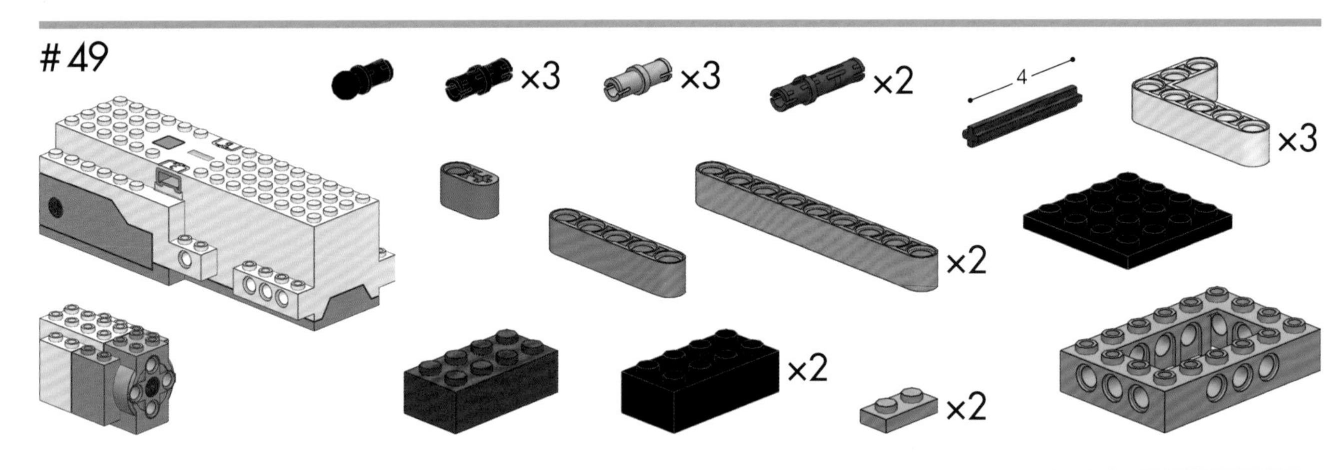

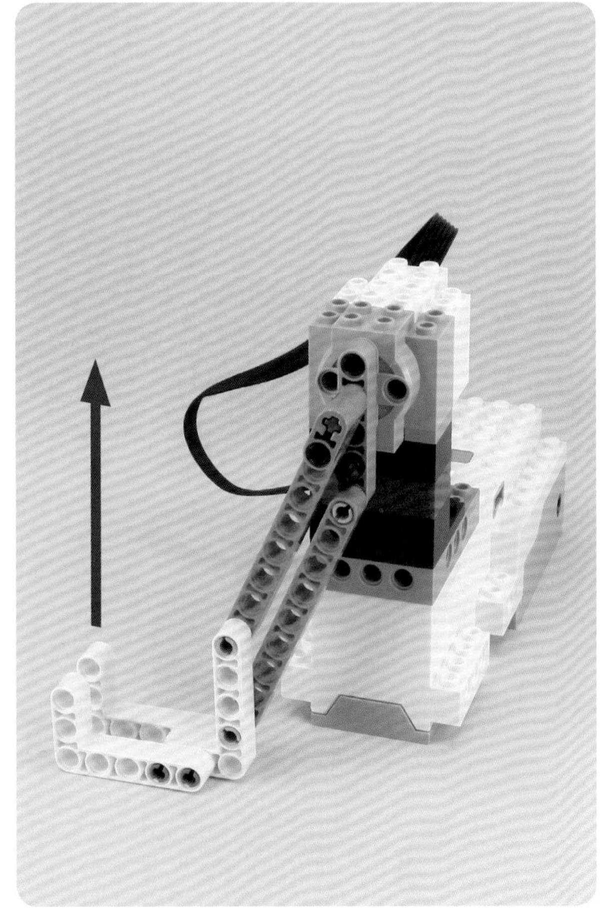

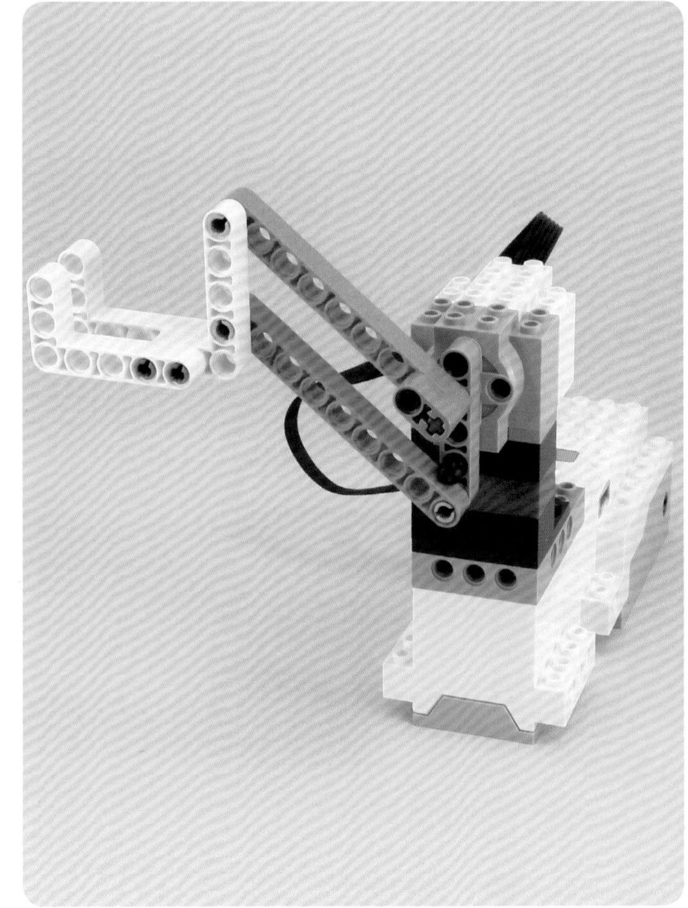

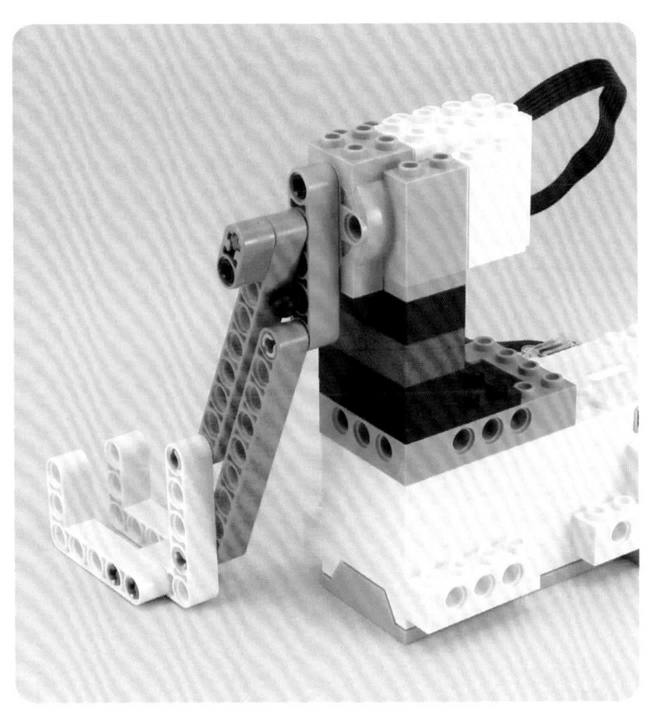

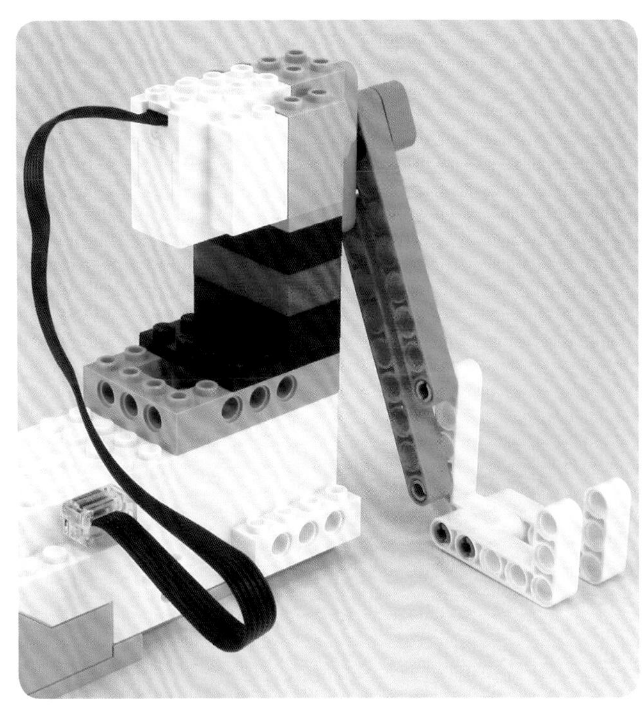

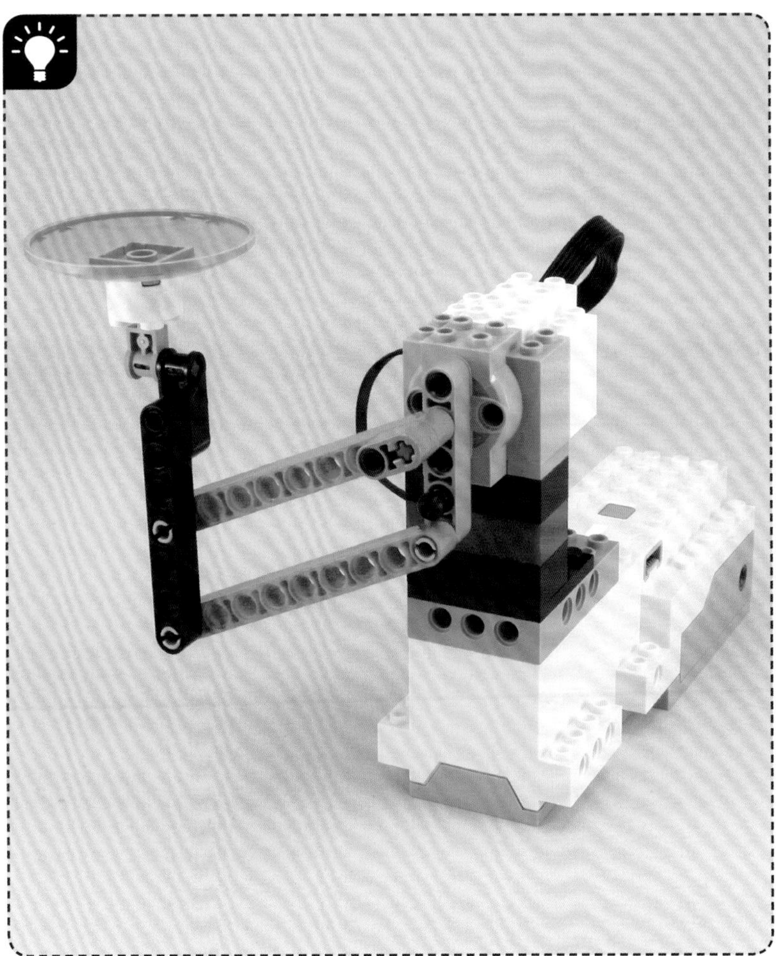

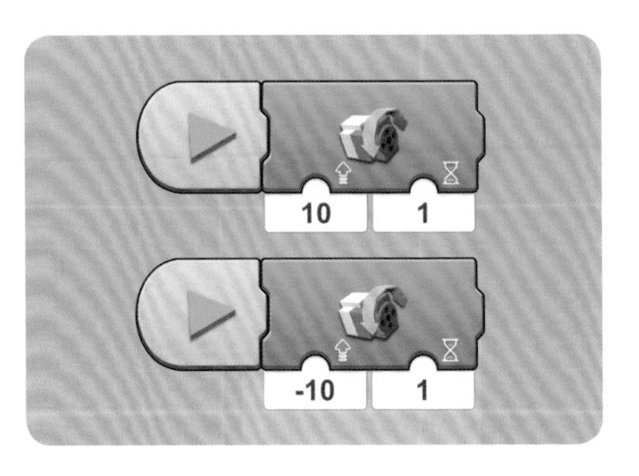
10
1
-10
1

#50

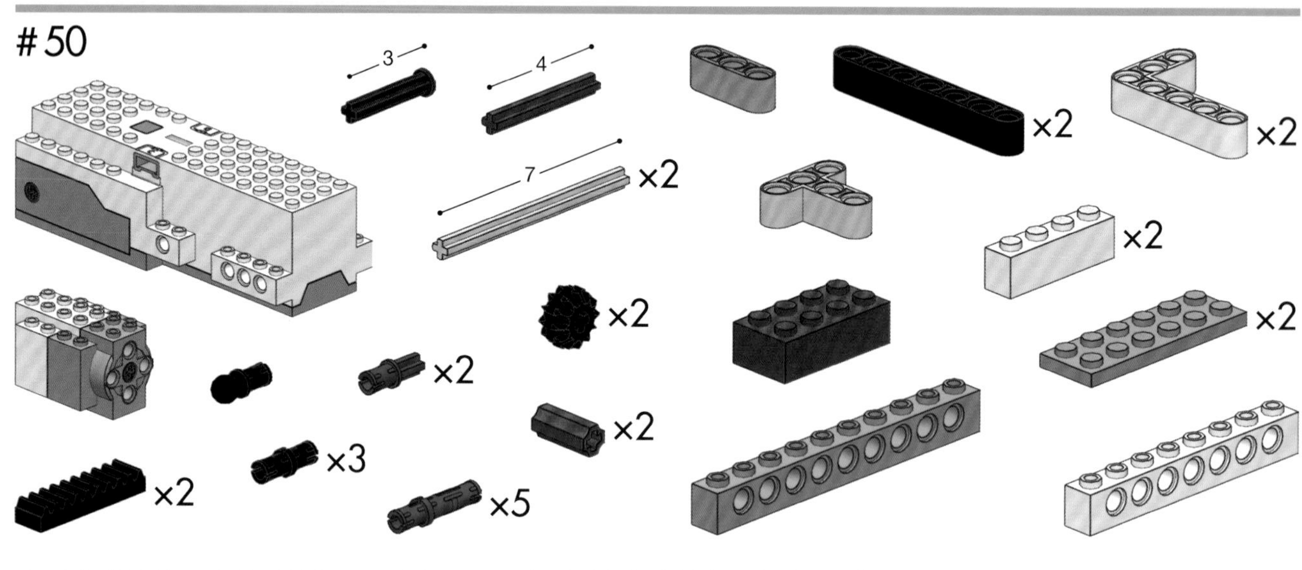

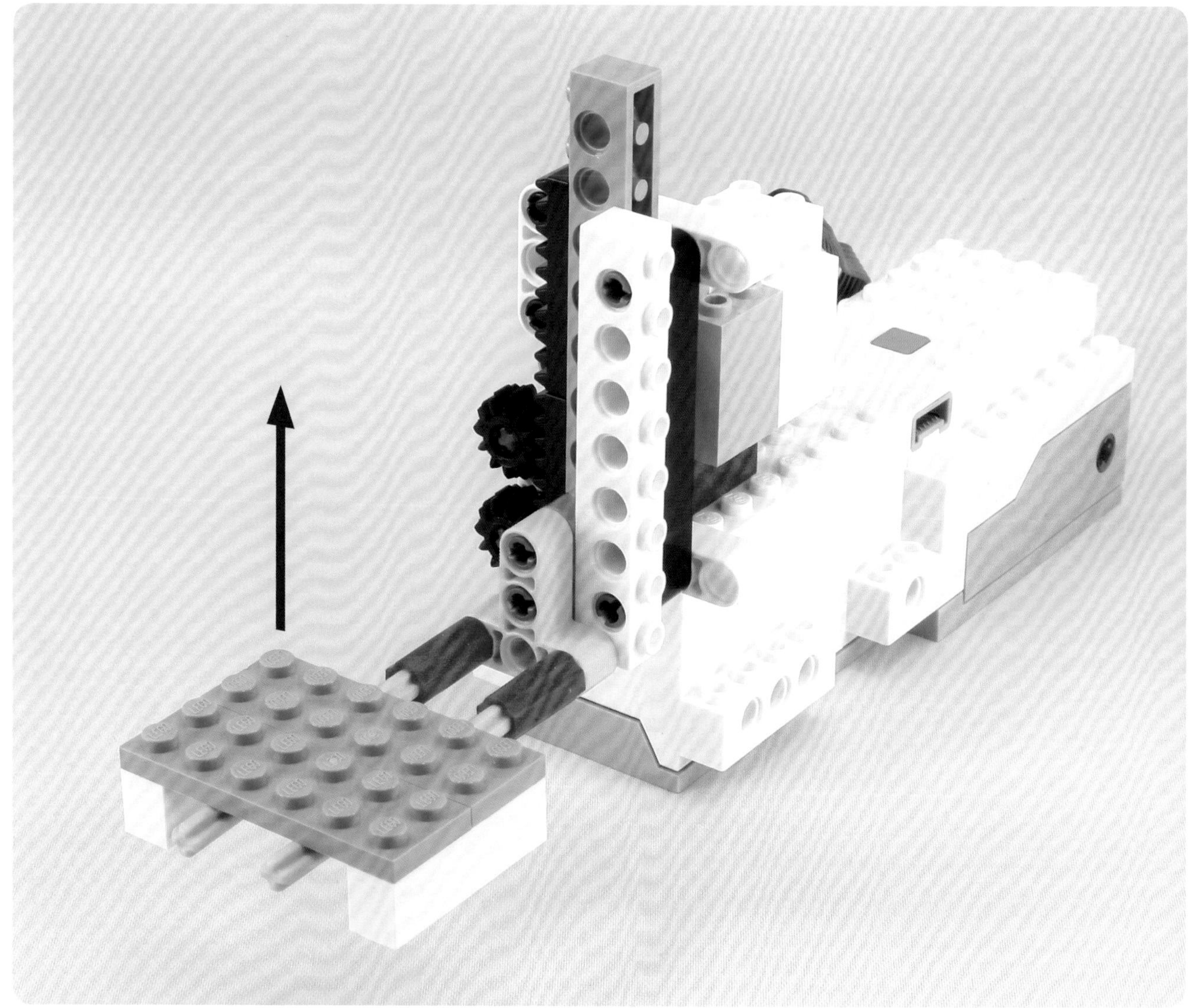

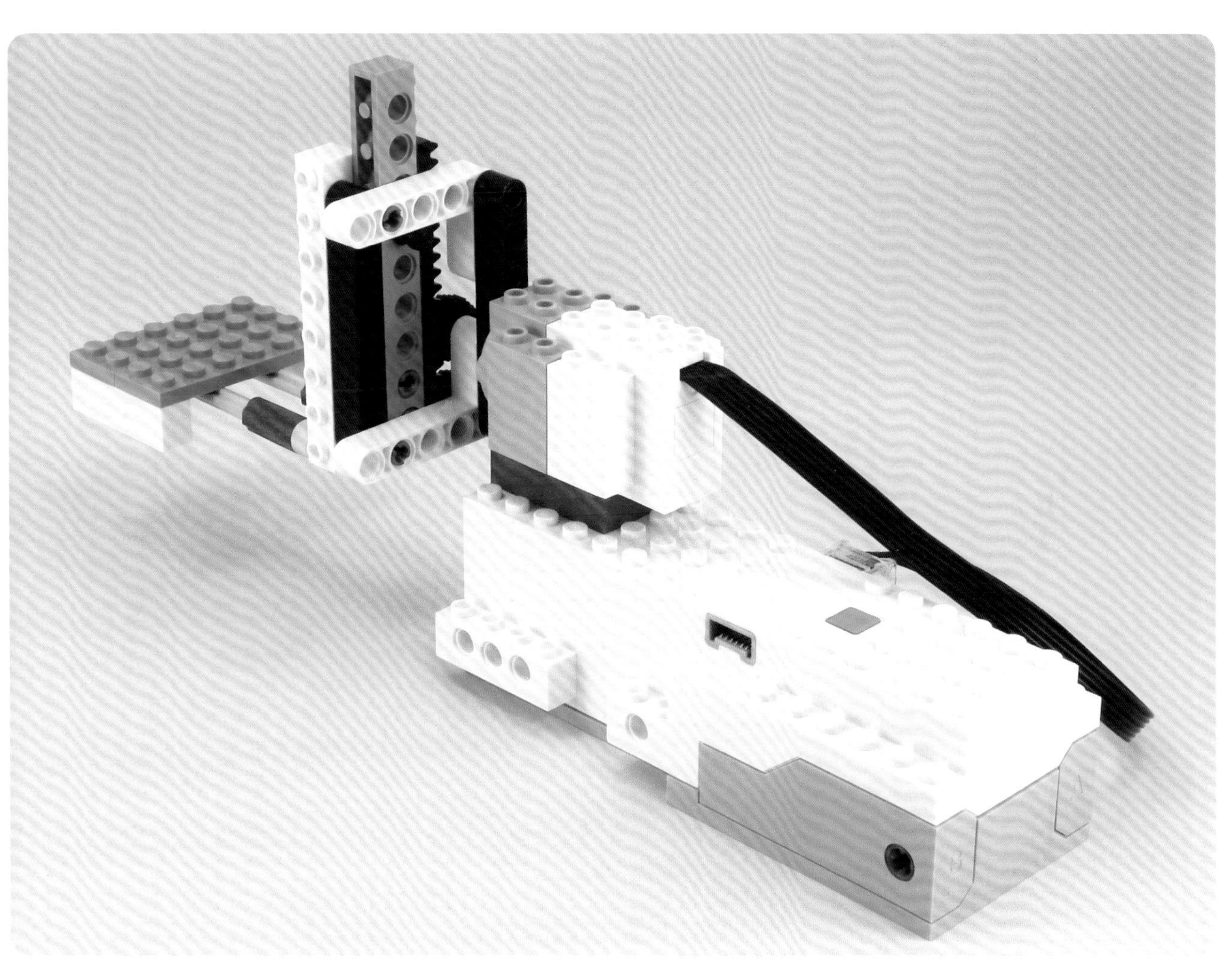

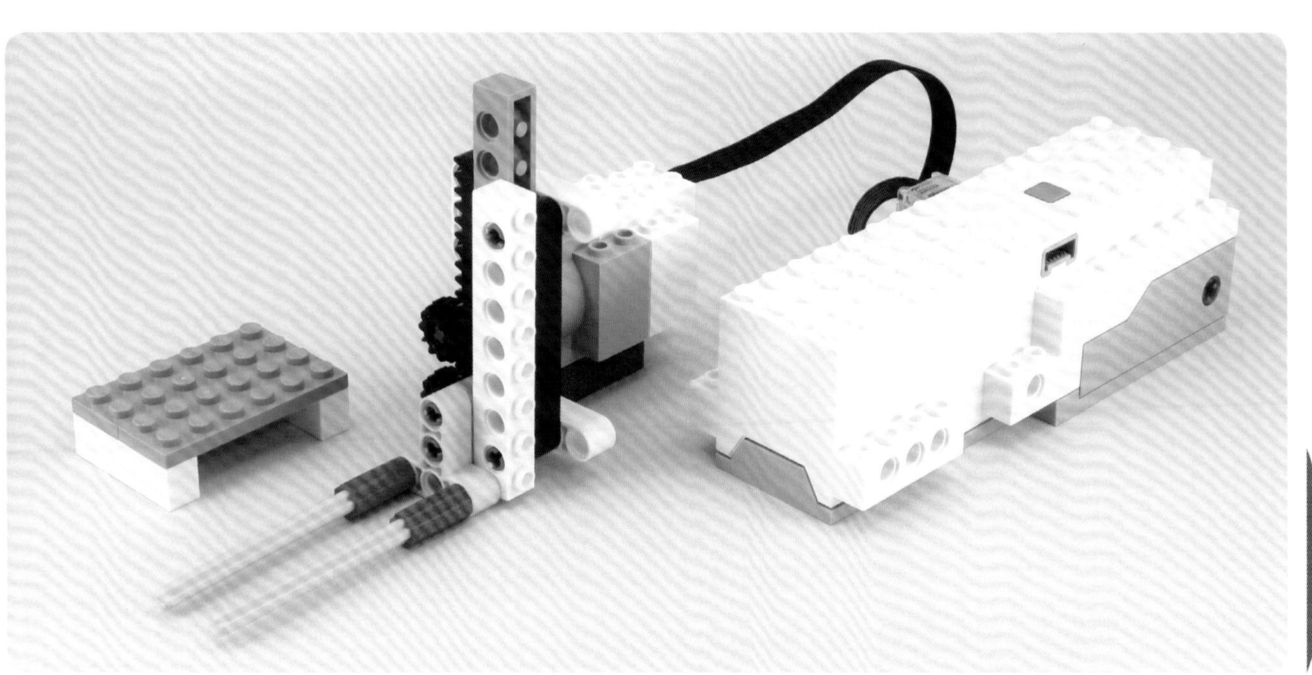

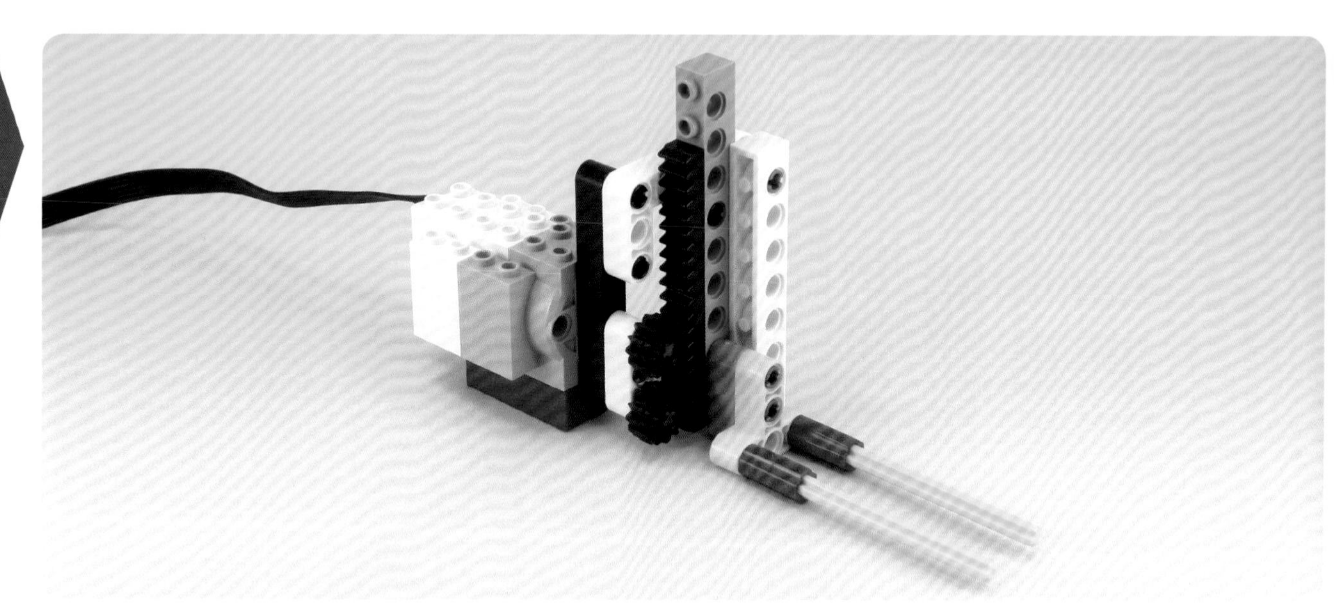

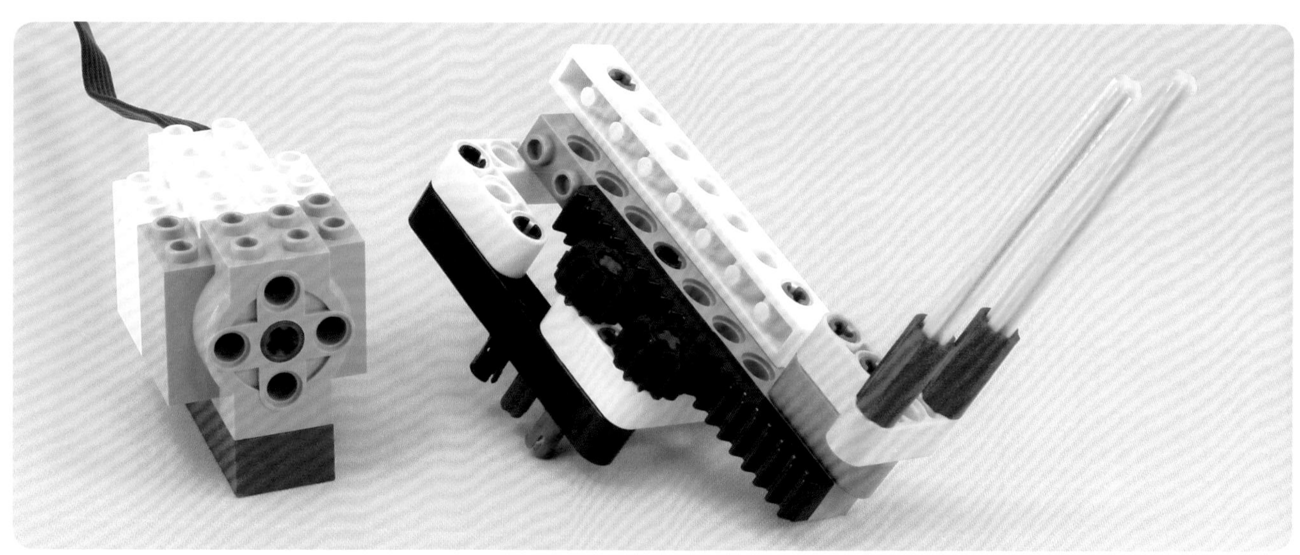

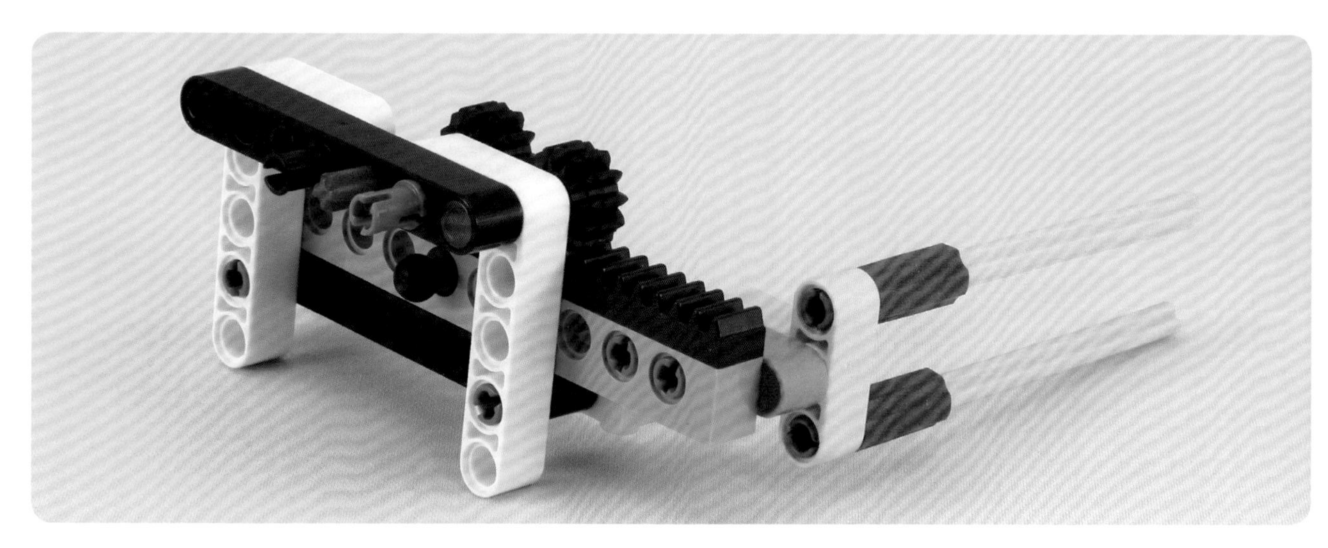

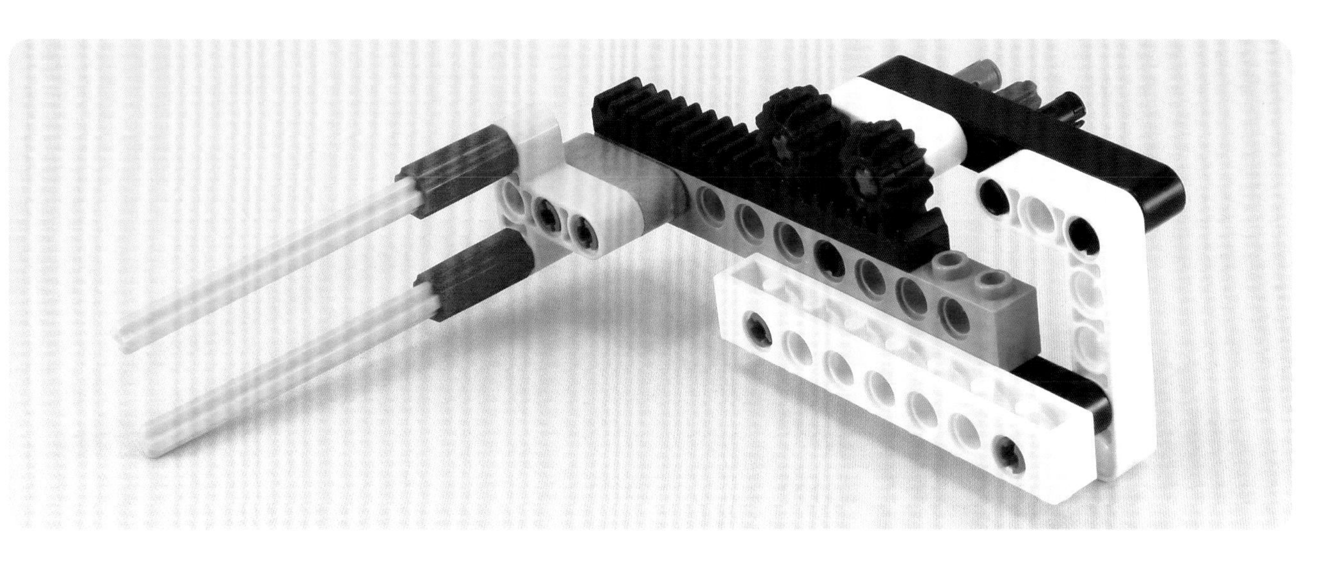

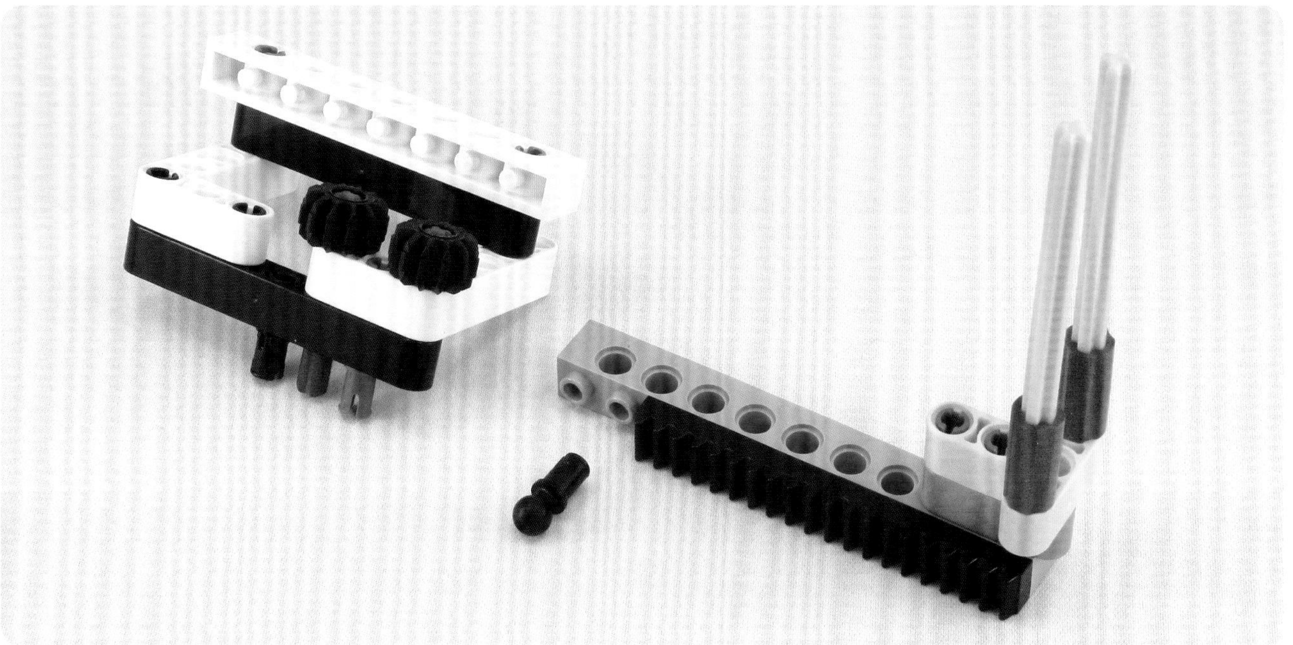

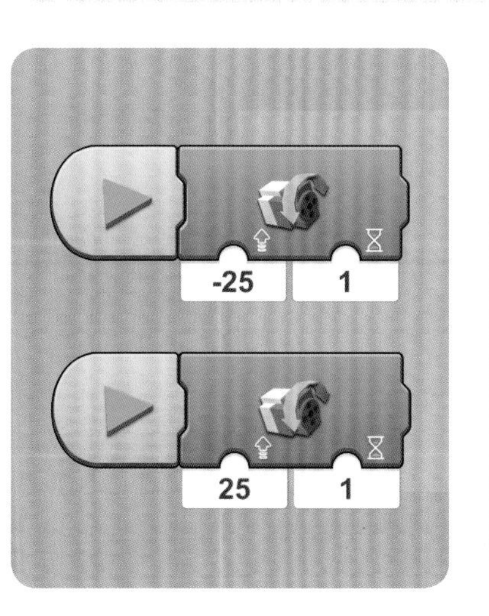
-25
1
25
1

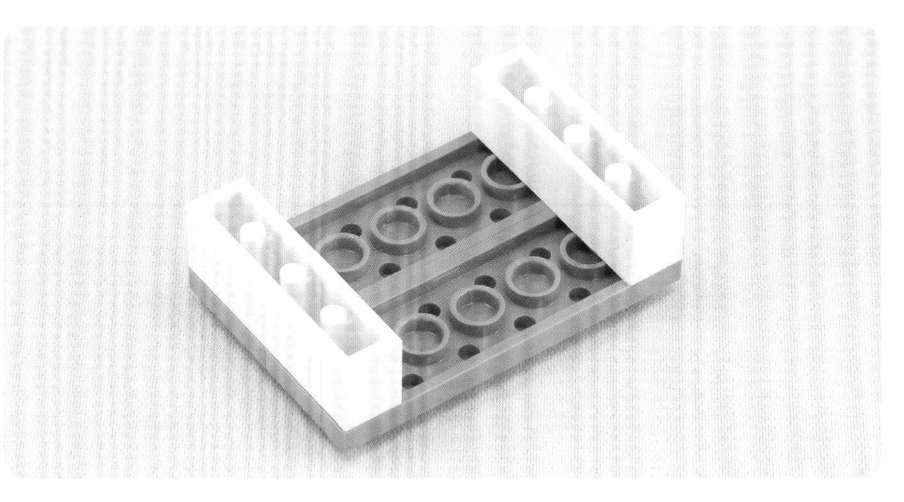

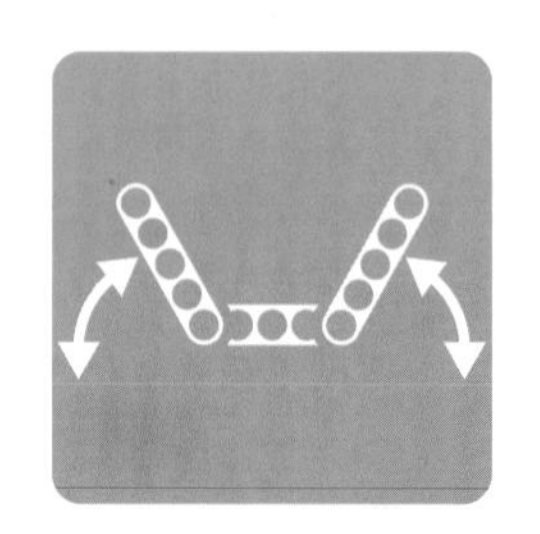

拍動翅膀

51

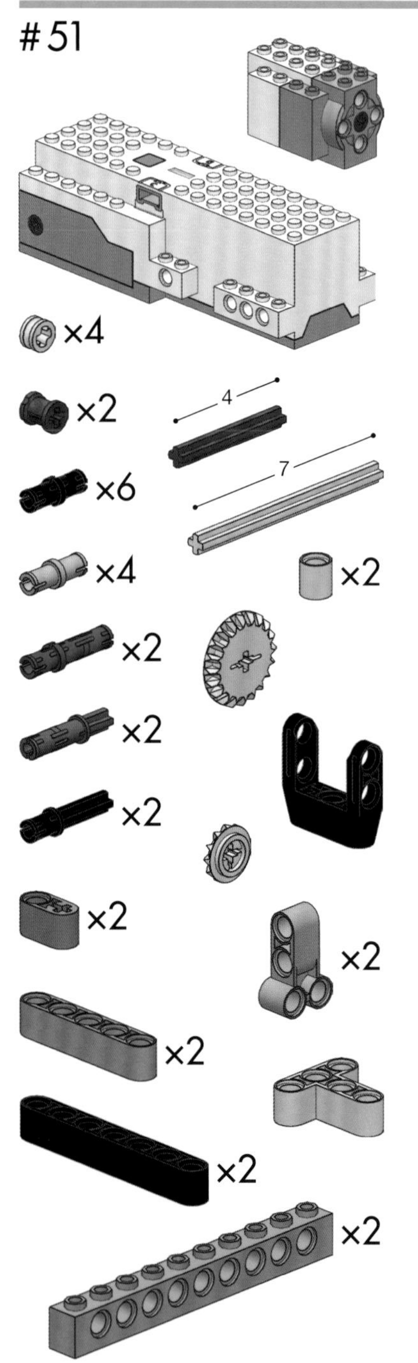

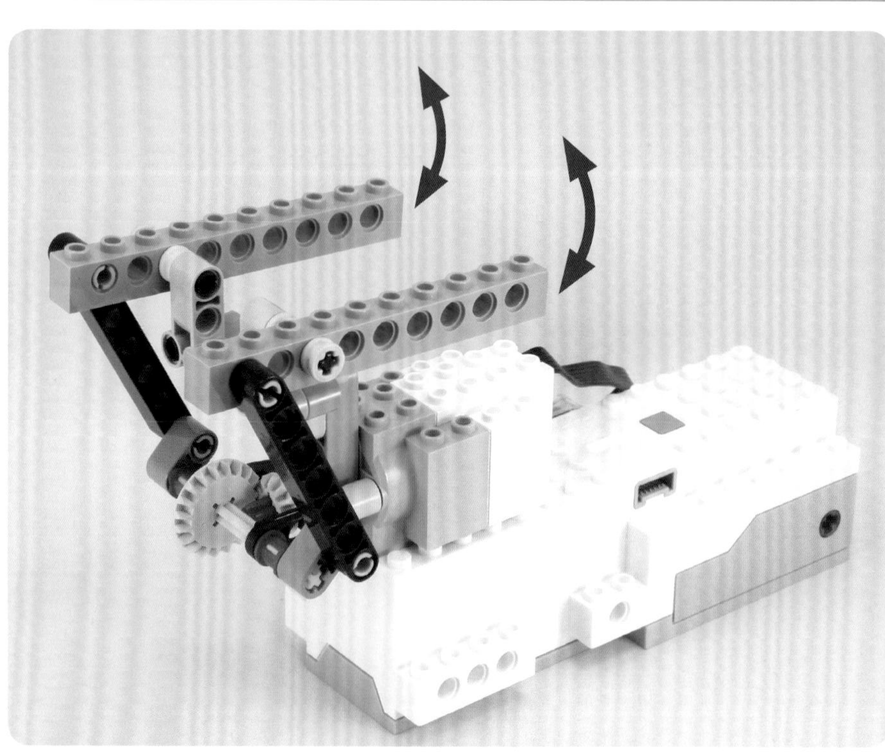

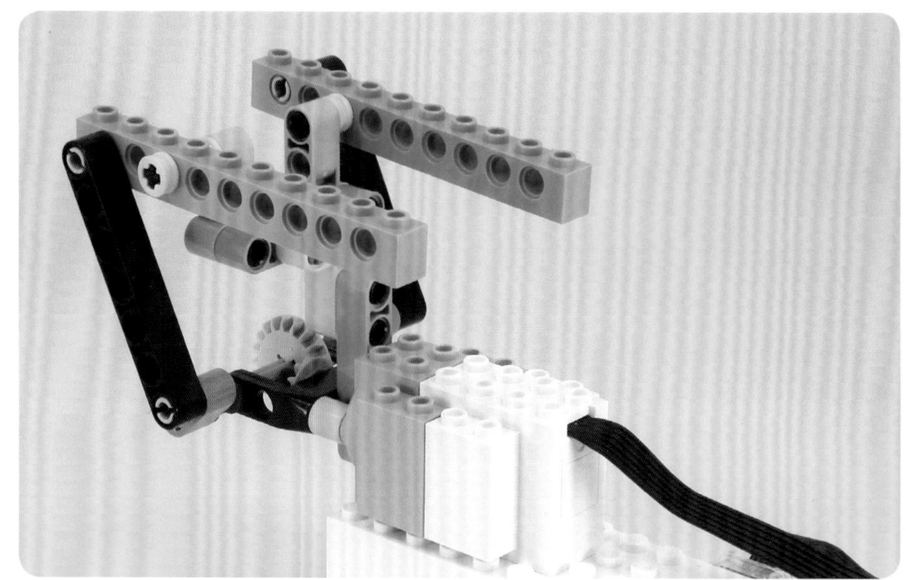

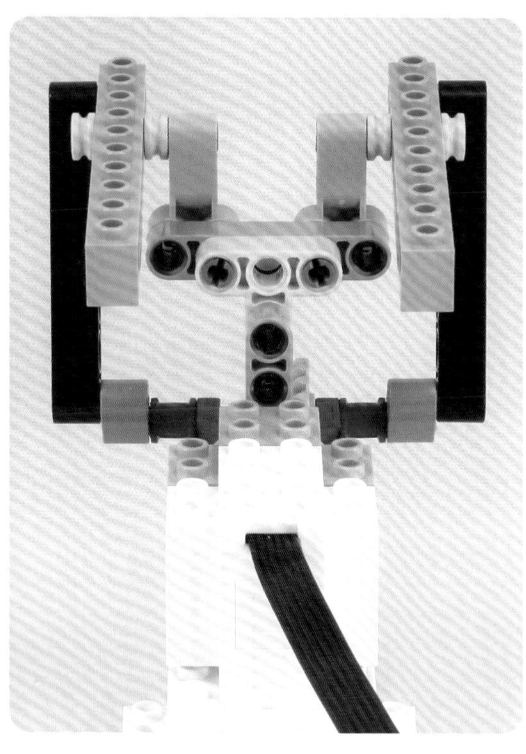

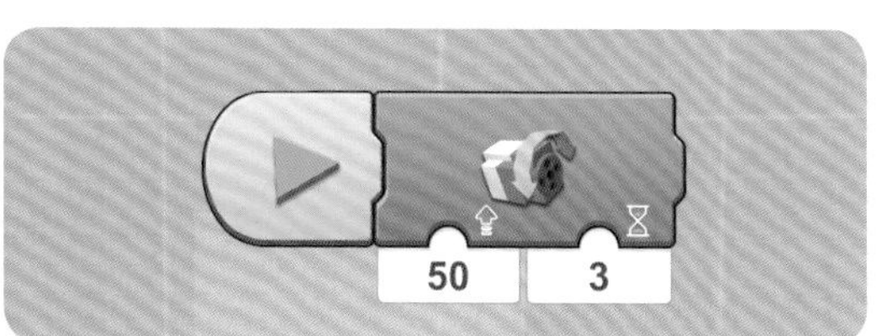
50
3

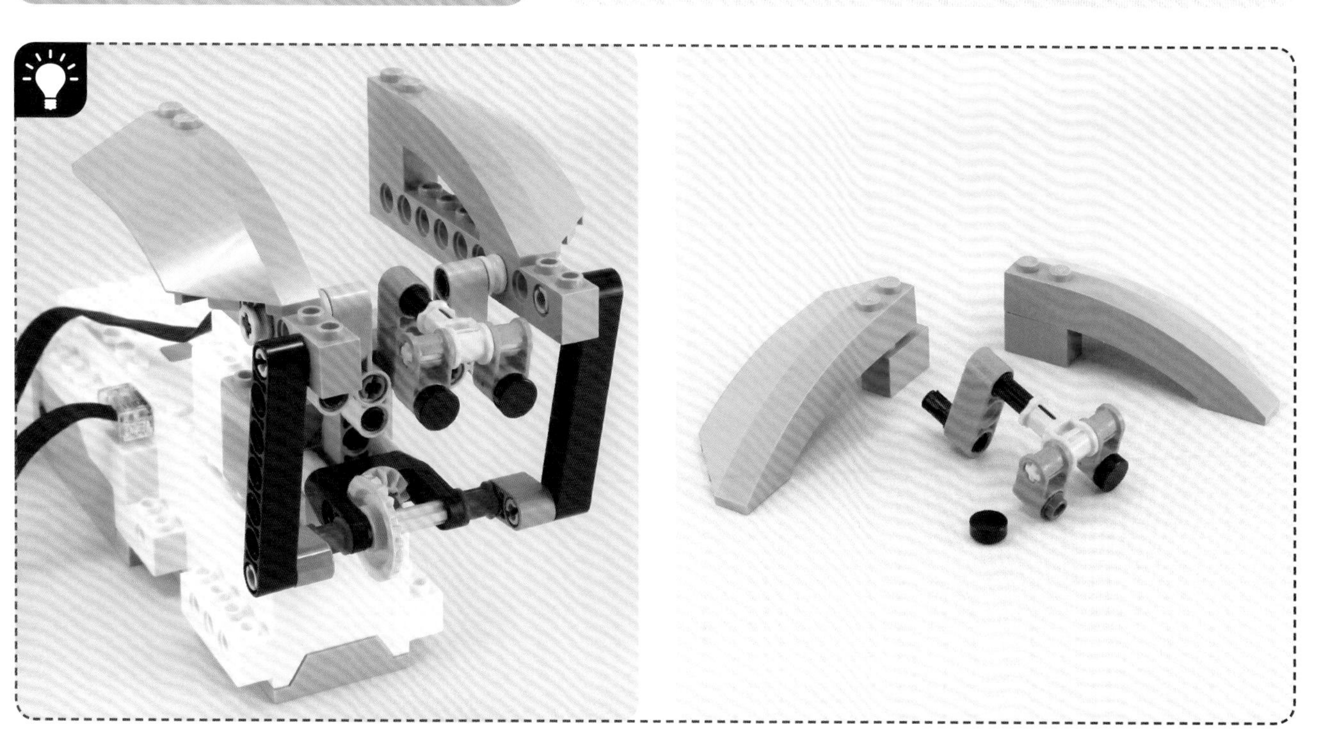

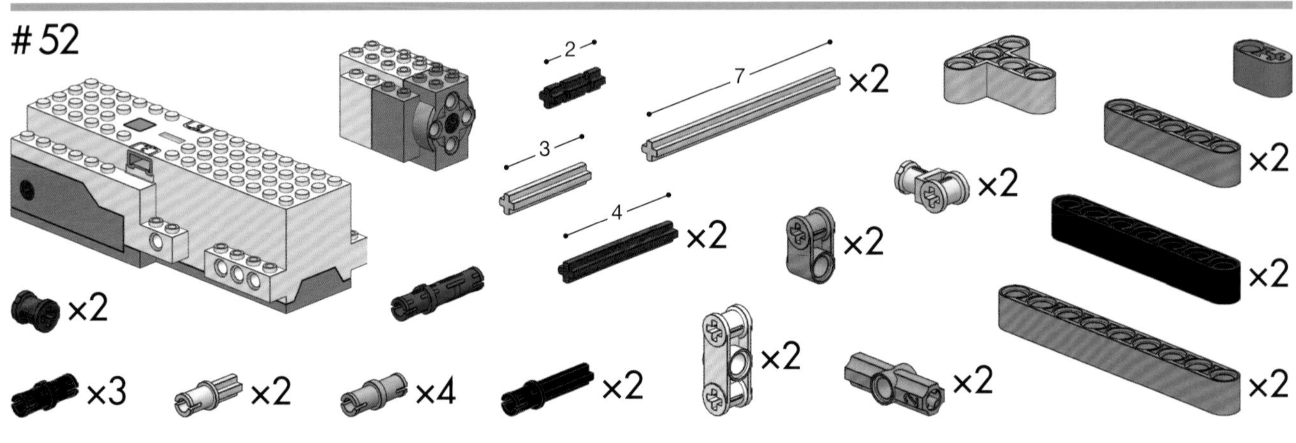

52
2
7
×2
3
4
×2
×2
×2
×2
×2
×2
×2
×3
×2
×4
×2
×2
×2
×2

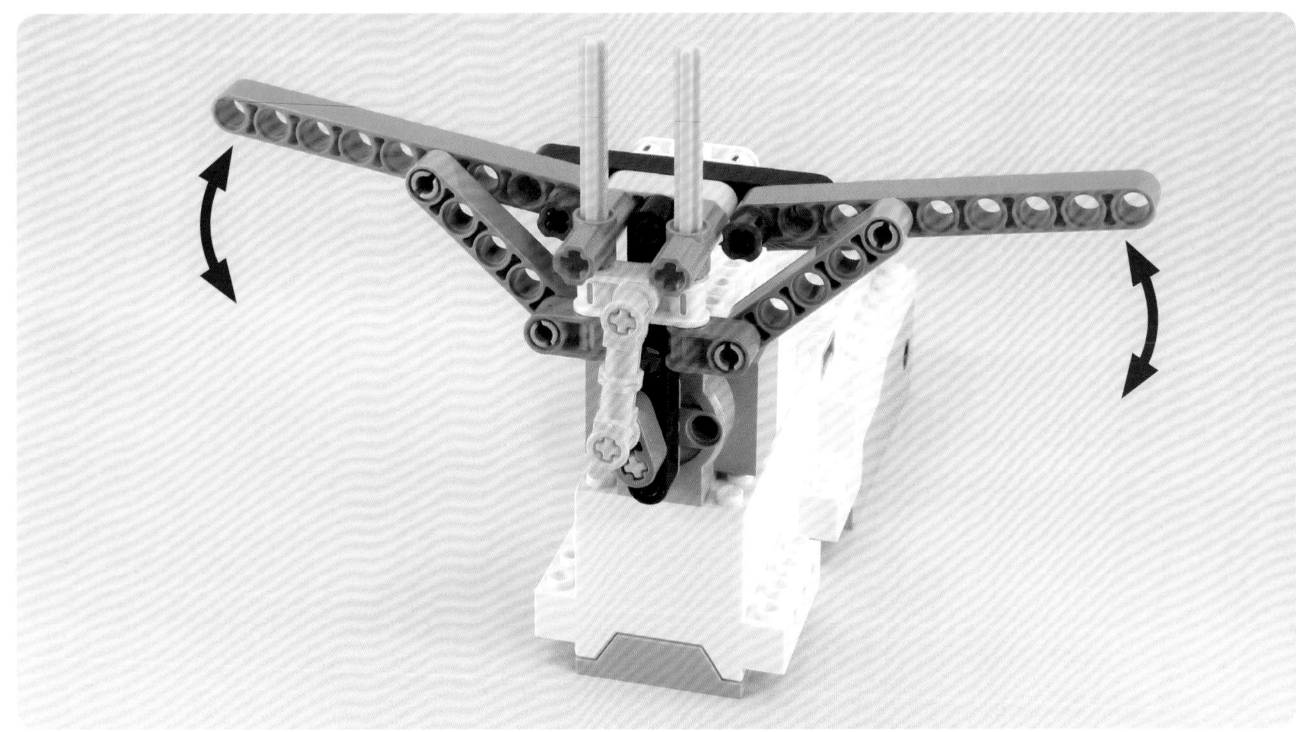

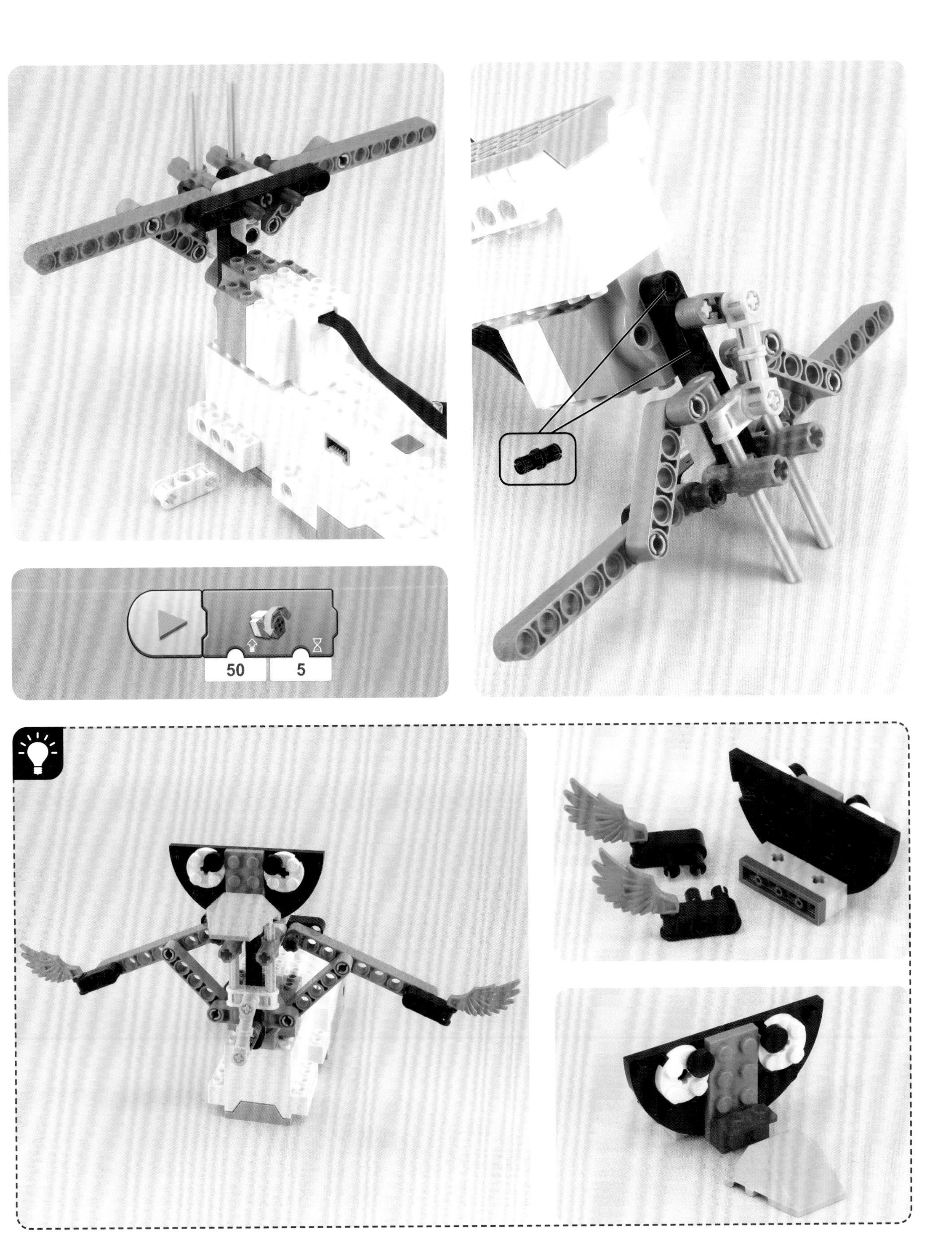
50
5

使用互動式馬達來帶動輪子

#53

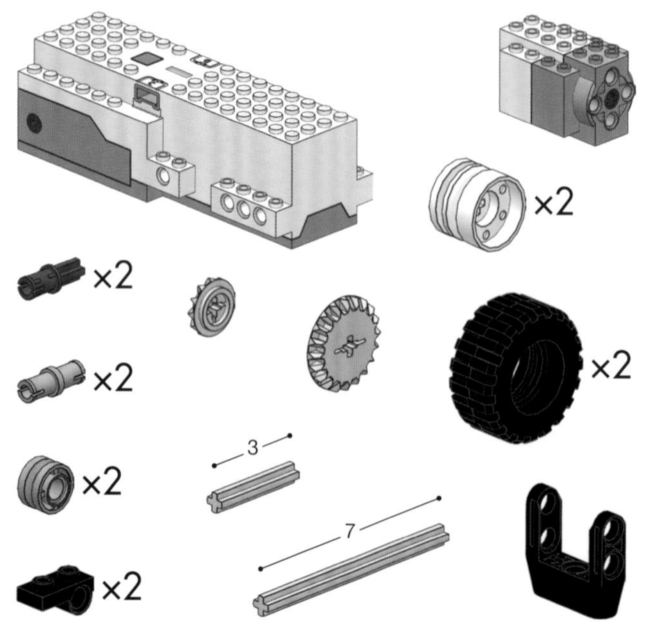

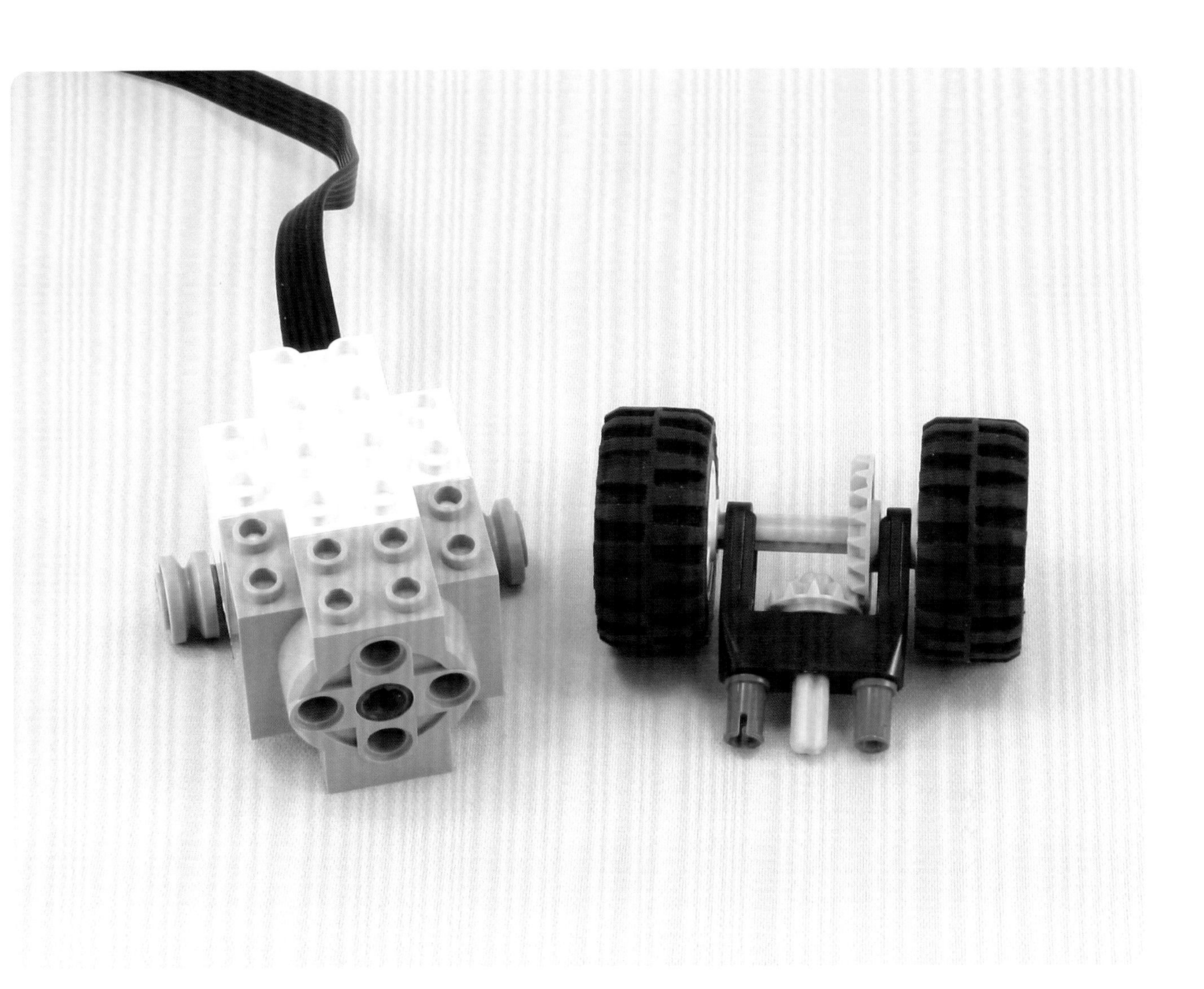

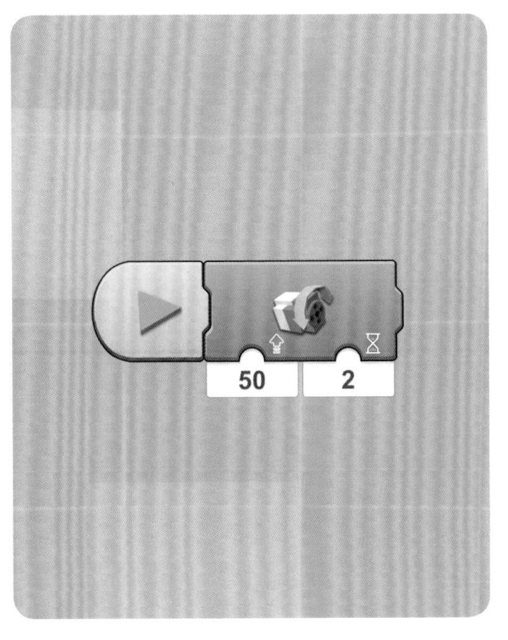
50
2

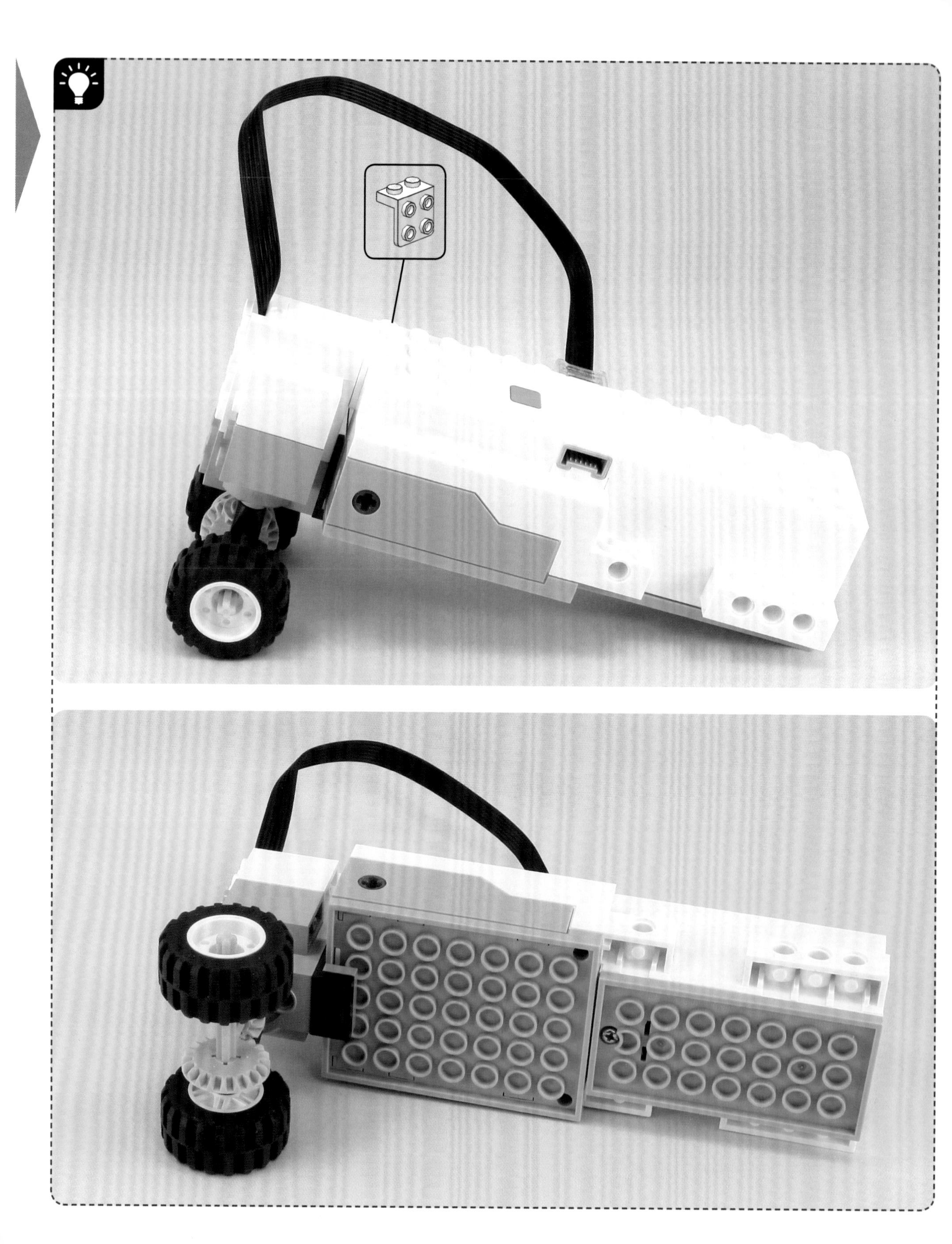

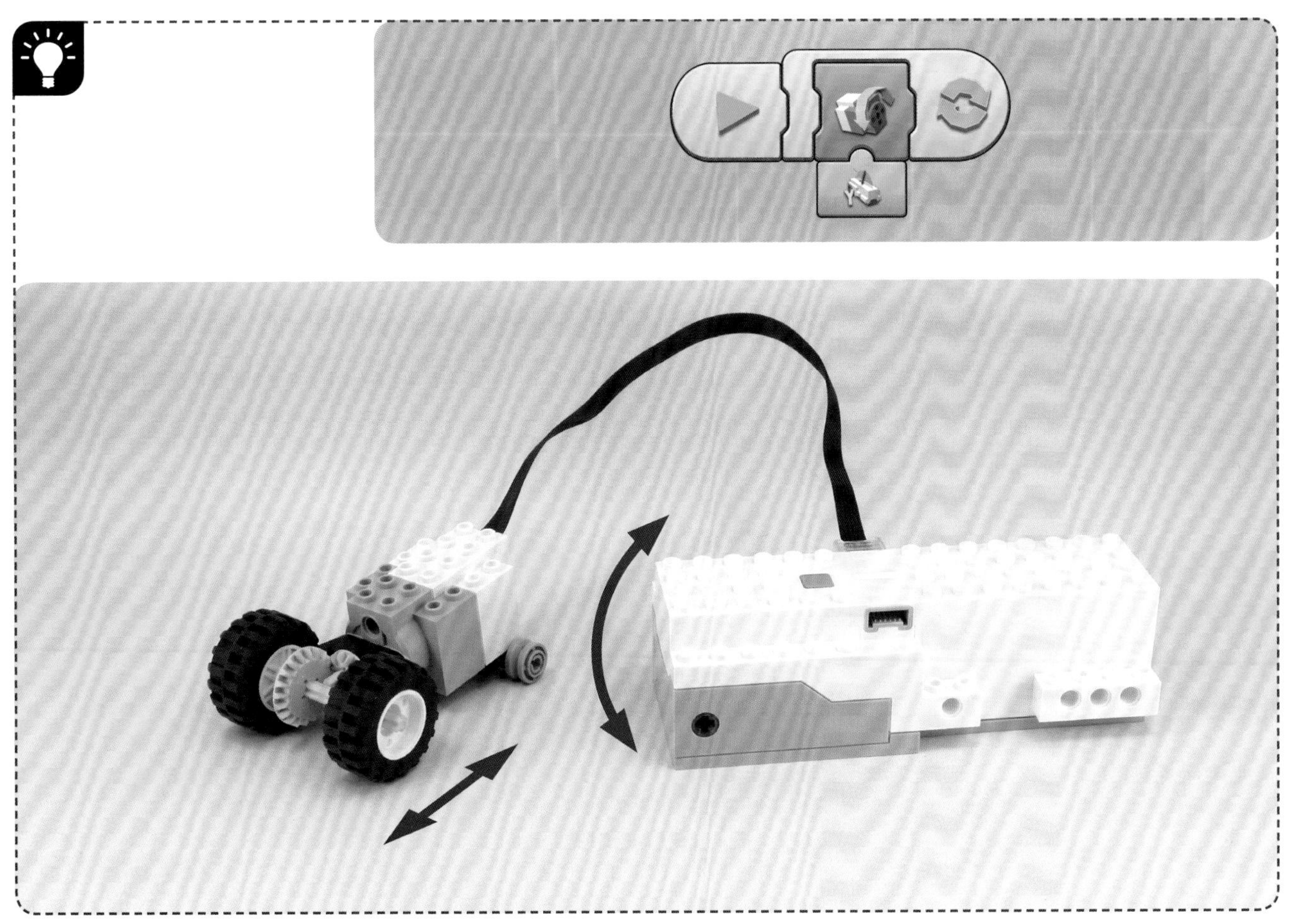

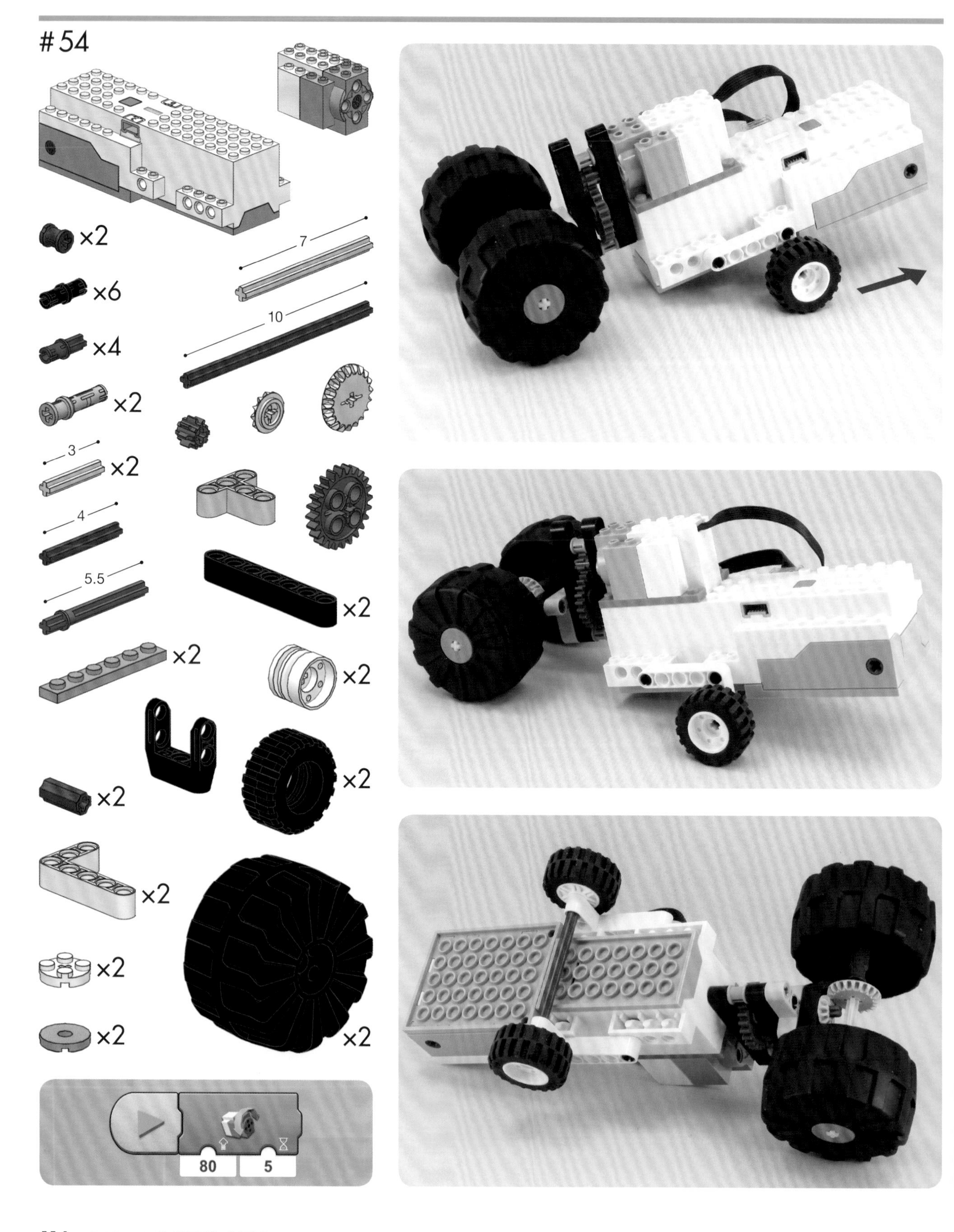
#54
×2
7
×6
10
×4
×2
3
×2
4
5.5
×2
×2
×2
×2
×2
×2
×2
×2
×2
×2
80
5

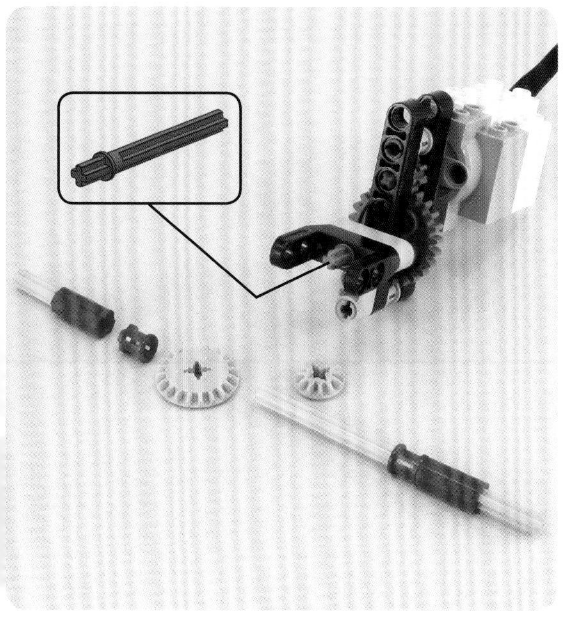

A
B
80
3
50
360
50
360

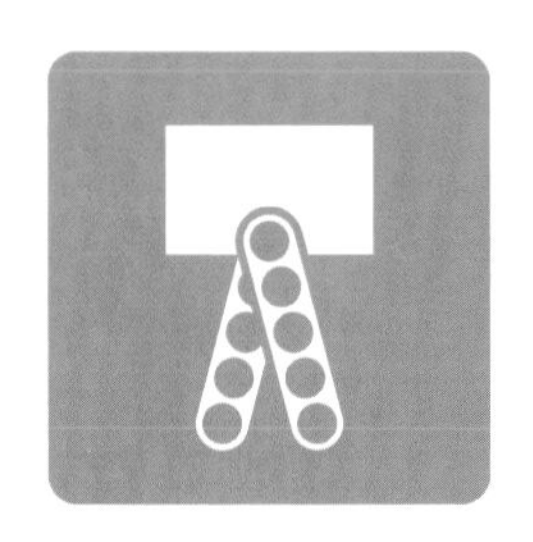

使用互動式馬達來走路

55

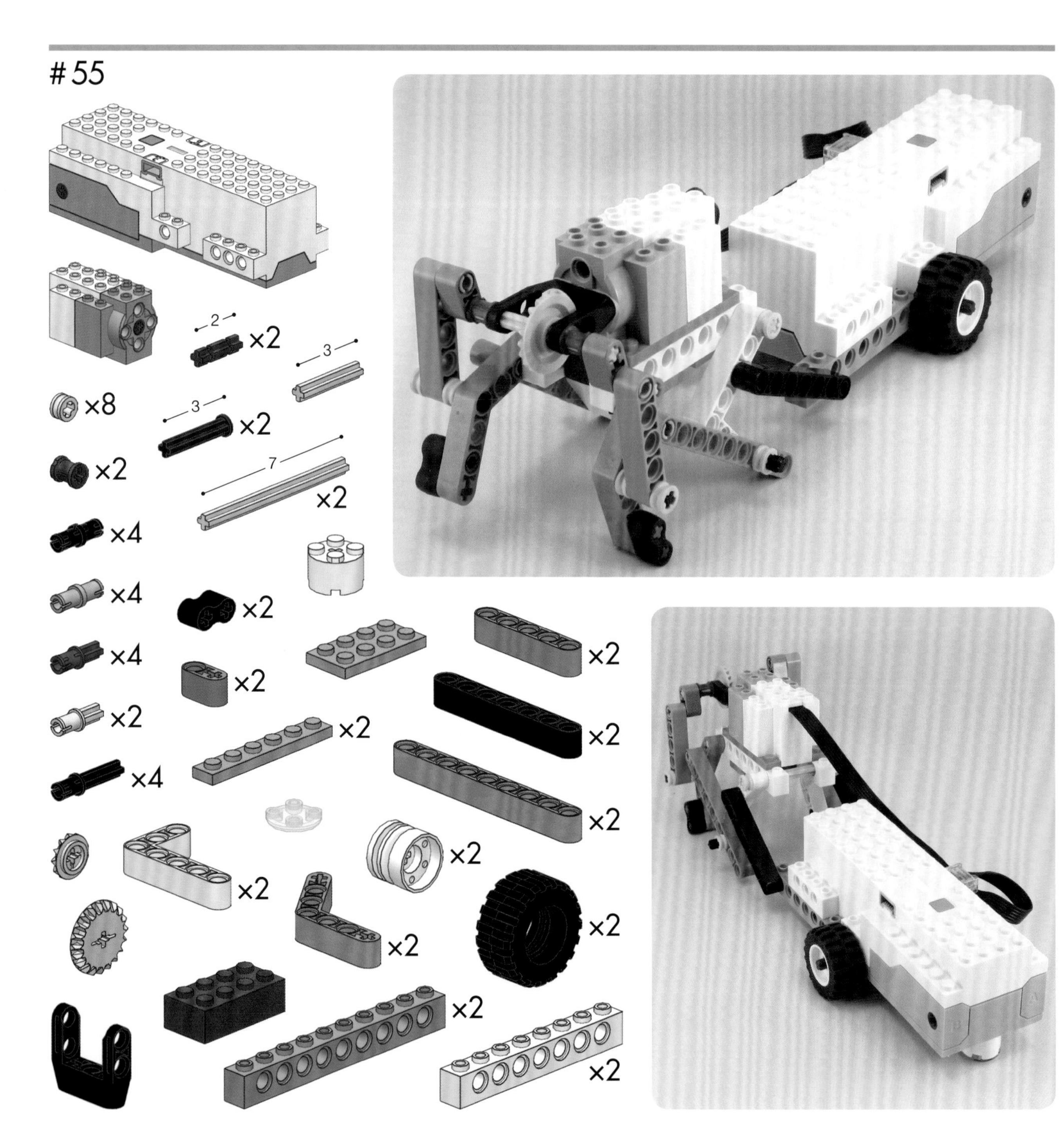

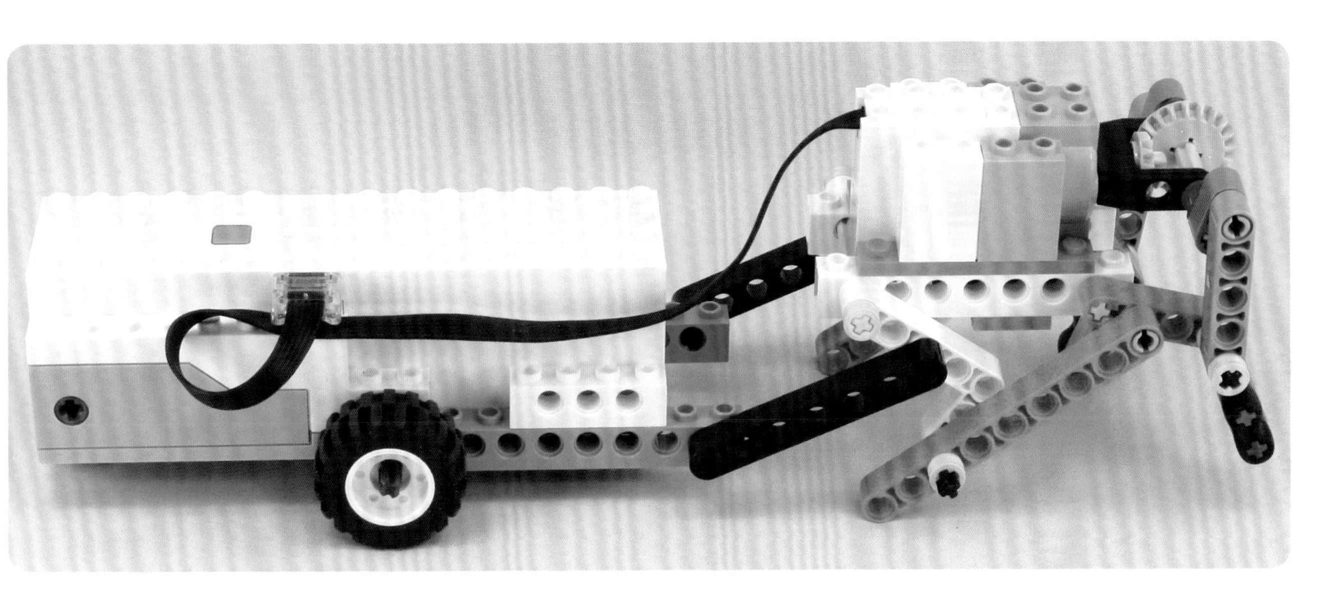

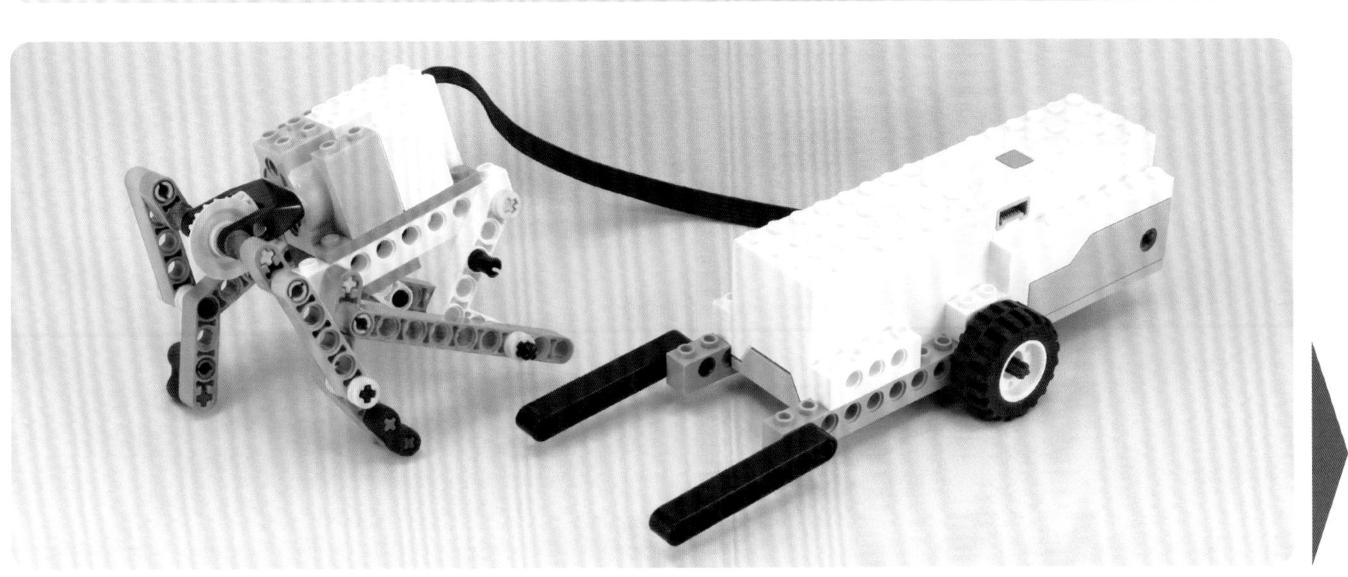

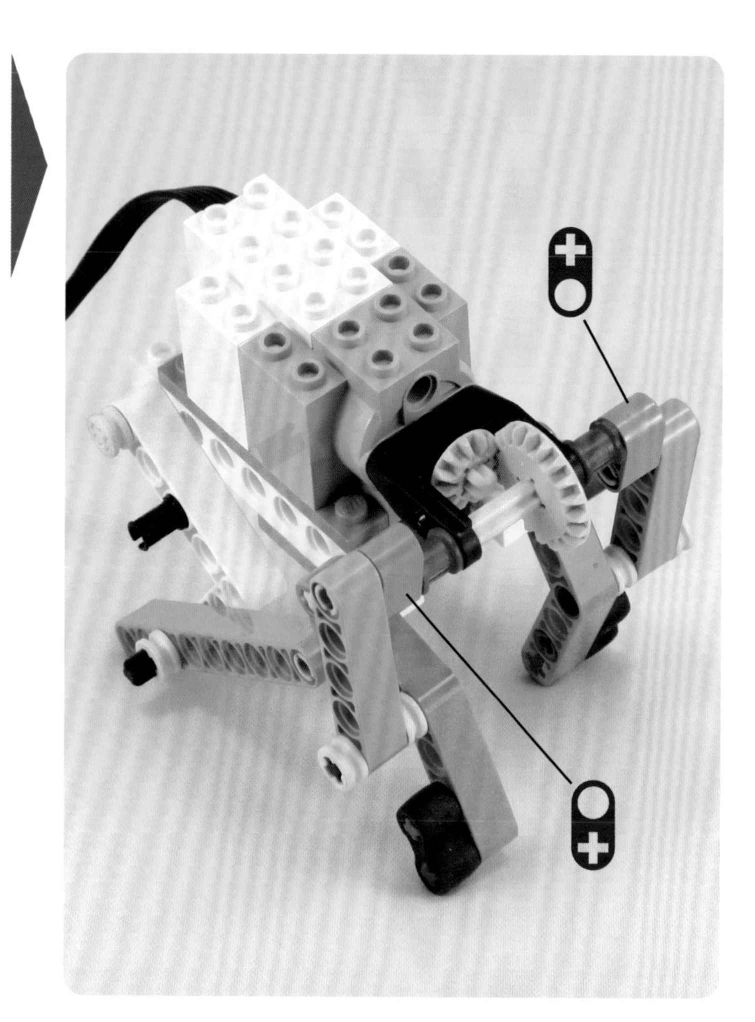

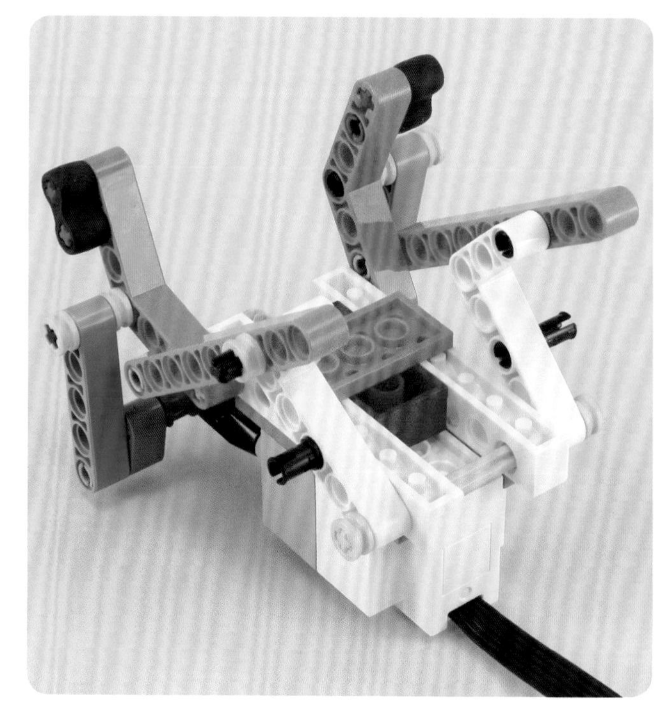

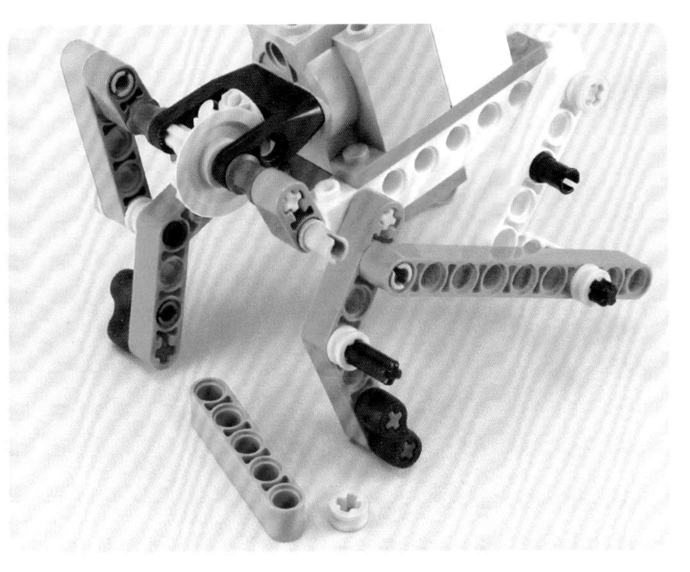

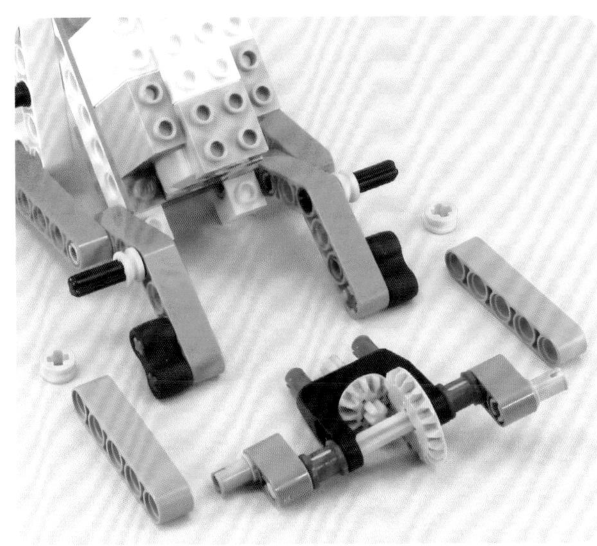

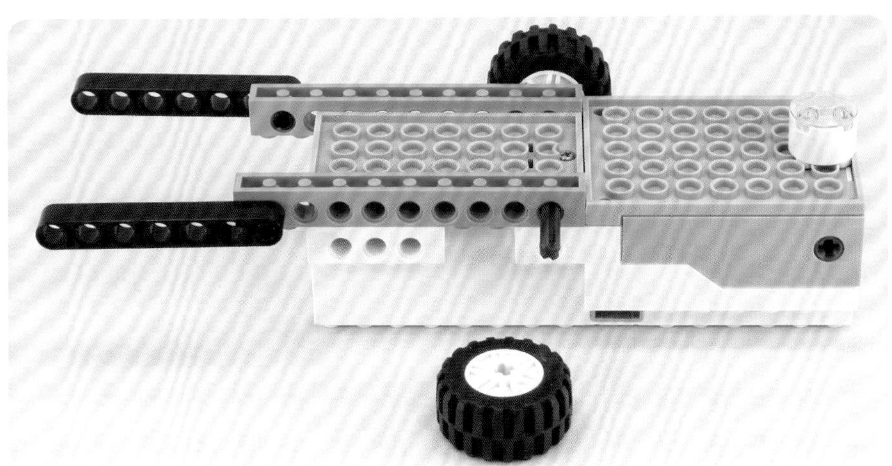

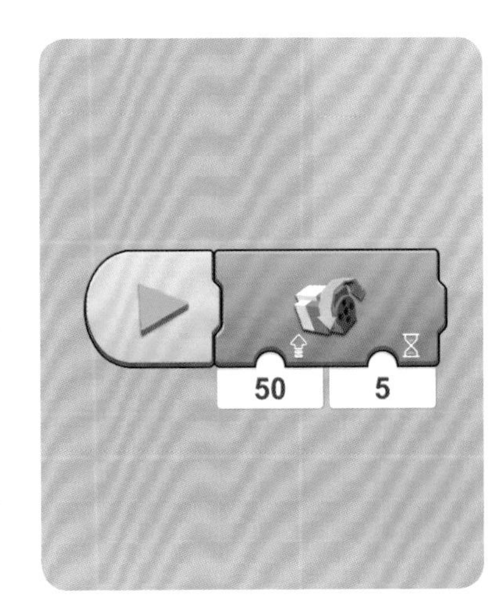
50
5

#56

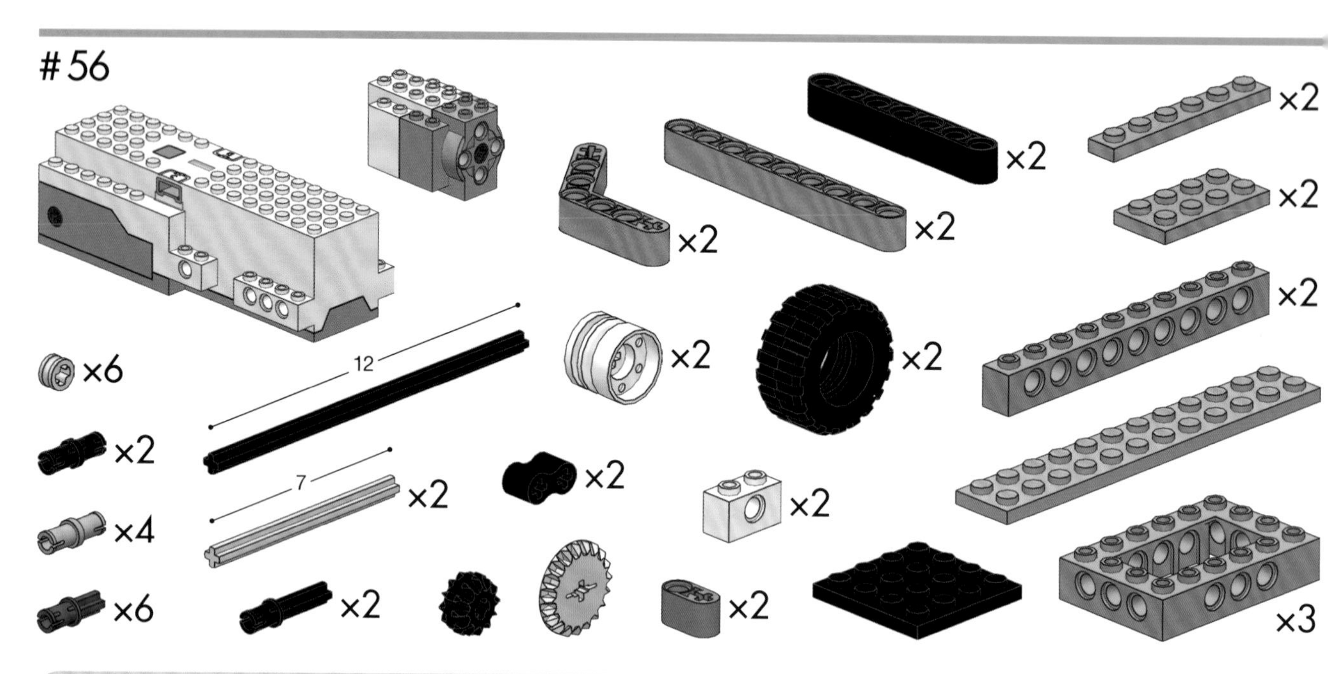

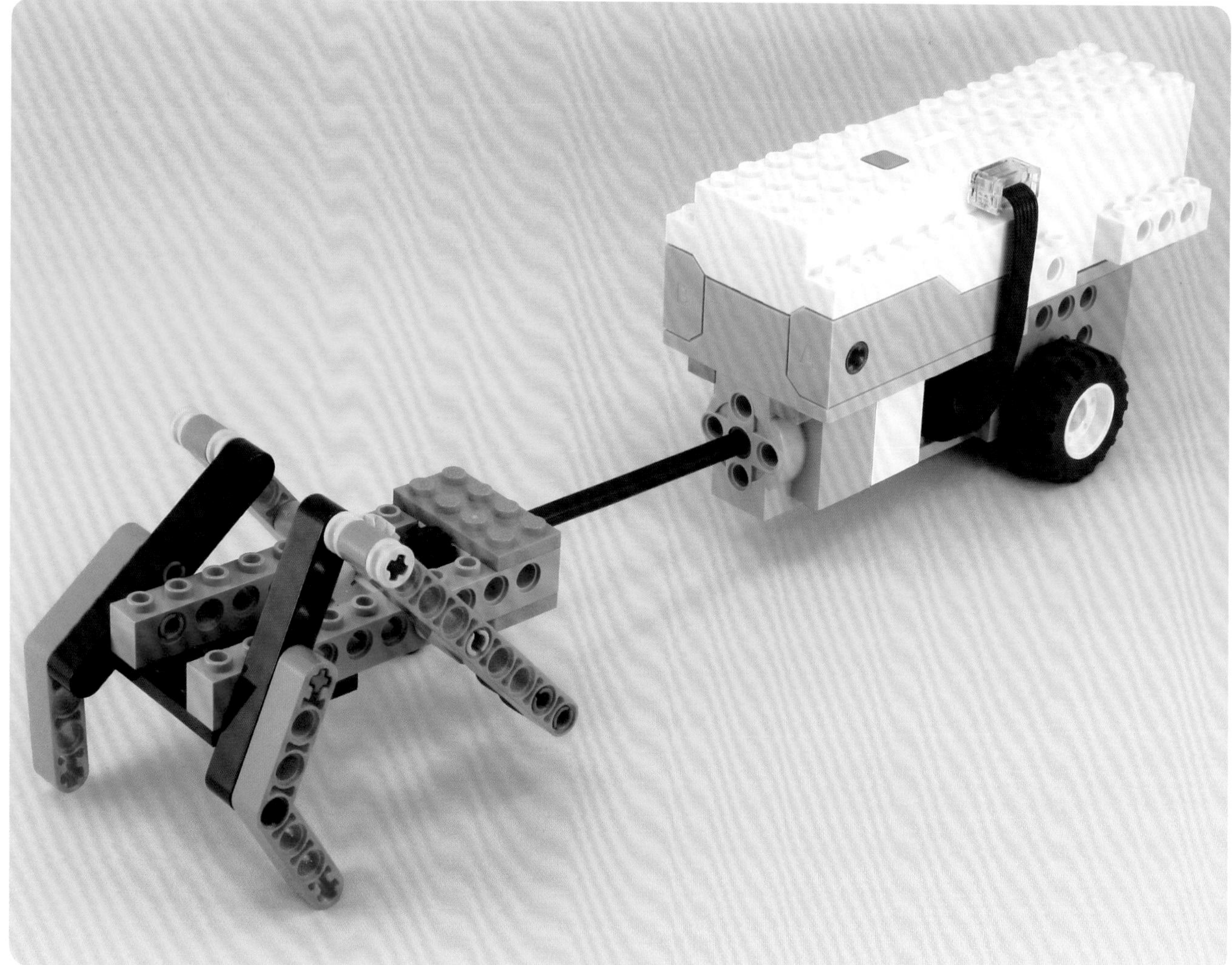

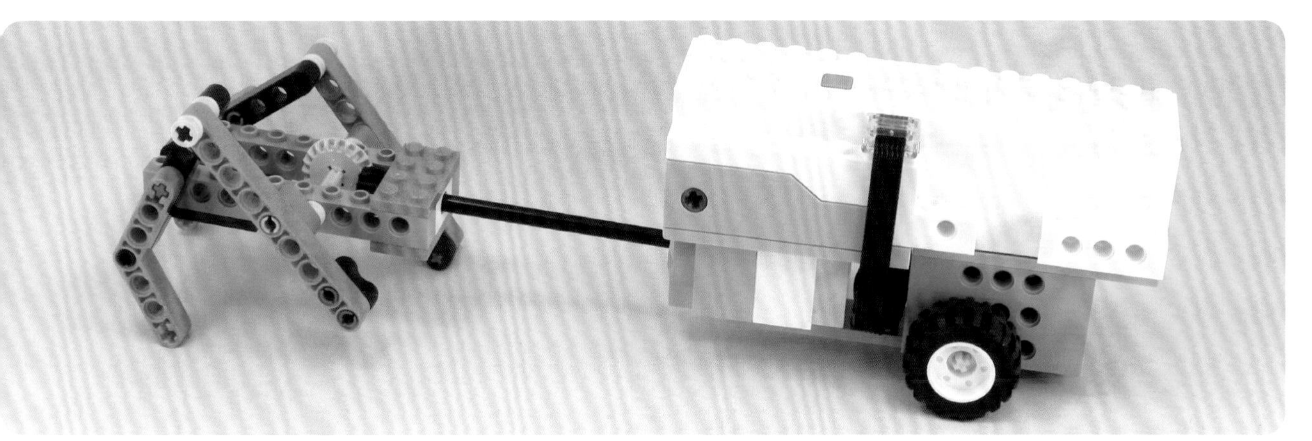

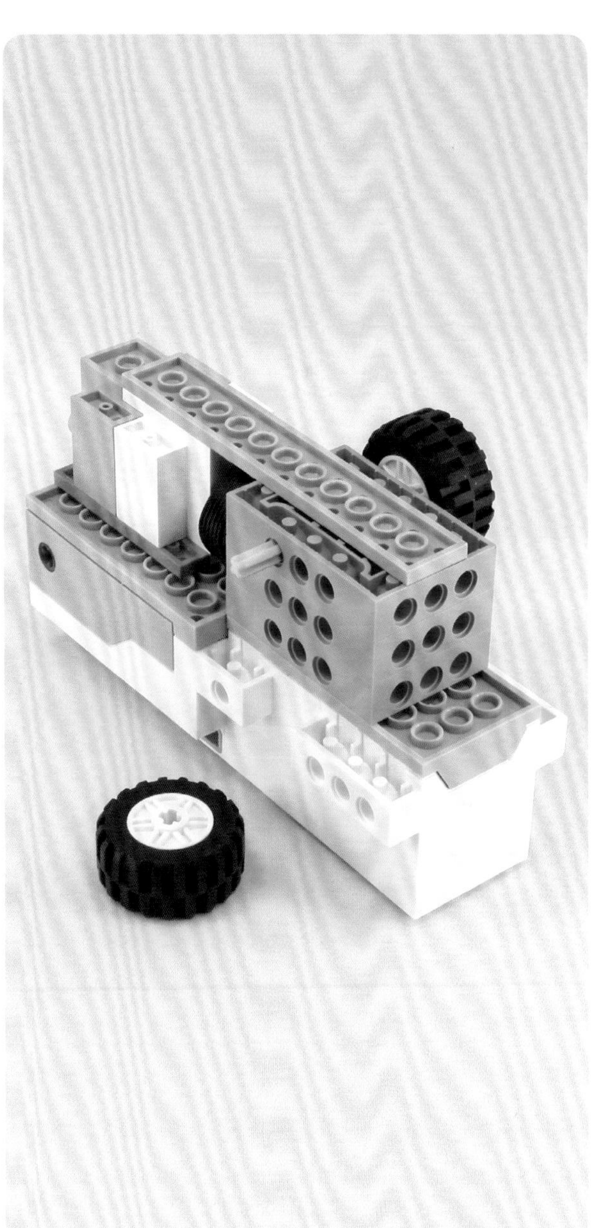

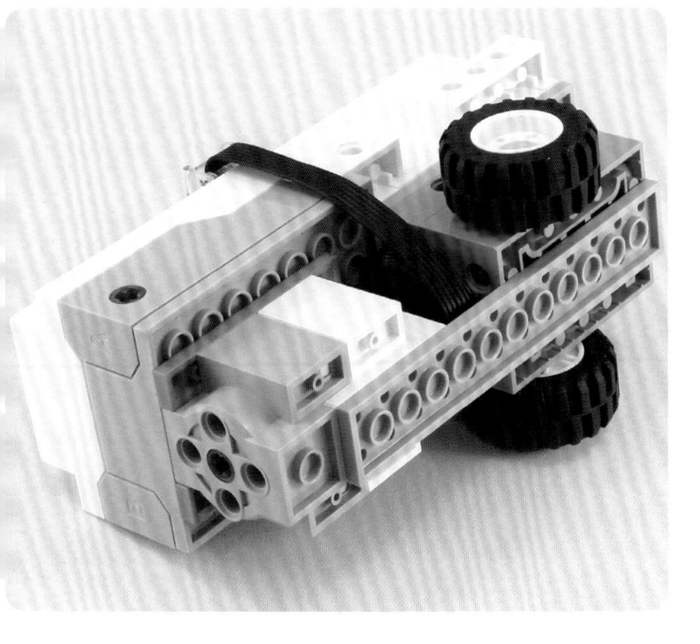

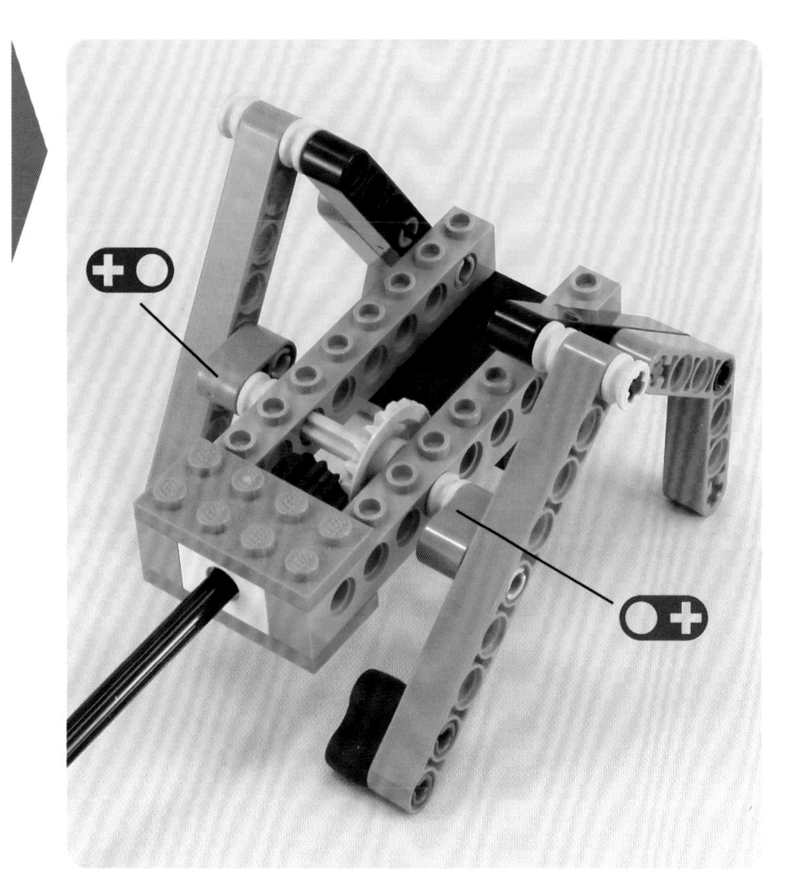

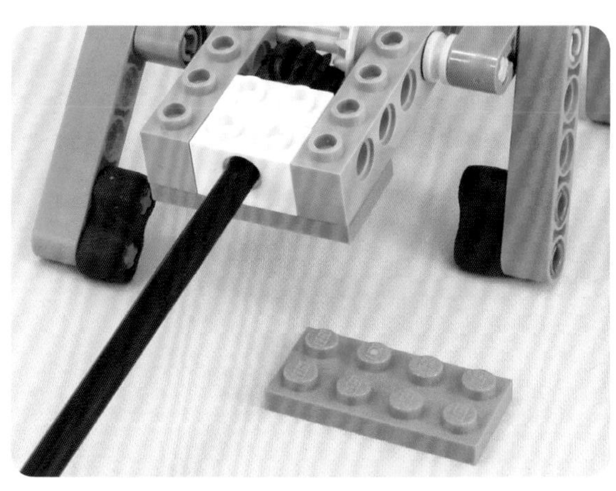

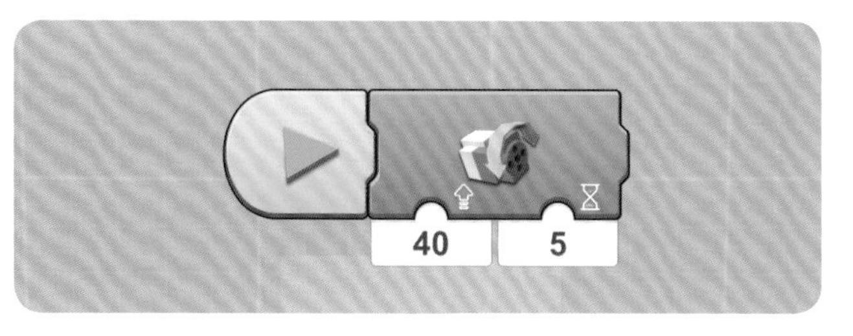
40
5

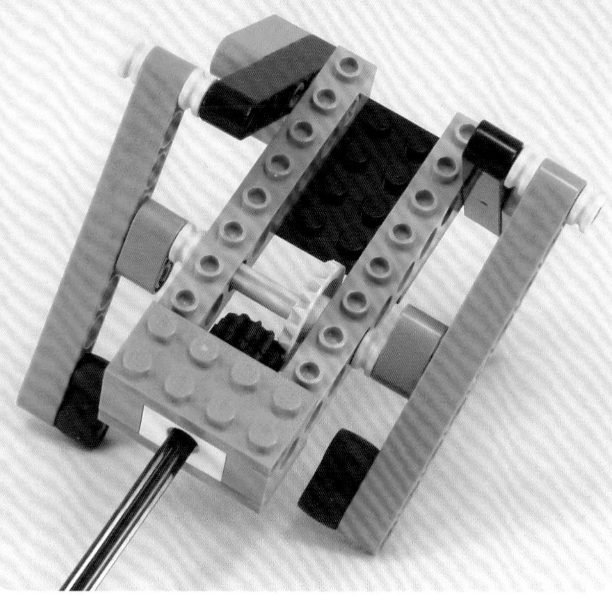

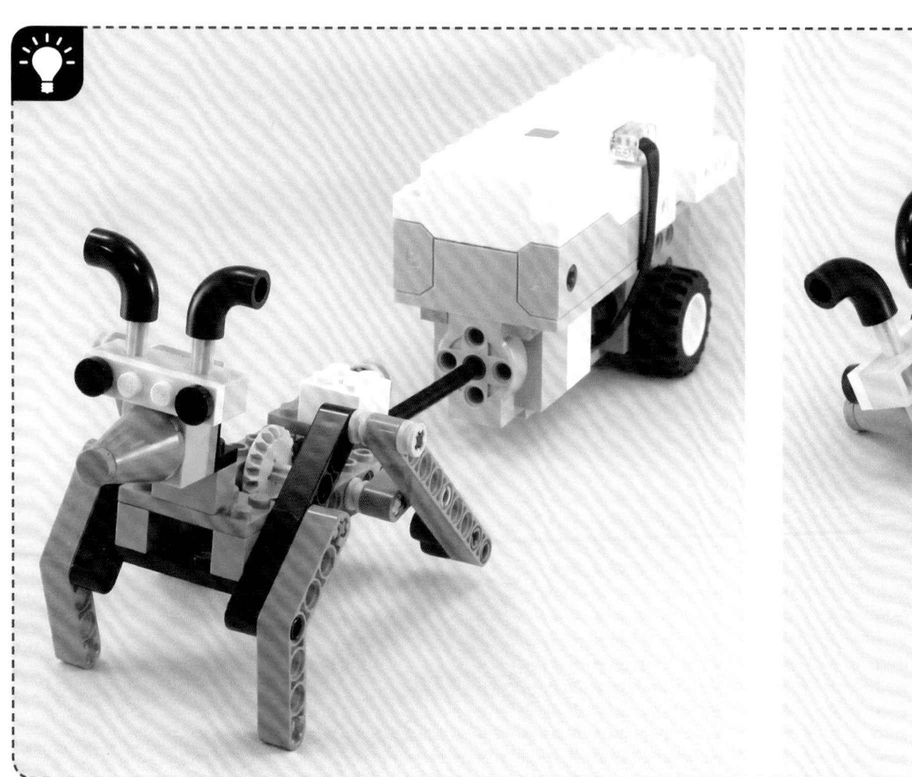

發射子彈

#57

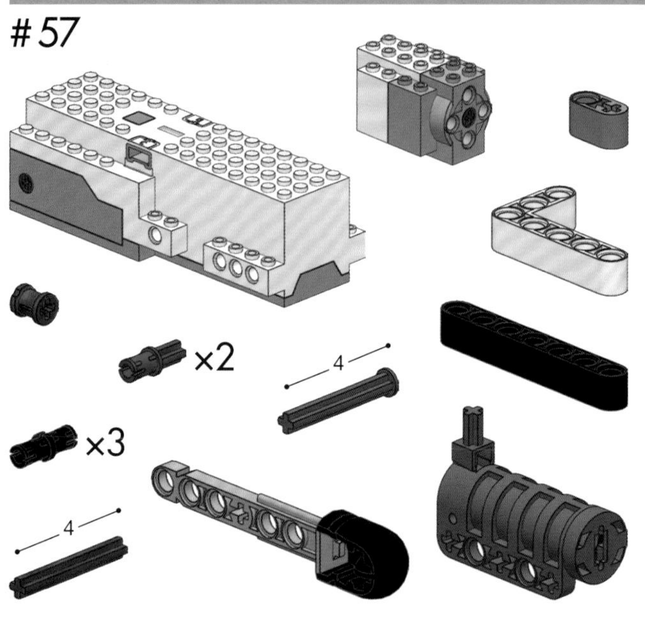

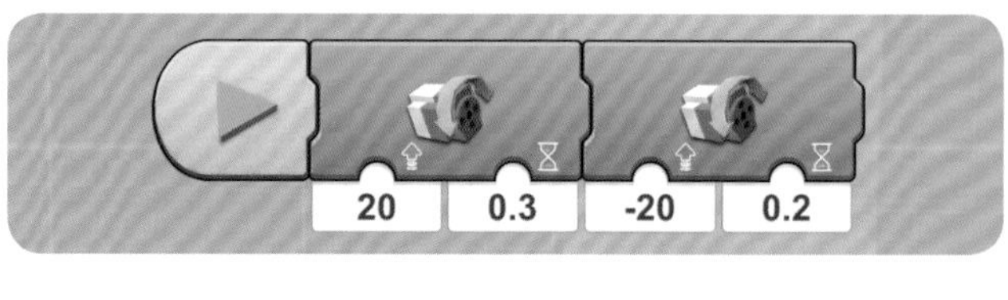

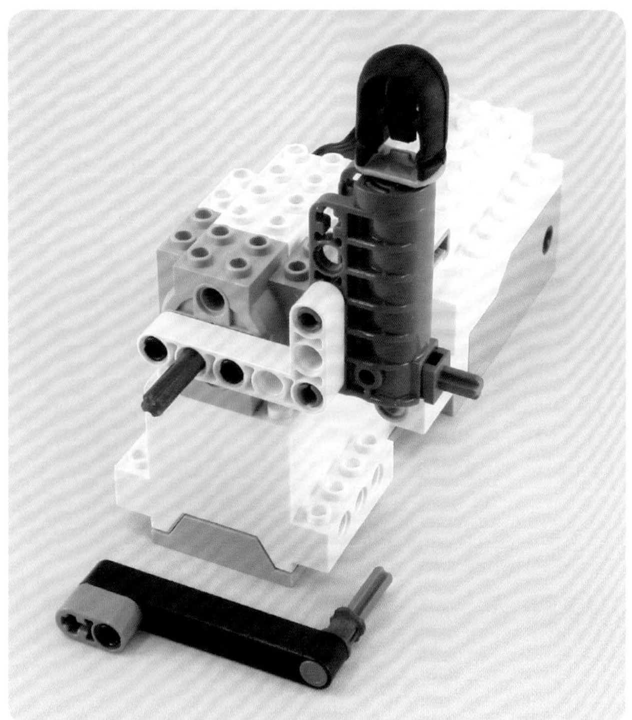

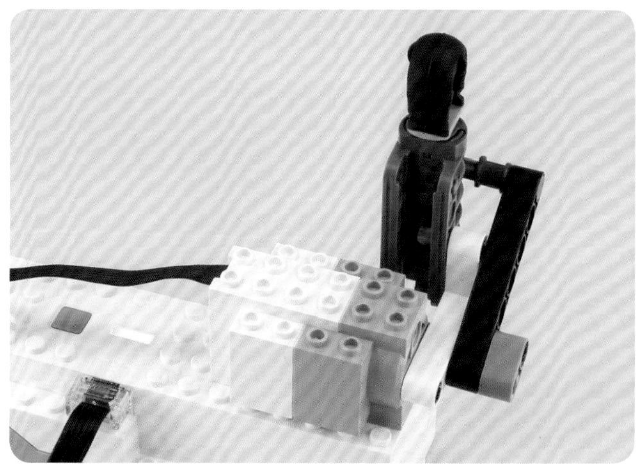

#58

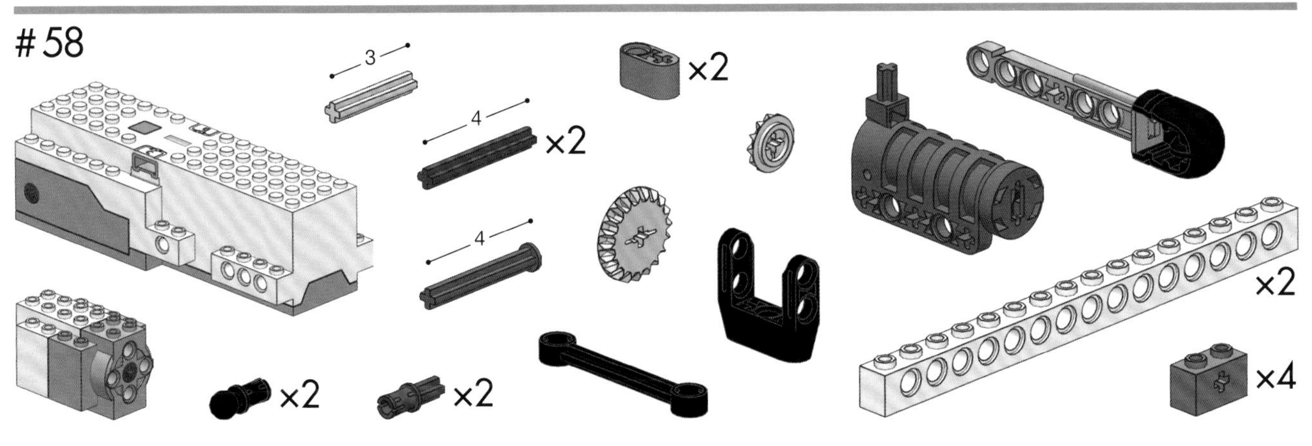

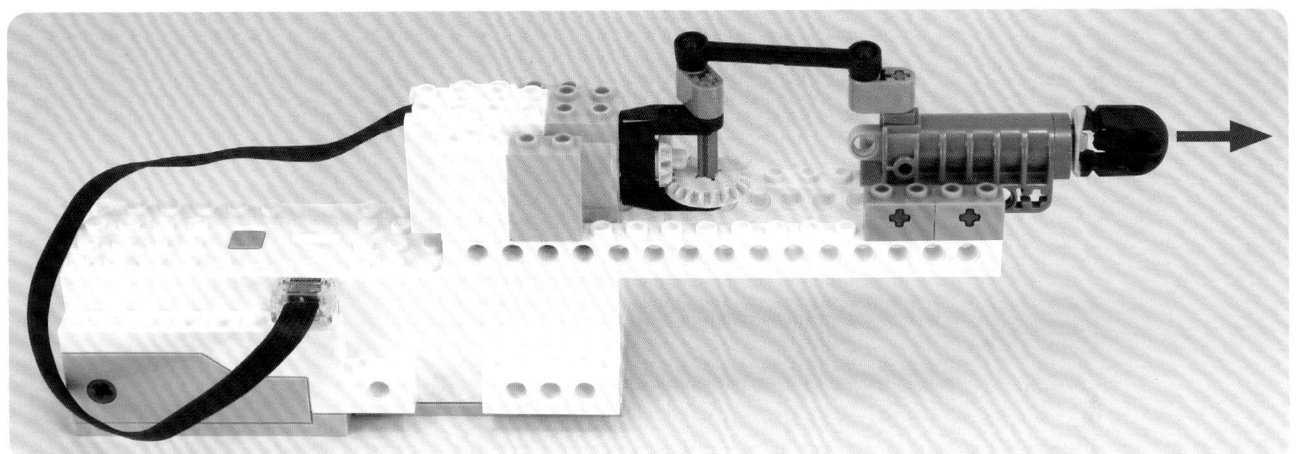

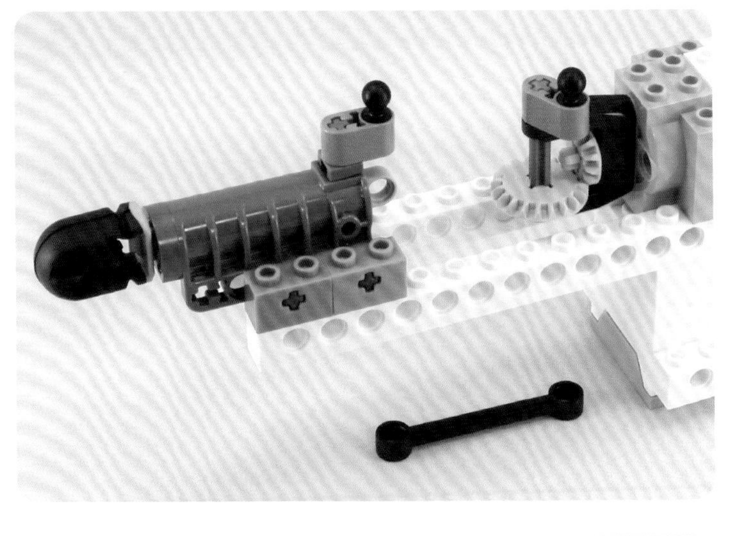

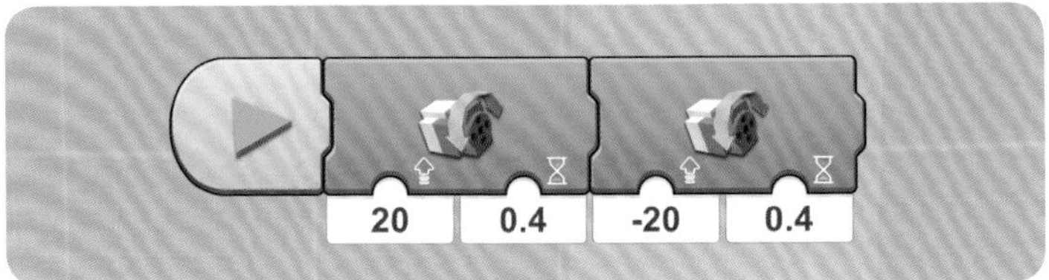

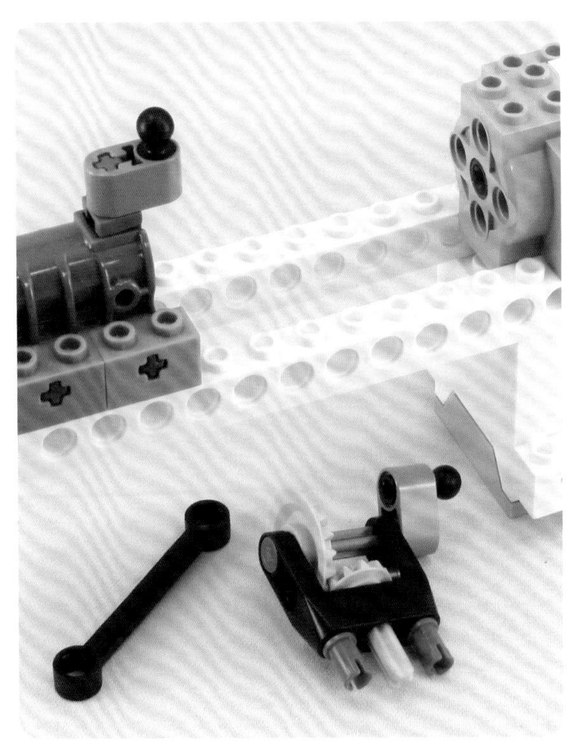

59

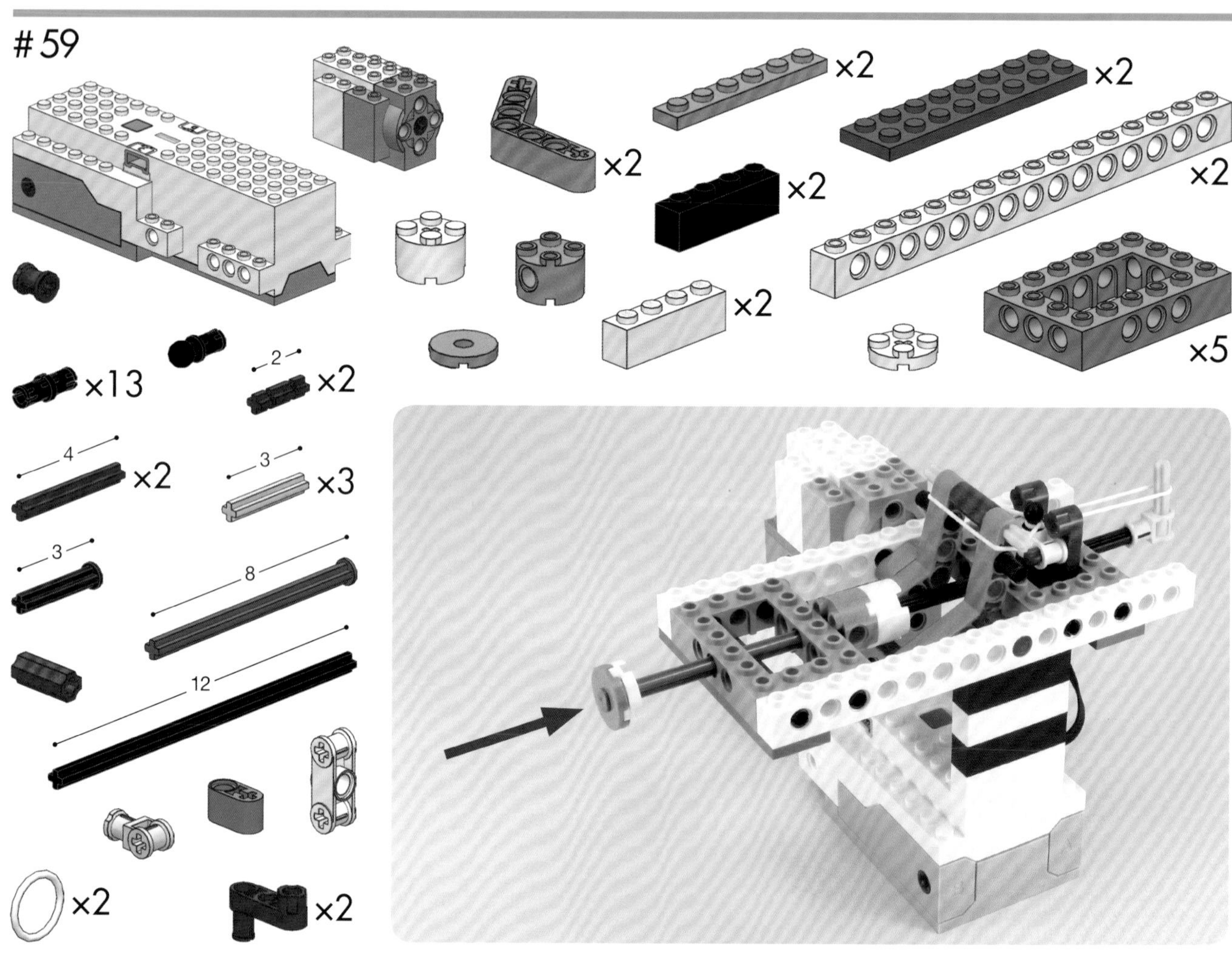

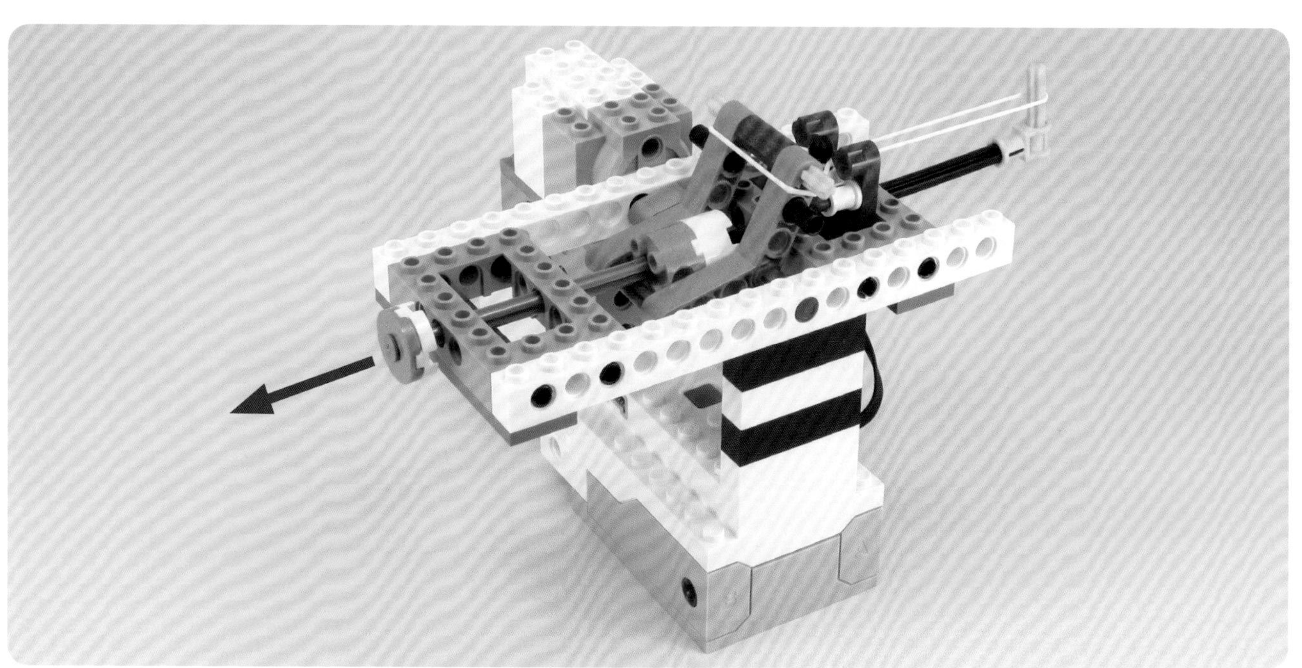

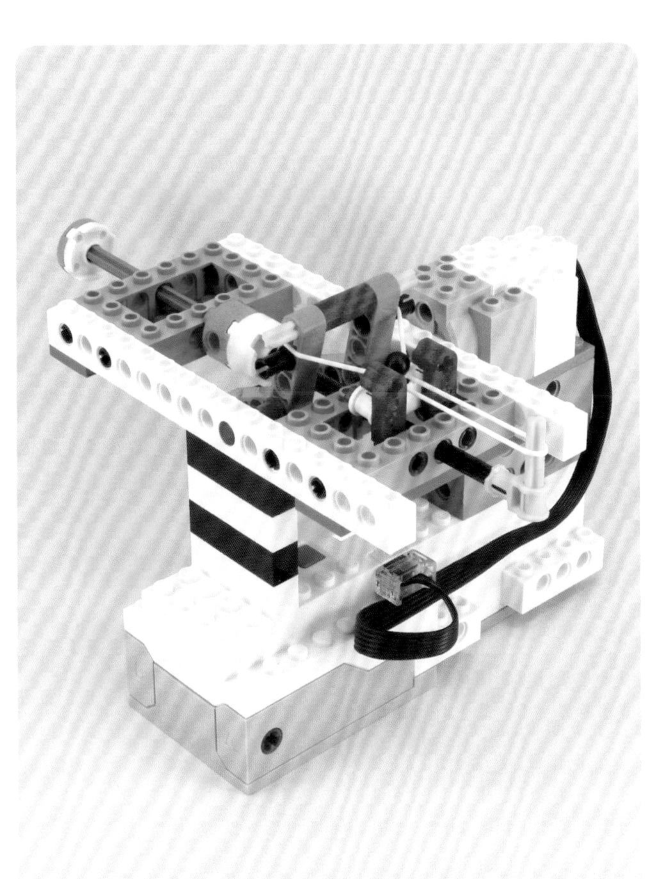

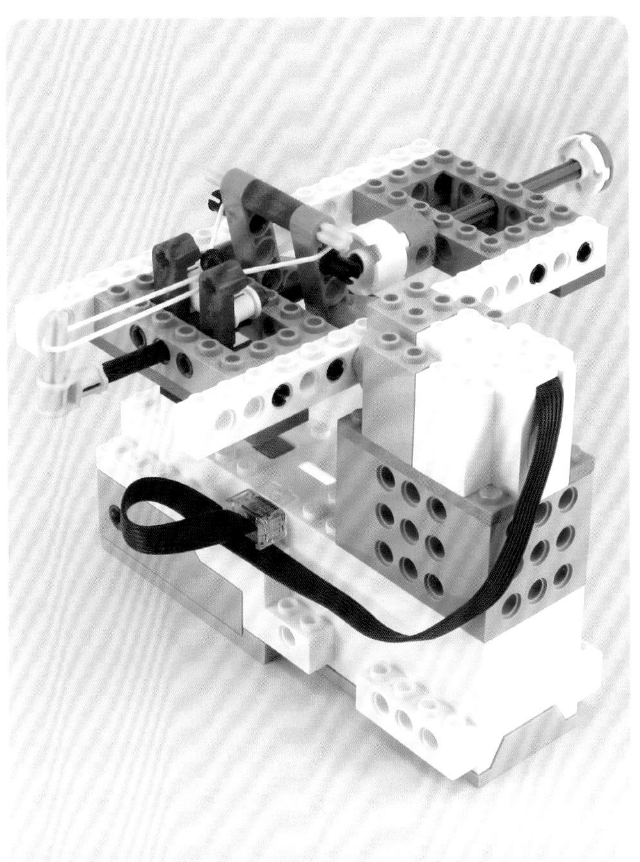

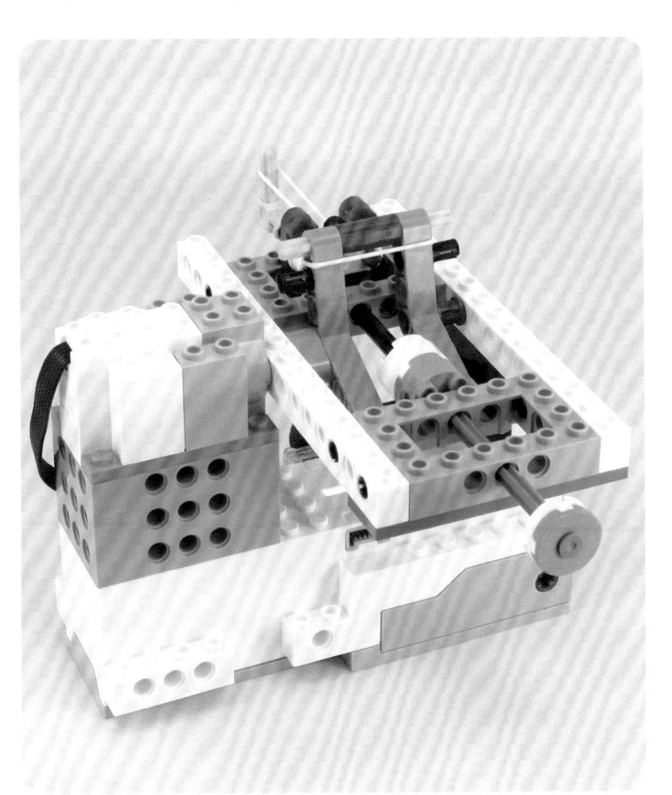

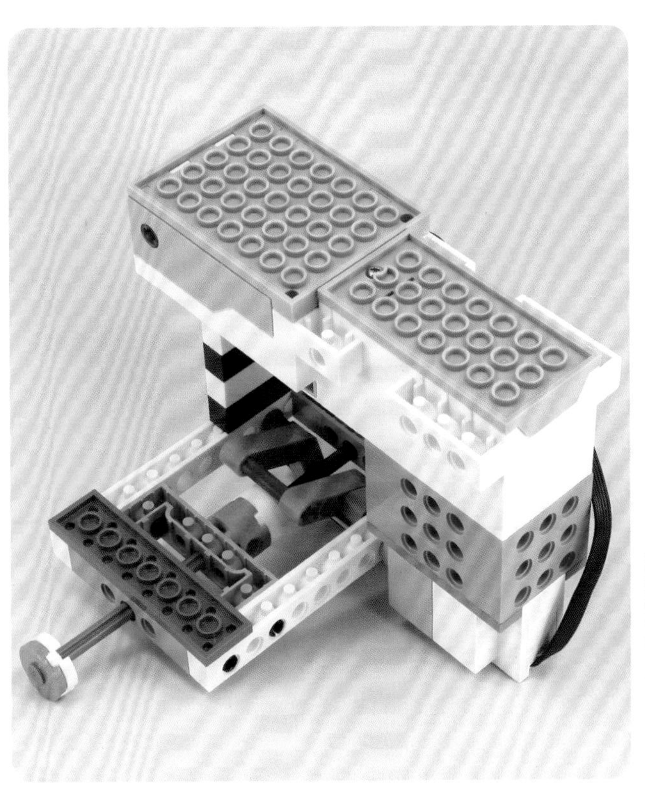

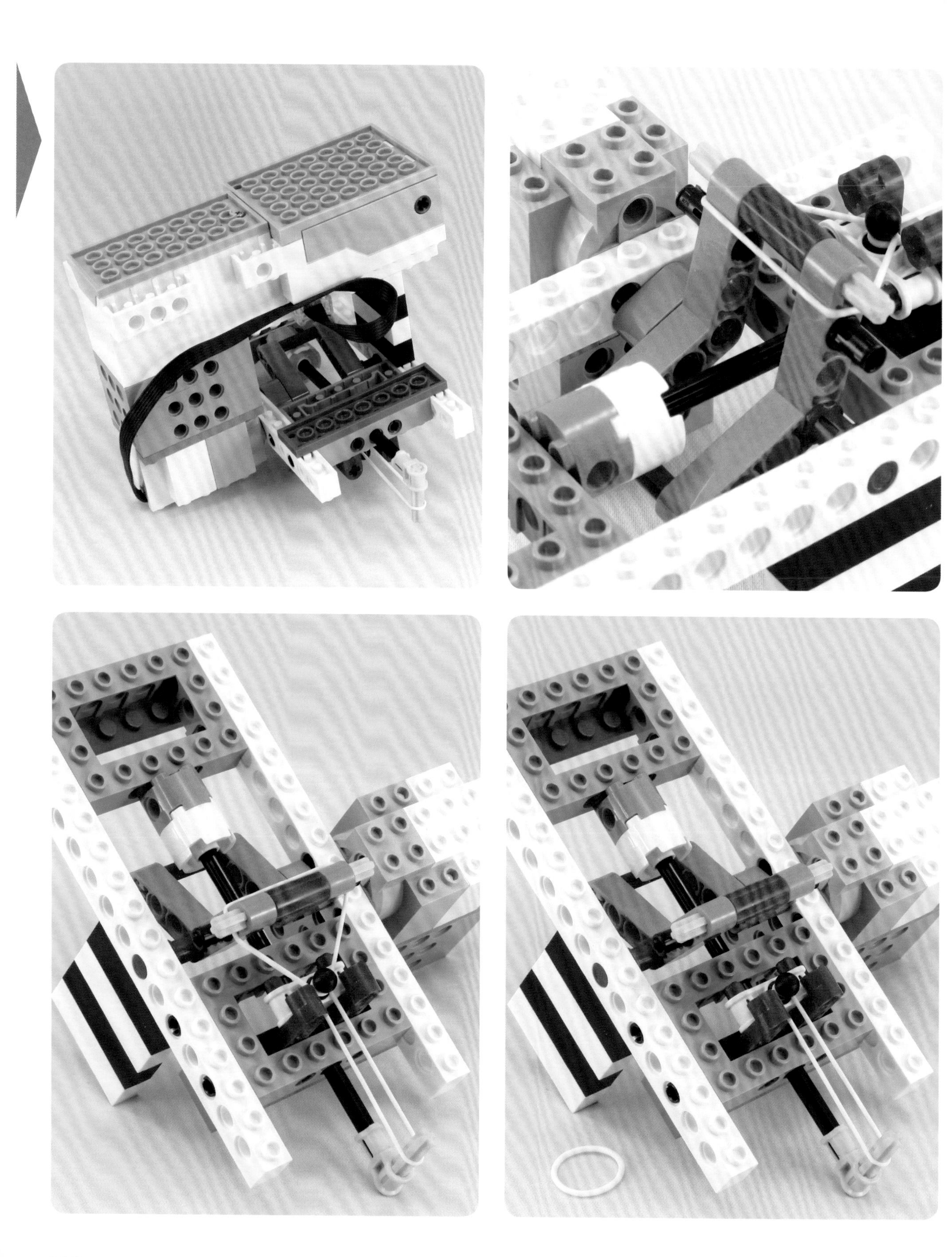

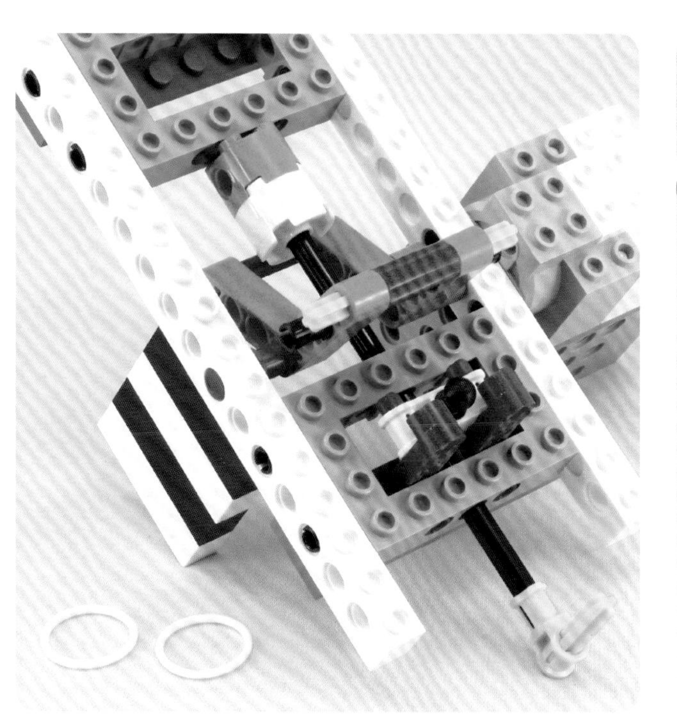

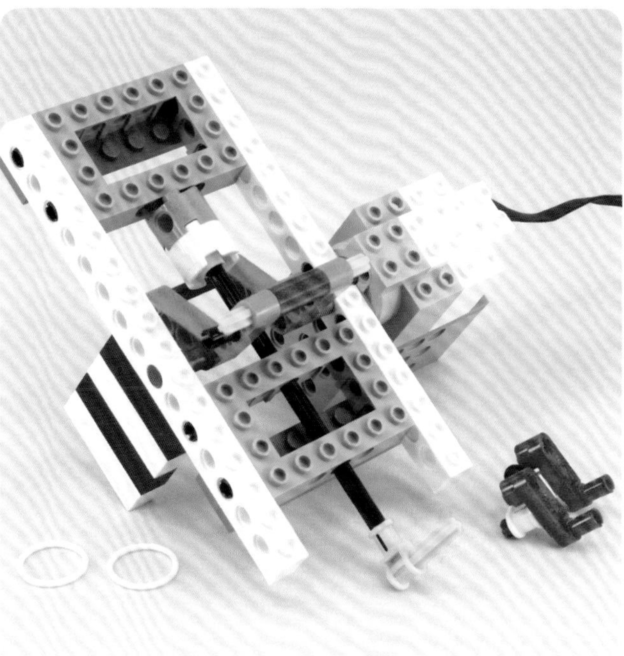

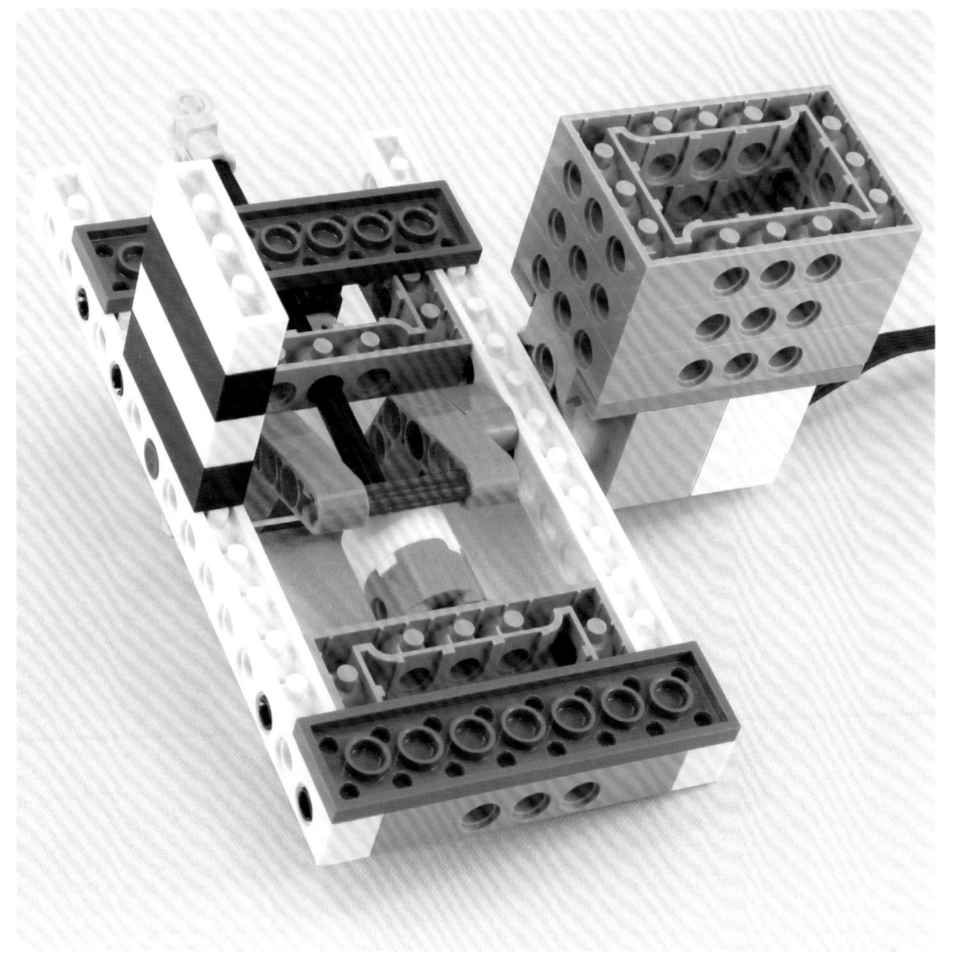

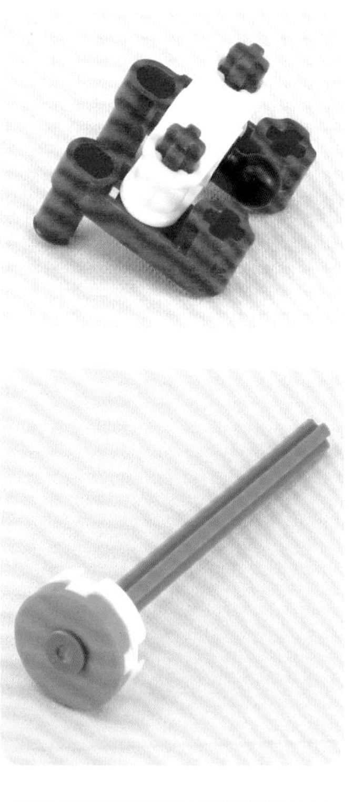
-80
0.2

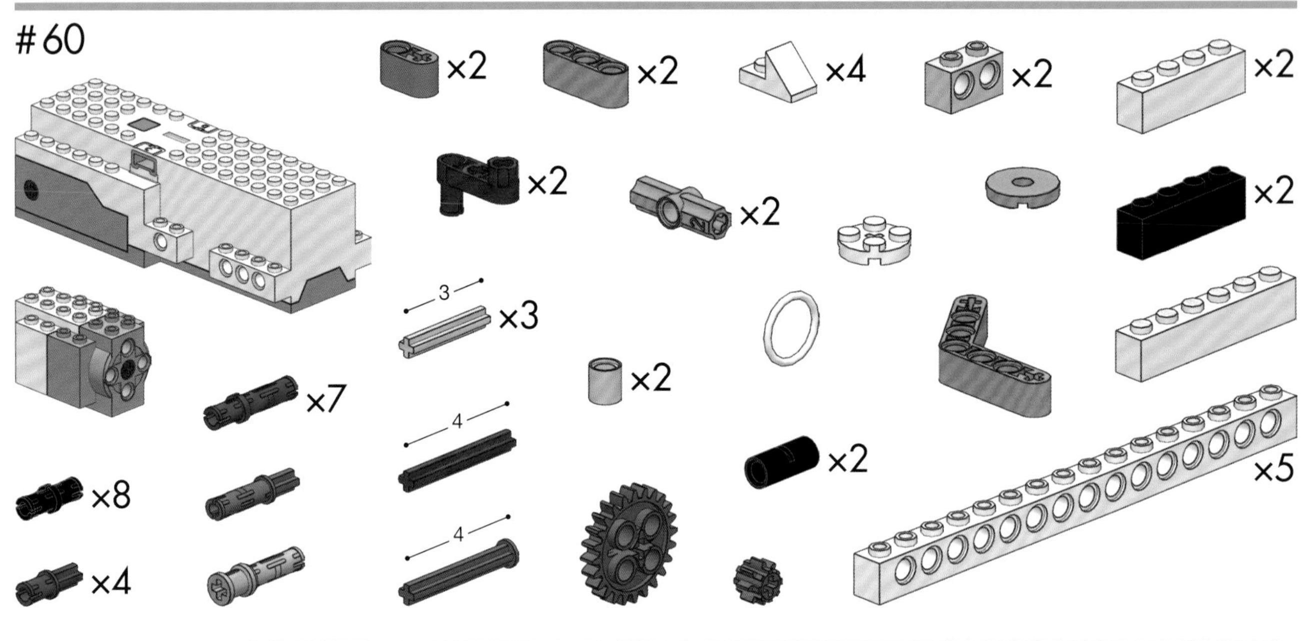
#60
×2
×2
×4
×2
×2
×2
×2
×2
3
×3
×7
×2
4
×2
×5
×8
4
×4

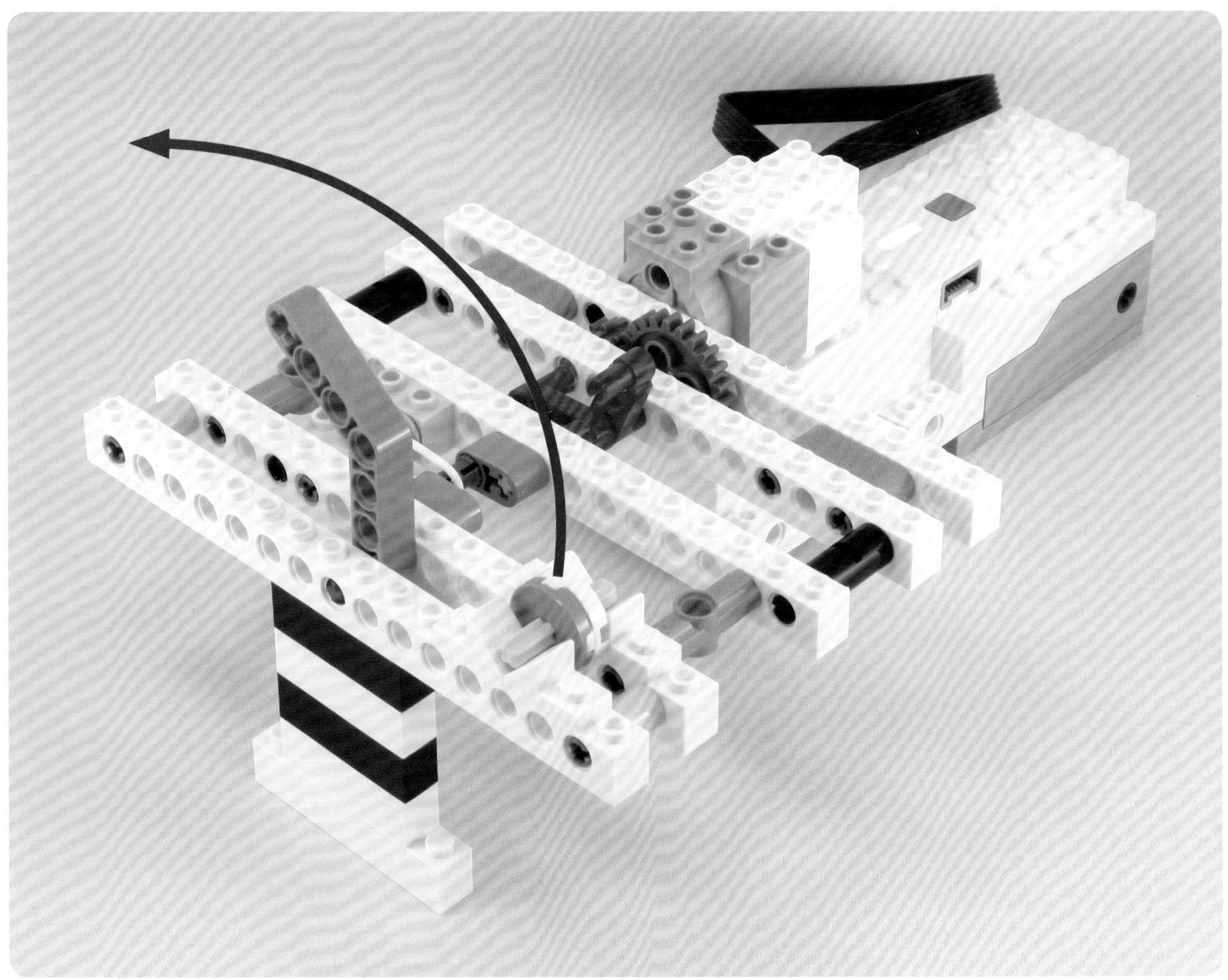

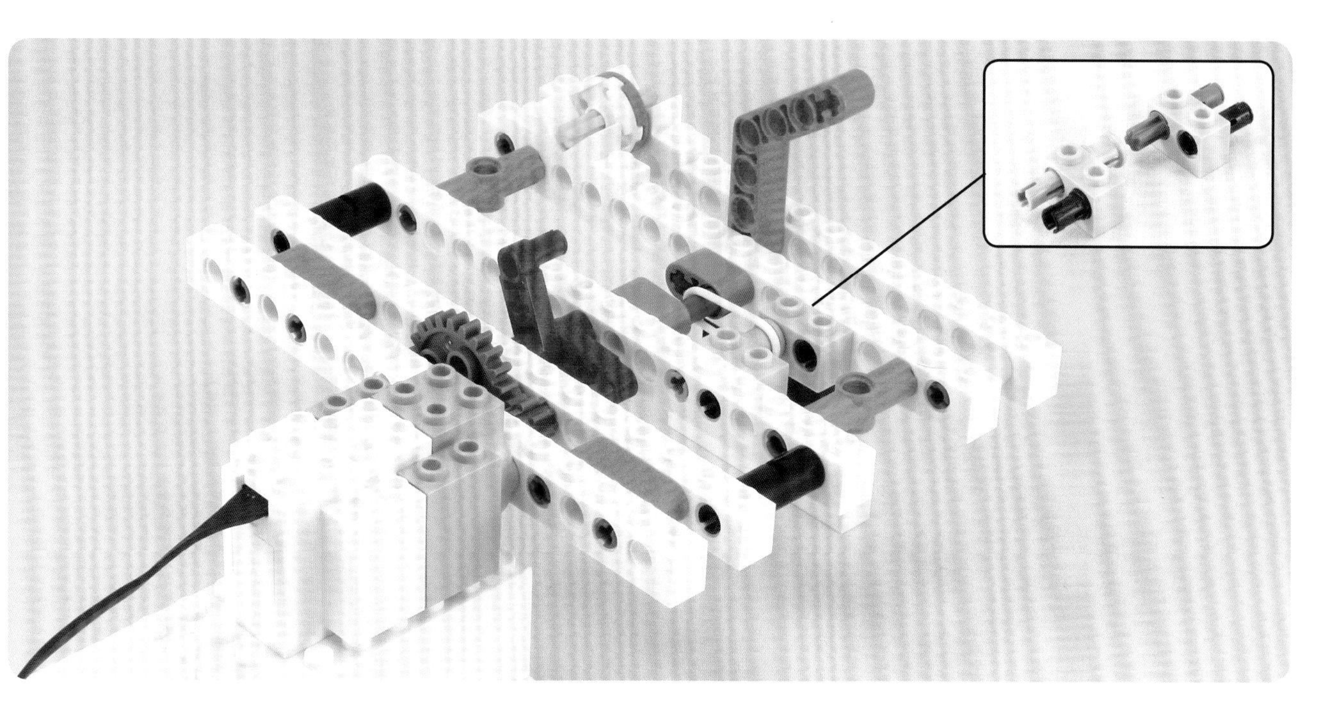

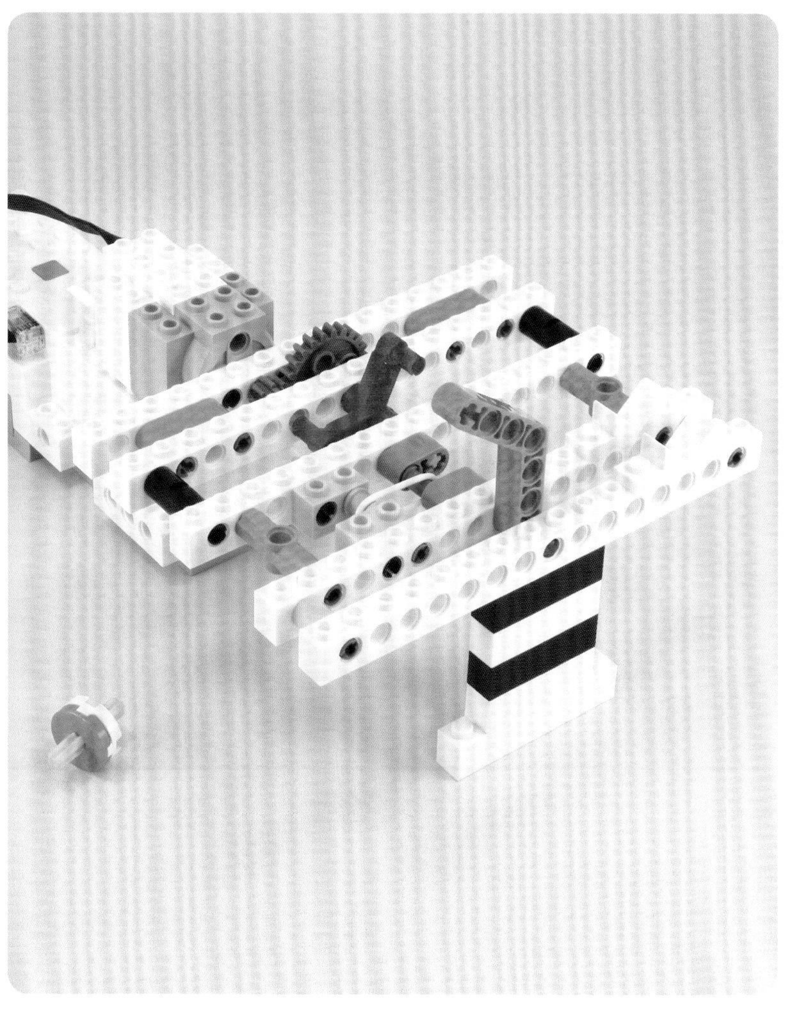

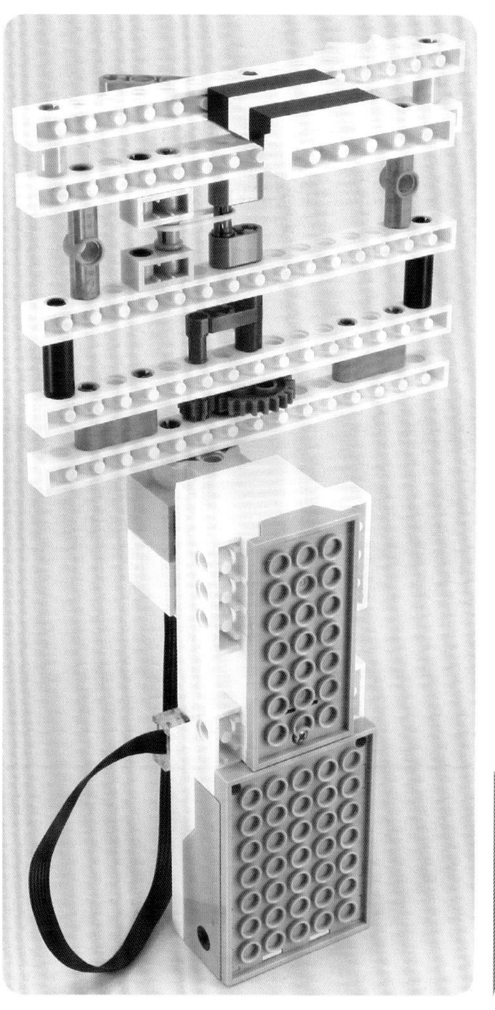

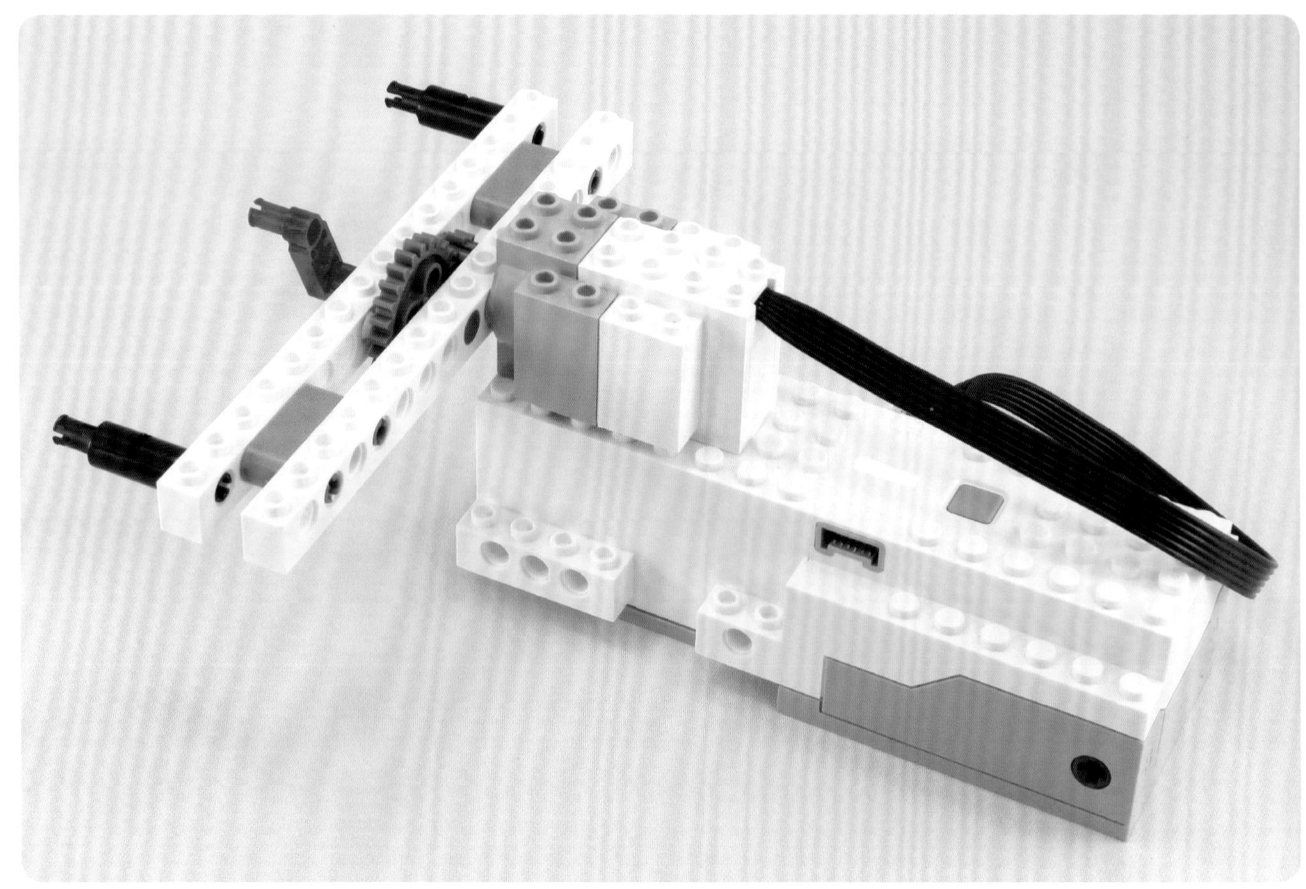

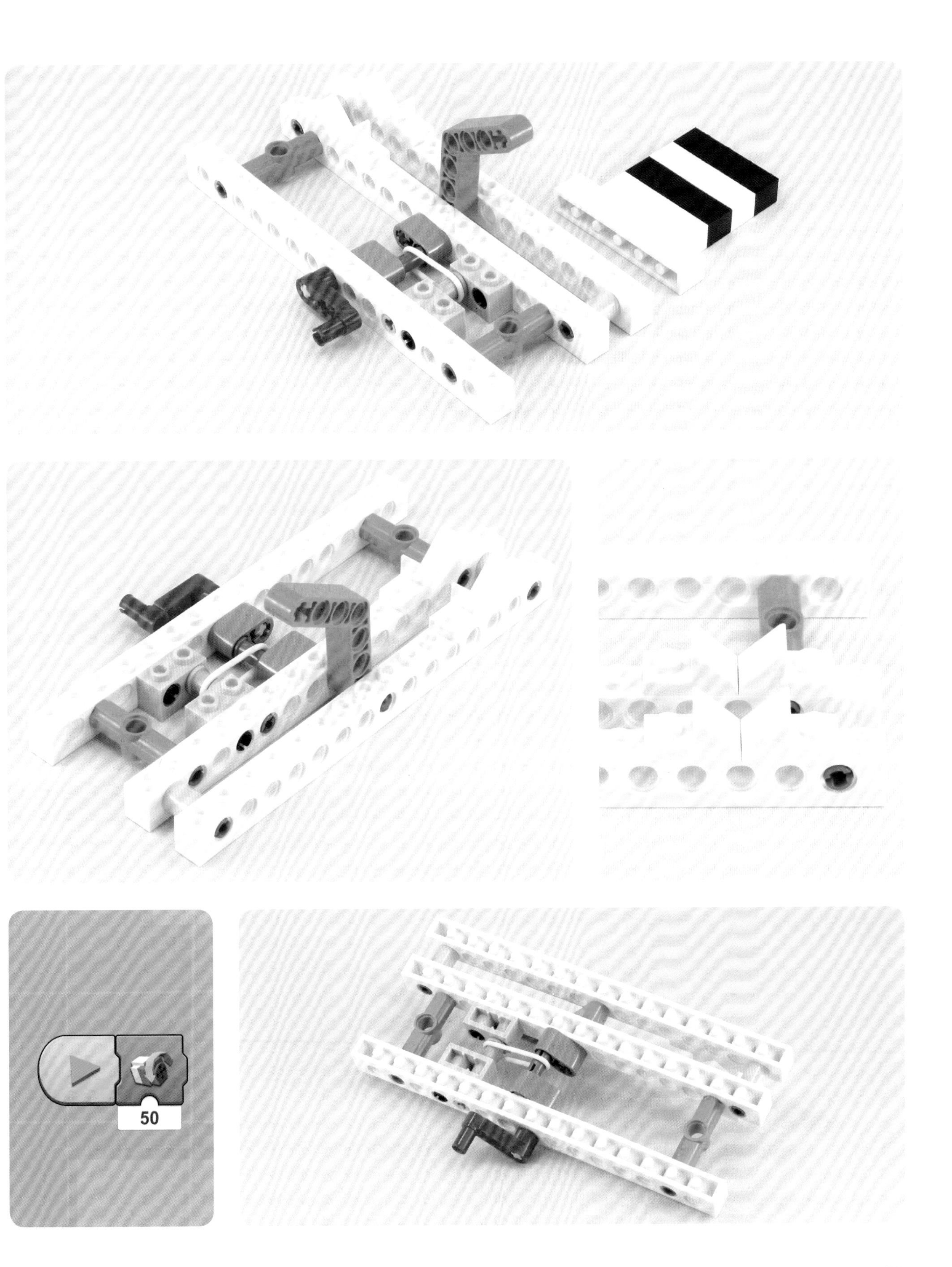
50

任意改變轉動角度

#61

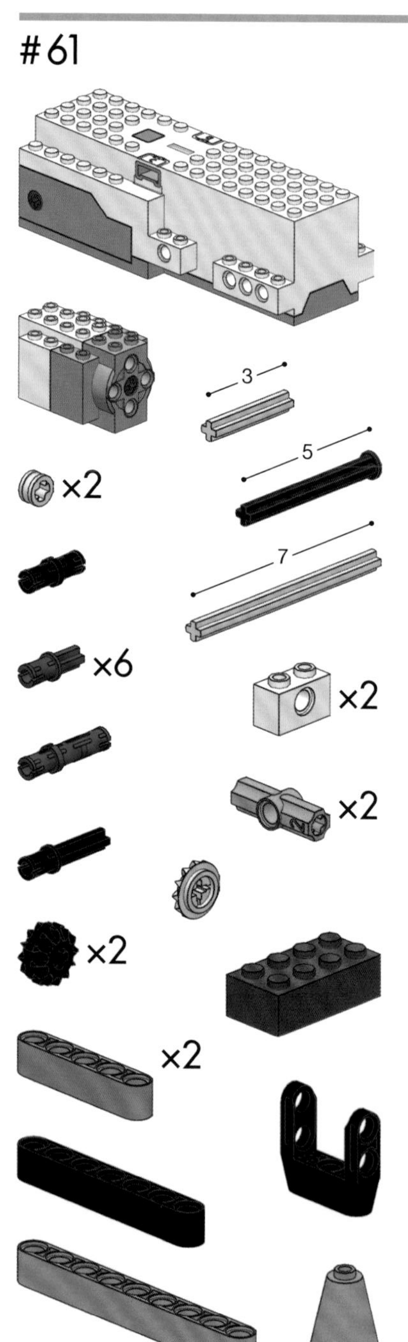

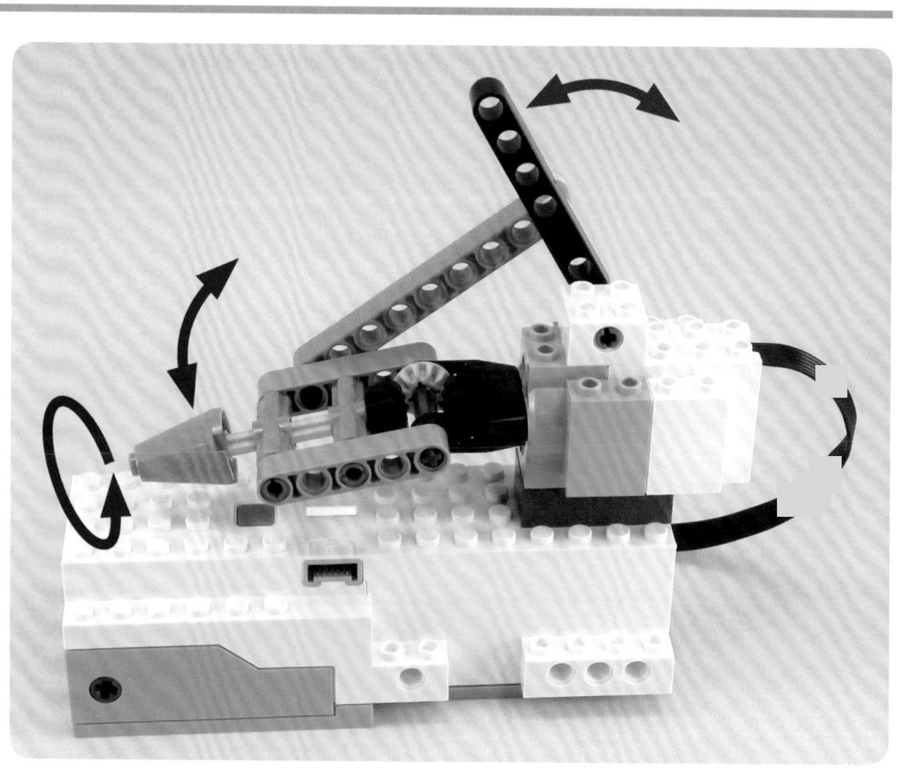

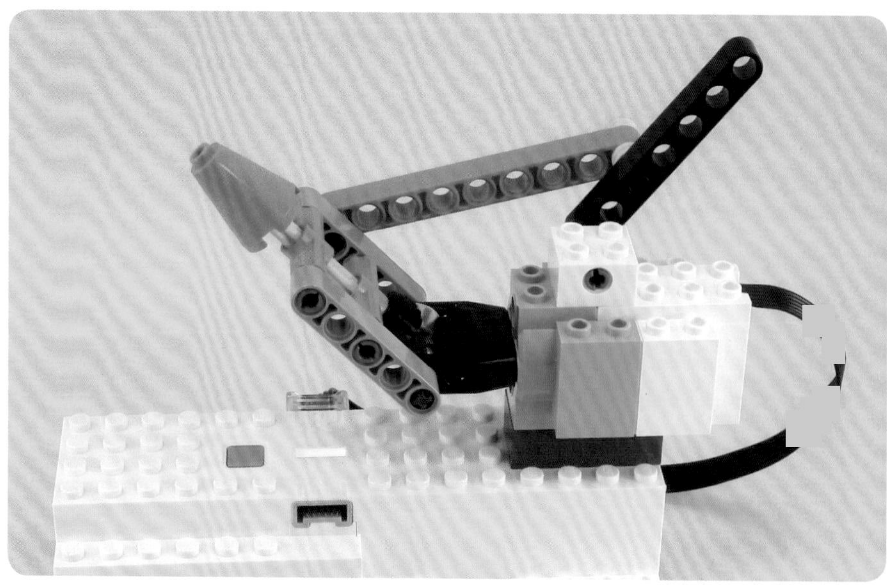

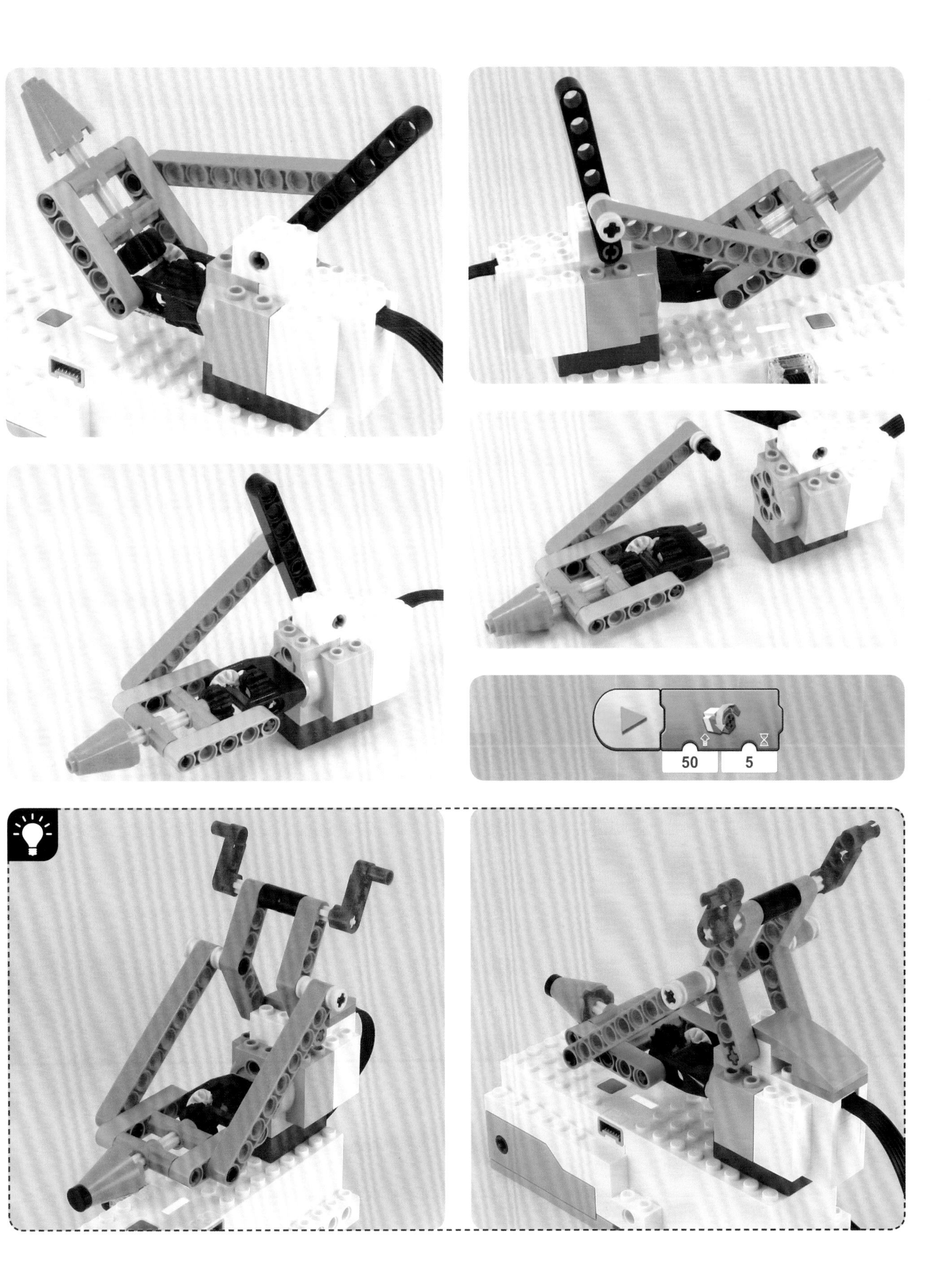
50
5

#62

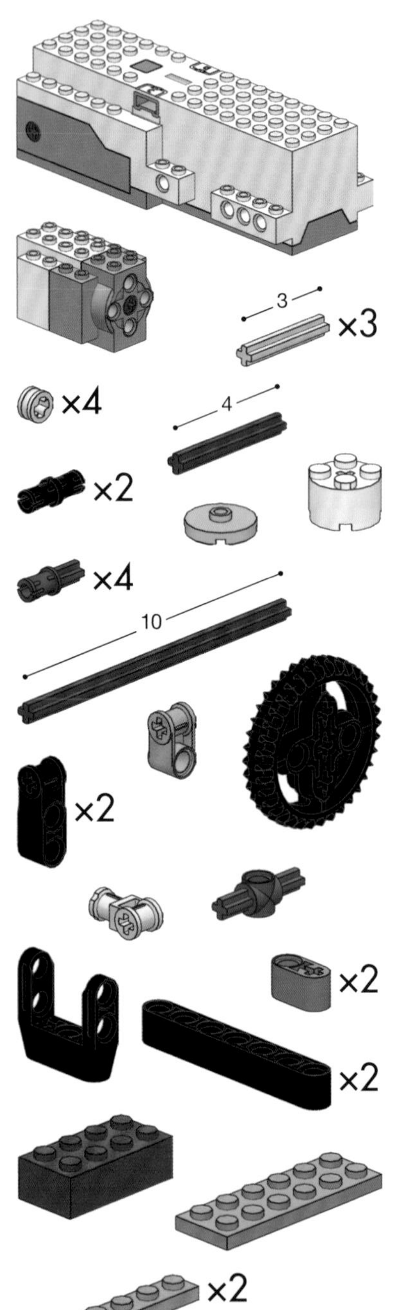
3
×3
×4
4
×2
×4
10
×2
×2
×2
×2
×2
×2

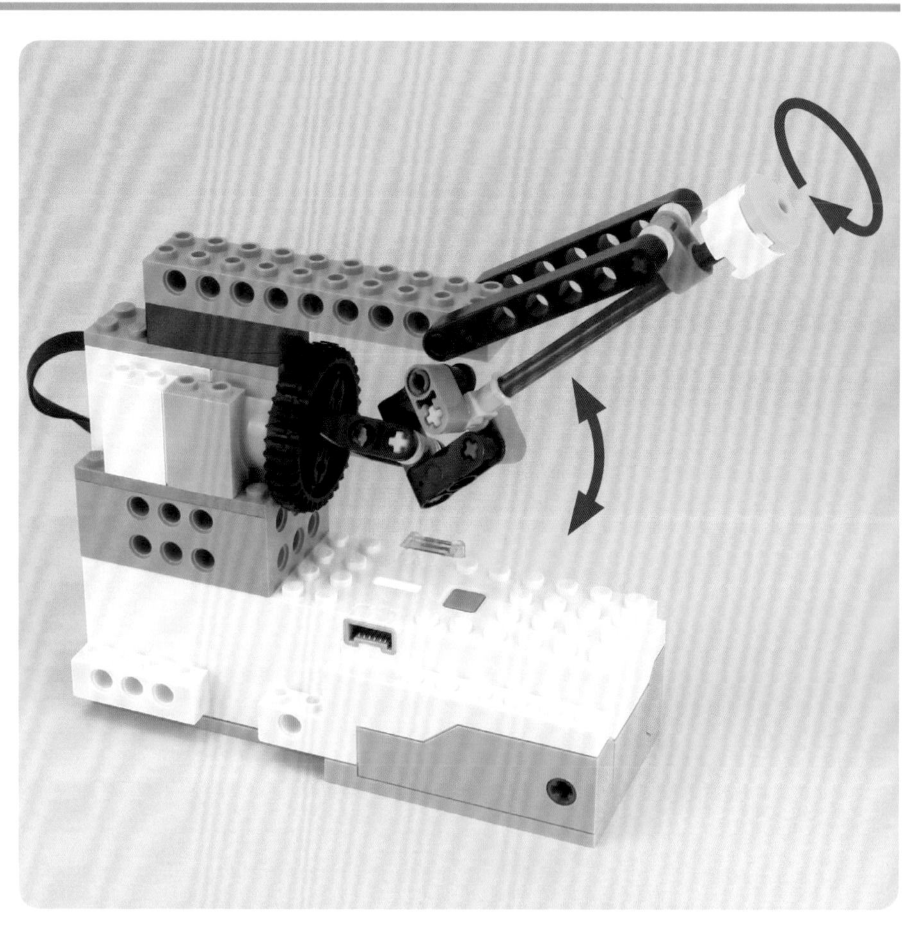

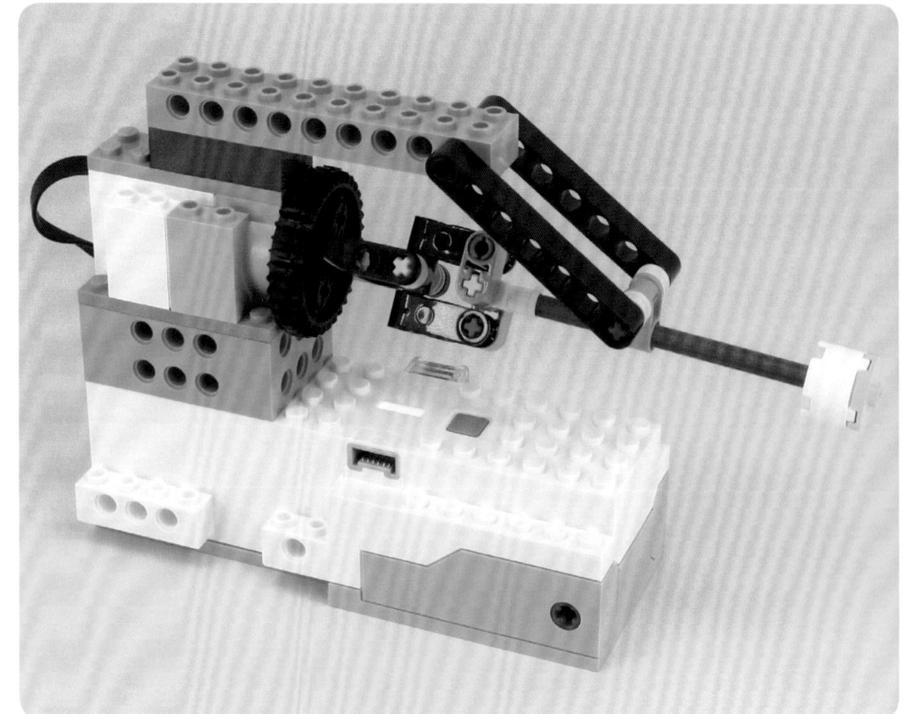

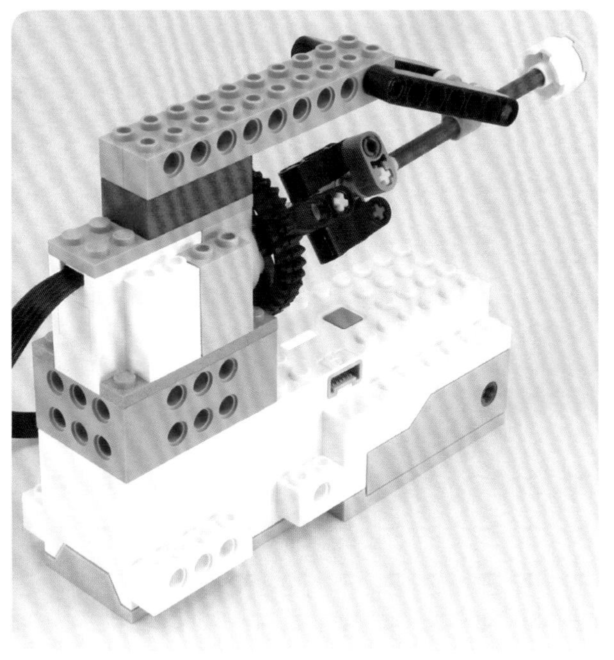

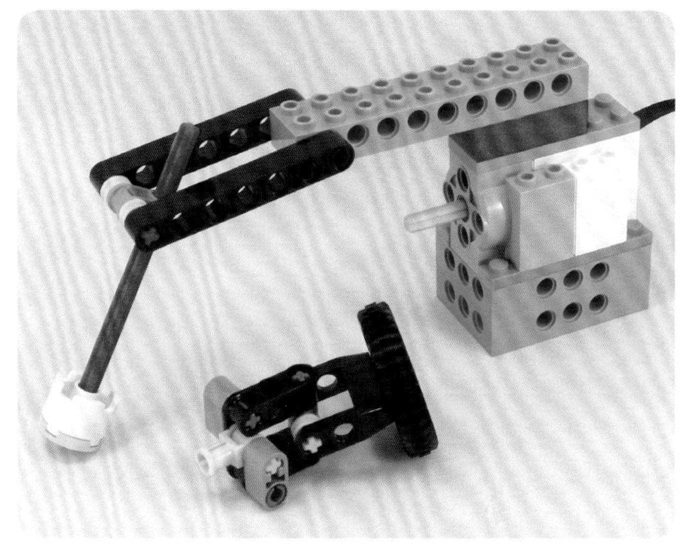

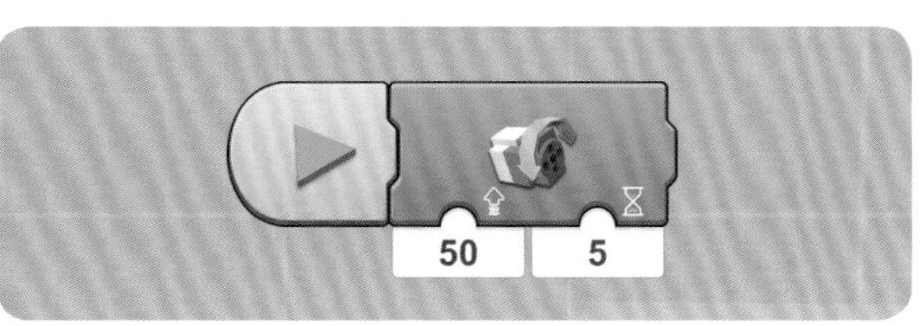
50
5

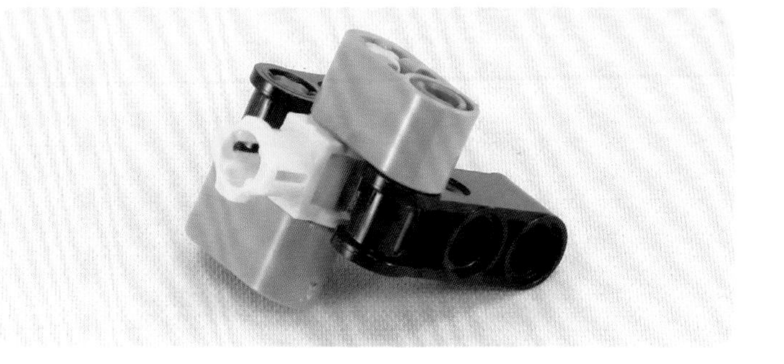

產生風

#63

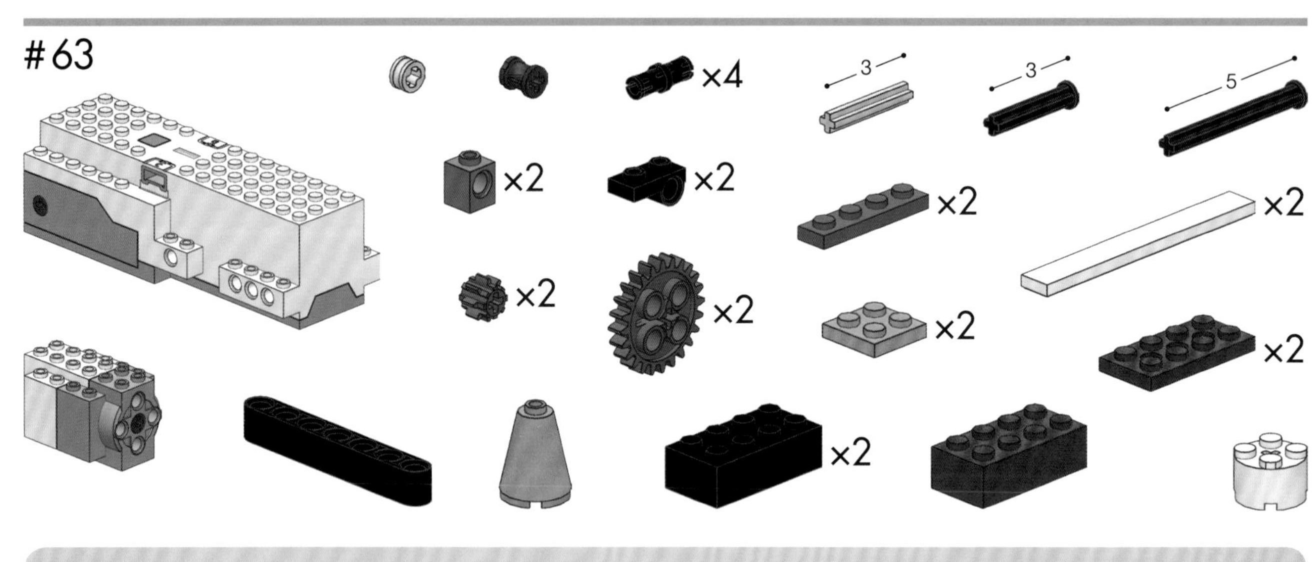

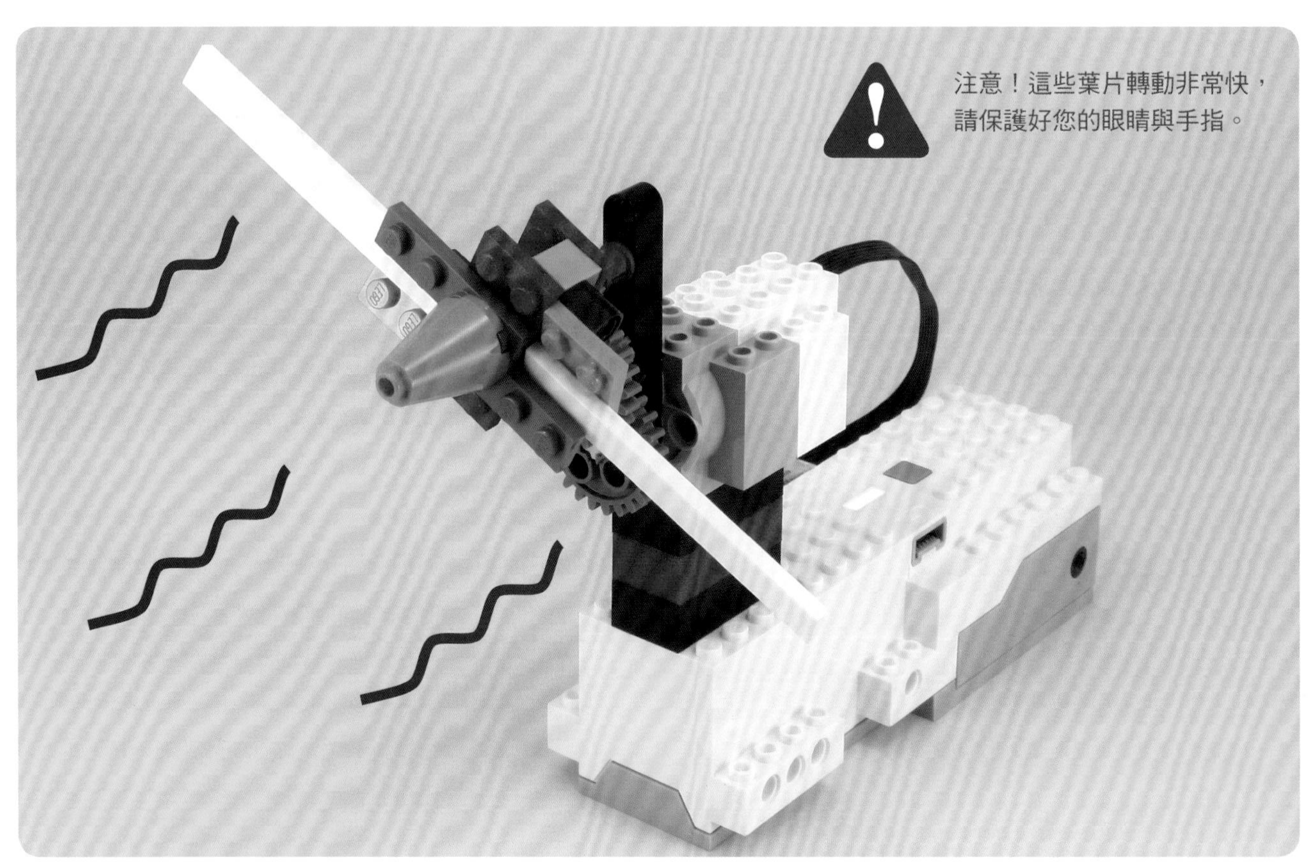

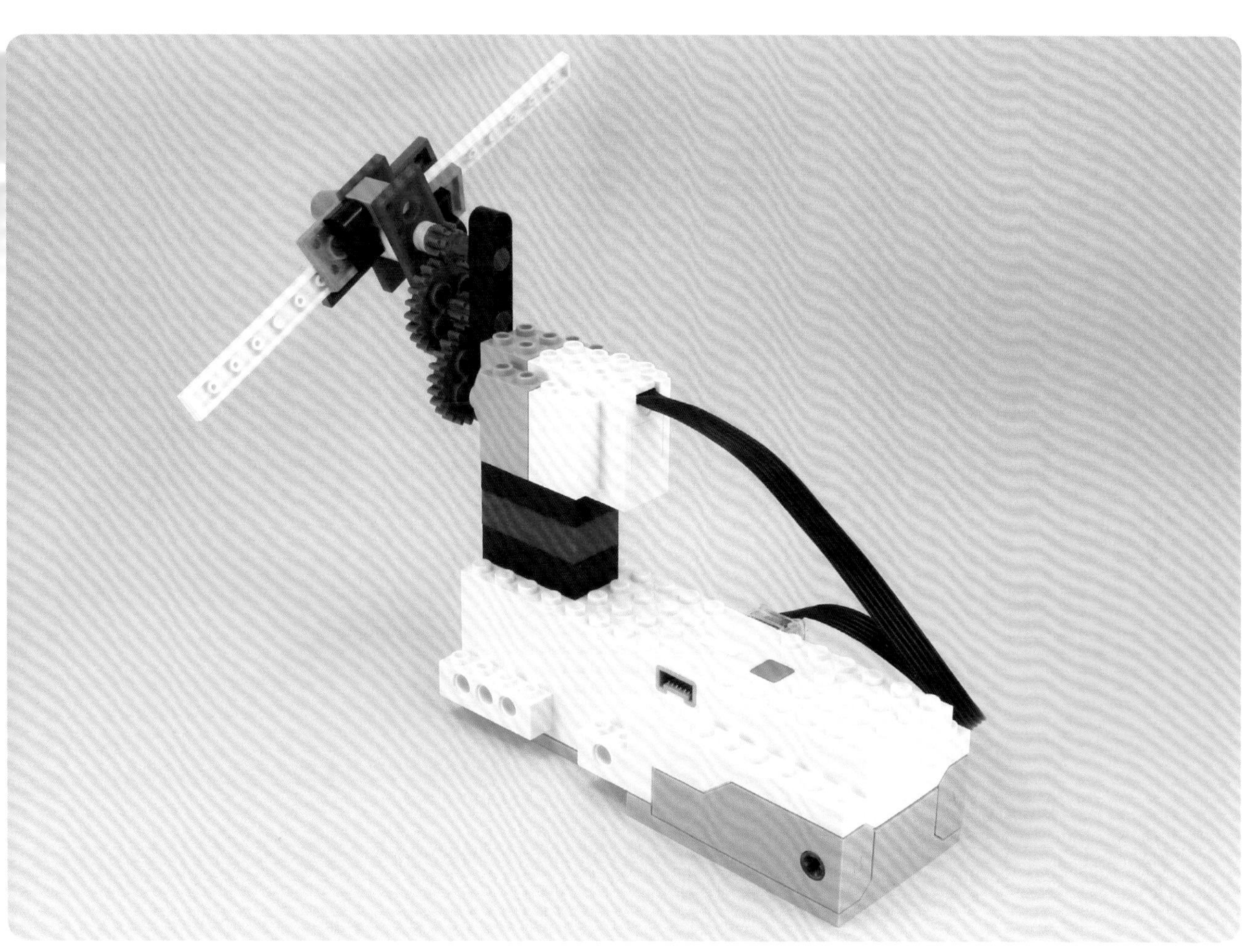

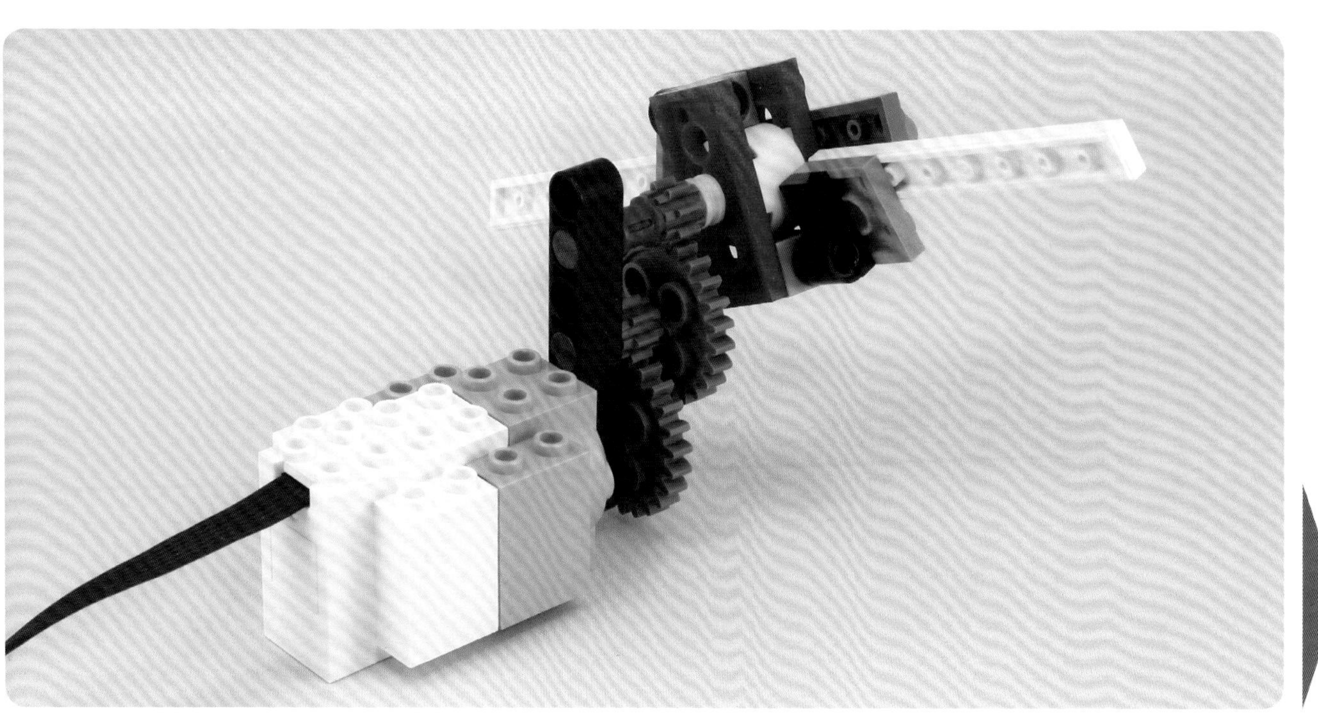

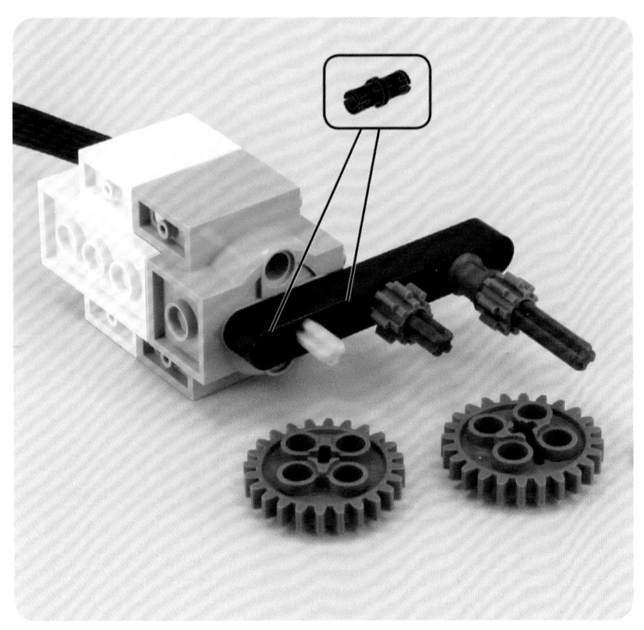

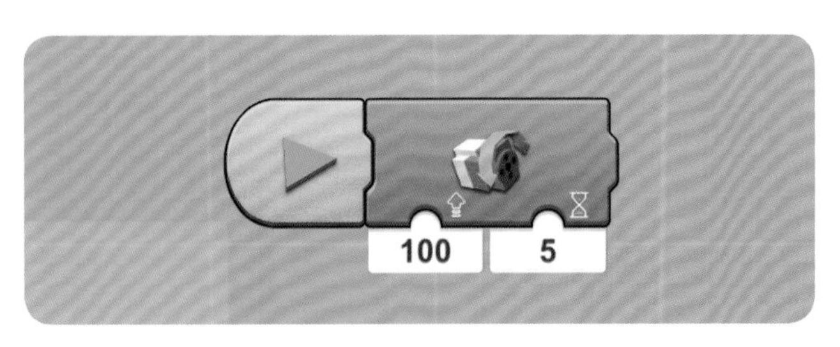
100
5

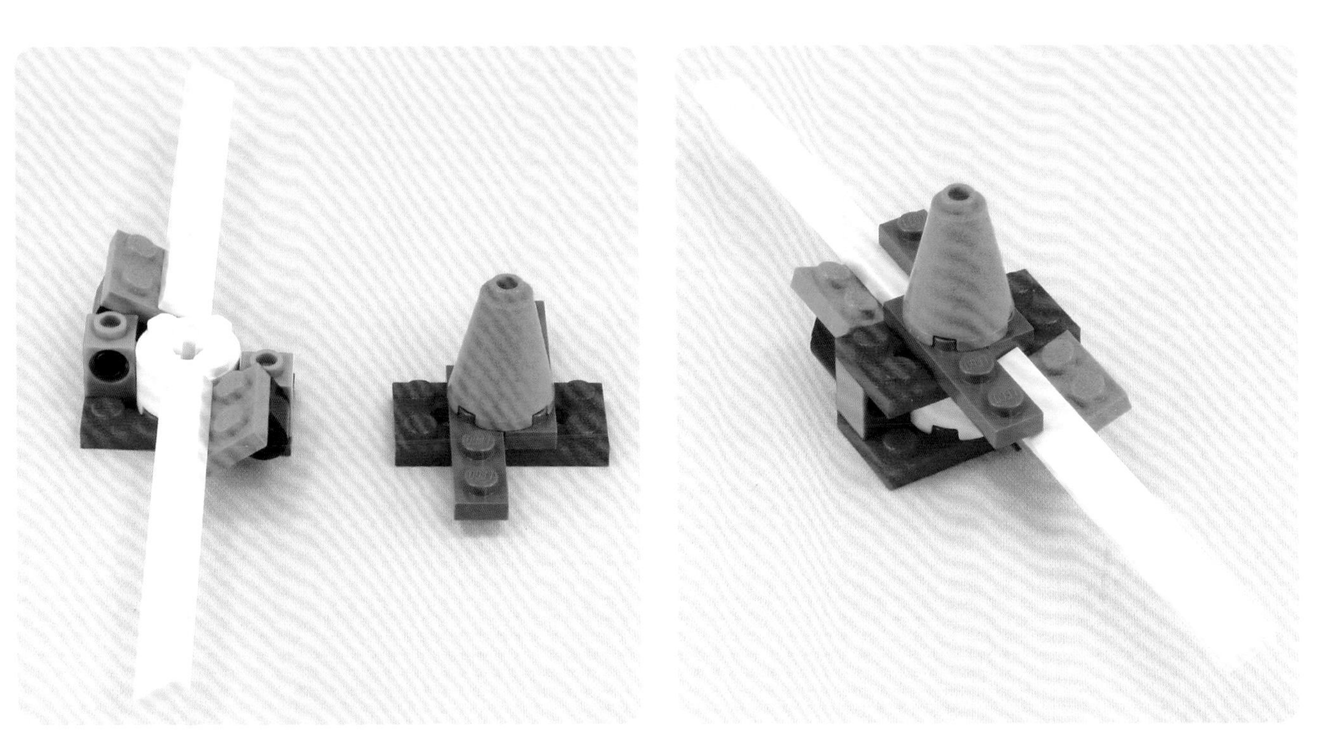

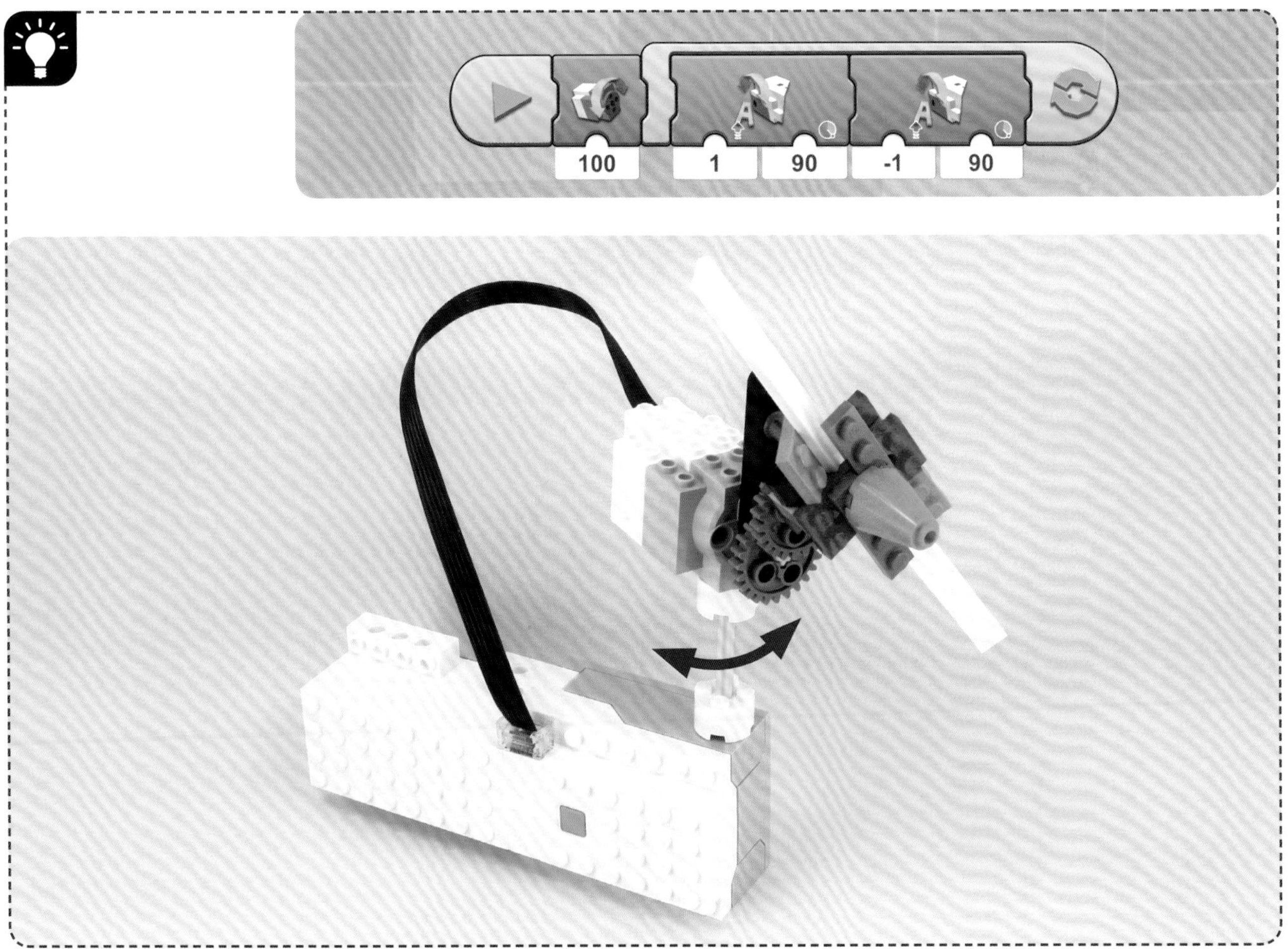
100
1
90
-1
90

以轉動方式產生上下移動

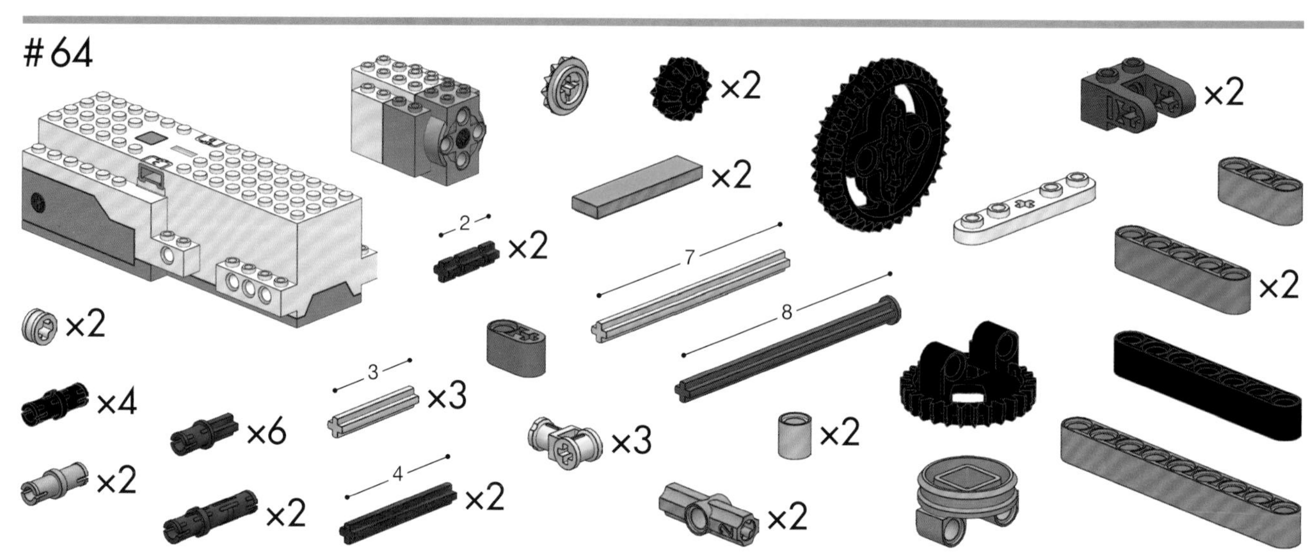

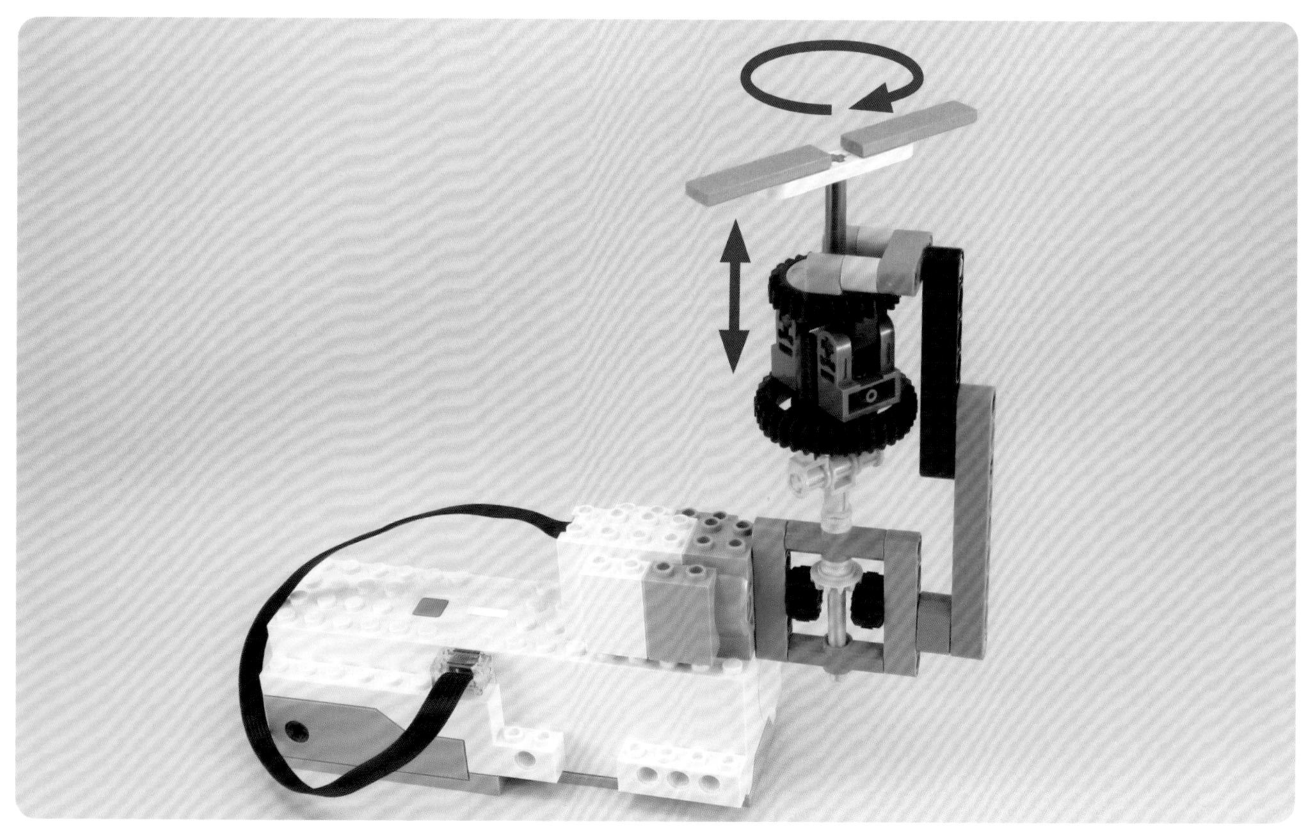

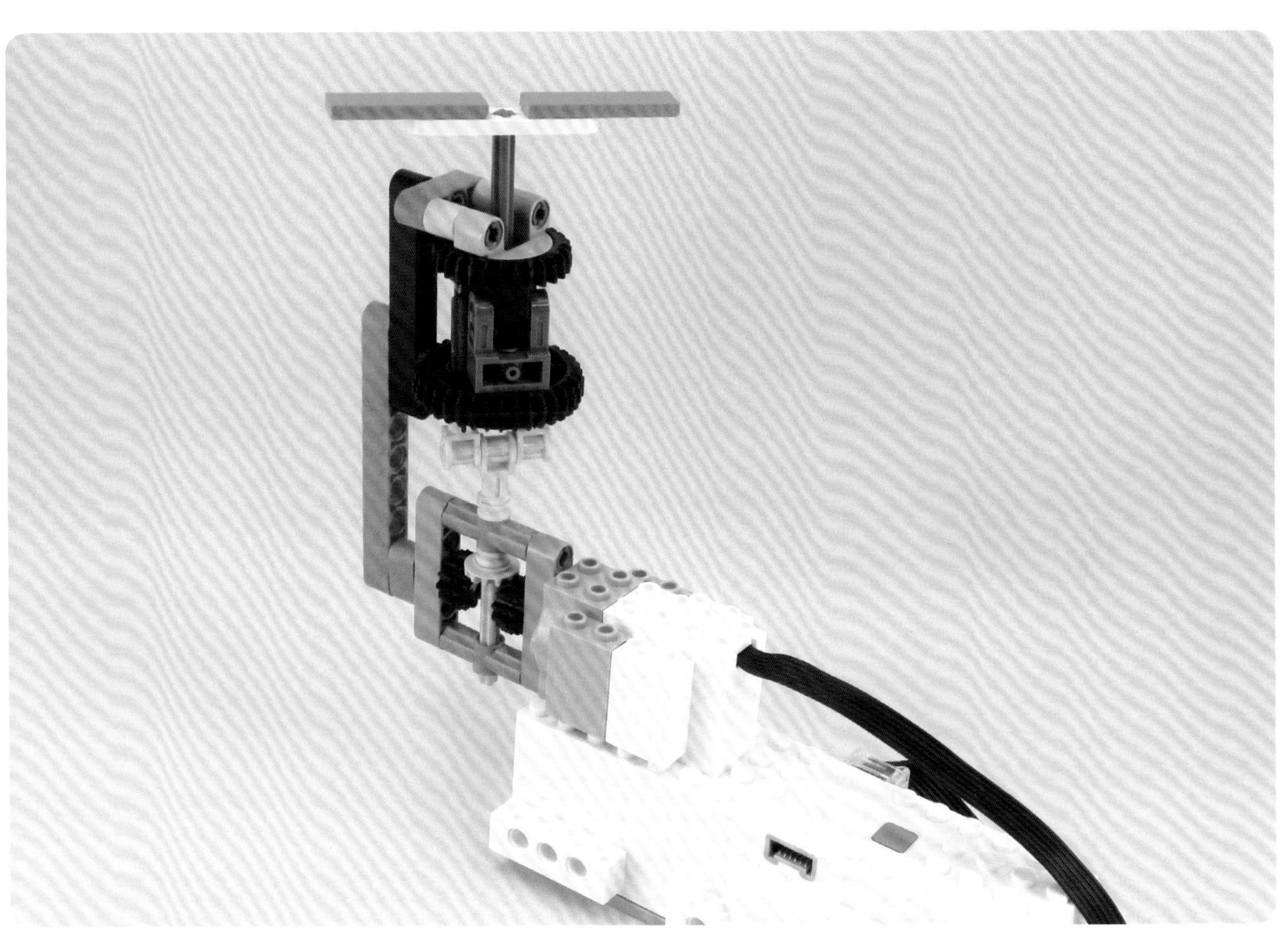

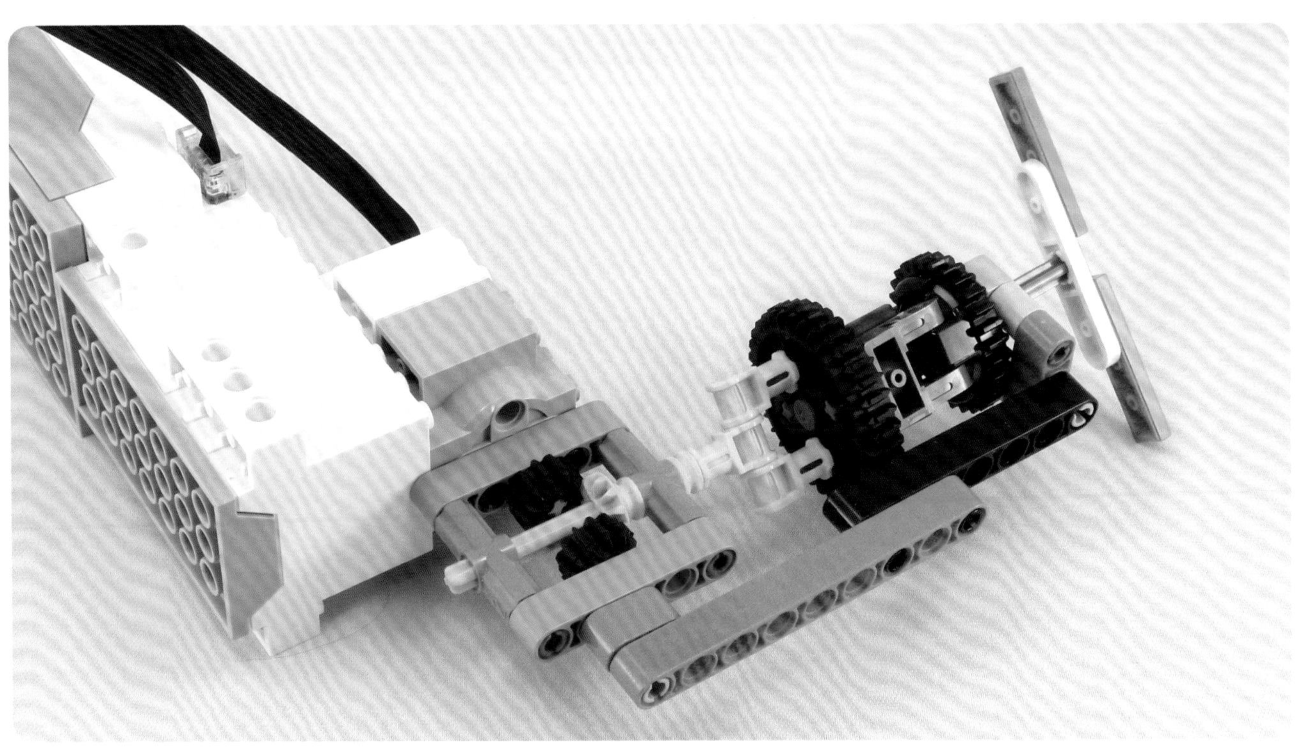

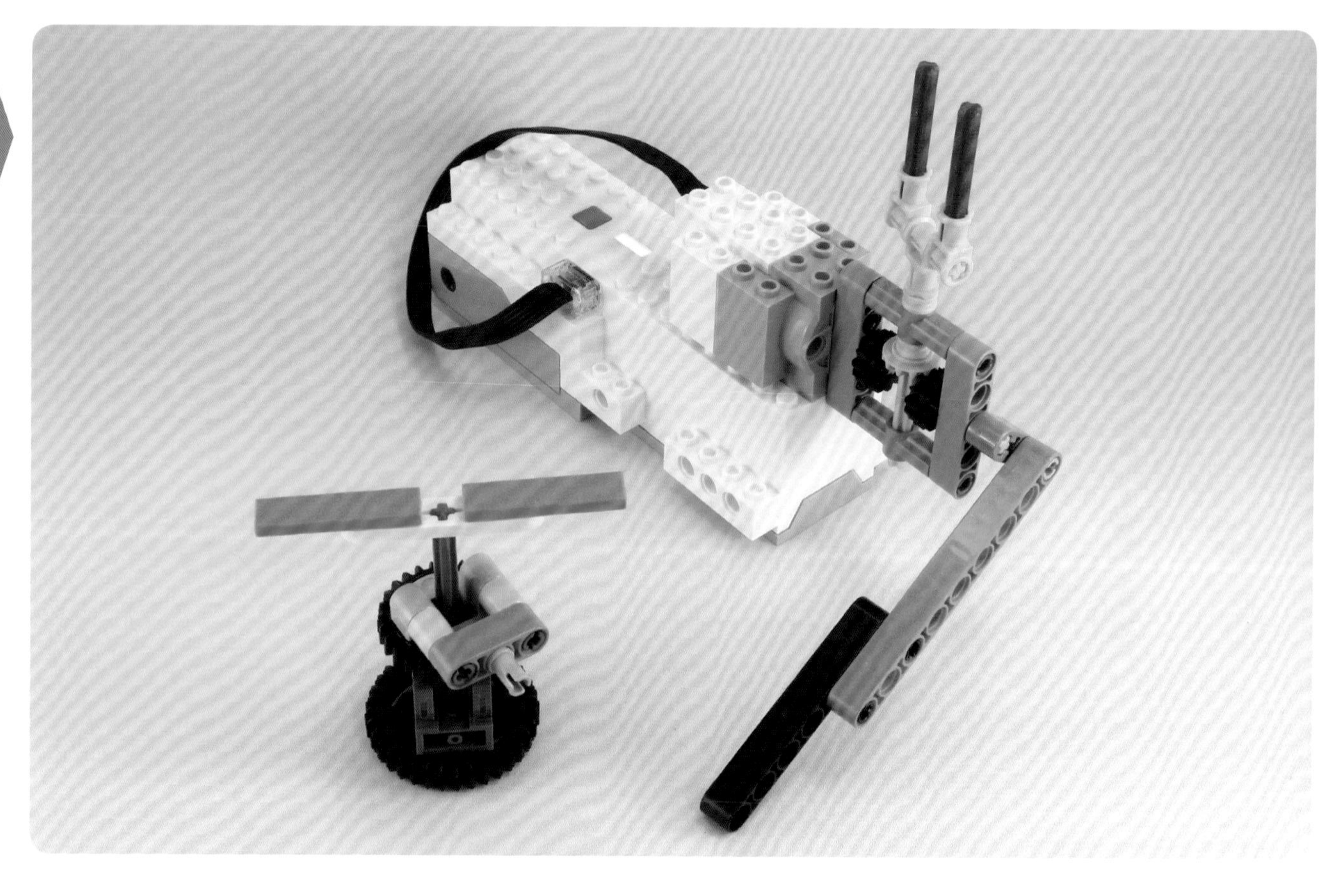

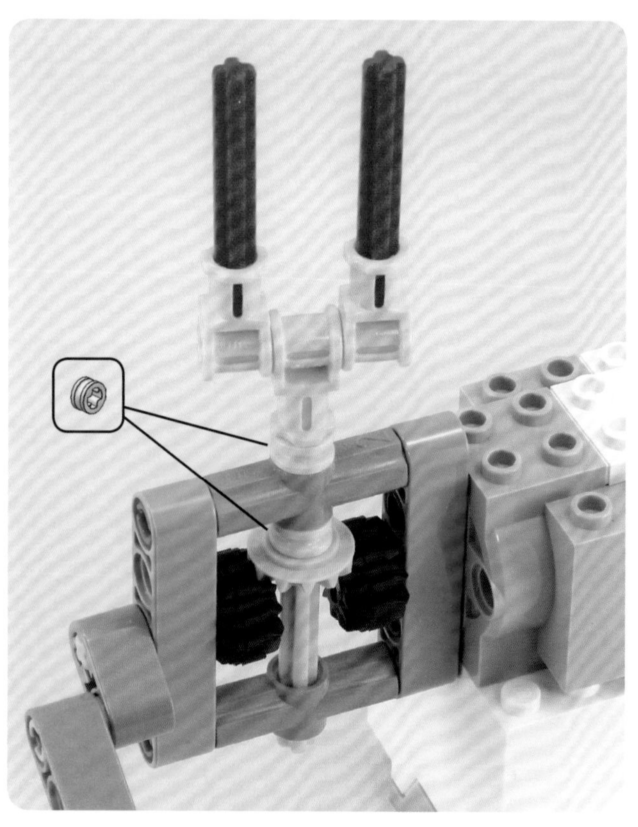

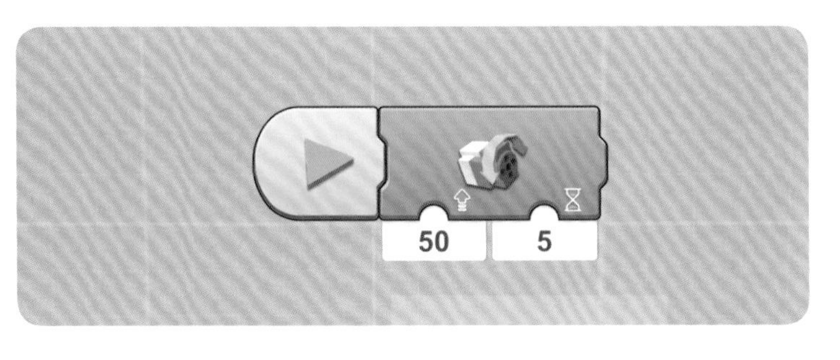
50
5

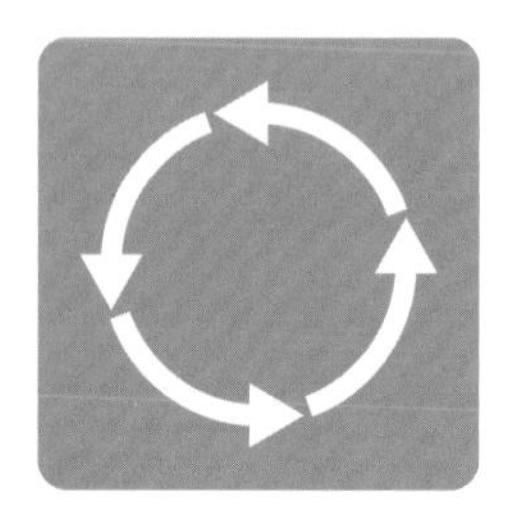

步進機構

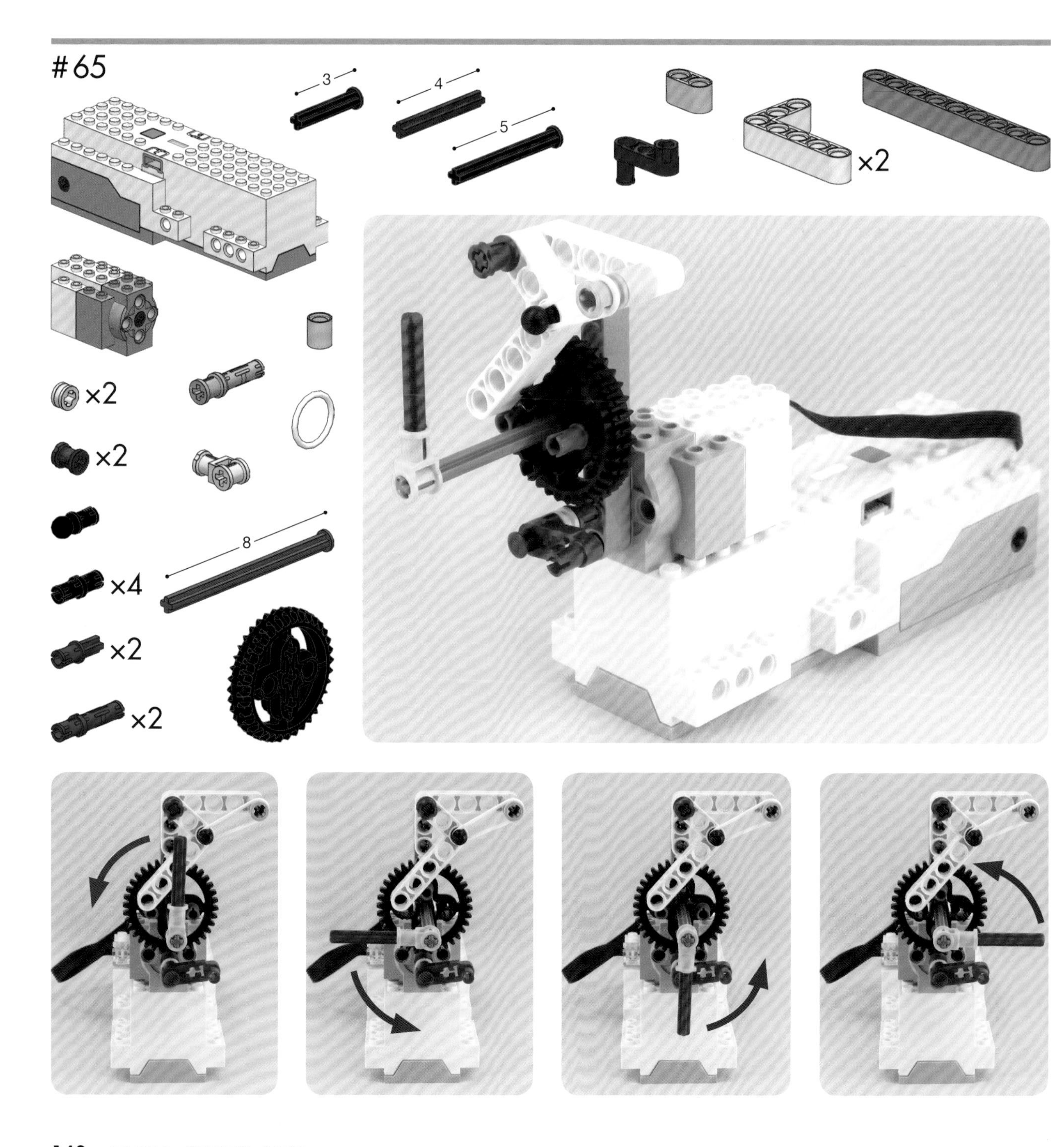

50
5

使用小零件來改變動作

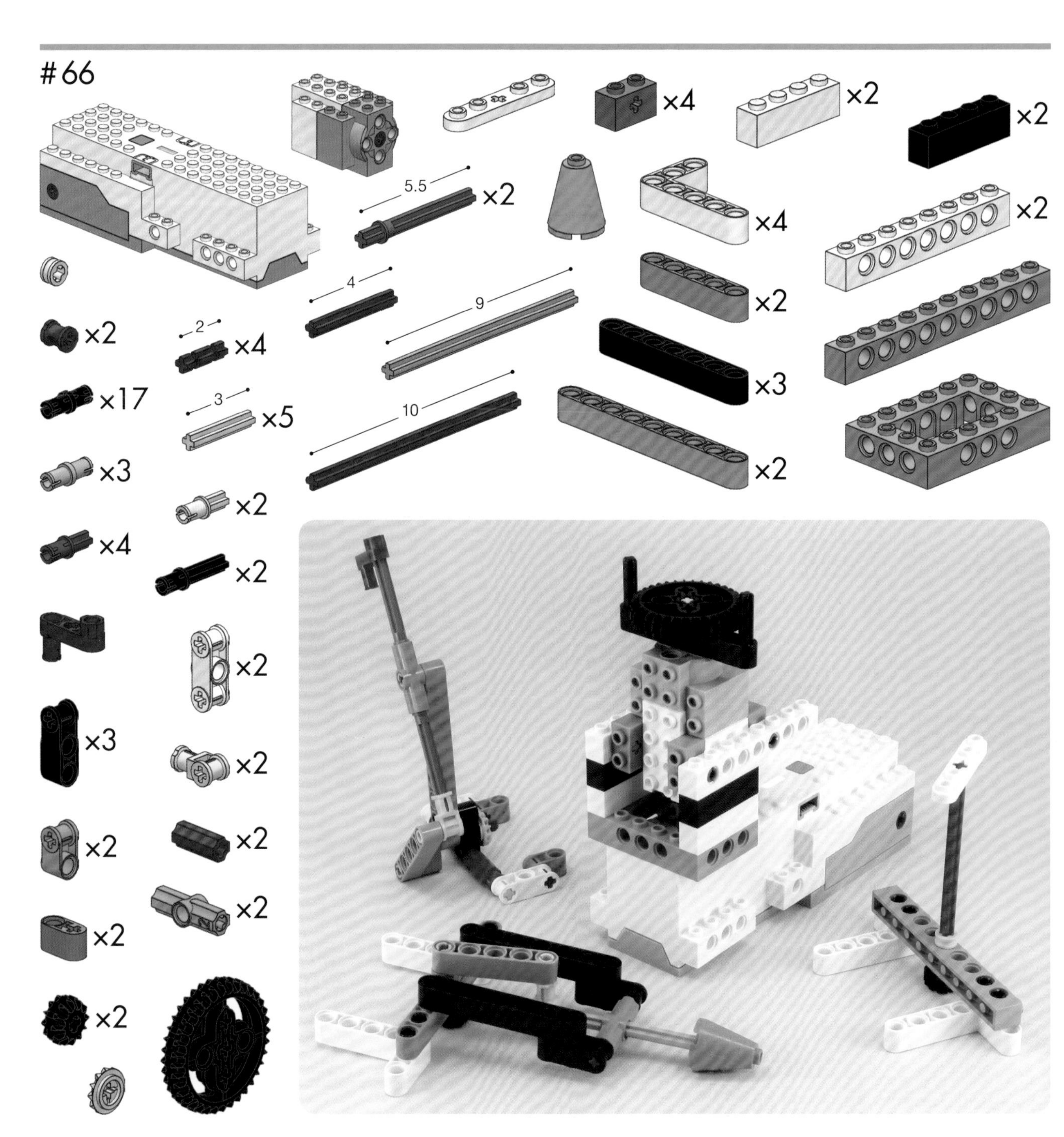

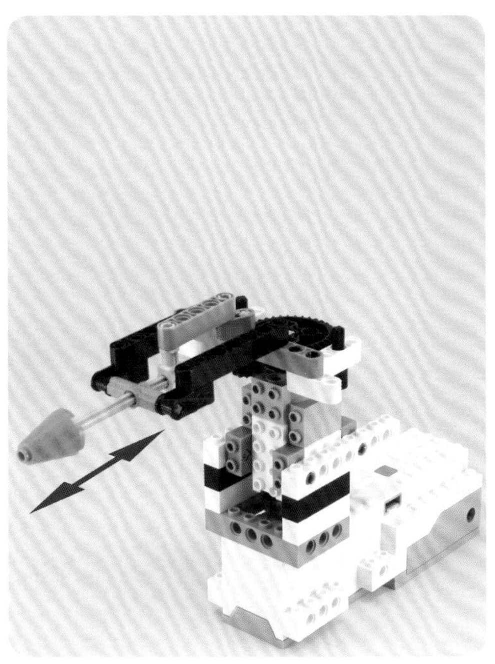

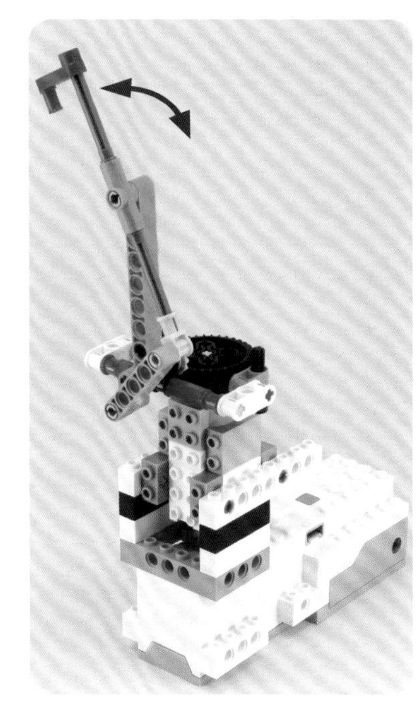

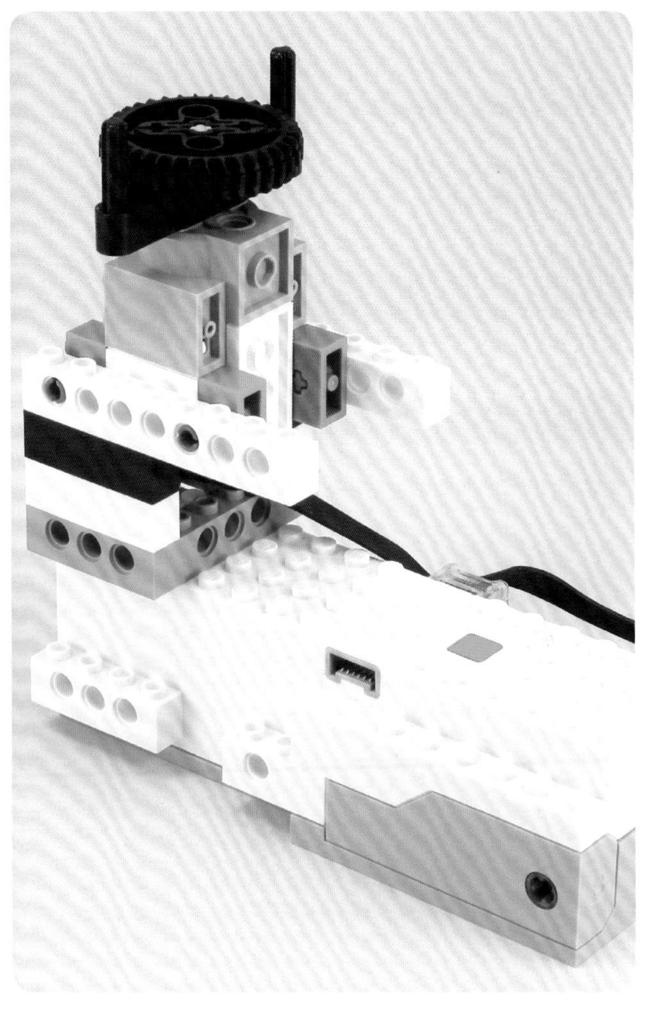

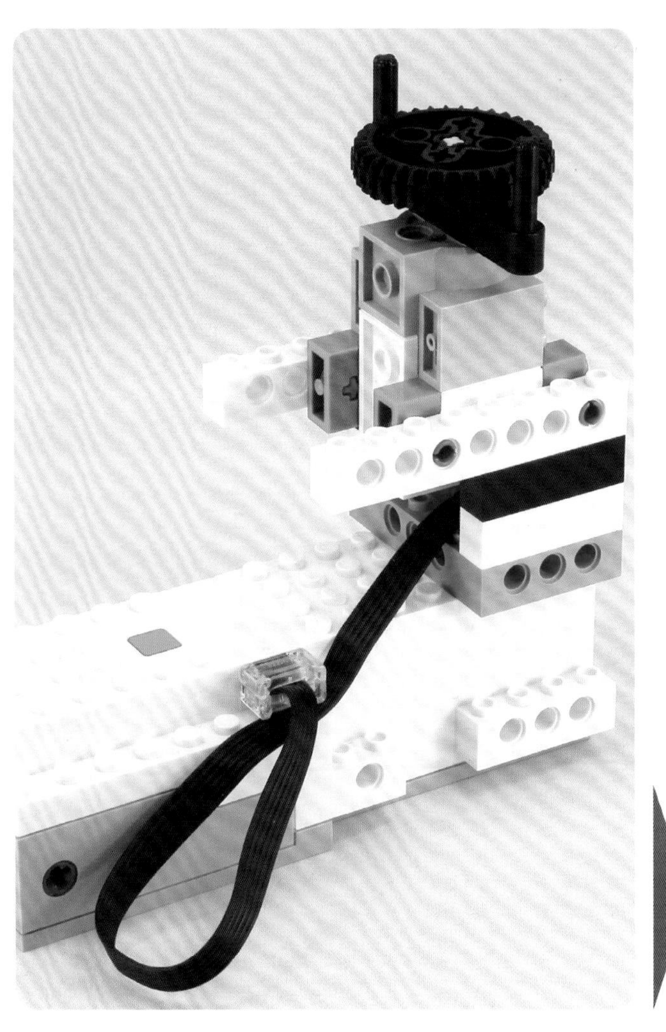

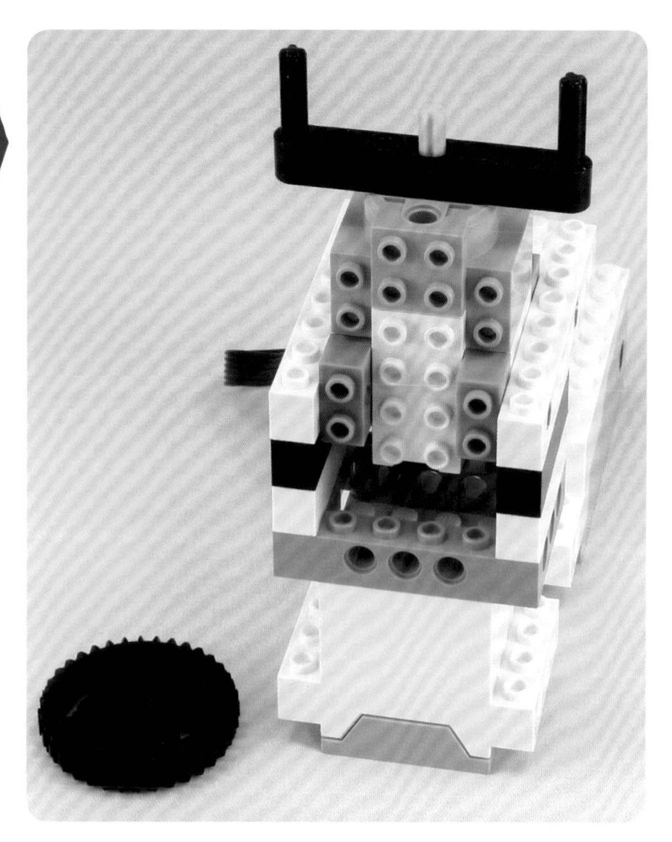

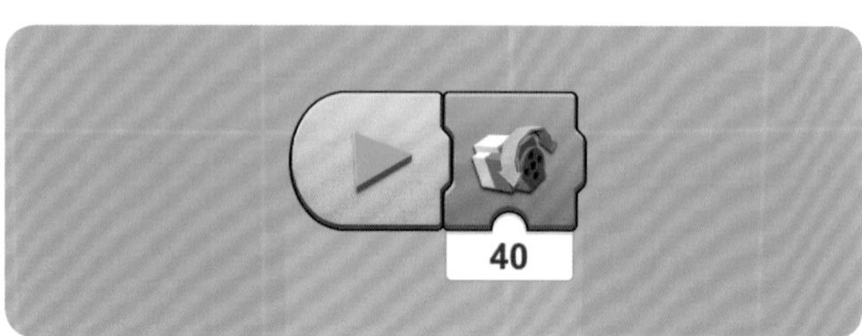
40

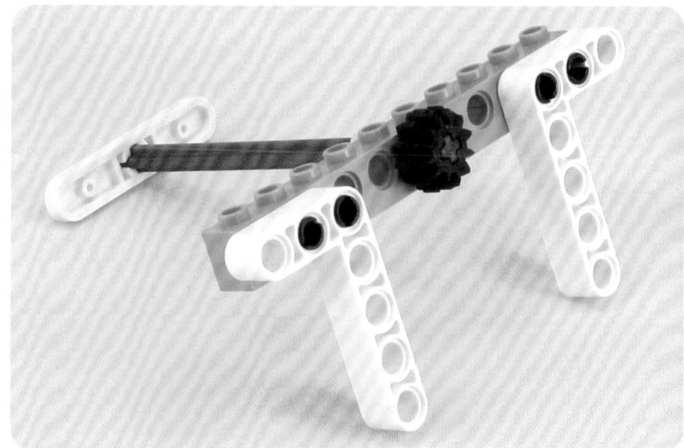

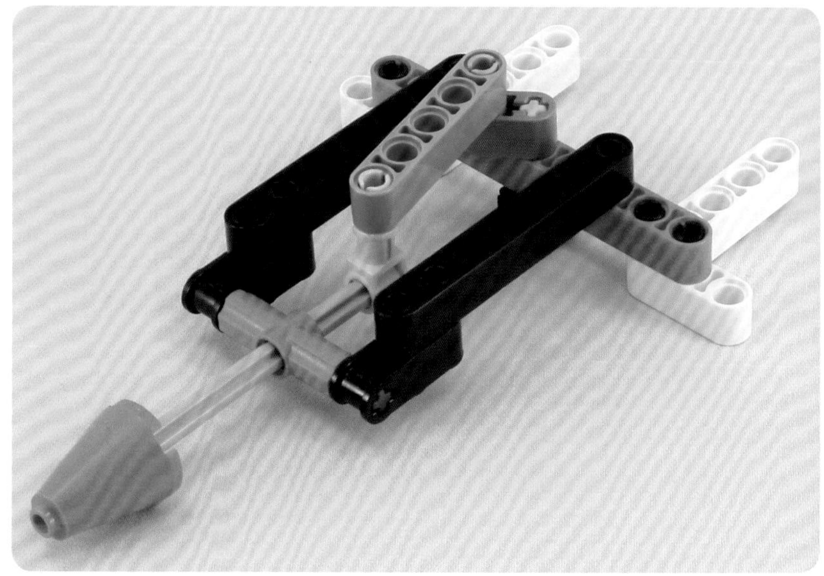

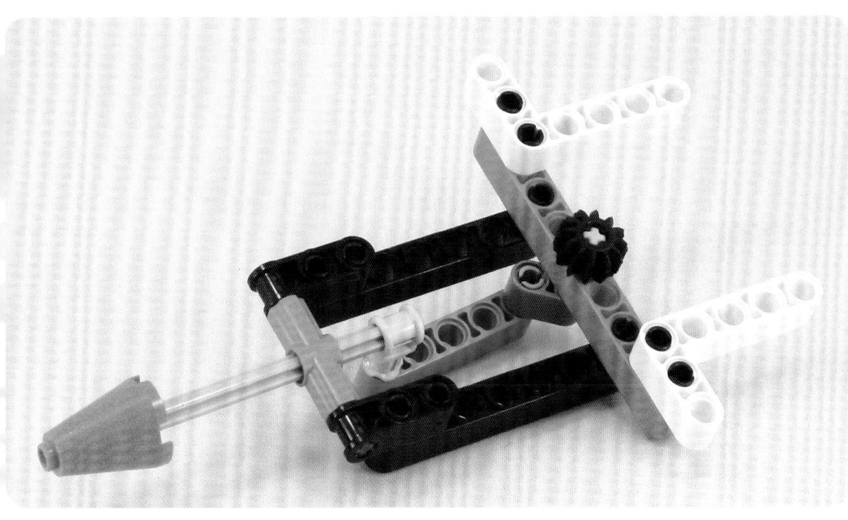

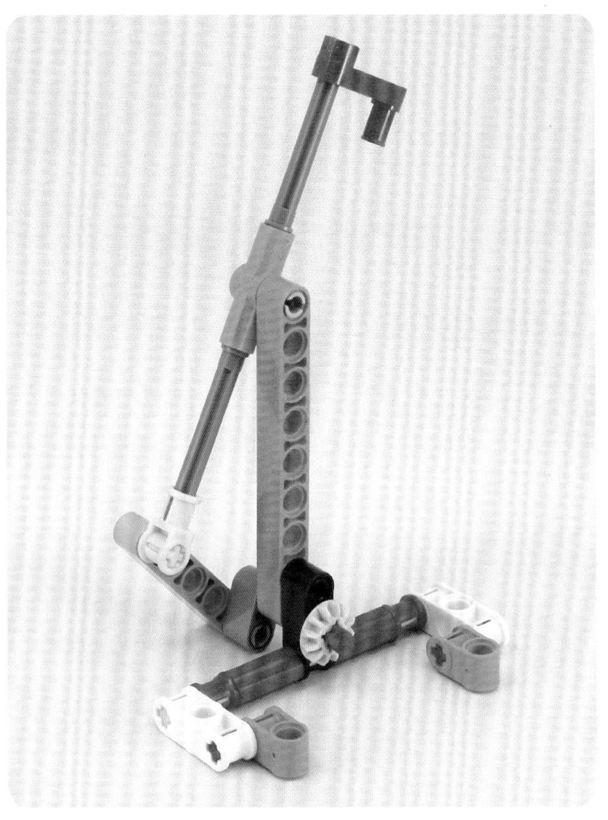

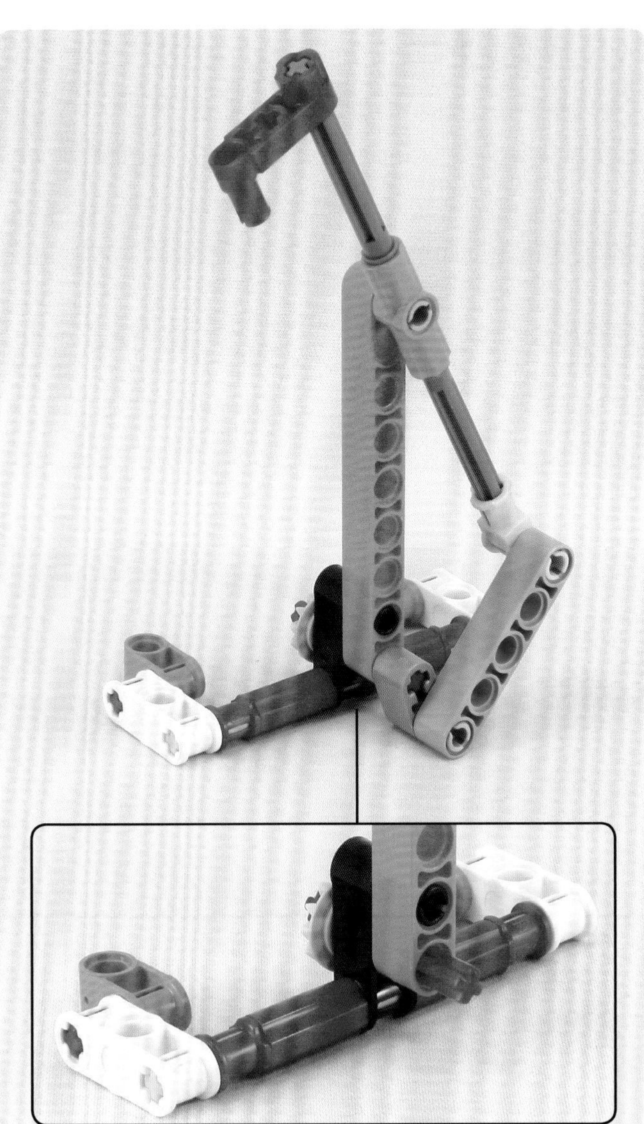

藉由轉動方向來變換機構

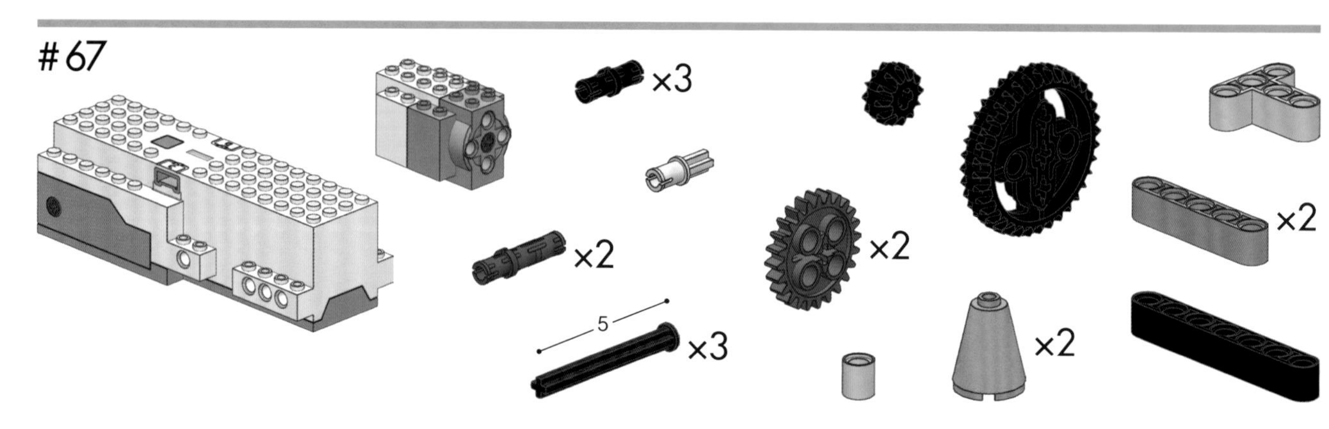

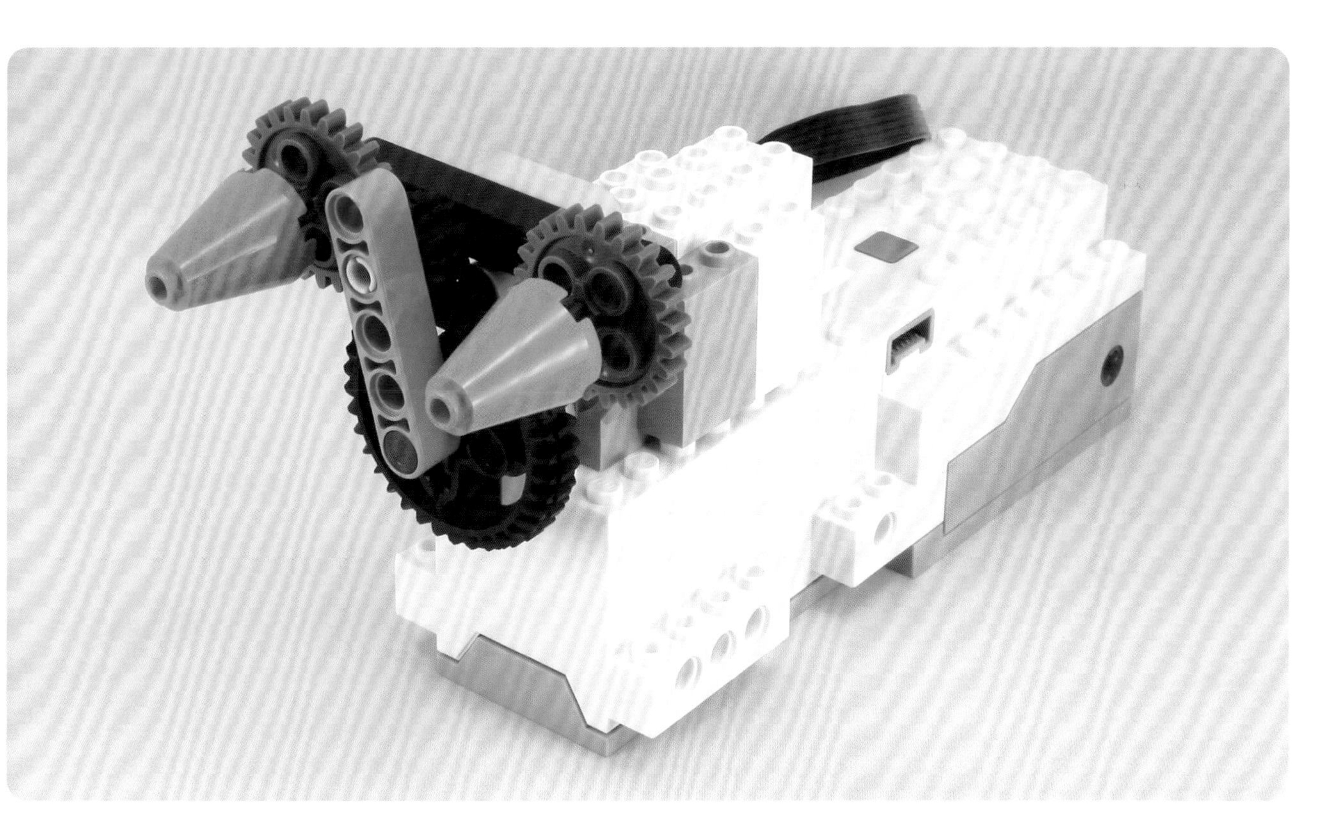

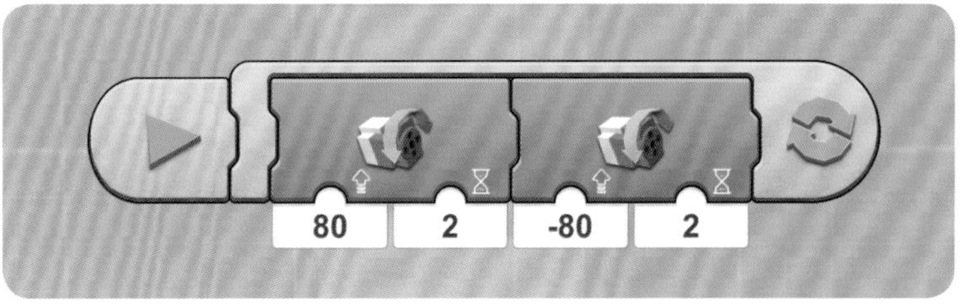
80
2
-80
2

PART 3

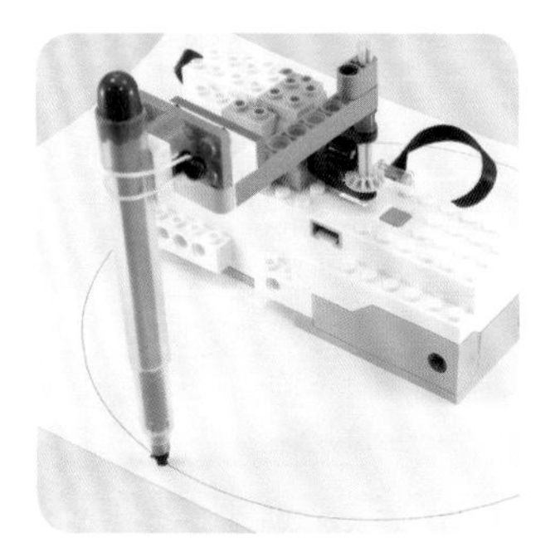

更多有趣好點子！

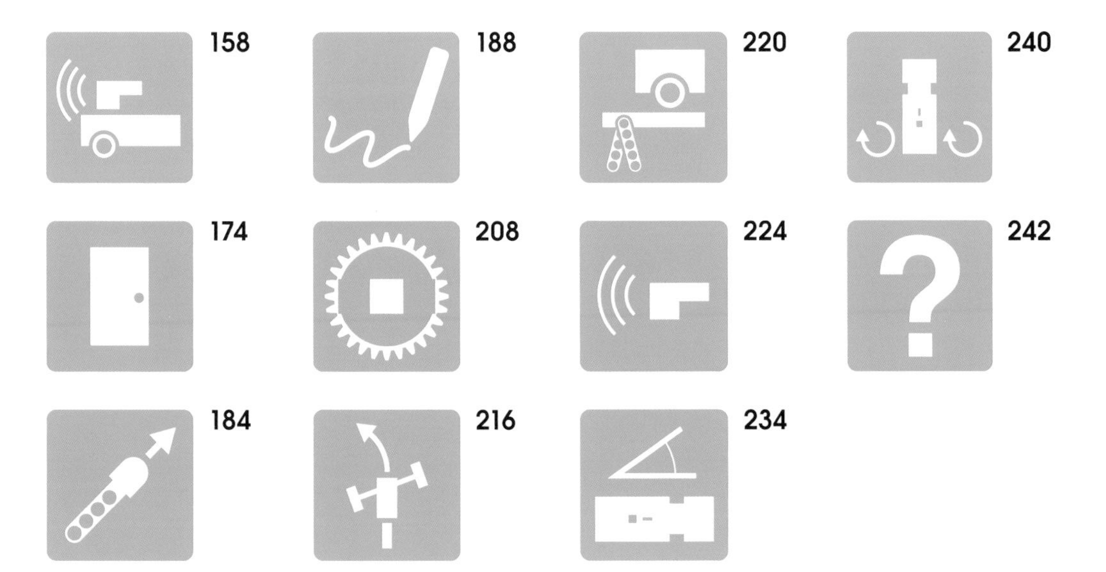

使用顏色與距離感測器

#68

這台機器人會沿著黑線移動。

請把顏色與距離感測器放在黑線上再執行程式。

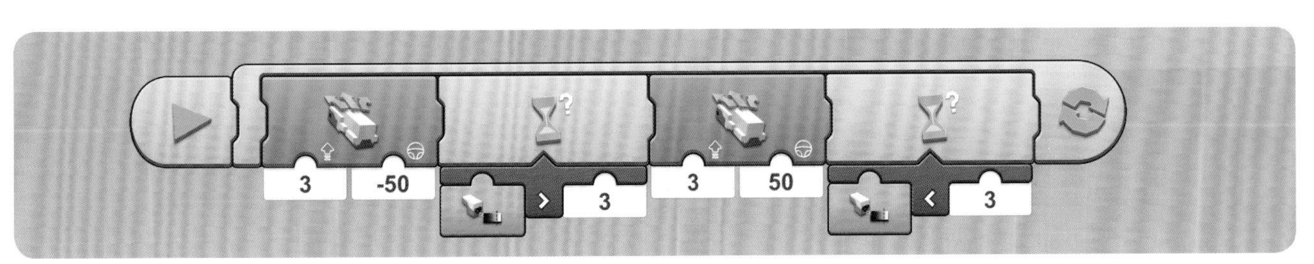
3
-50
3
3
50
3

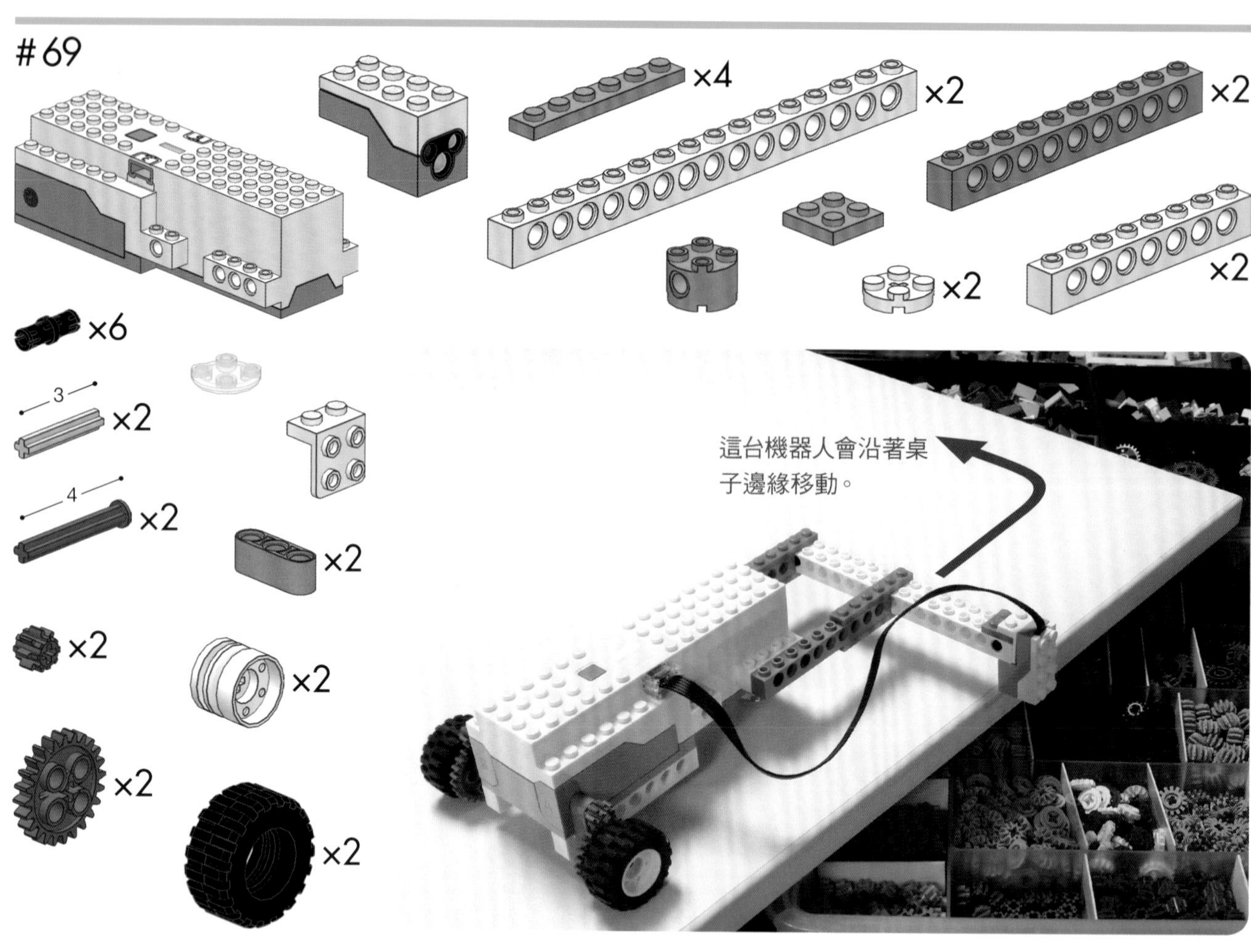
#69
×4
×2
×2
×2
×2
×6
3
×2
4
×2
×2
×2
×2
×2
×2
這台機器人會沿著桌
子邊緣移動。

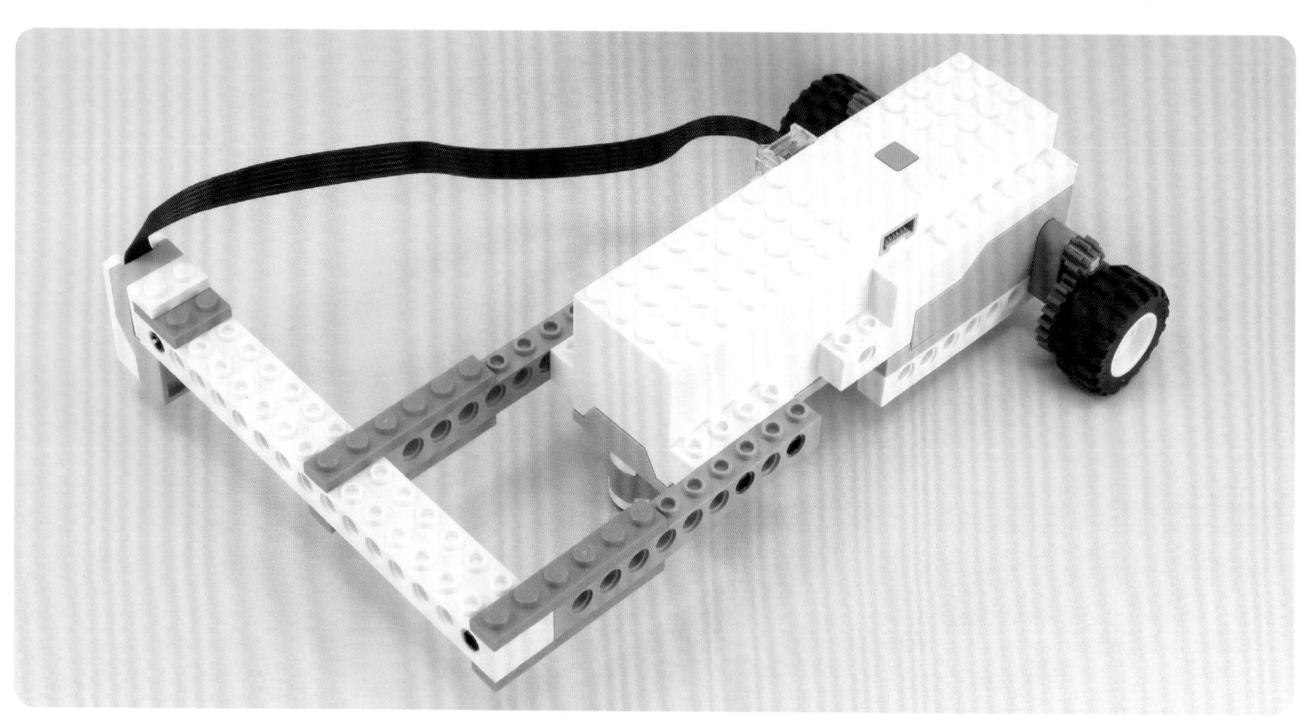

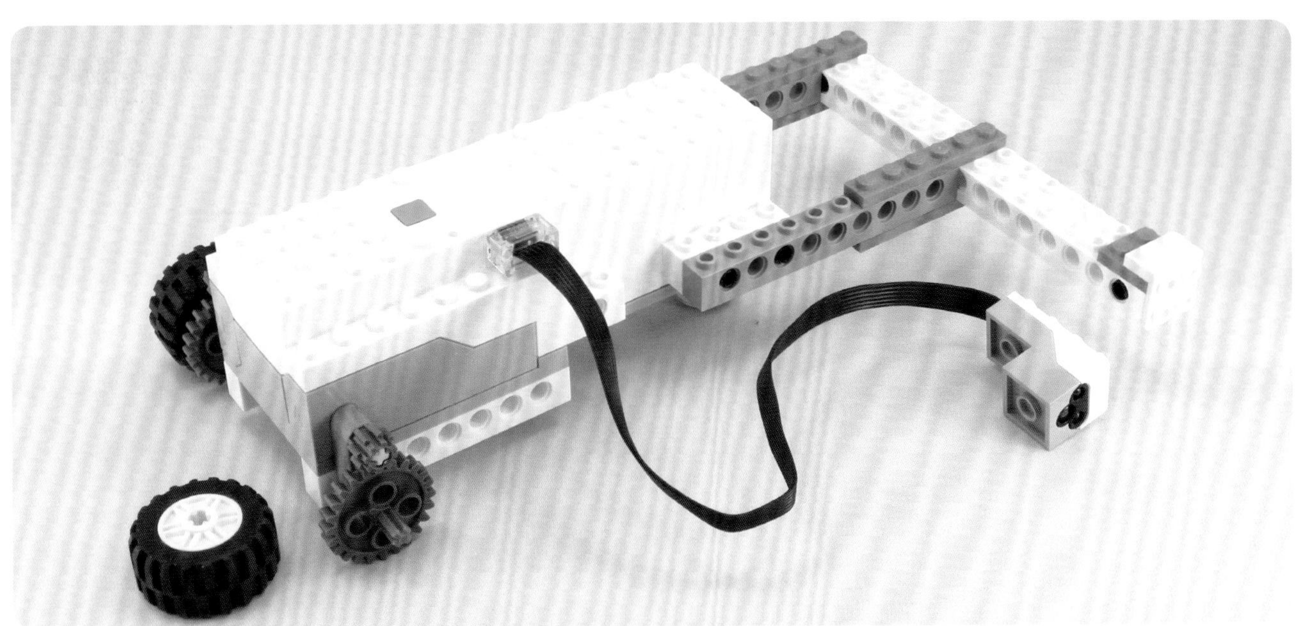

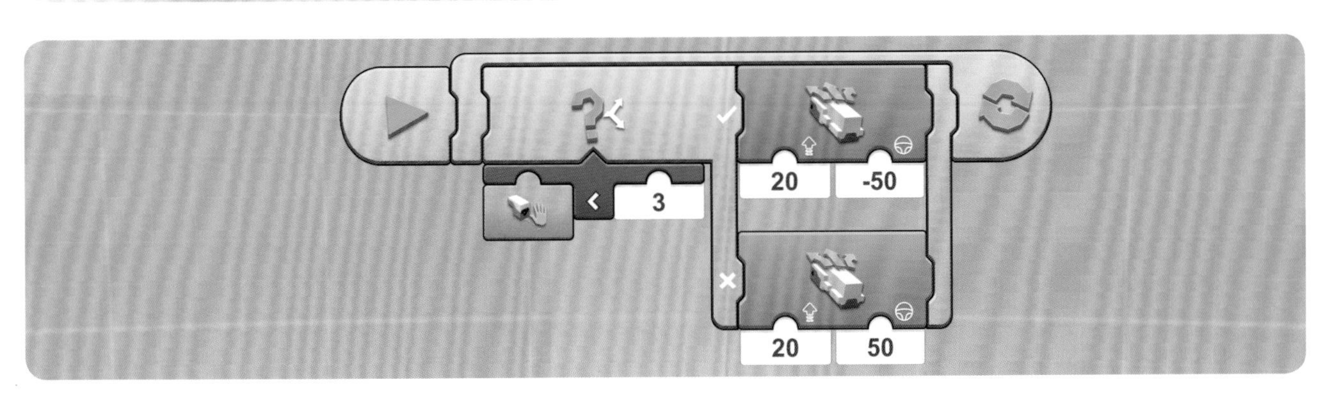
20
-50
3
20
50

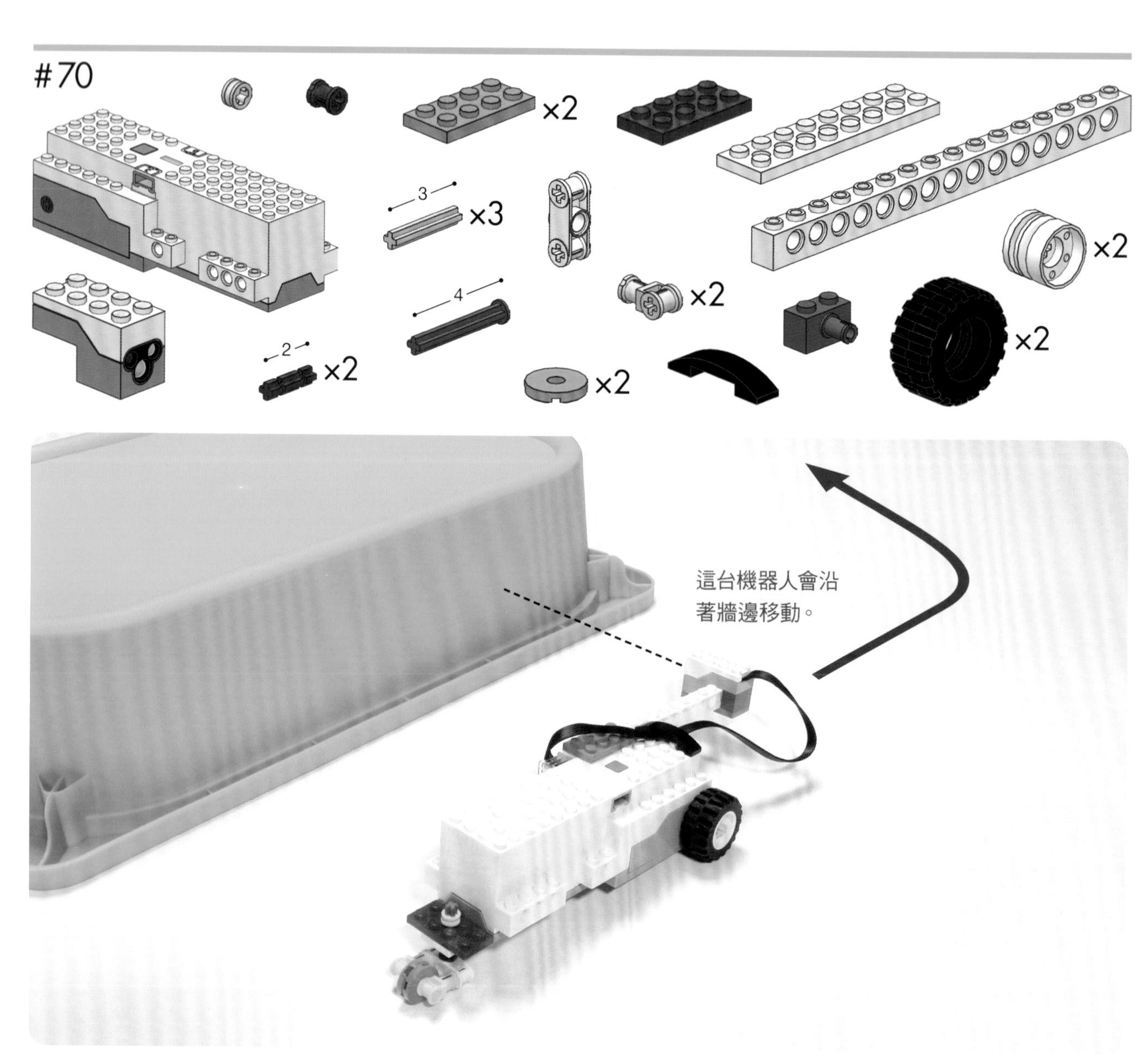
#70
3
×3
4
2
×2
×2
×2
×2
×2
×2
×2
這台機器人會沿
著牆邊移動。

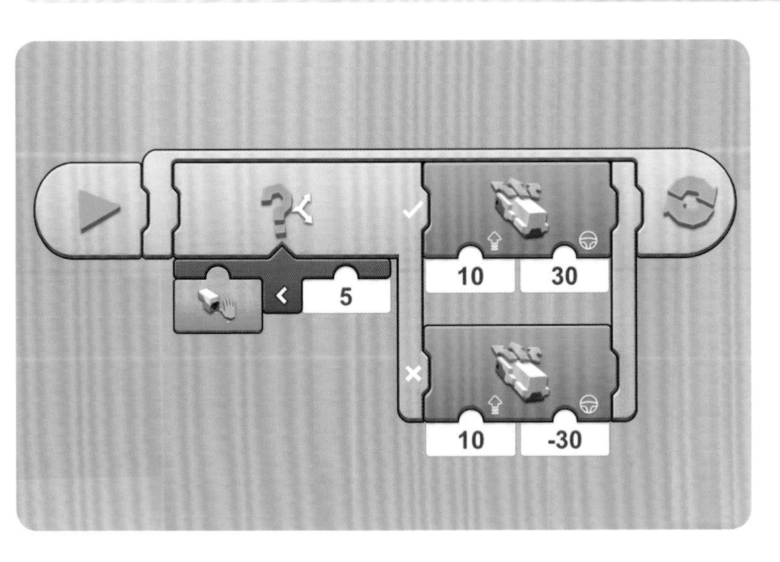
5
10
30
10
-30

71

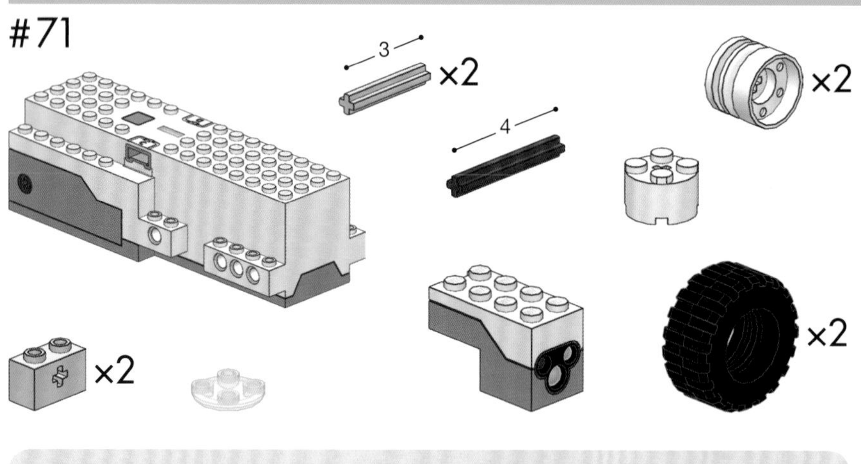

把手放在感測器上方，藉此控制小車前進、轉彎或停止。

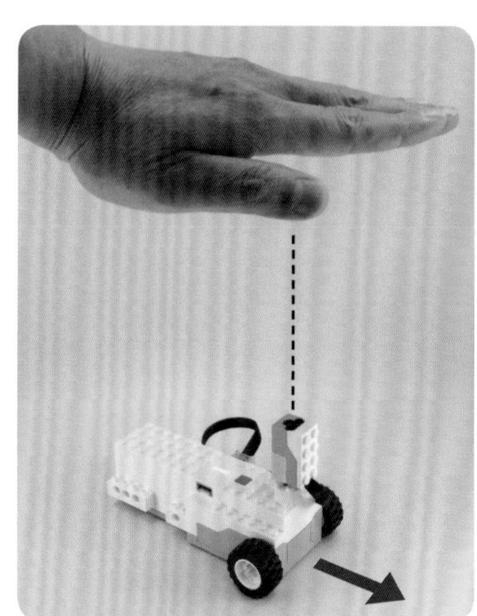

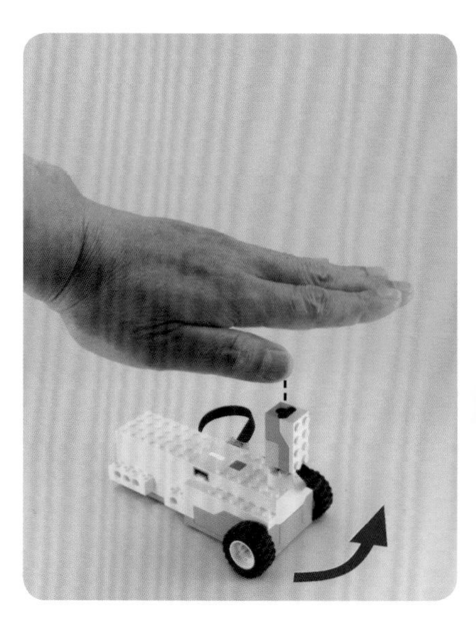

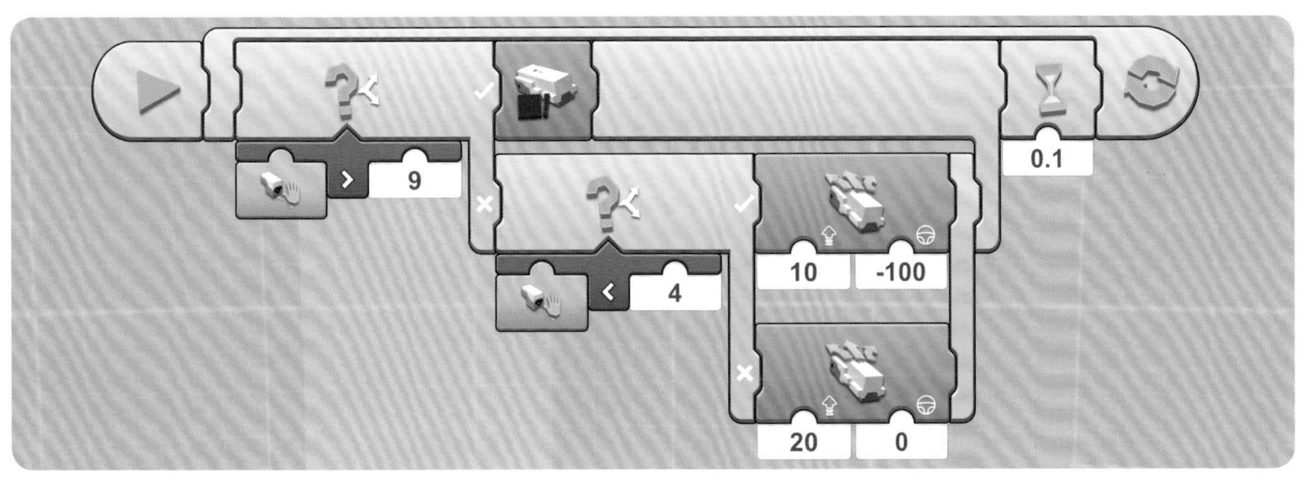

9
0.1
4
10
-100
20
0

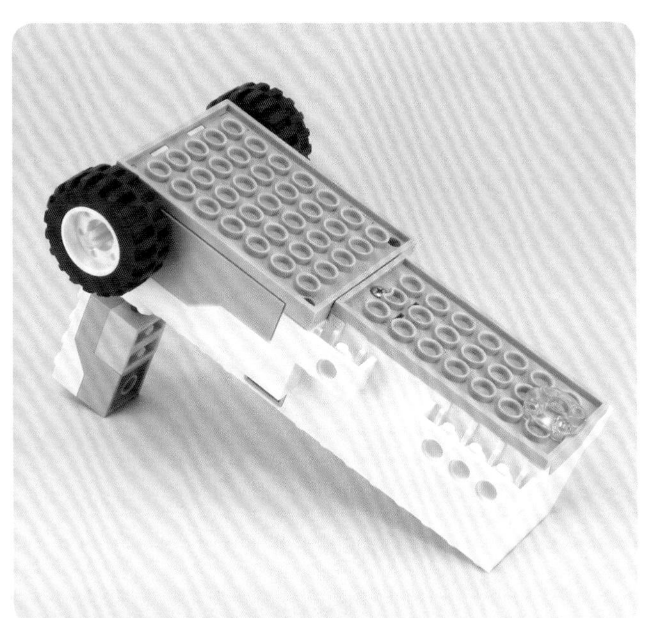

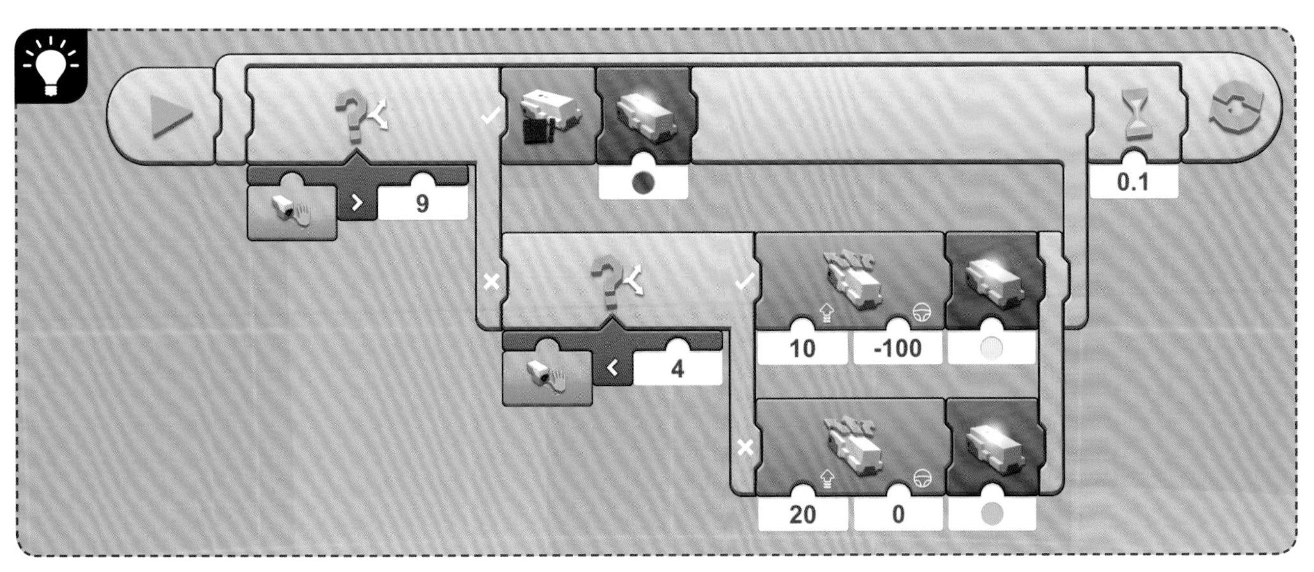

9
0.1
4
10
-100
20
0

#72

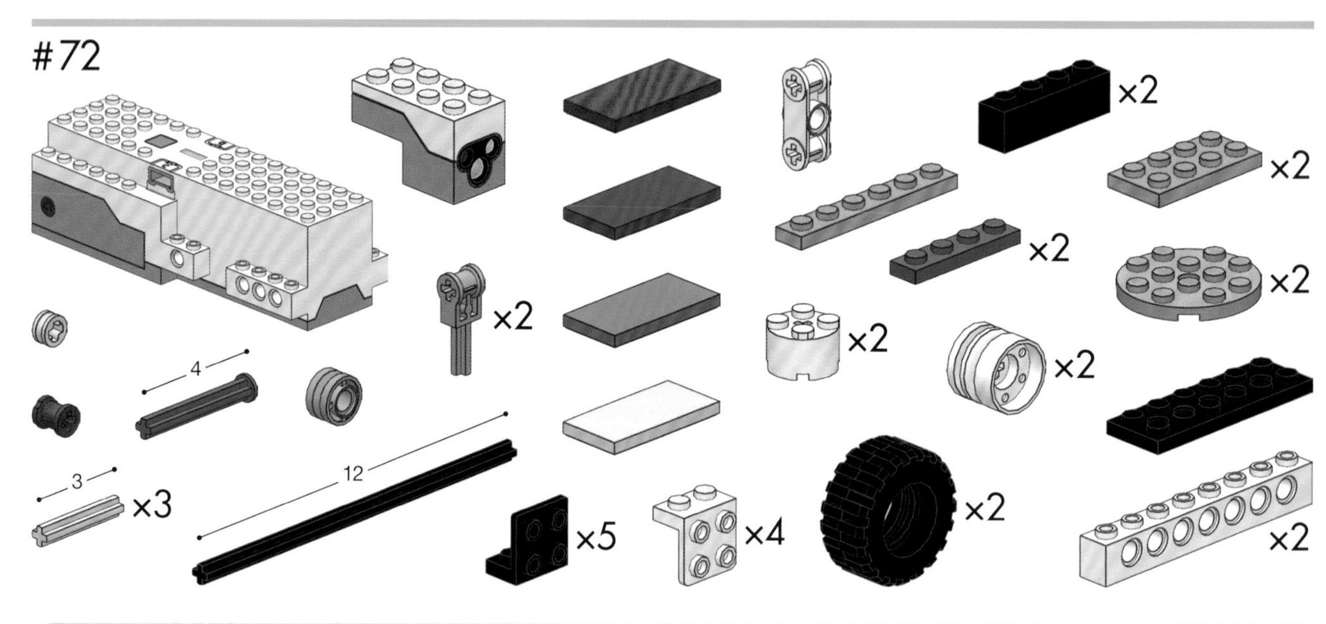

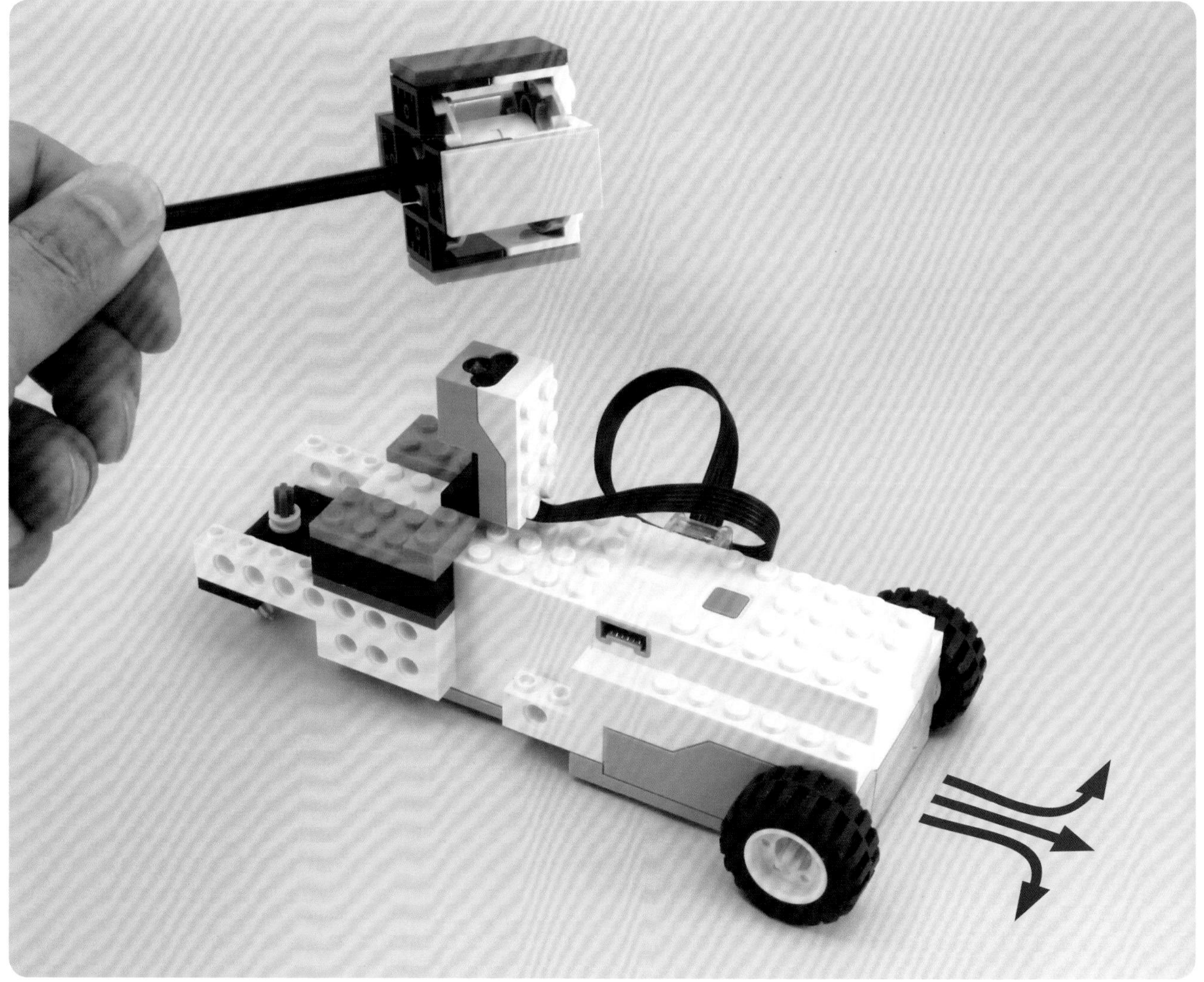

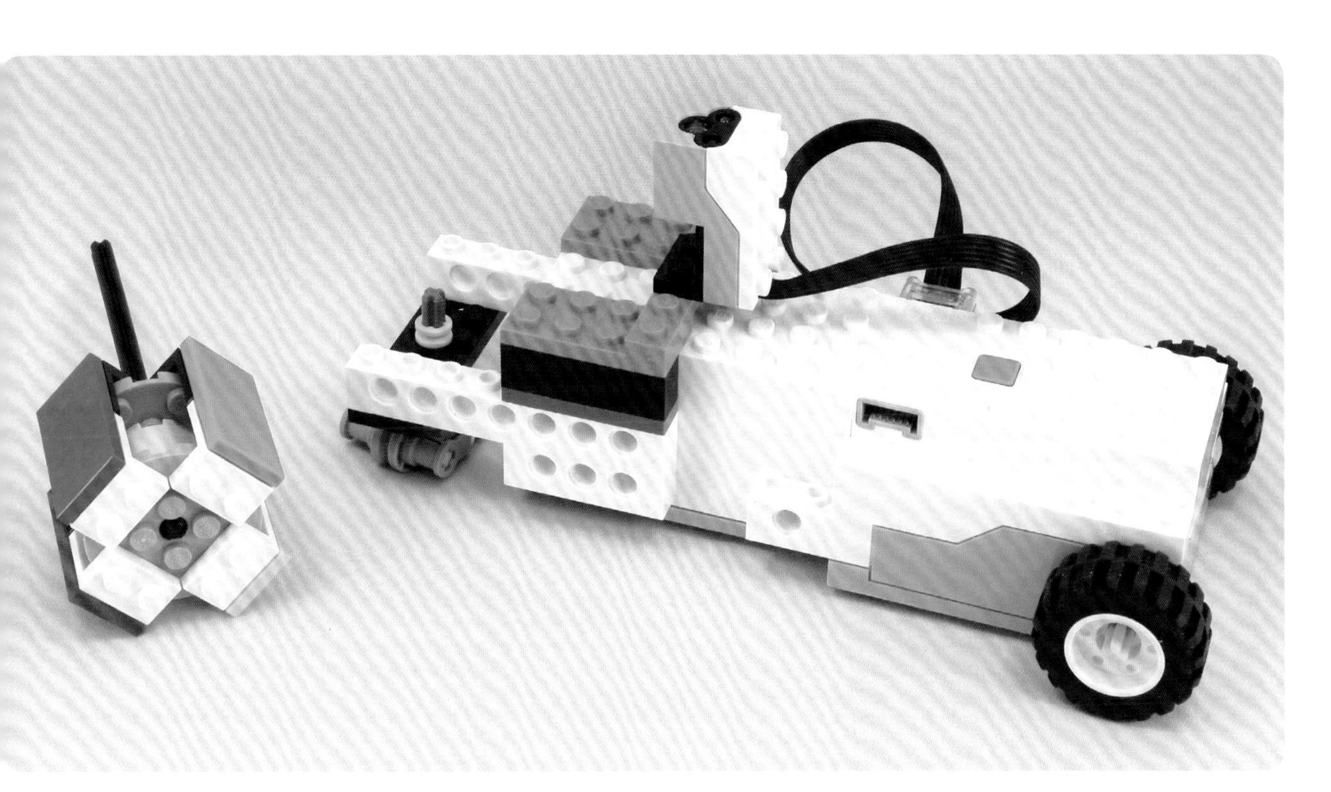

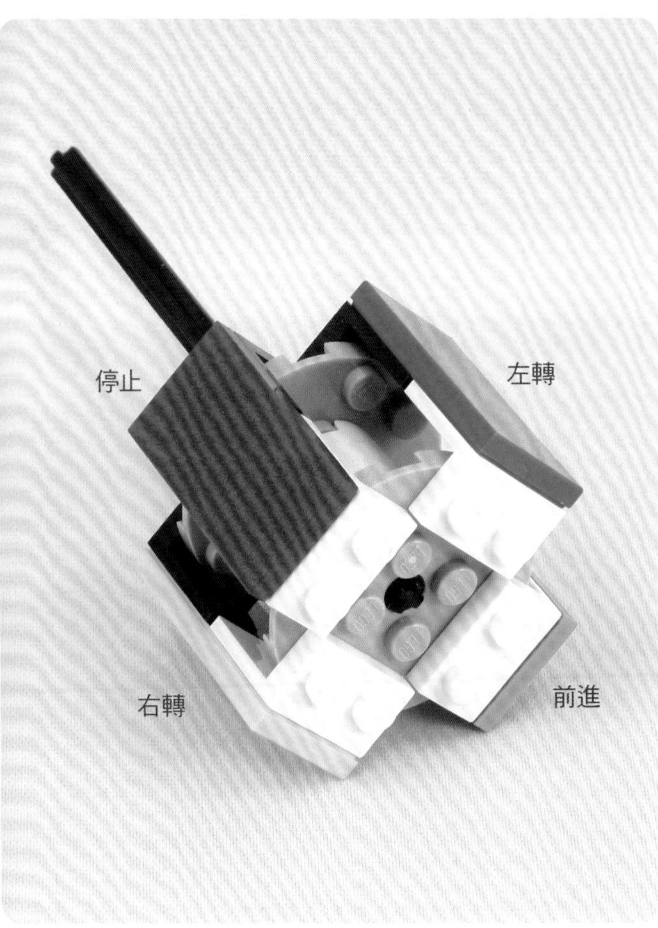
停止
左轉
右轉
前進

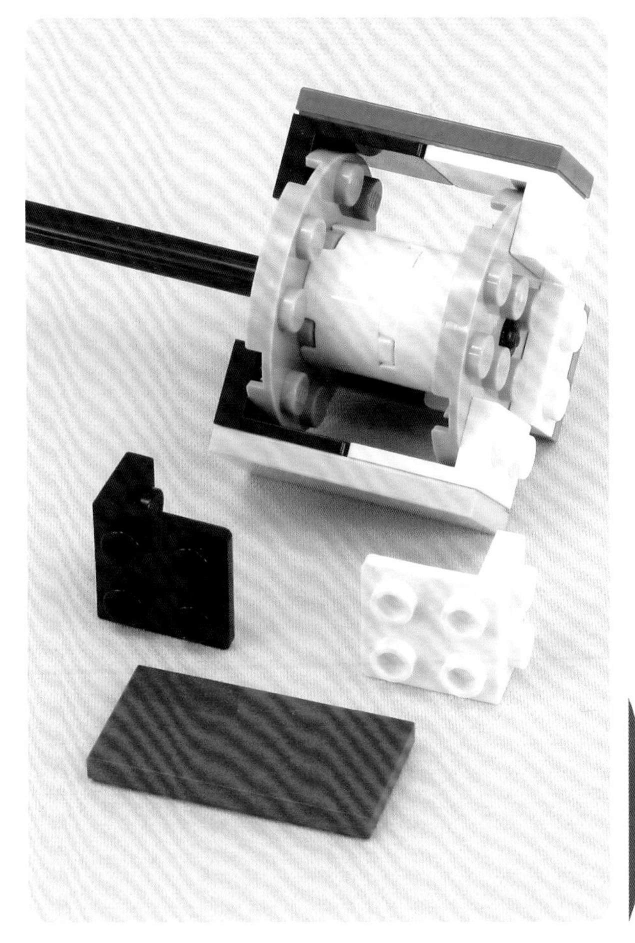

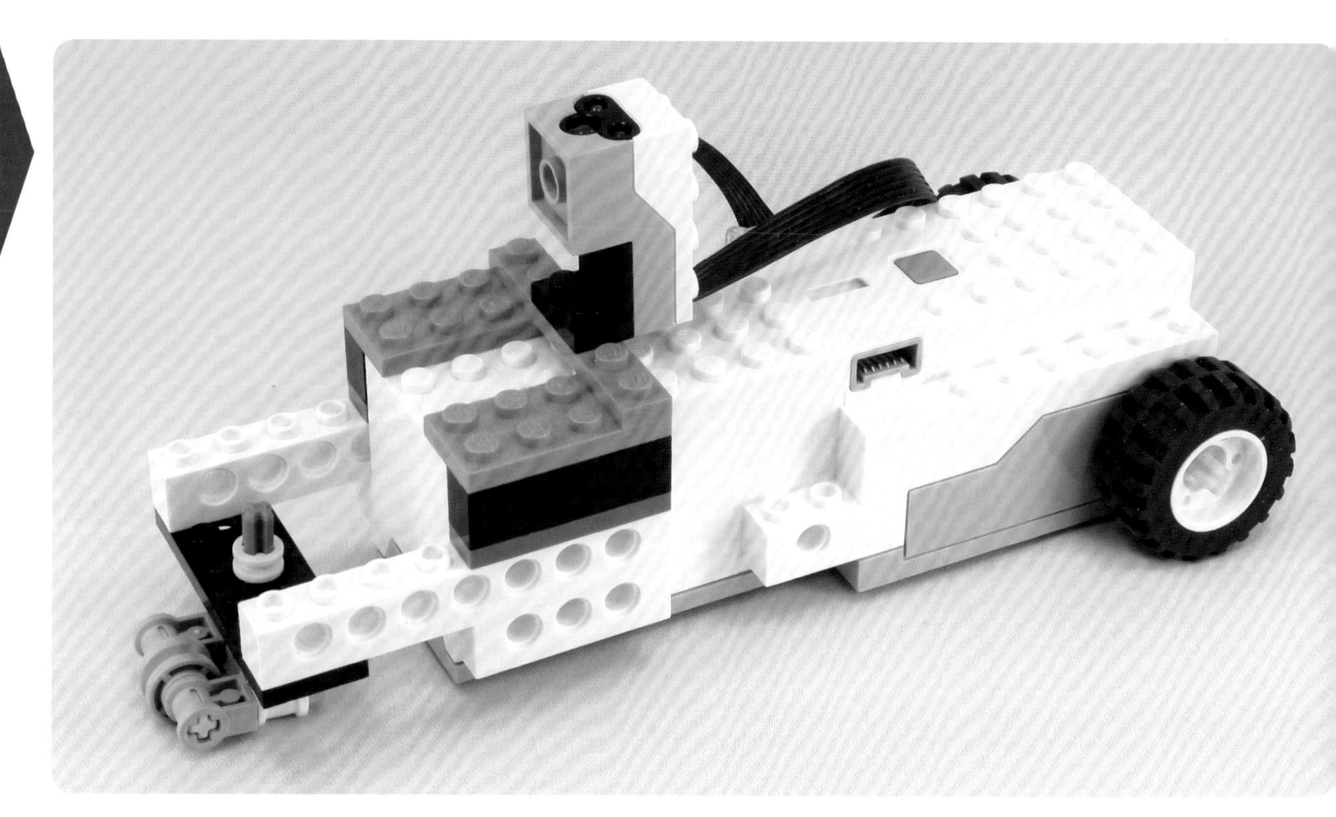

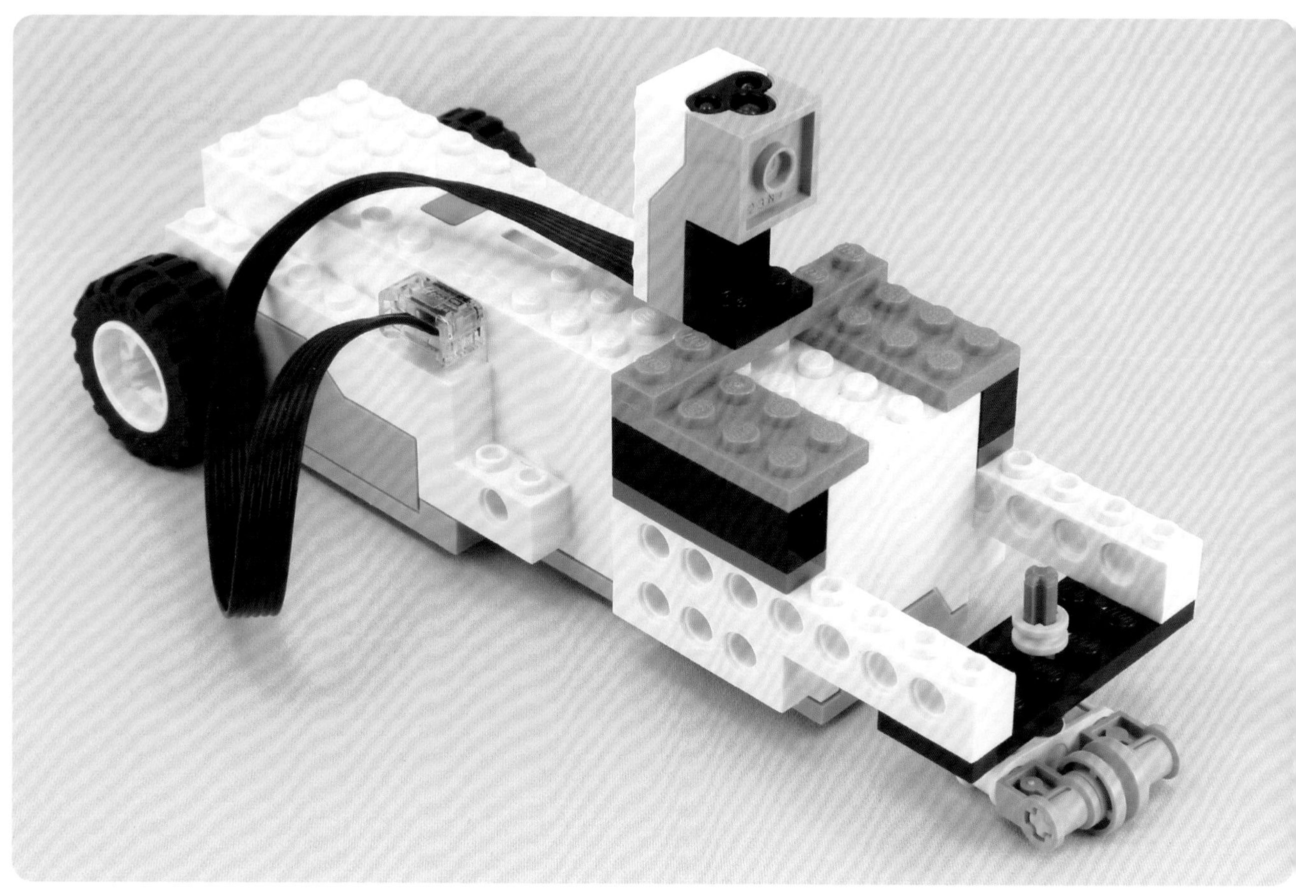

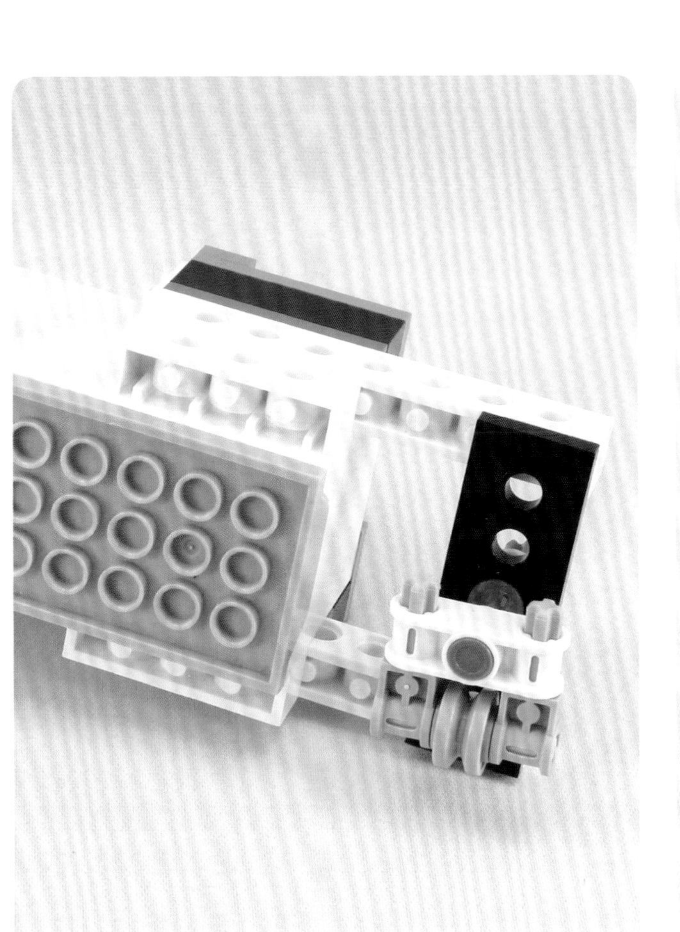

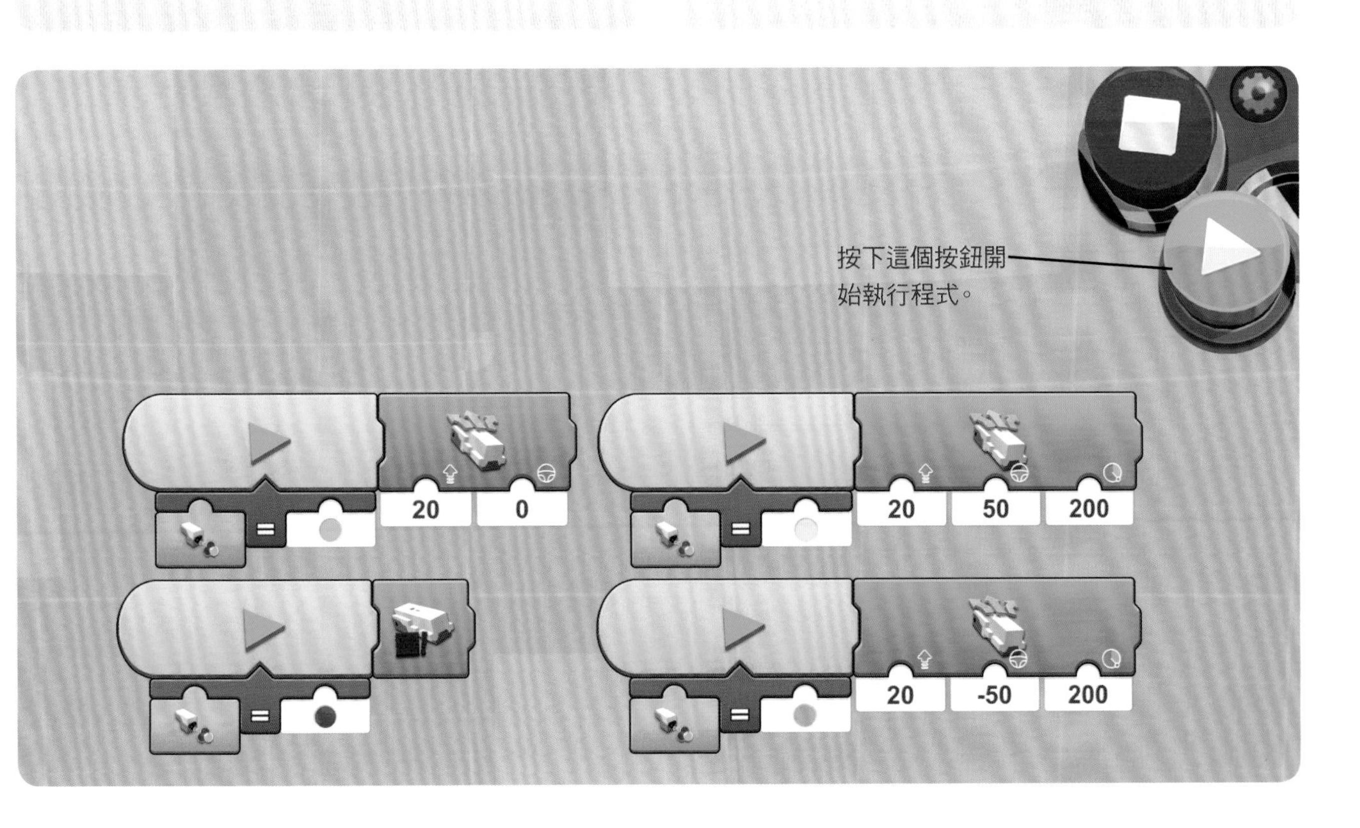
按下這個按鈕開始執行程式。
20
0
20
50
200
20
-50
200

#73

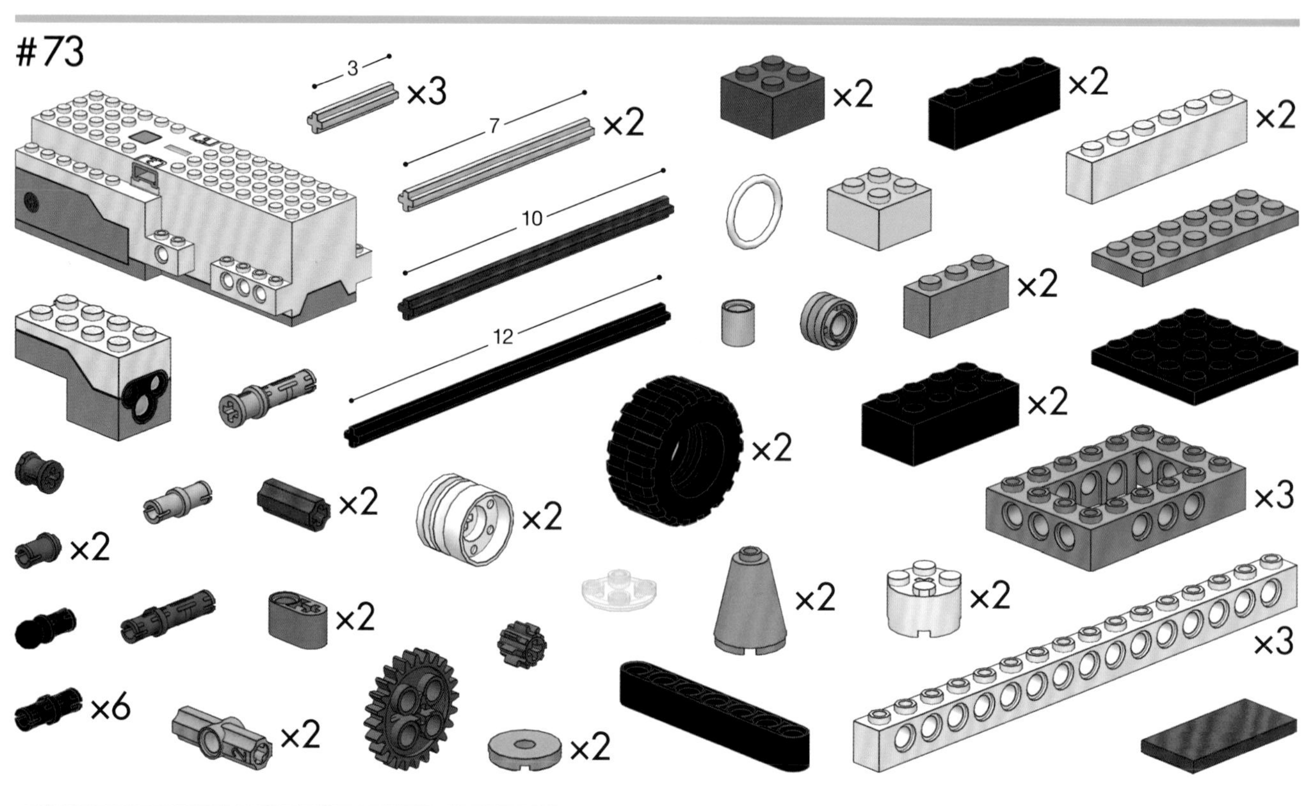

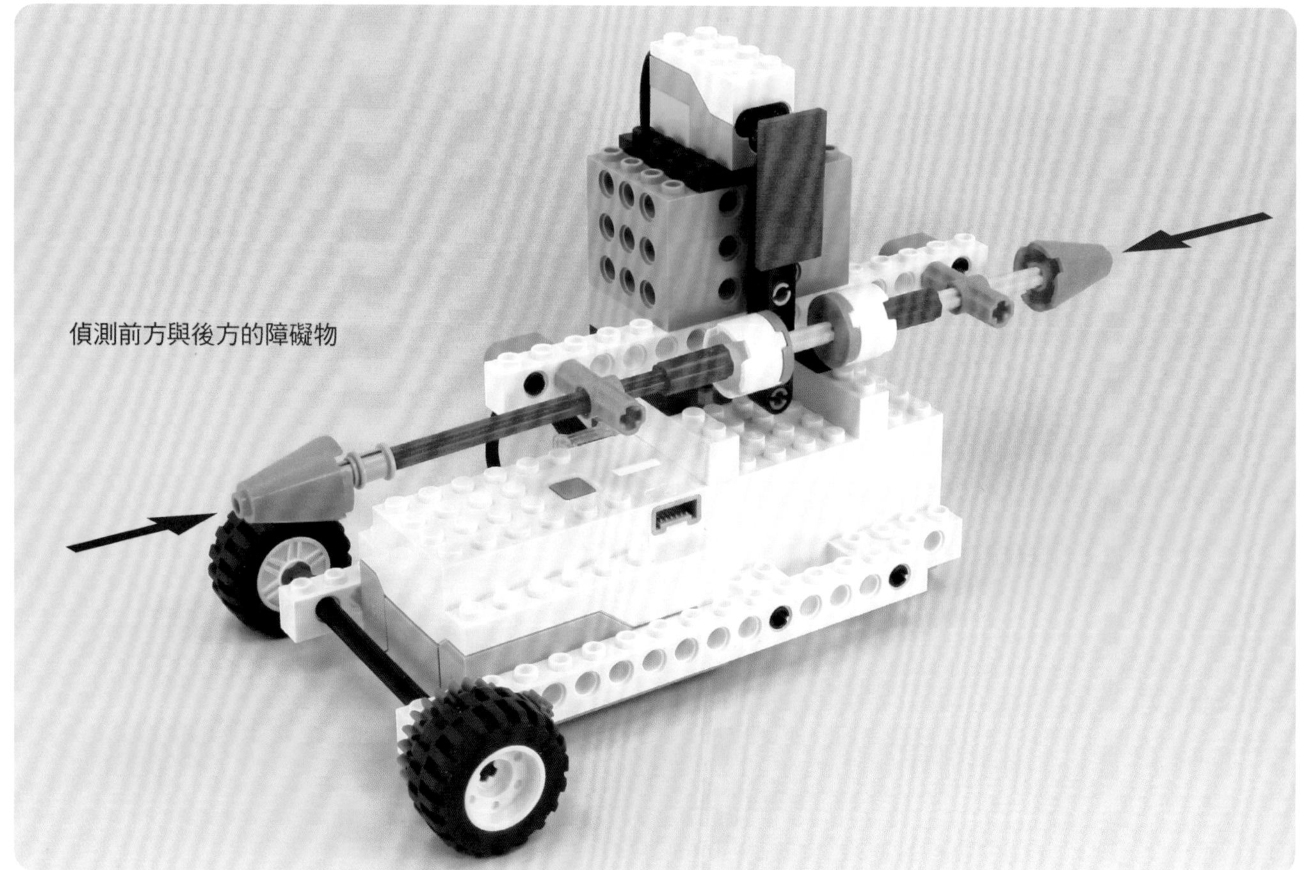

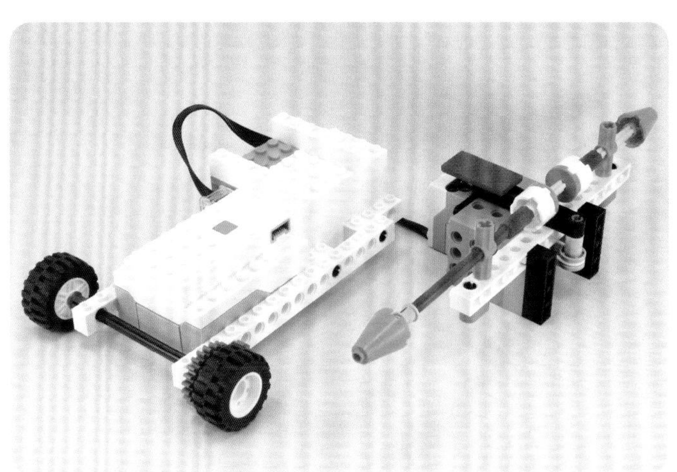

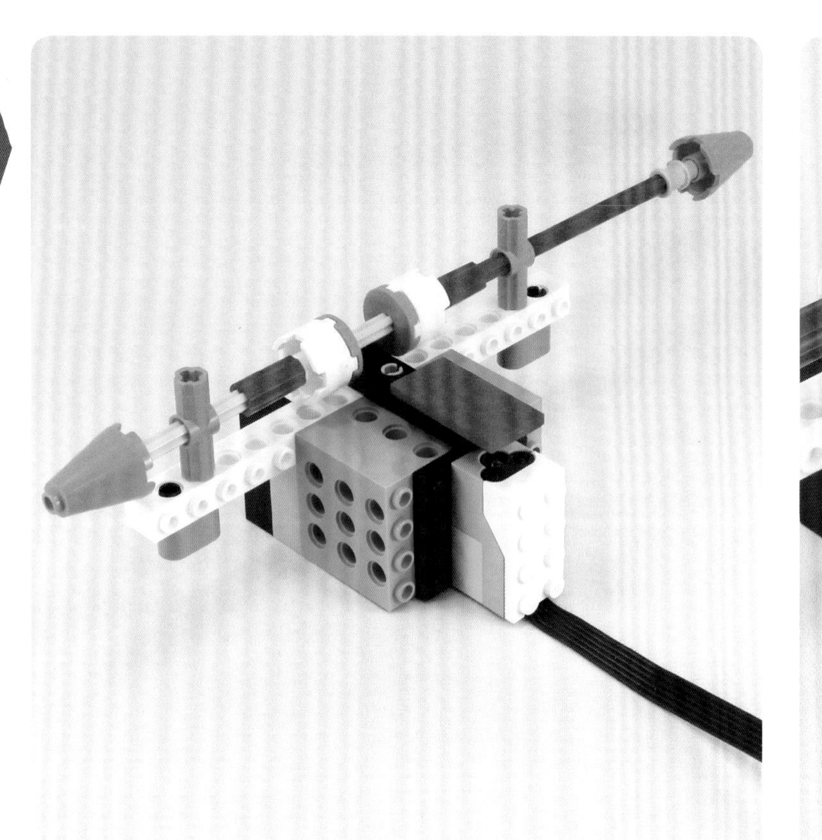

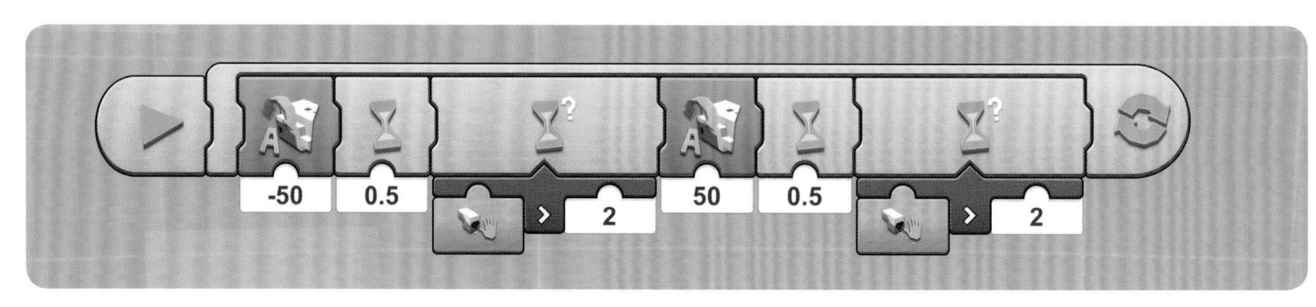
-50
0.5
2
50
0.5
2

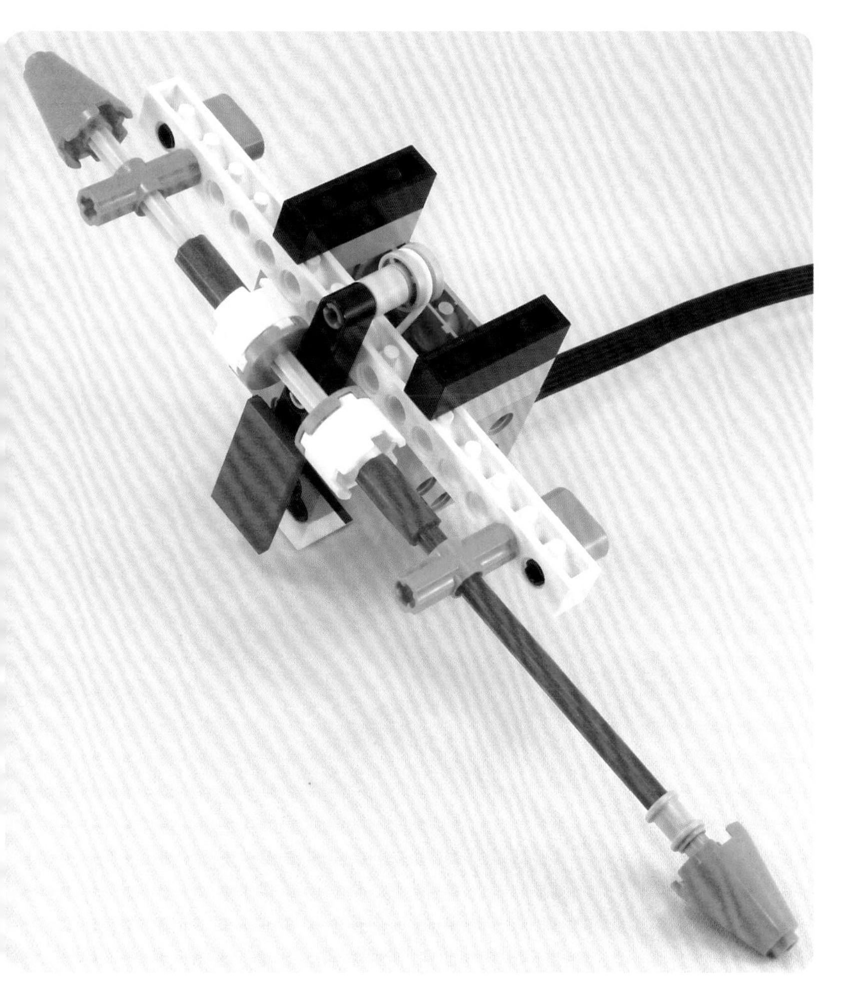

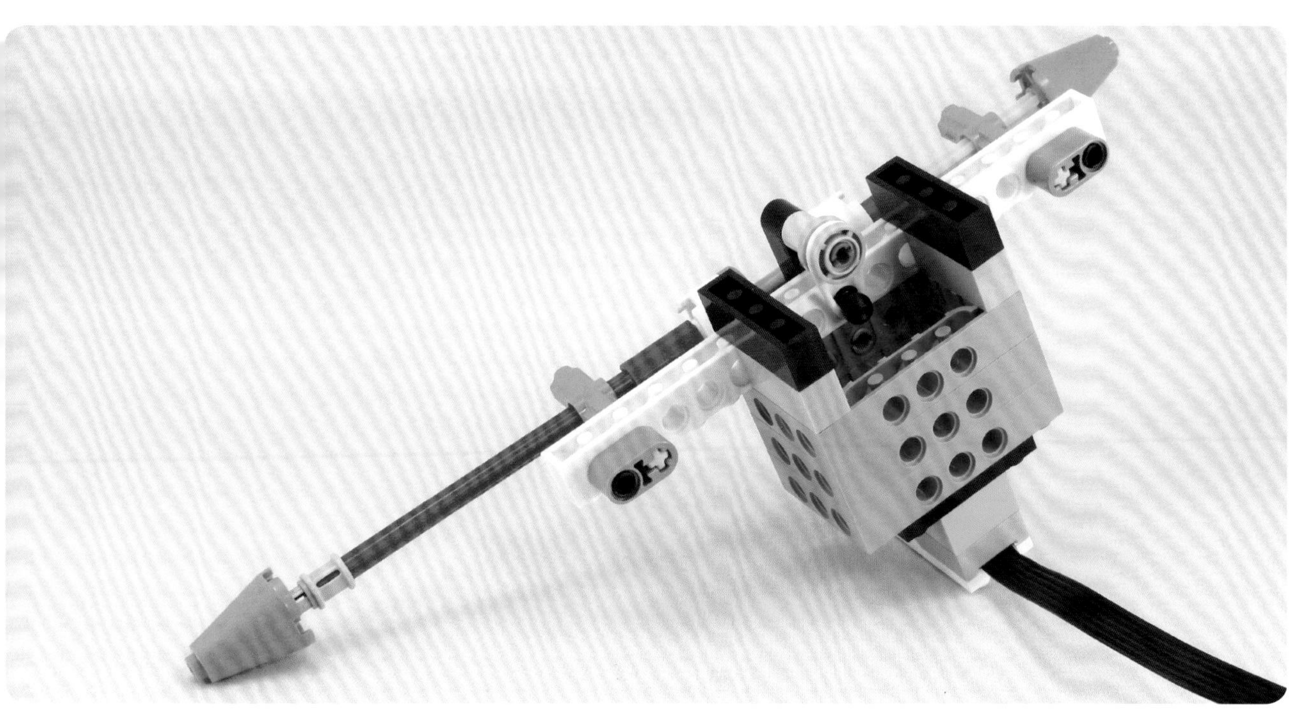

自動門

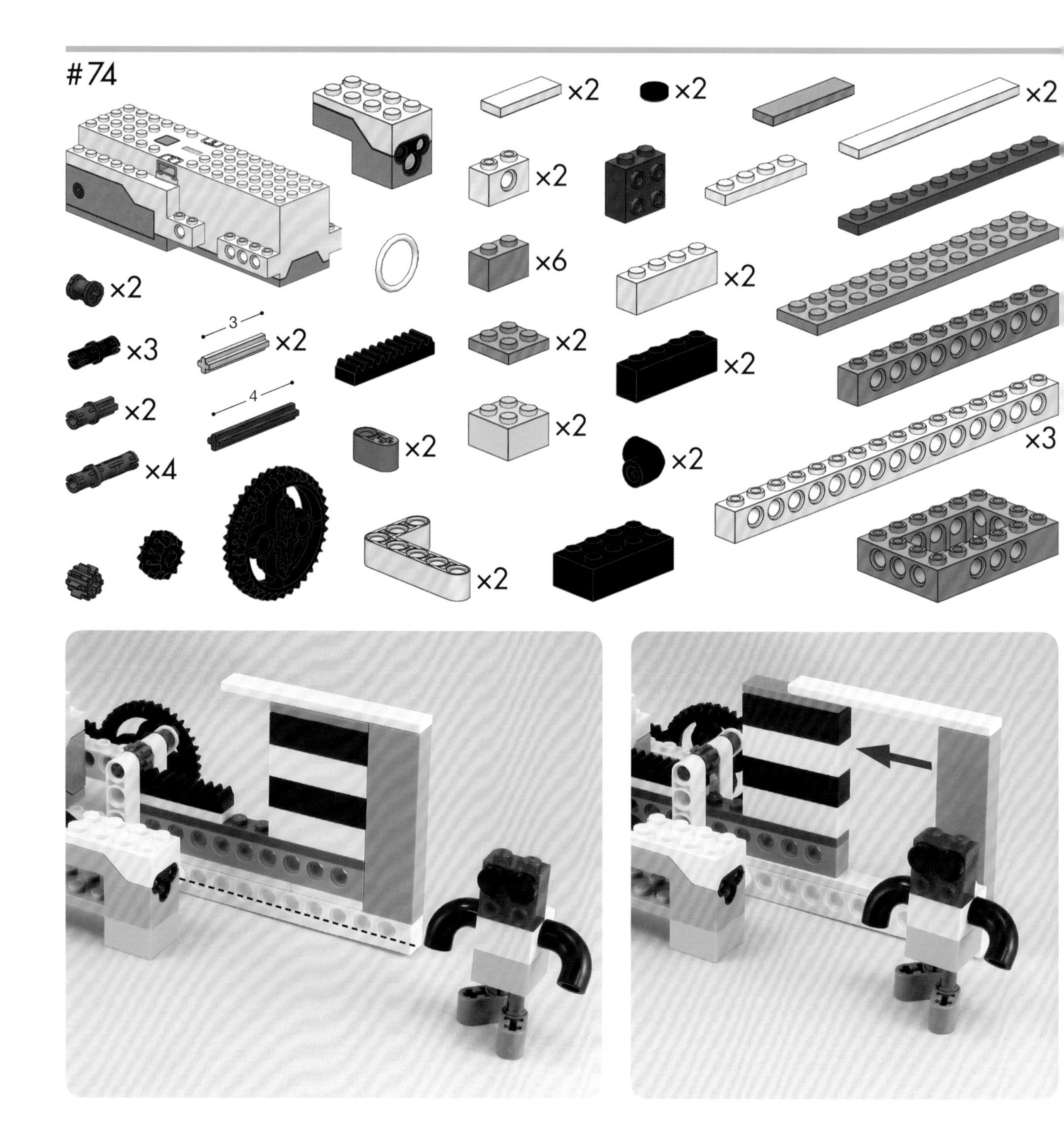

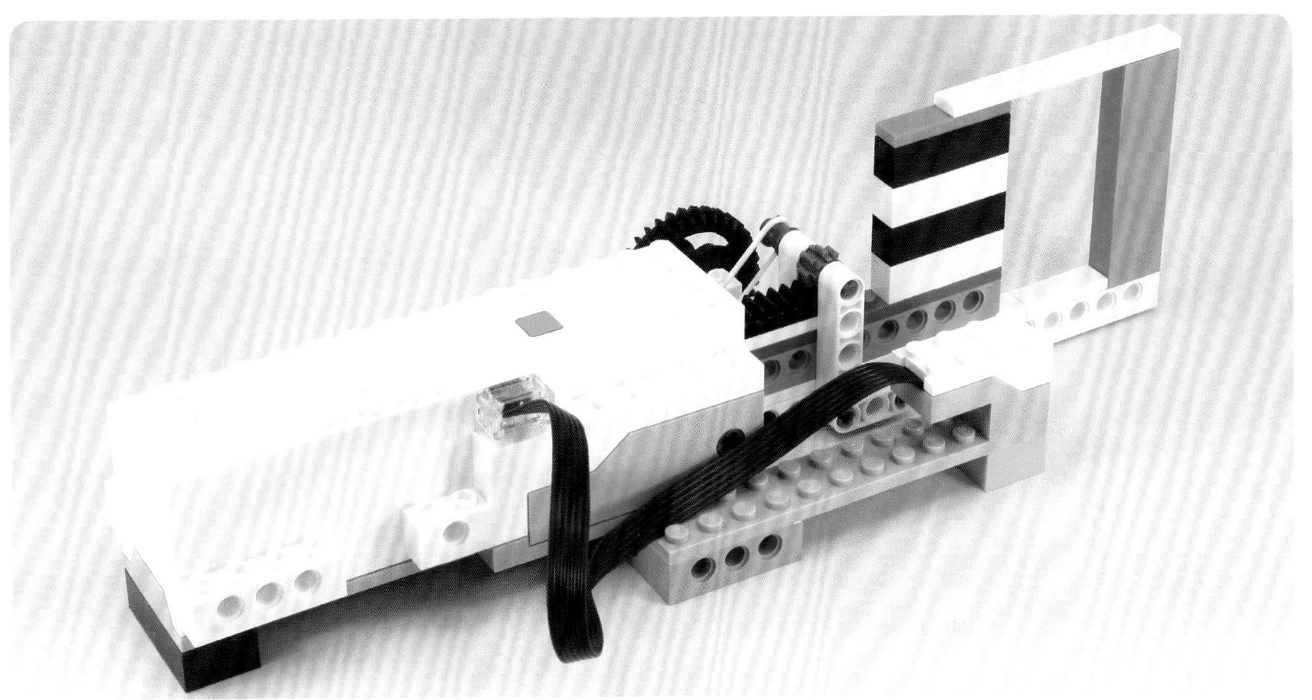

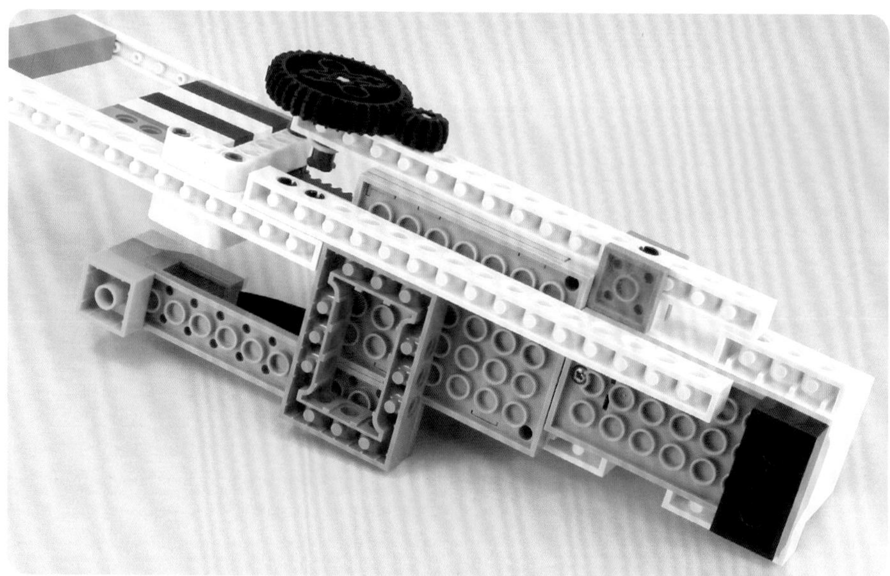
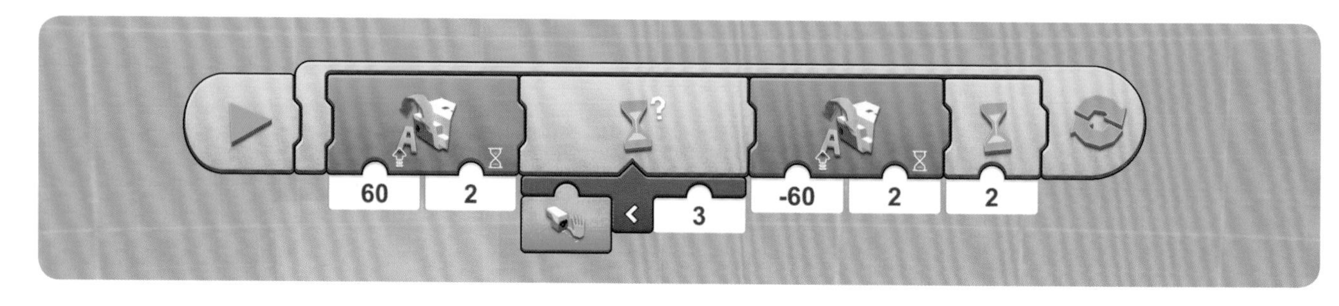
60
2
3
-60
2
2

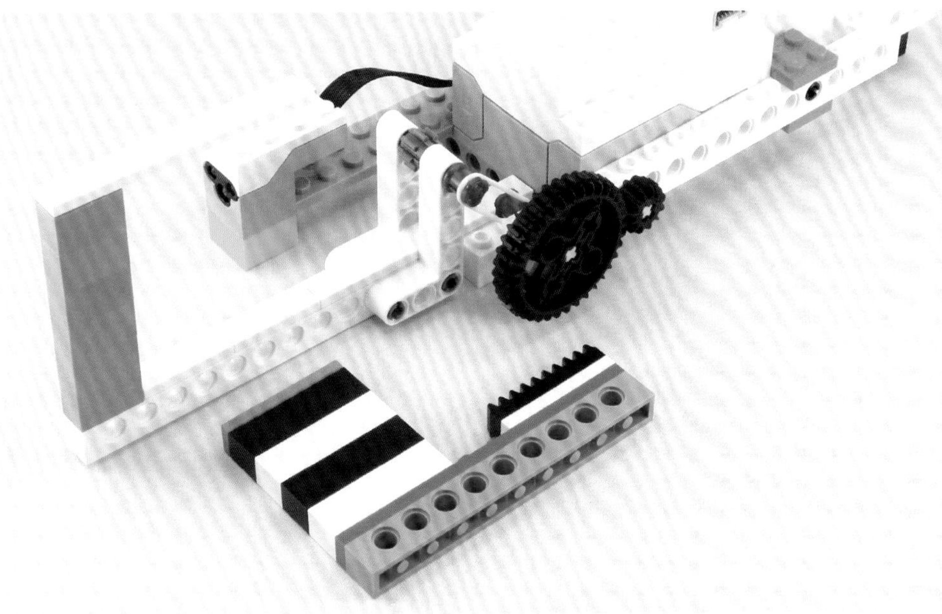

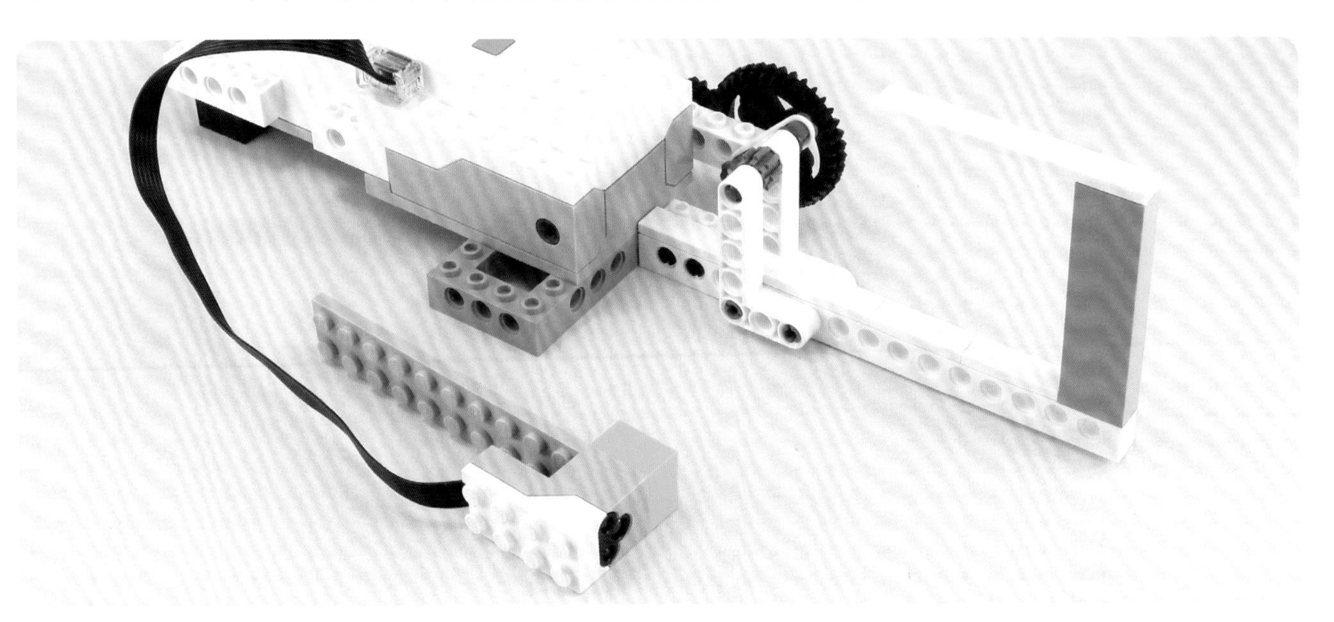

#75

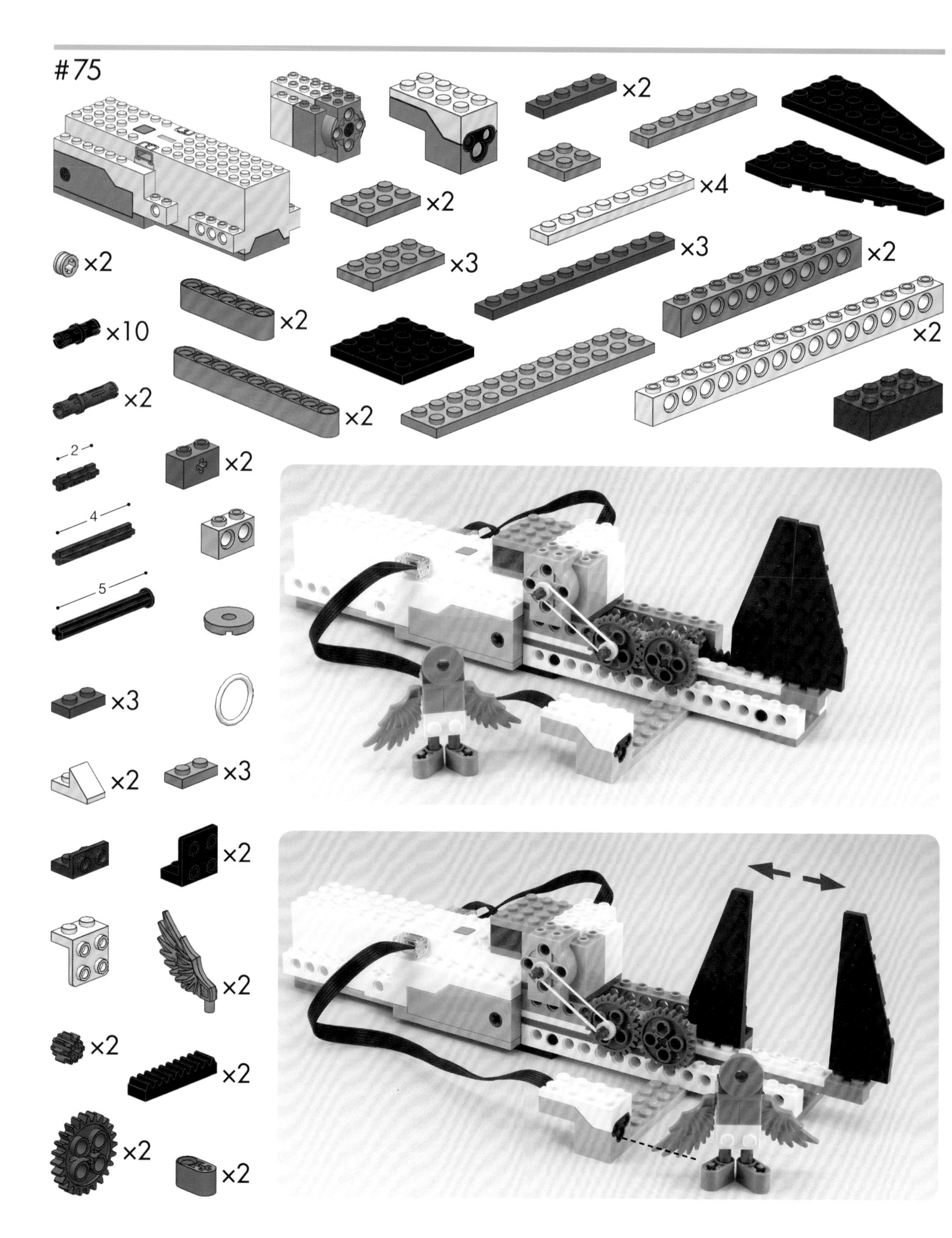

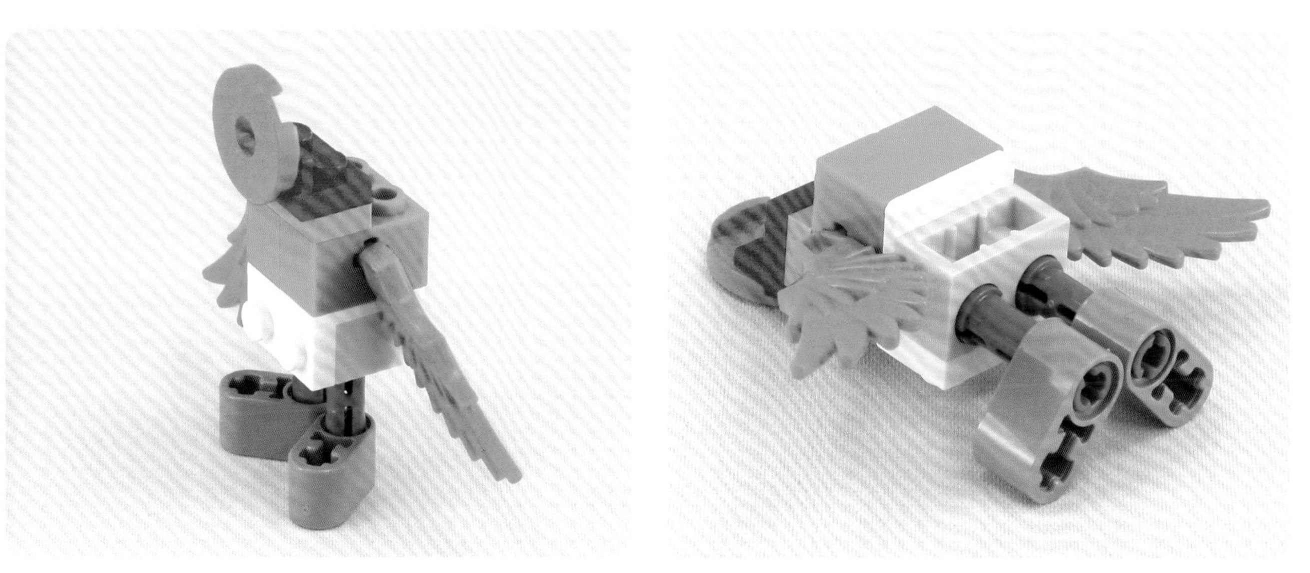

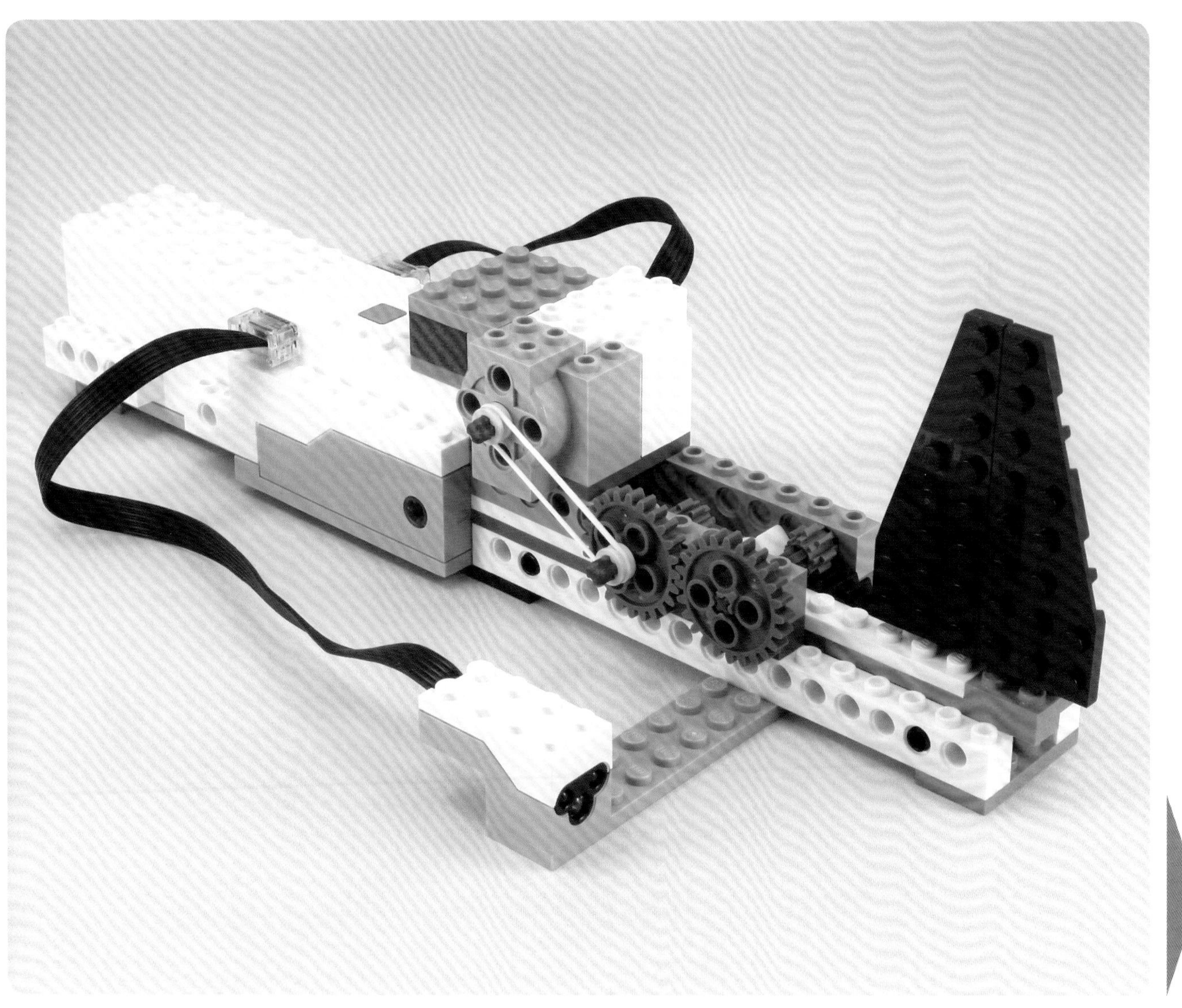

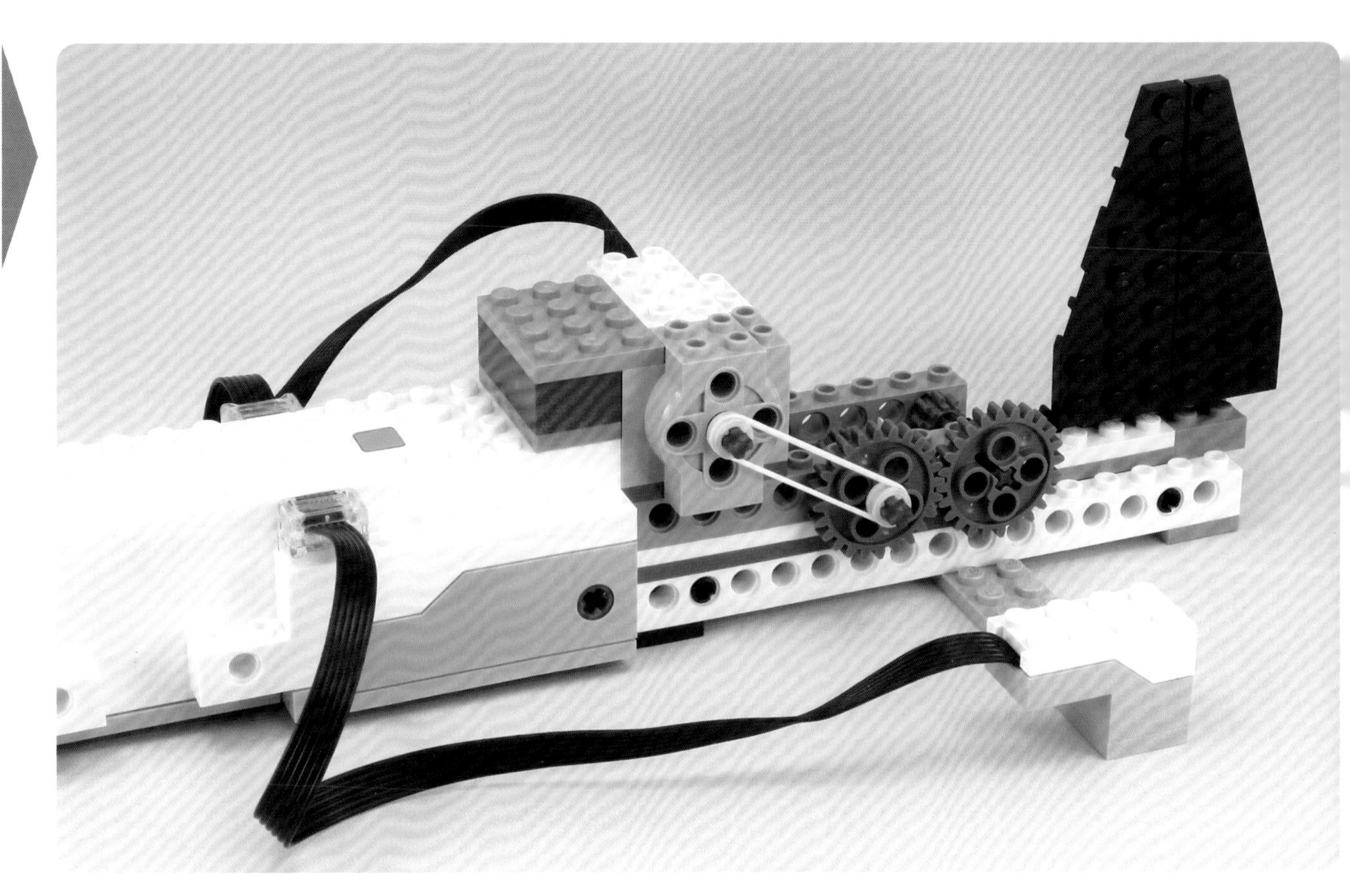

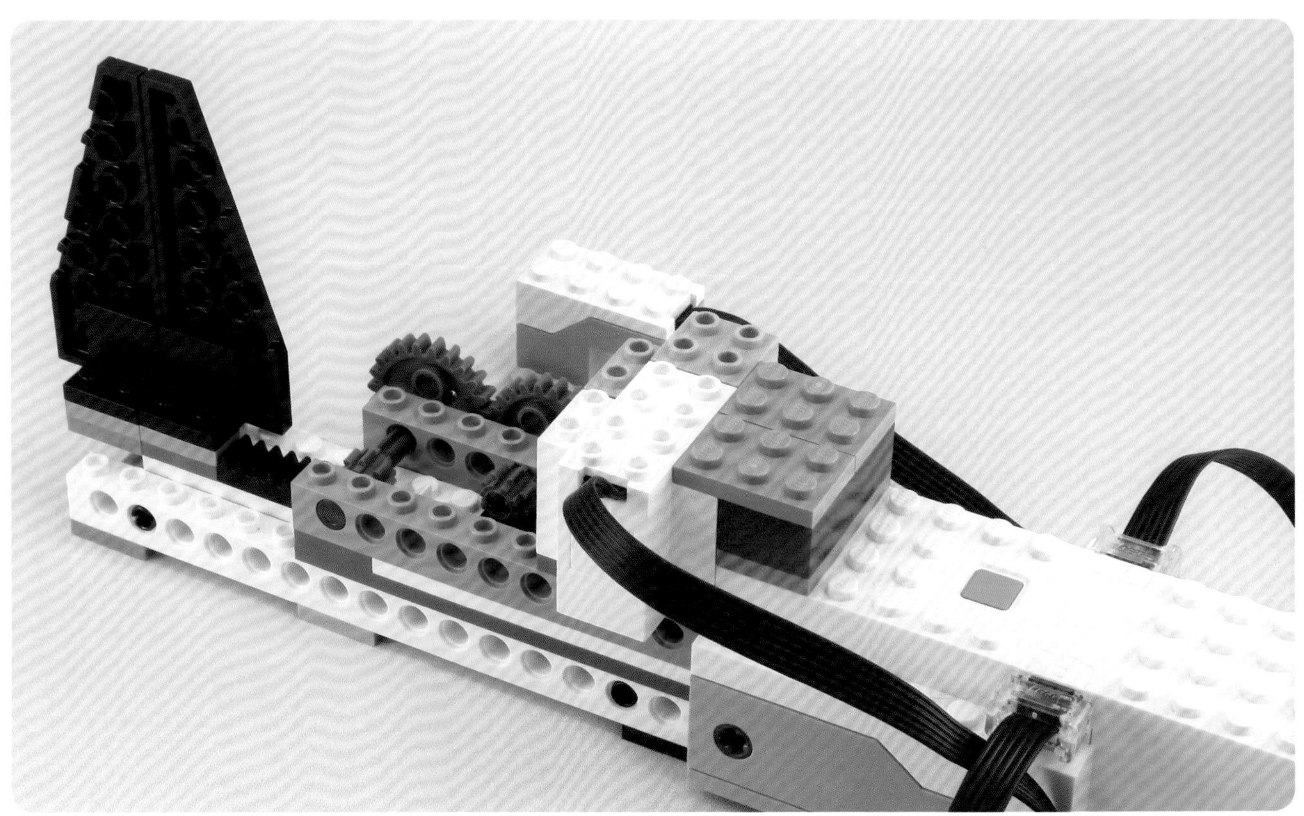

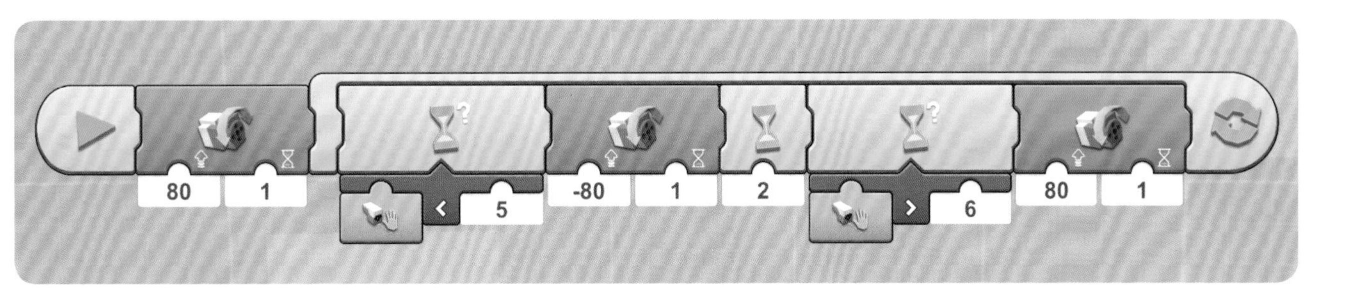
80
1
<
5
-80
1
2
>
6
80
1

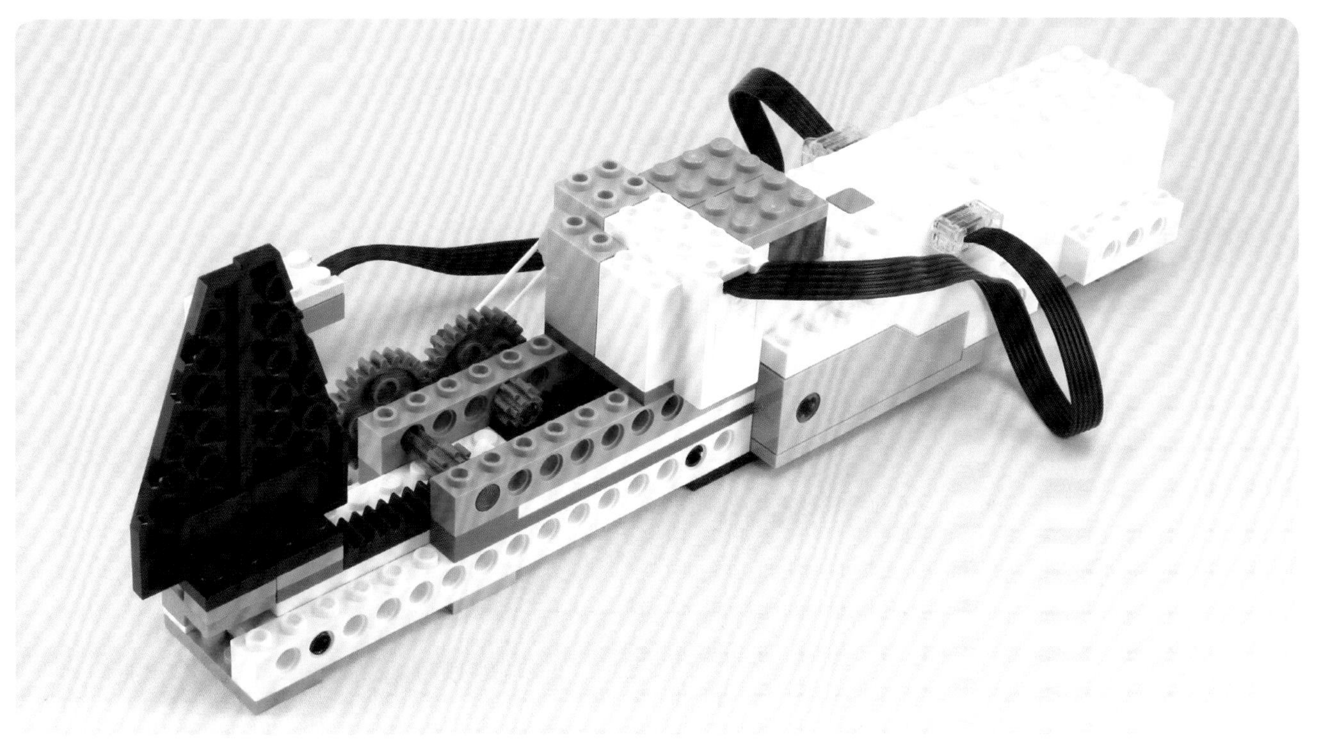

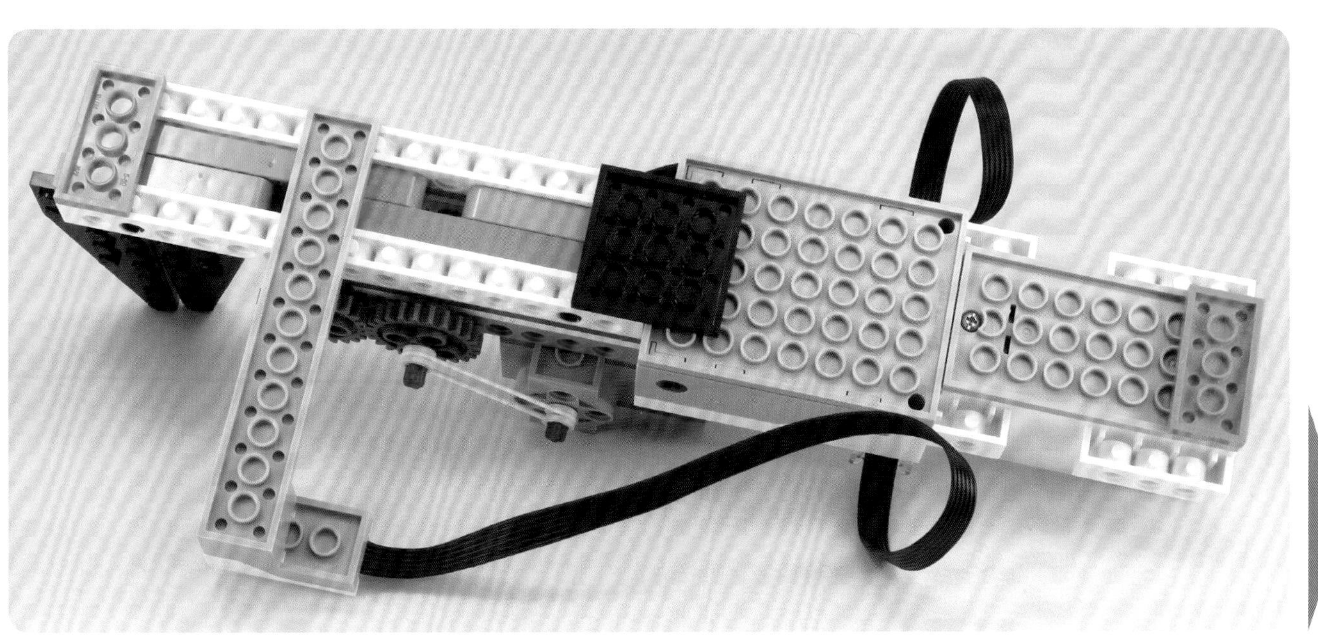

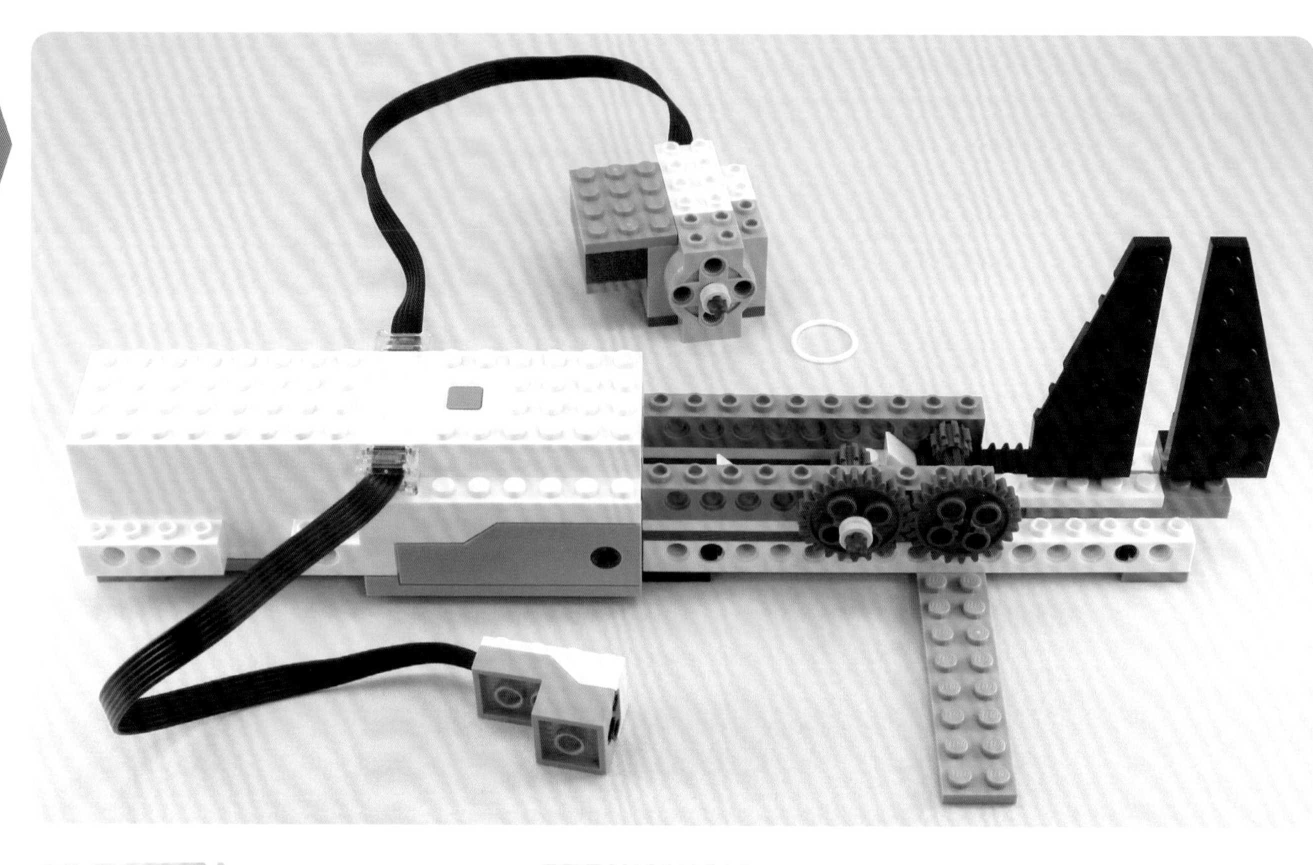

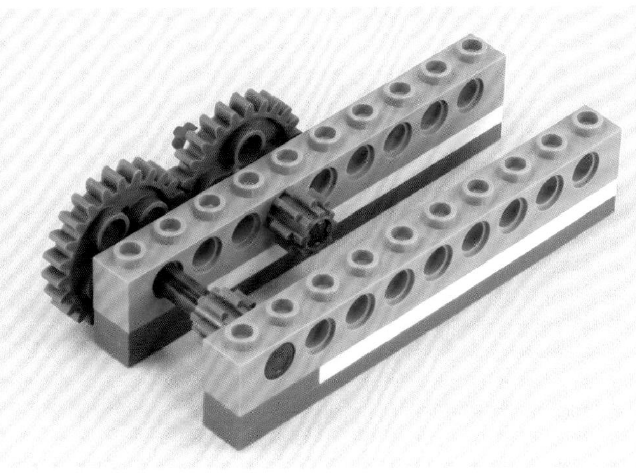

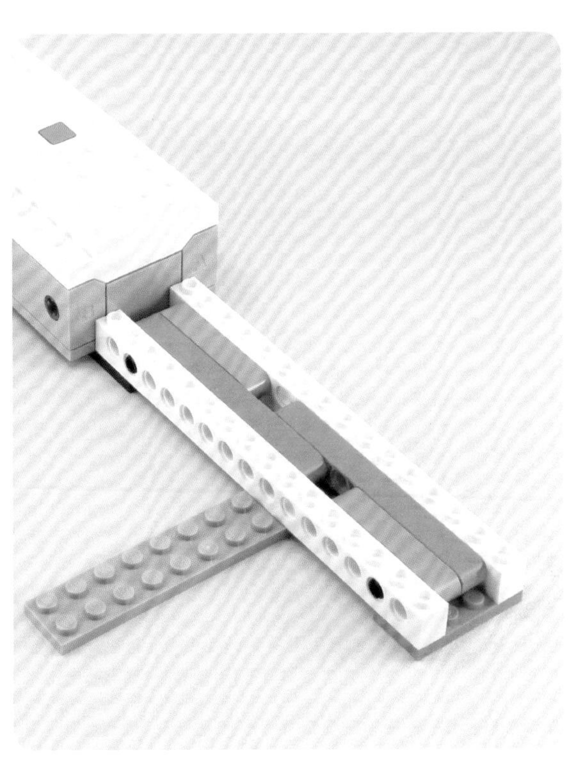

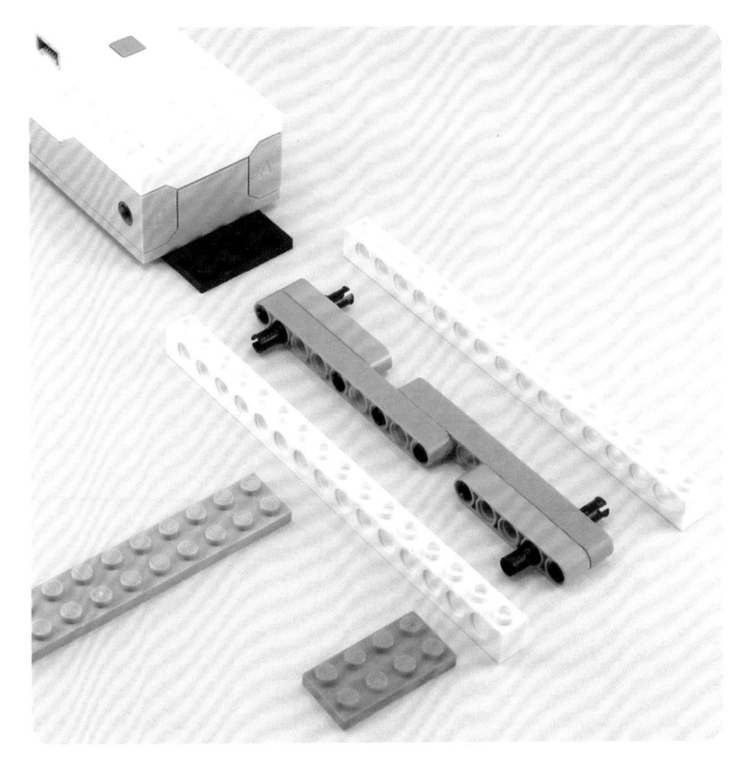

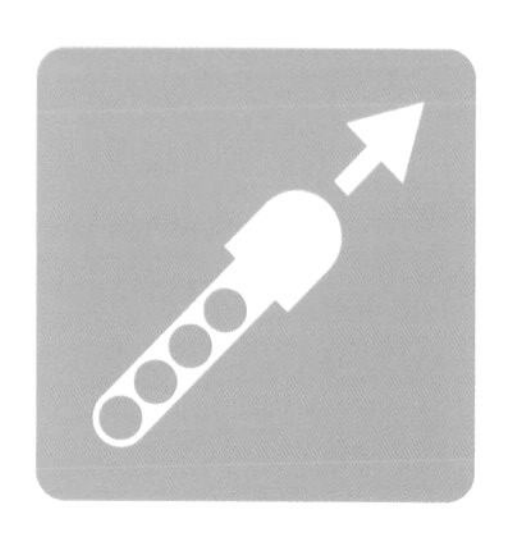

發射火箭

#76

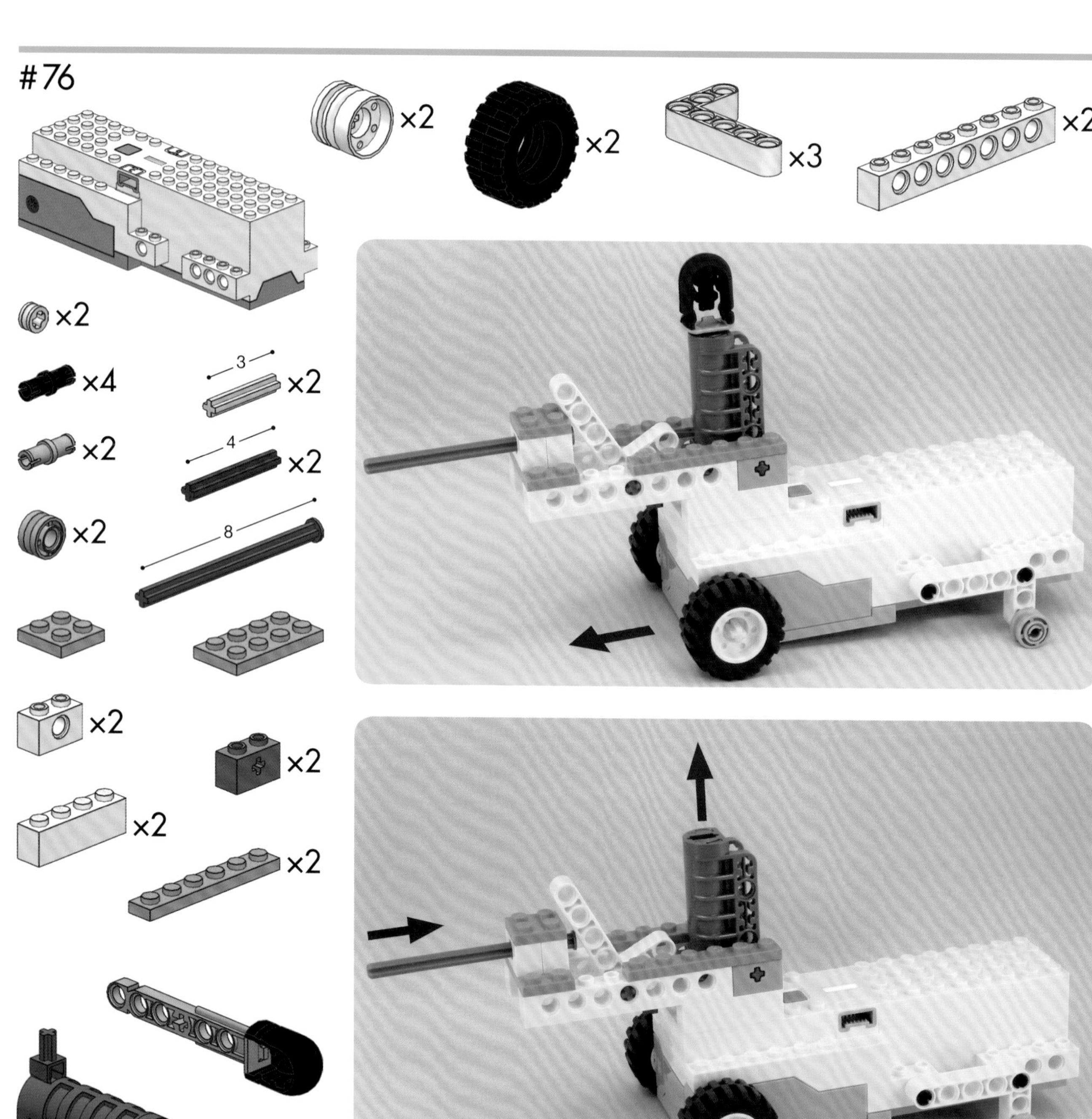

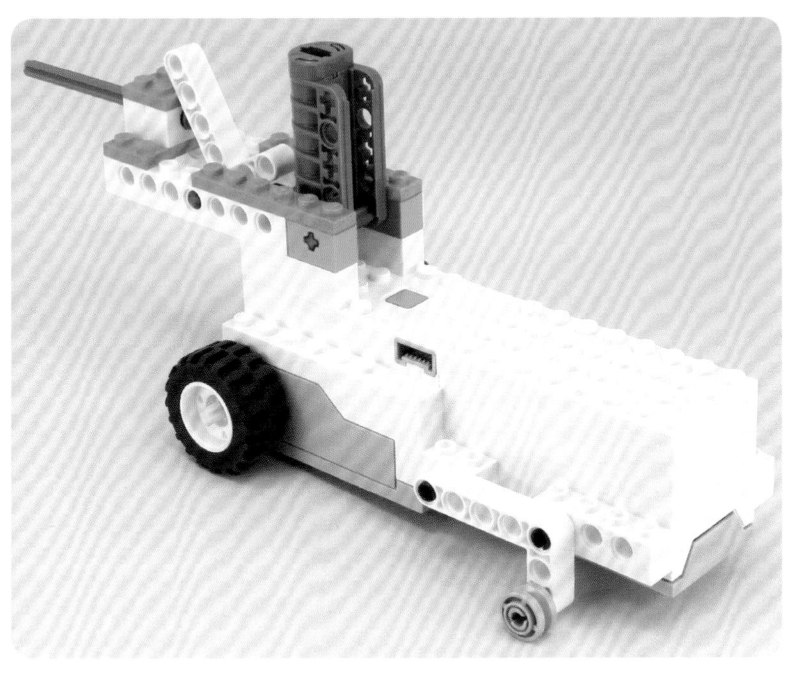

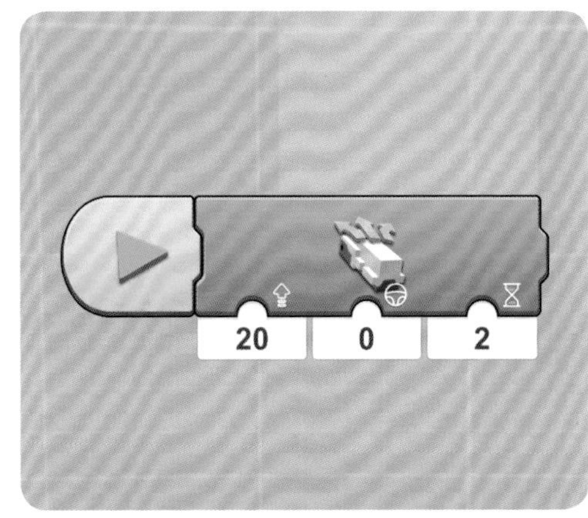
20
0
2

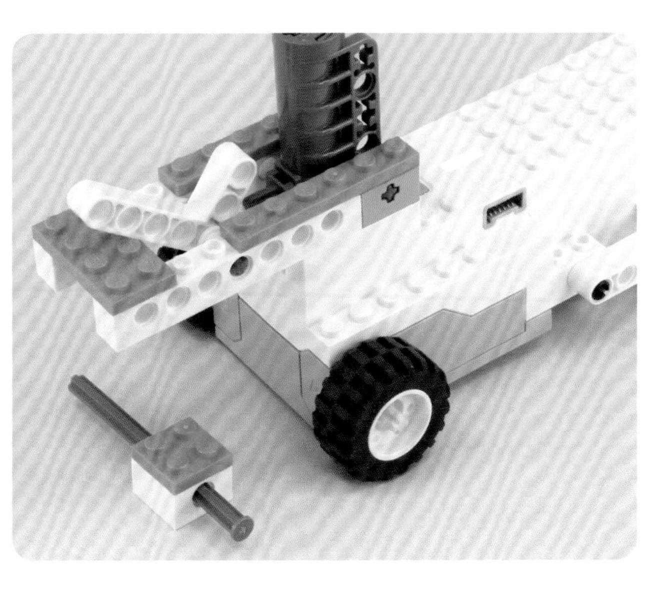

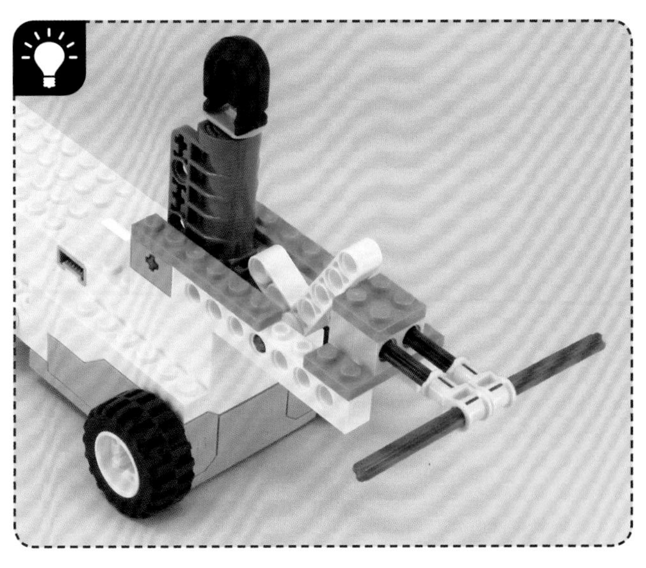

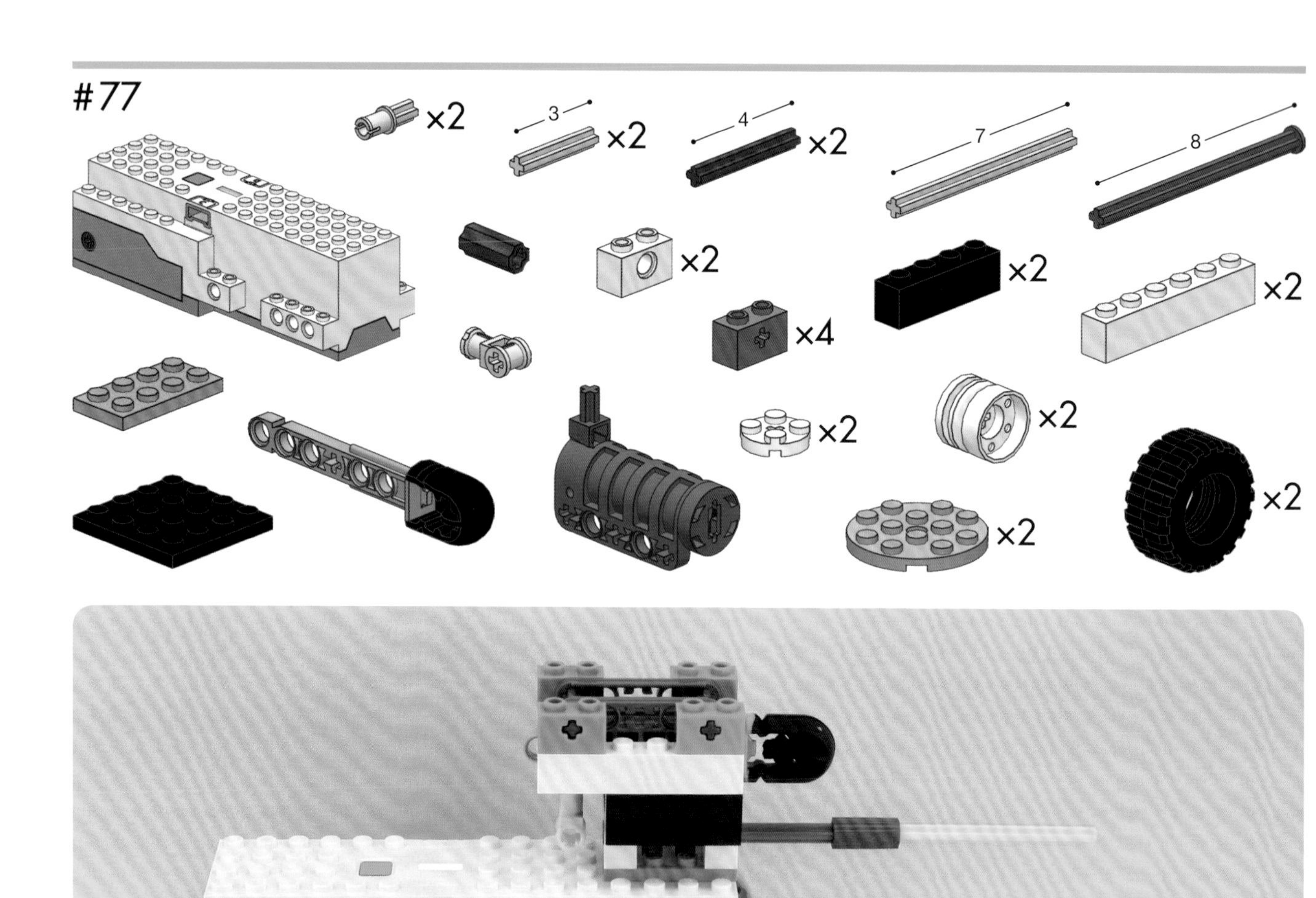
#77
×2
3
×2
4
×2
7
8
×2
×2
×2
×4
×2
×2
×2
×2
×2
×2

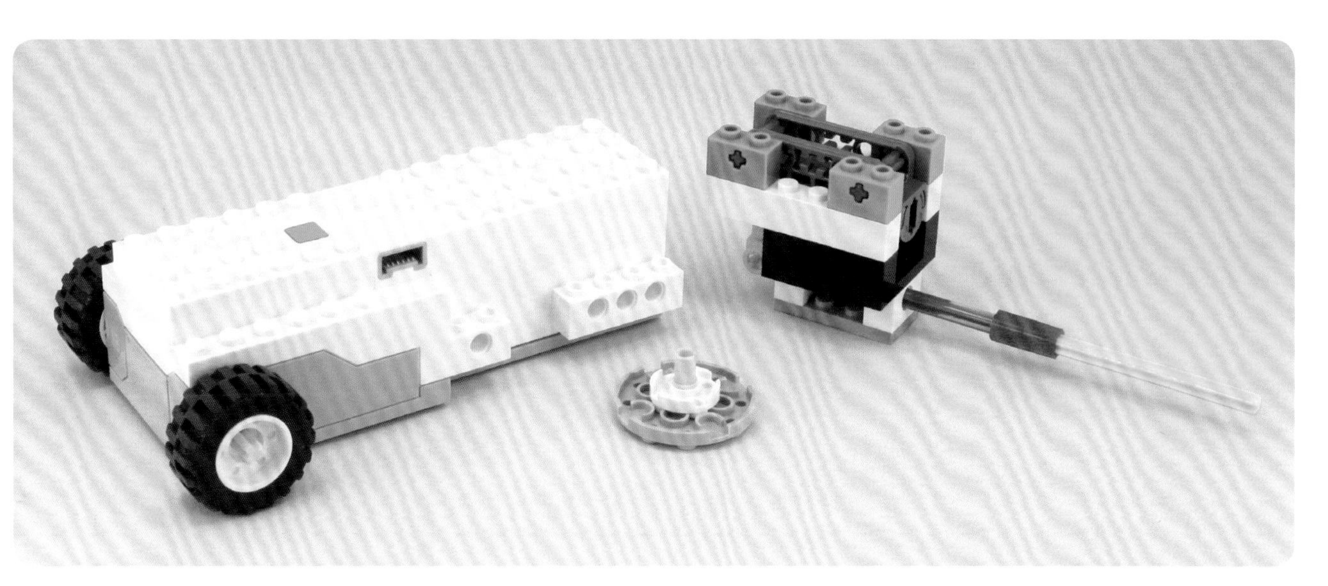

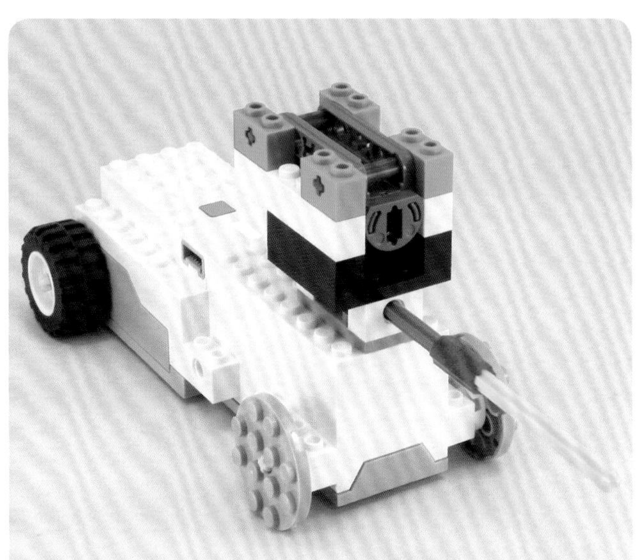

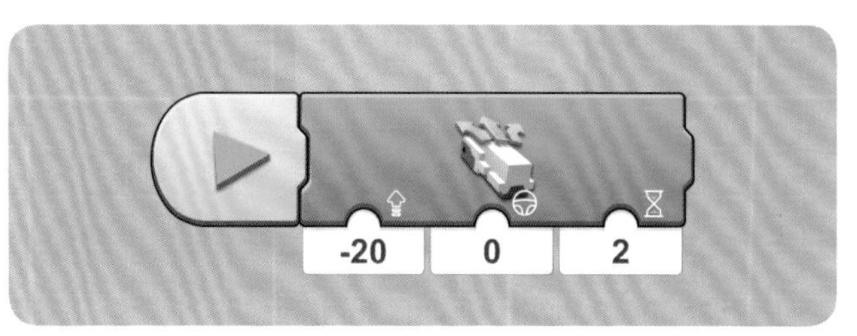
-20
0
2

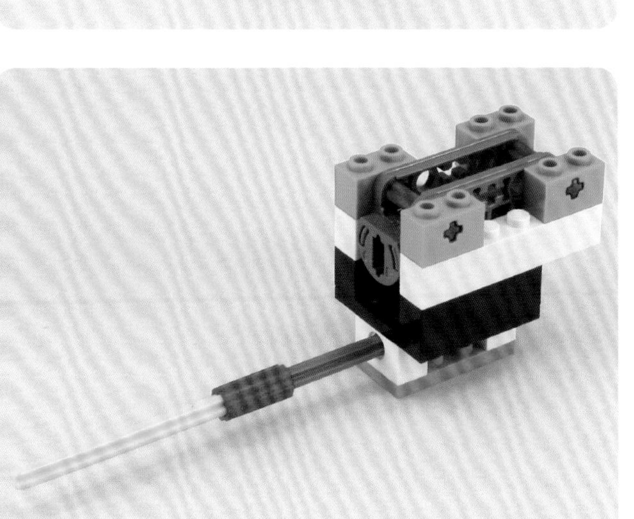

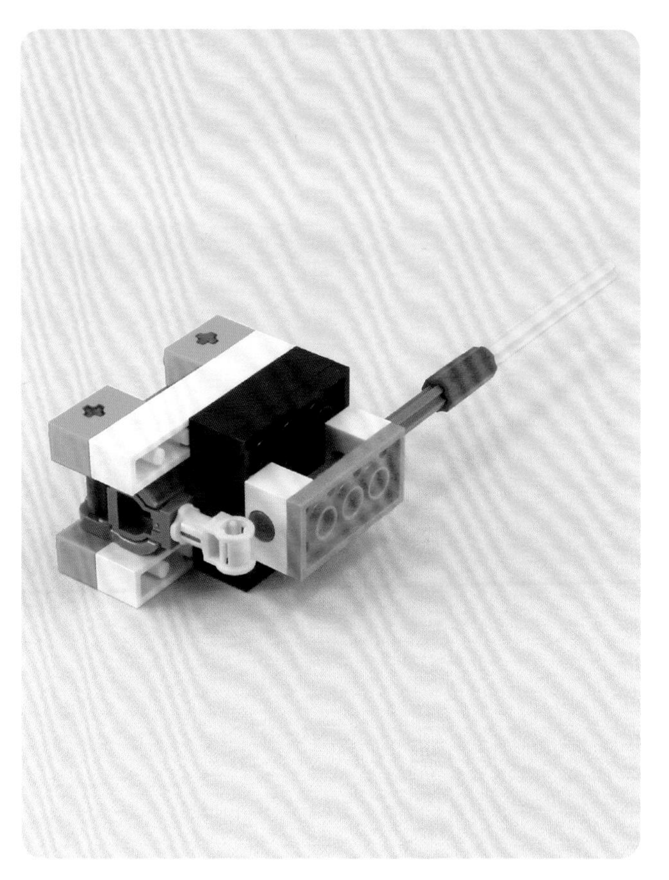

拿筆畫畫

任何您喜歡的筆都可以喔。

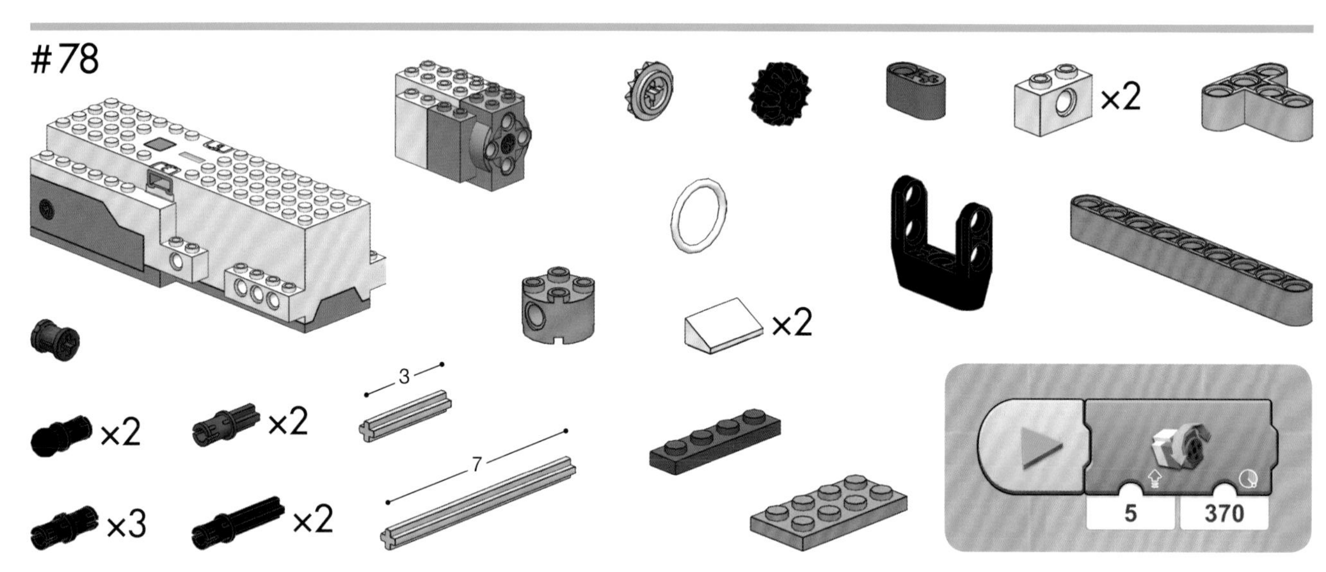

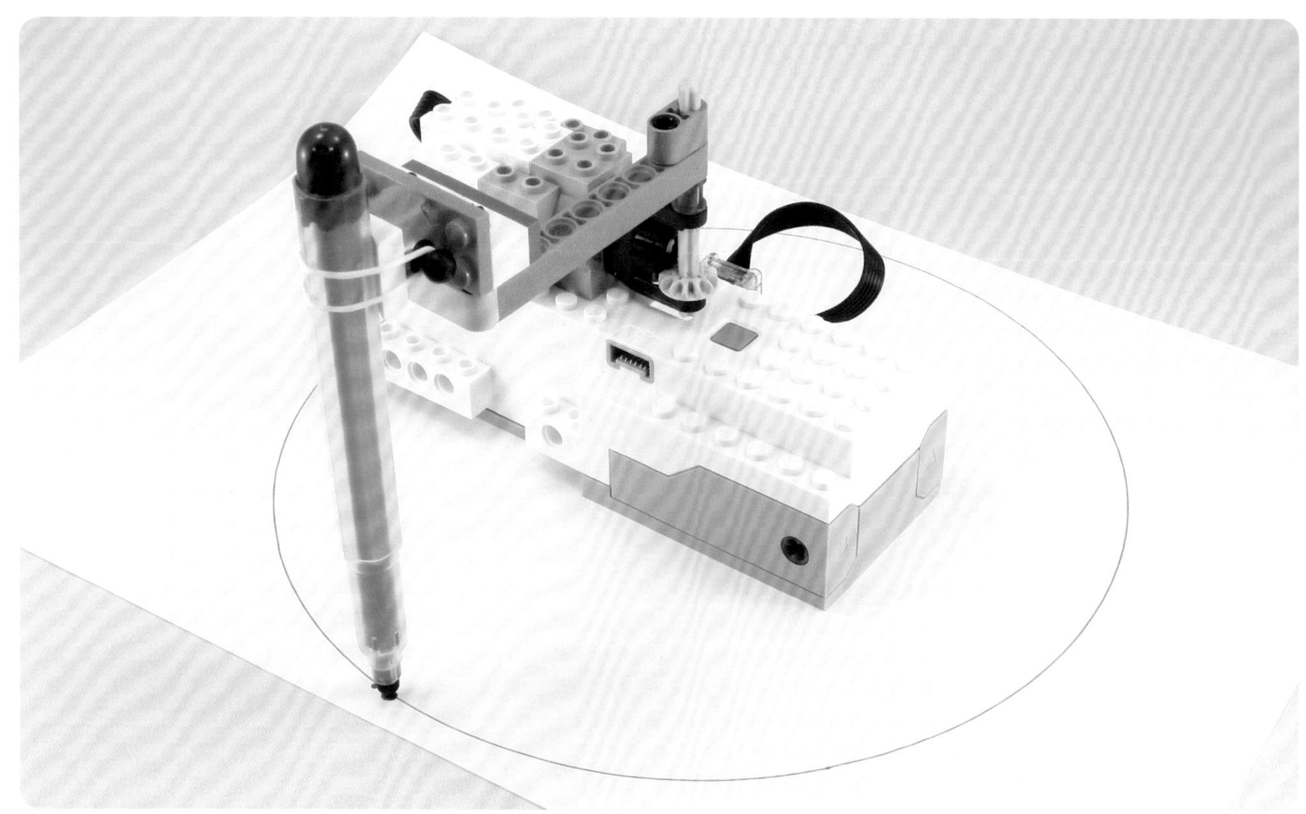

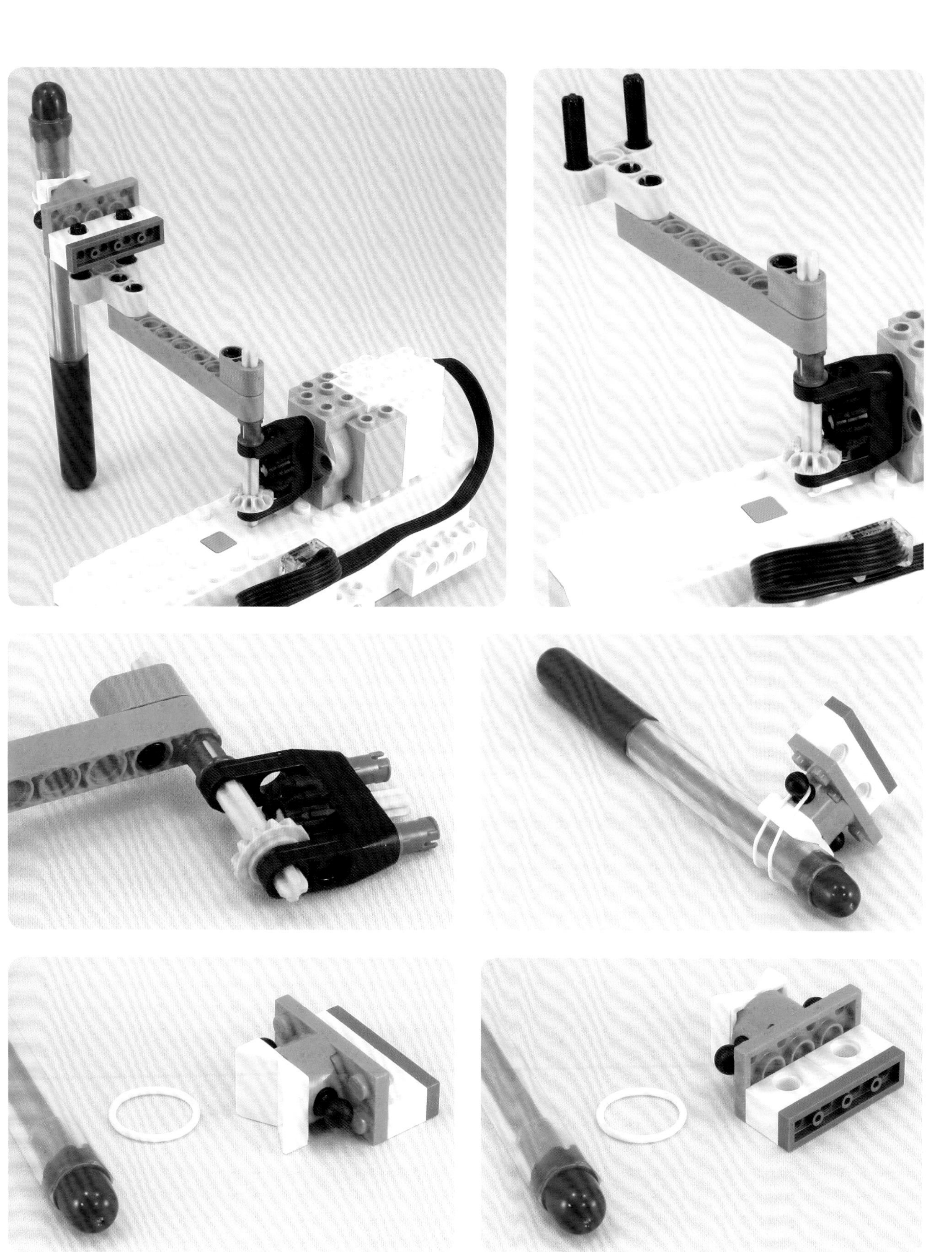

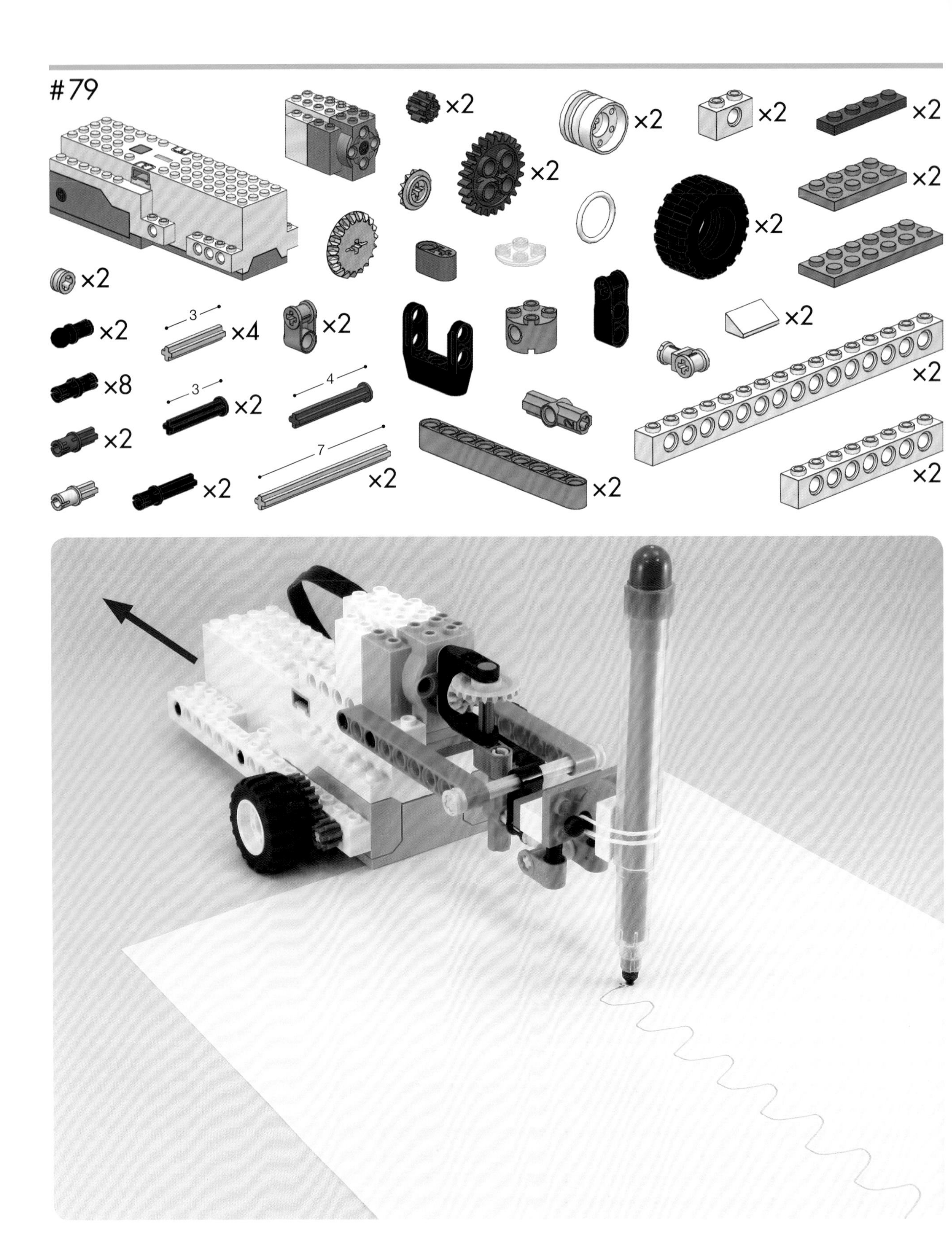
#79
×2
×2
×2
×2
×2
×2
×2
×2
×2
3
×4
×2
×2
×8
3
×2
4
×2
×2
7
×2
×2
×2
×2
×2
×2

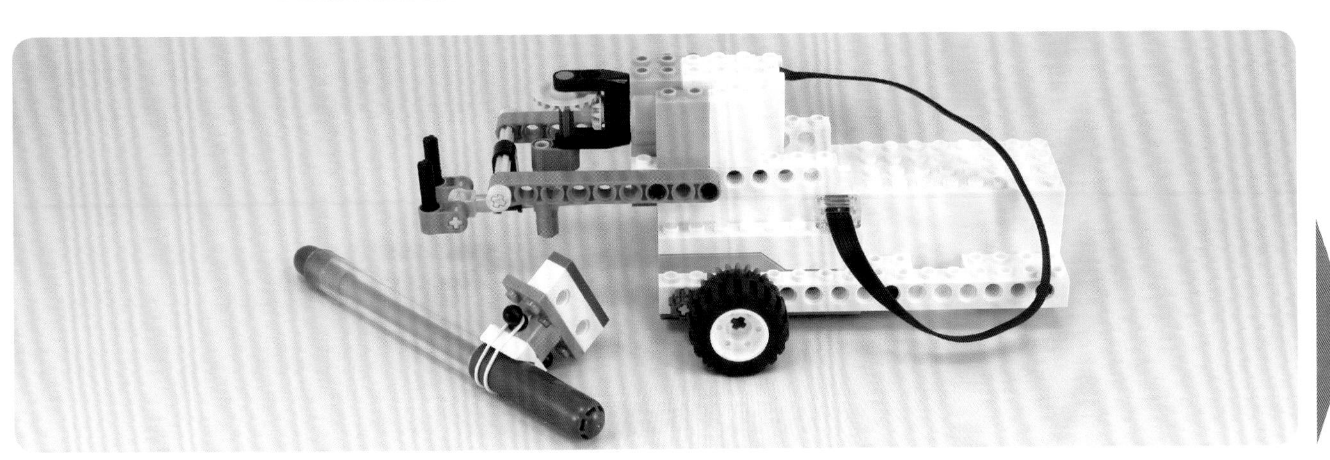

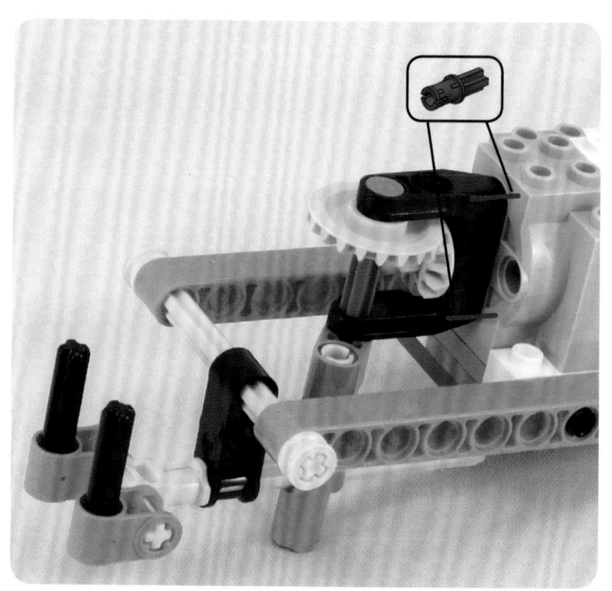

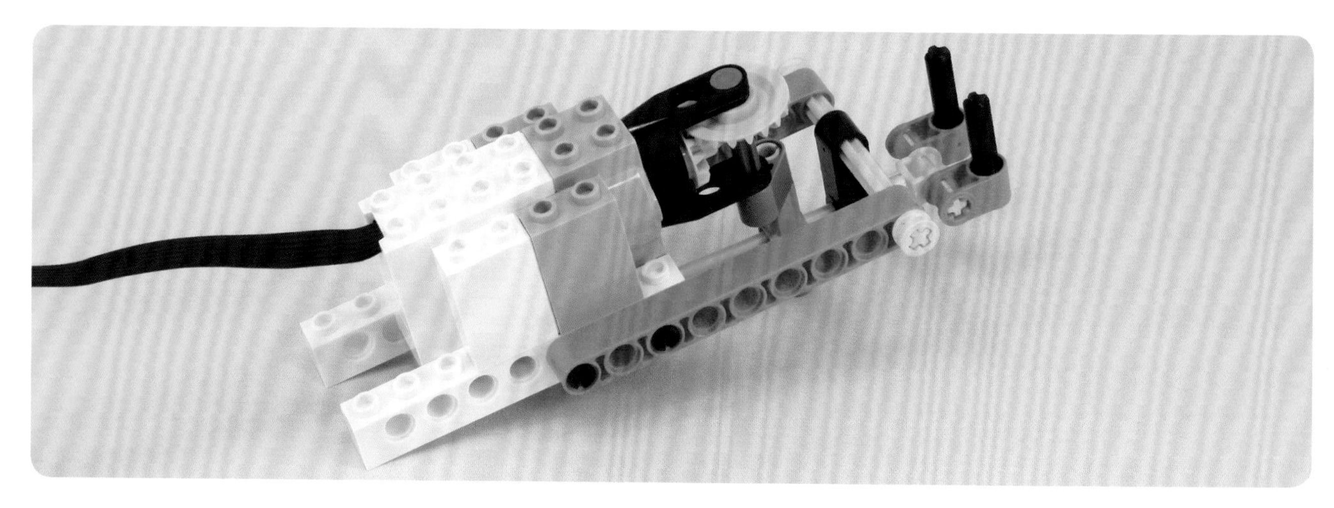

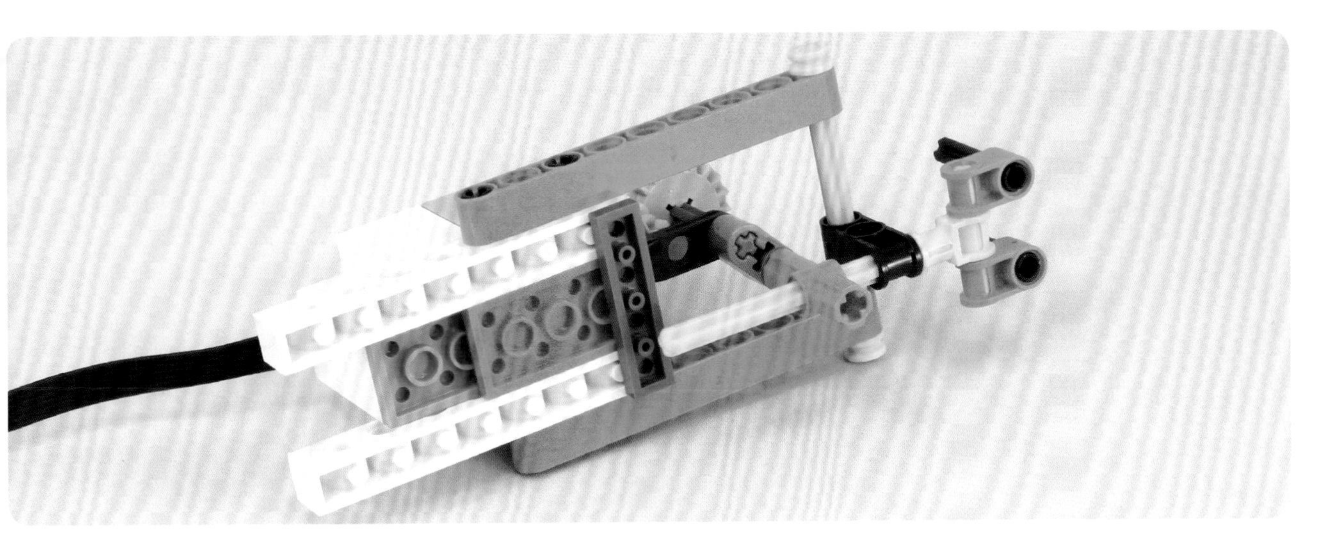

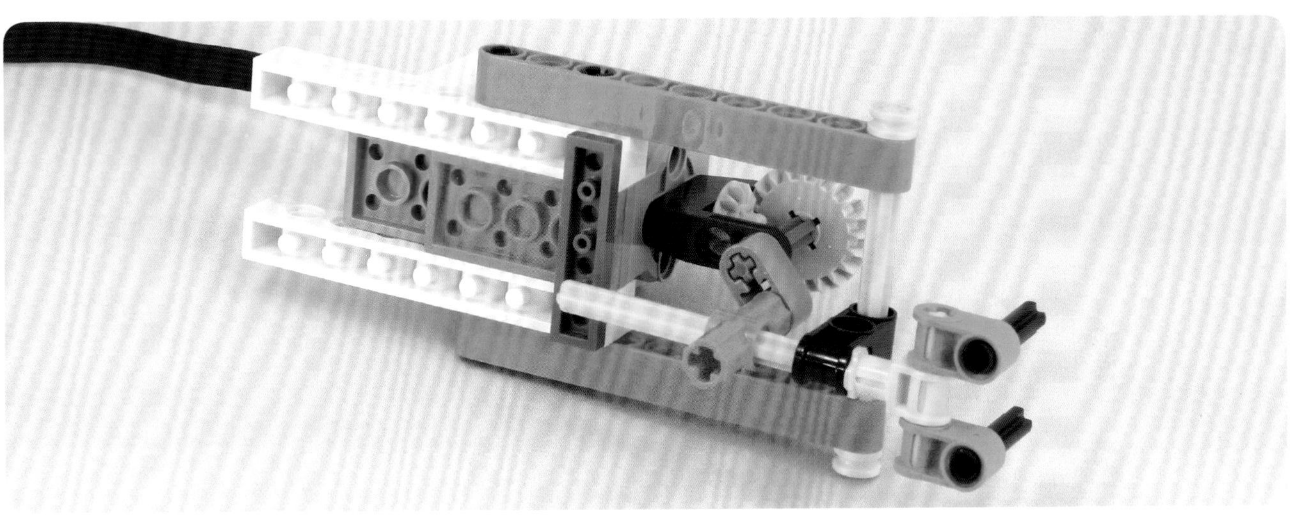

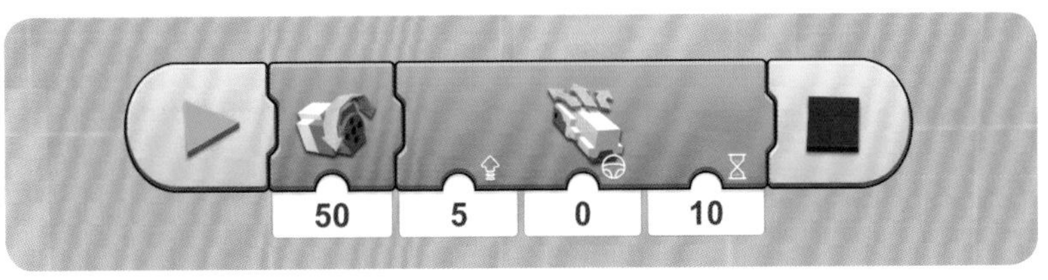
50
5
0
10

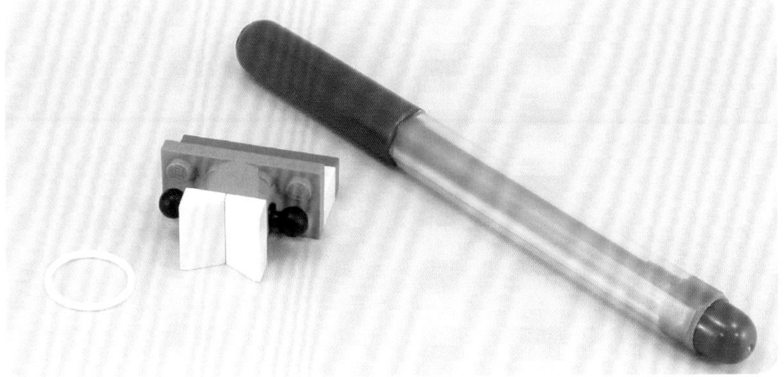

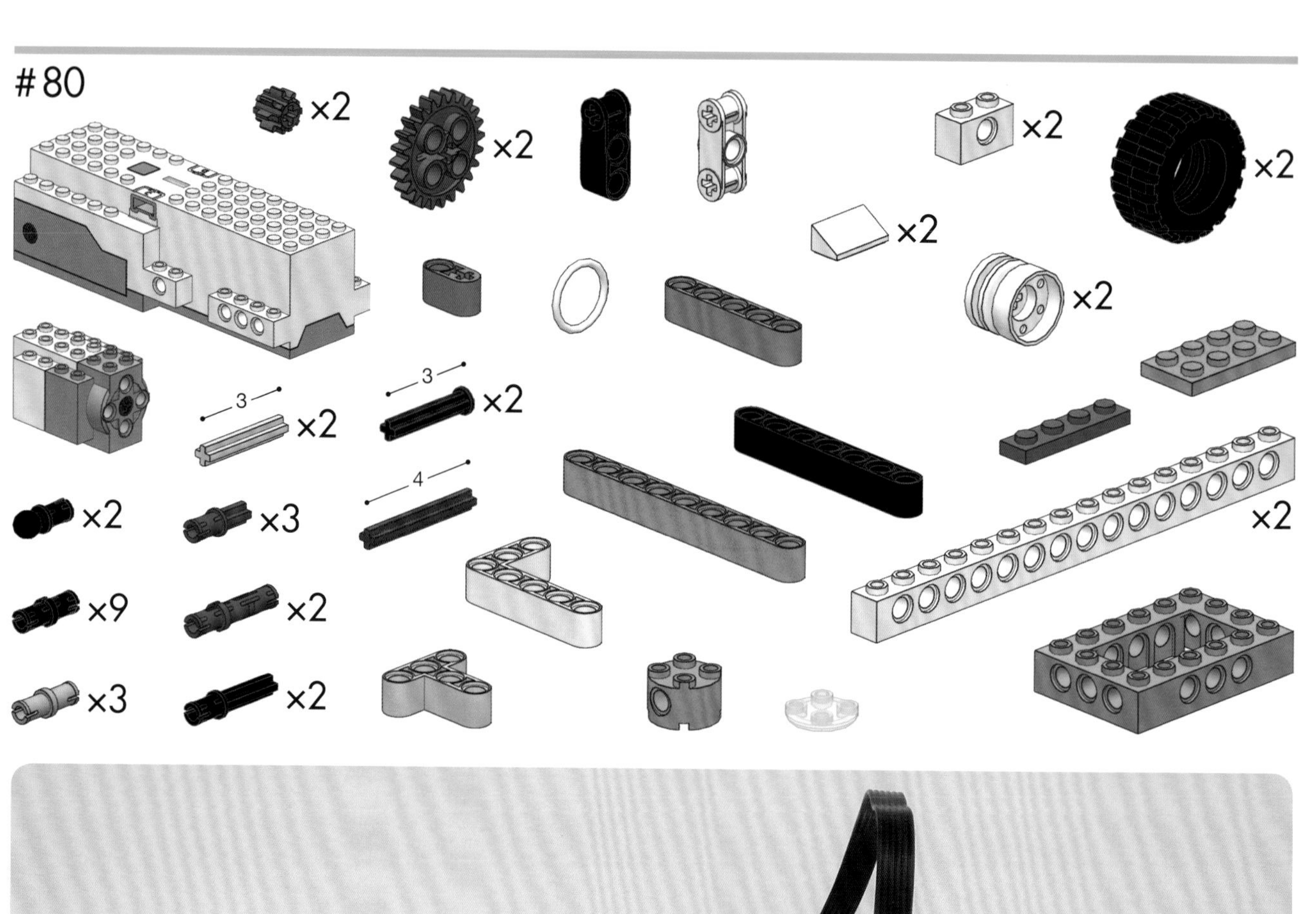
#80
×2
×2
×2
×2
×2
×2
×2
3
×2
3
×2
×2
×3
4
×2
×9
×2
×3
×2

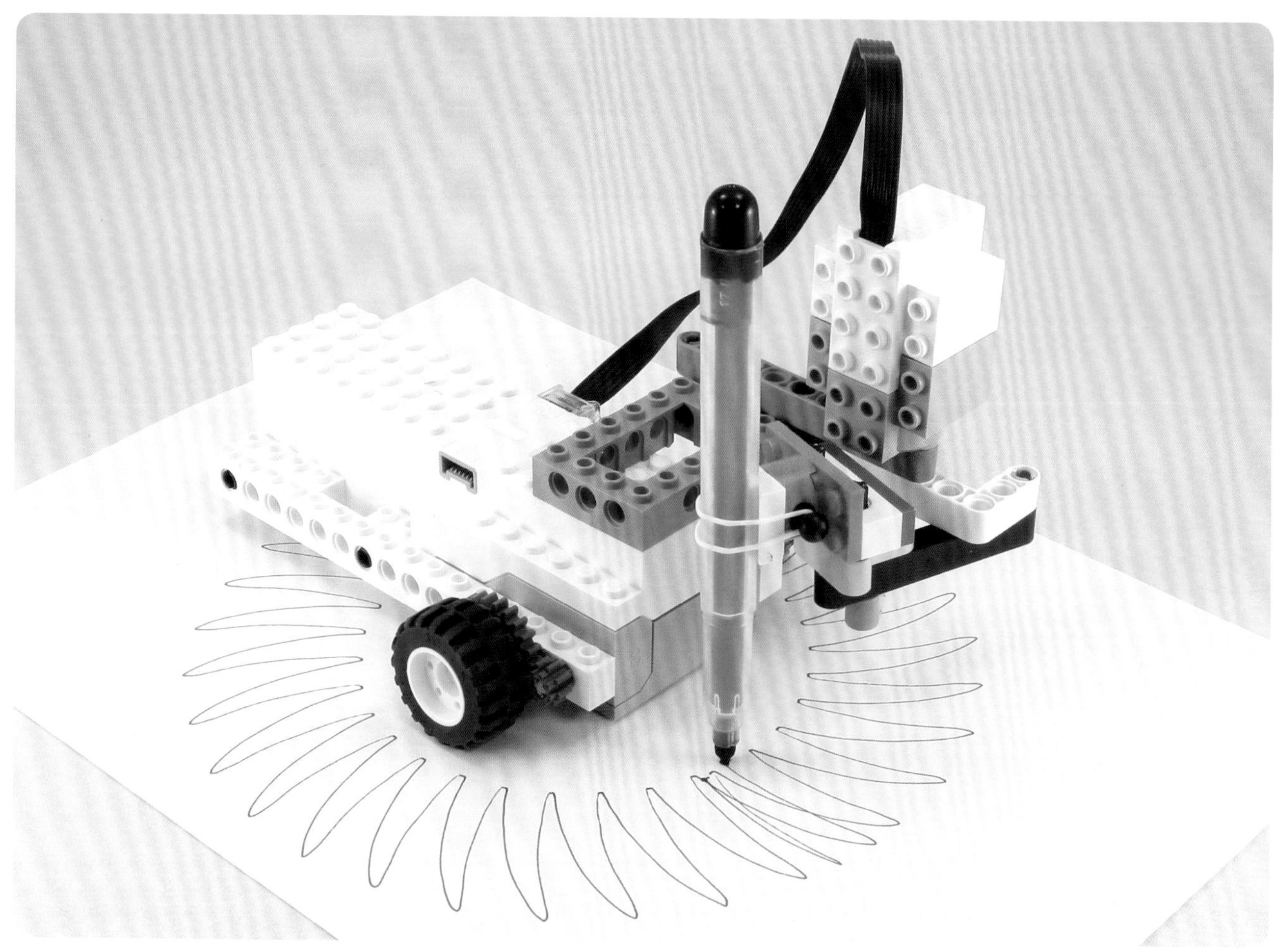

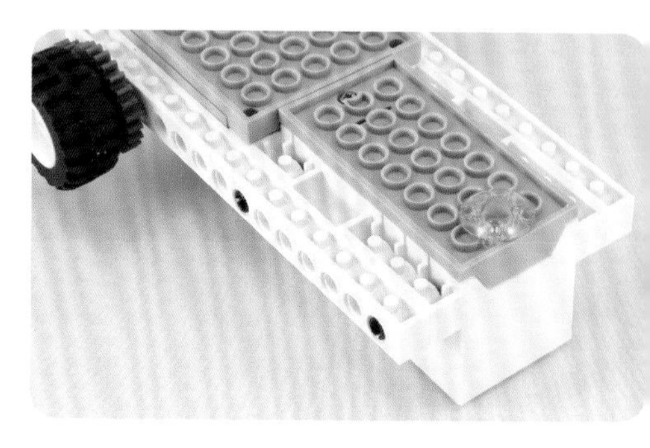

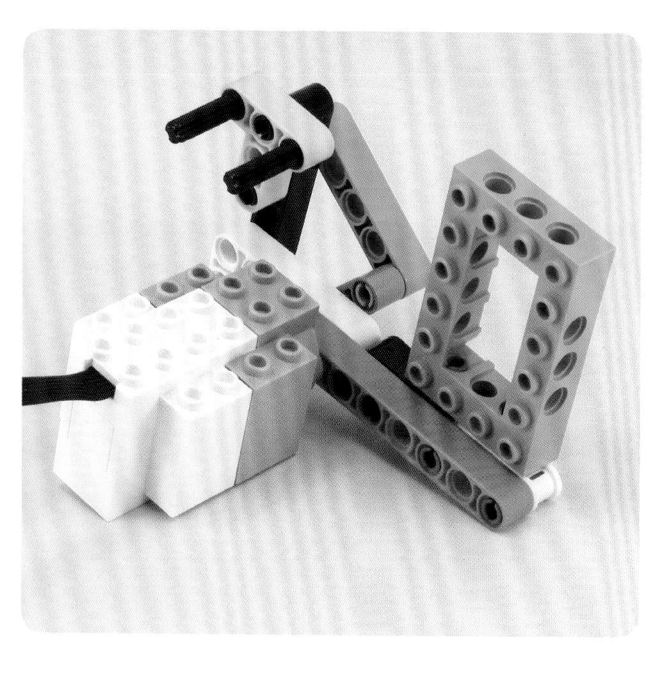

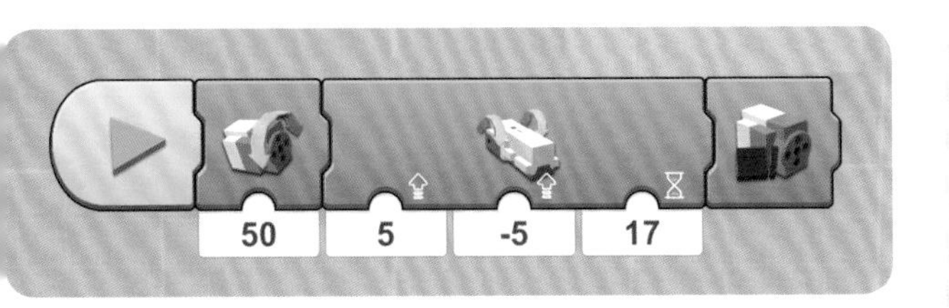
50
5
-5
17

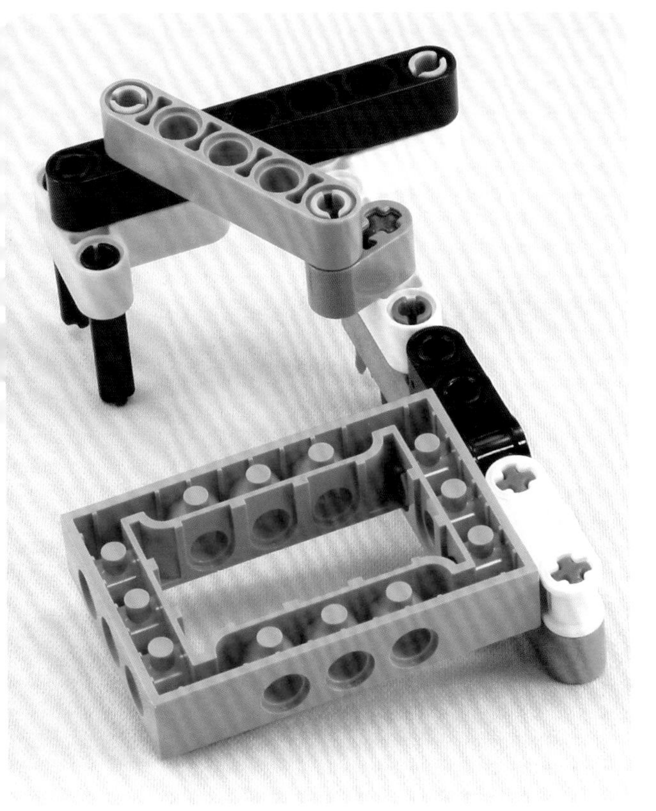

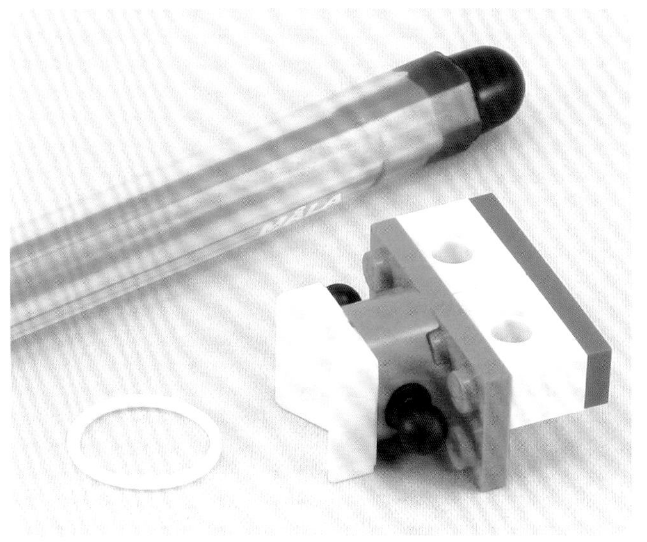

20
5
-5
17

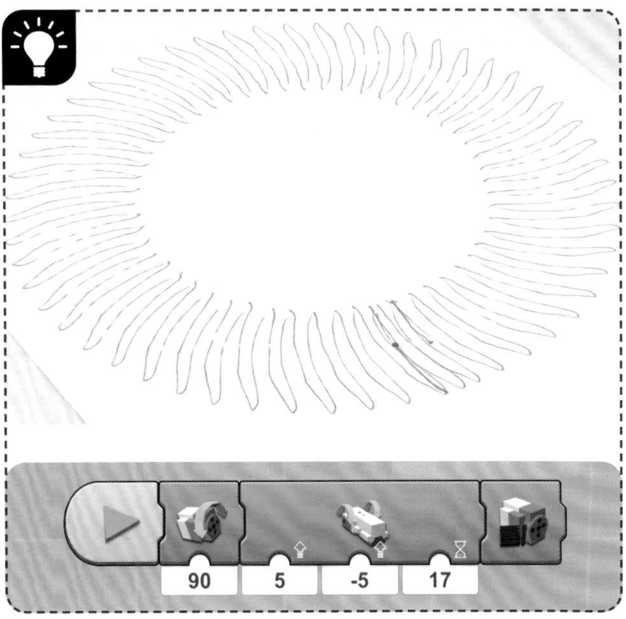
90
5
-5
17

#81

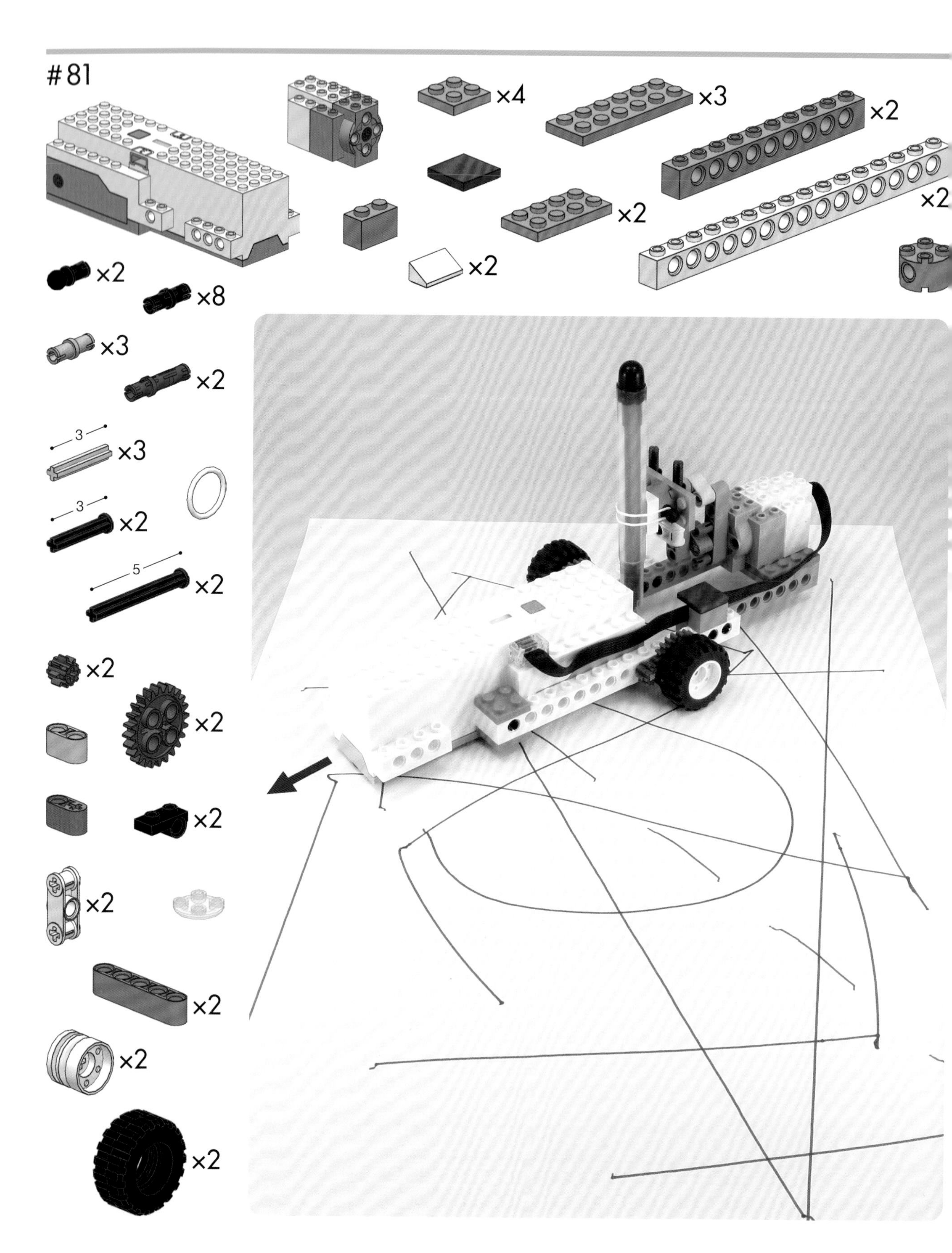

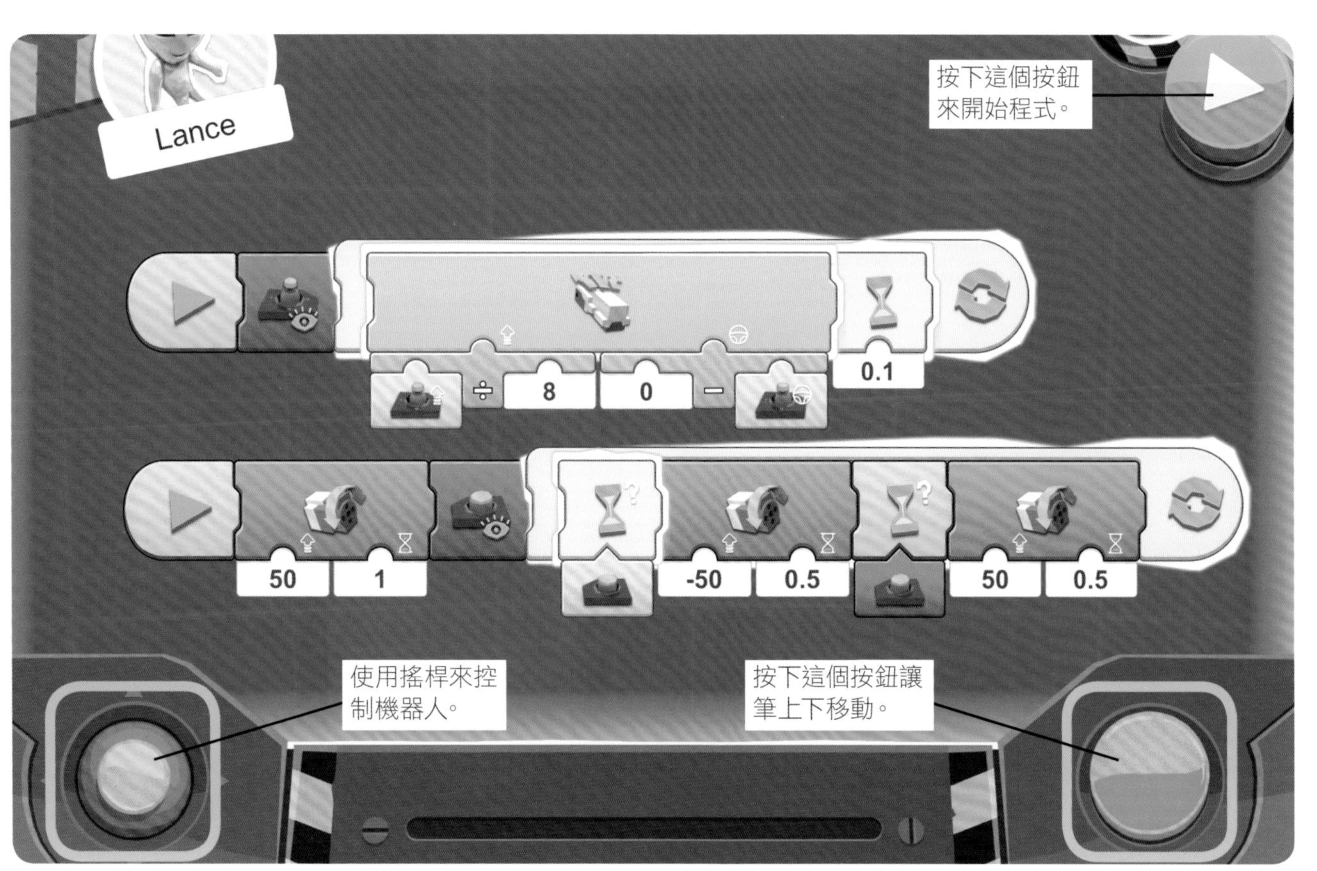
Lance
按下這個按鈕
來開始程式。
8
0
0.1
50
1
-50
0.5
50
0.5
使用搖桿來控
制機器人。
按下這個按鈕讓
筆上下移動。

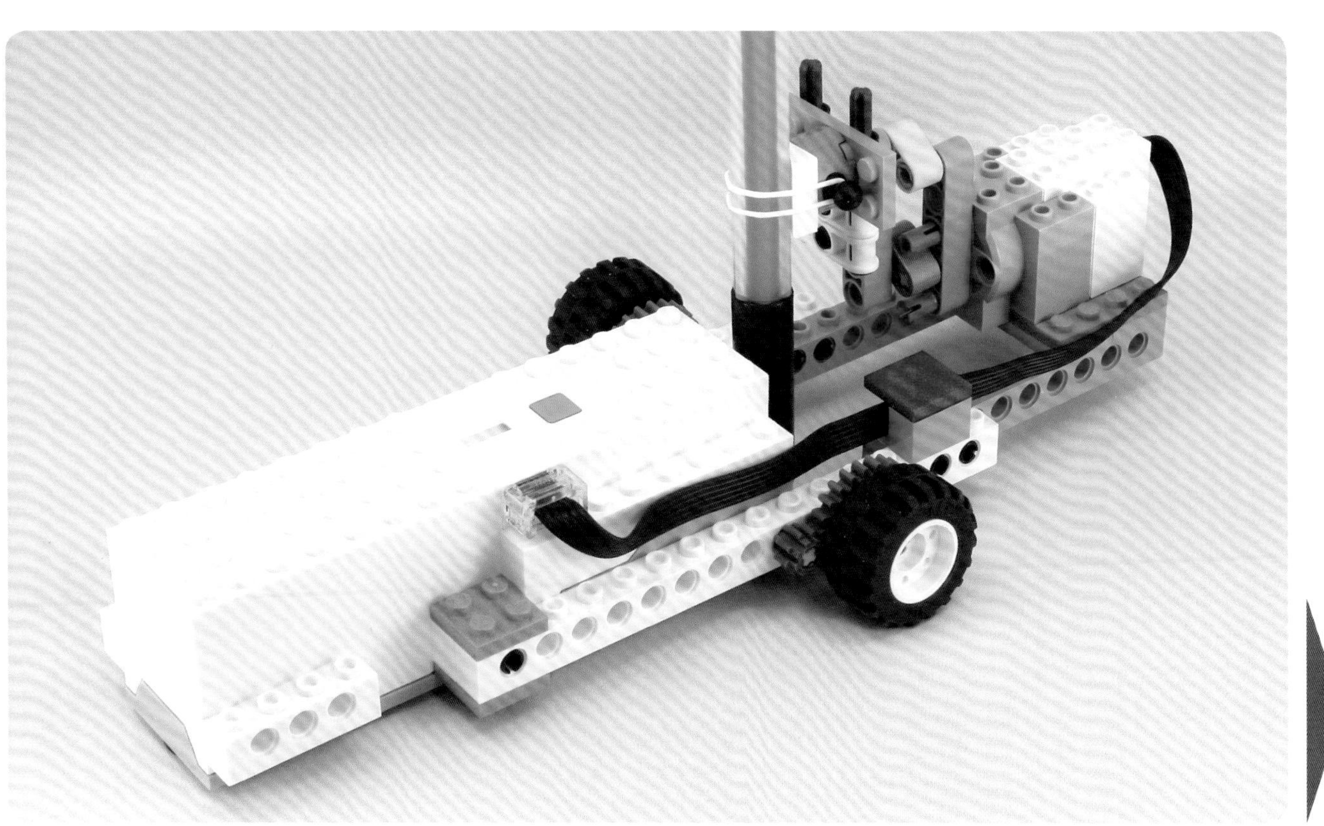

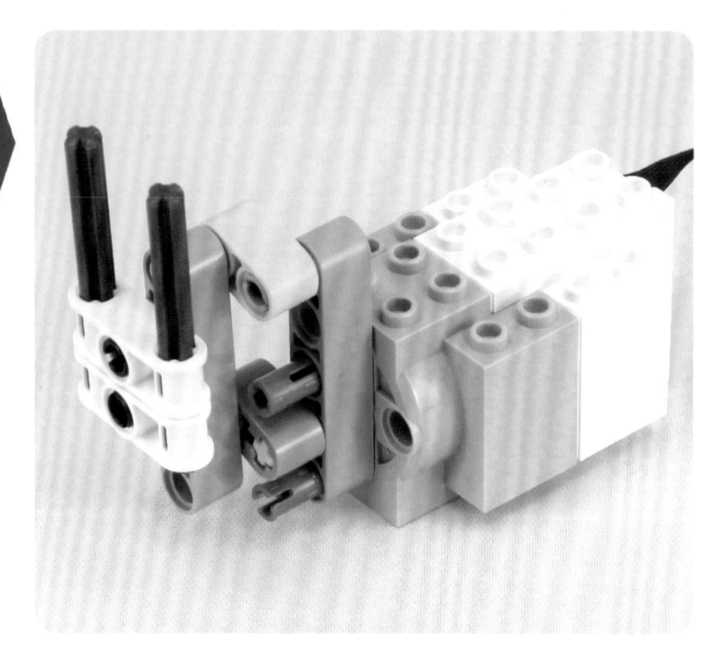

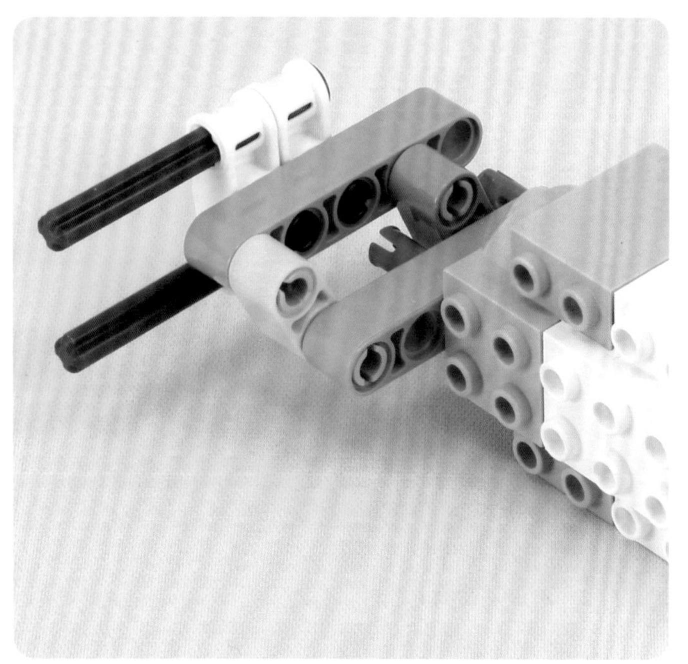

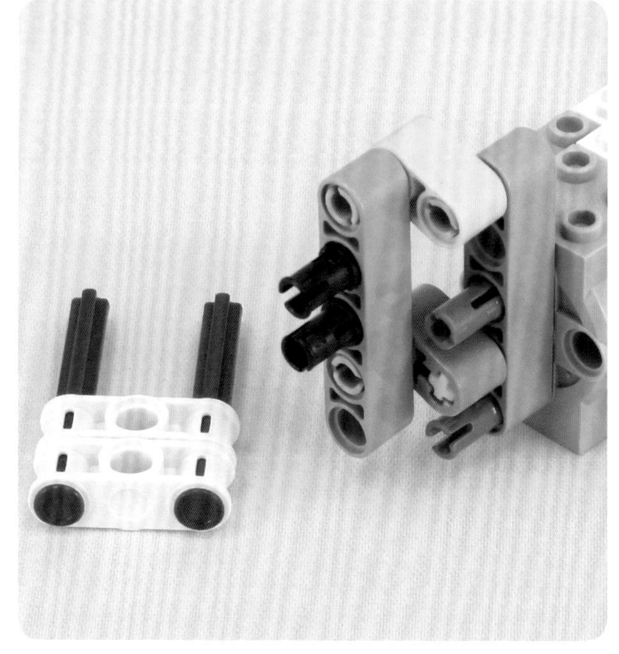

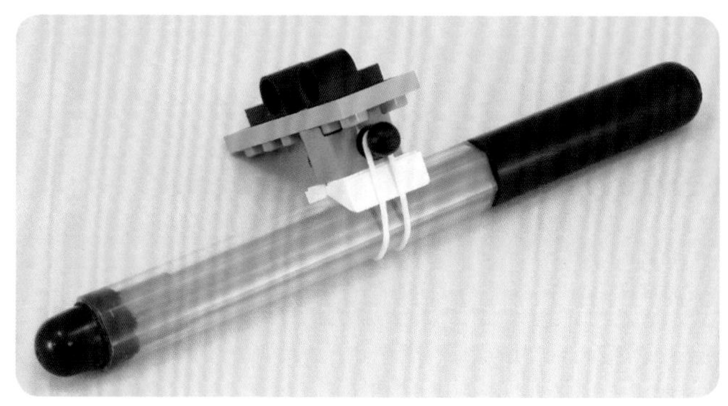

調整筆的位置，讓筆尖在夾子上移時不會碰到紙面，但在夾子下移時要能確實碰到紙面。

#82

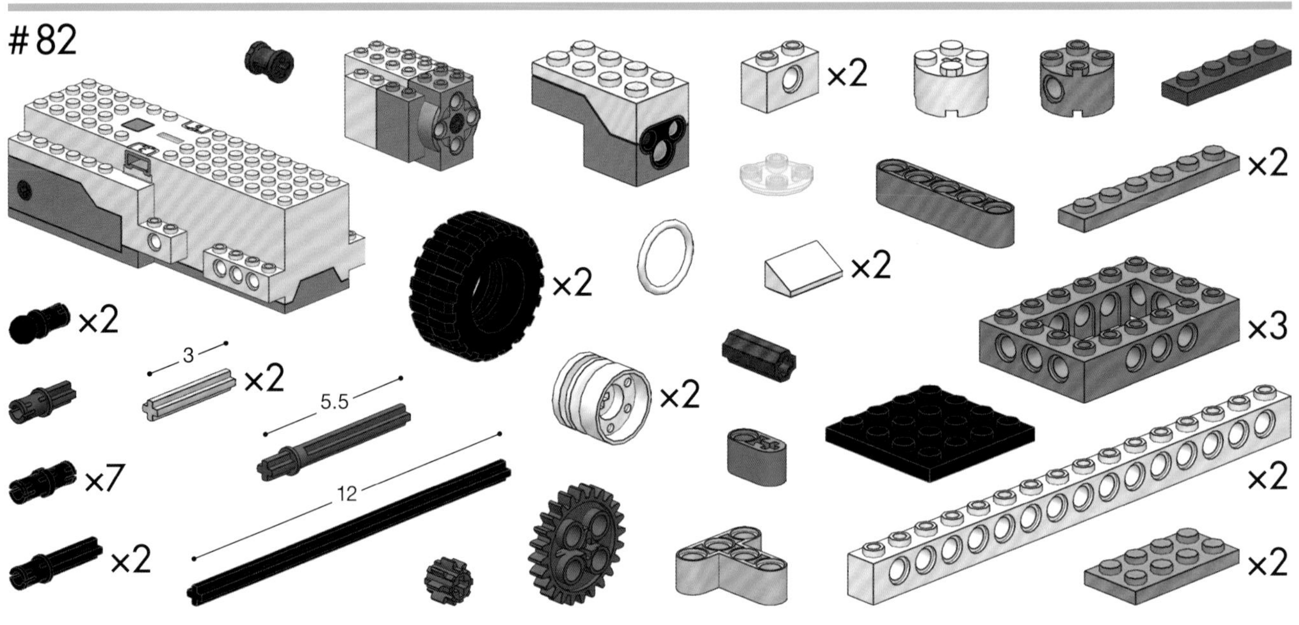

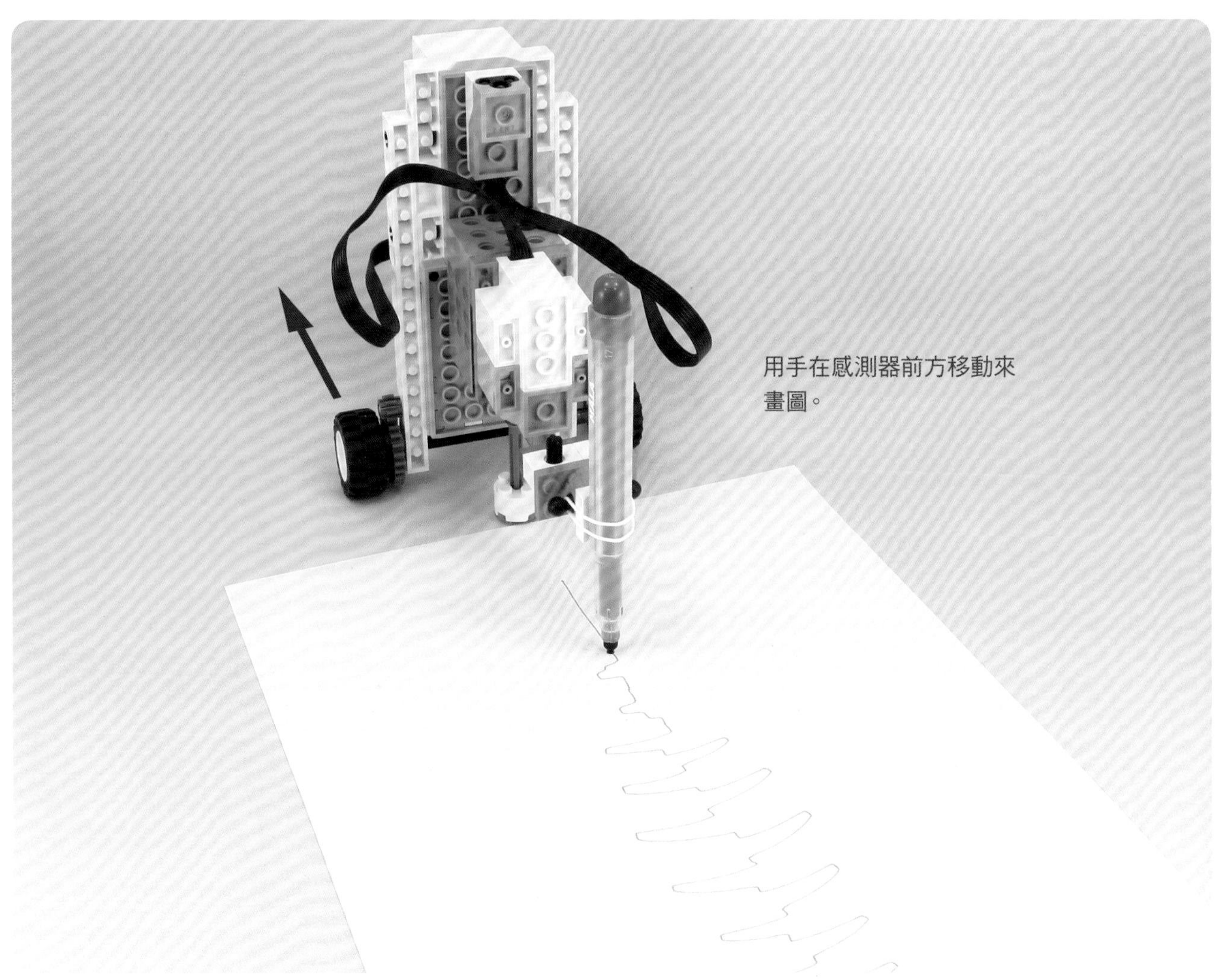
用手在感測器前方移動來畫圖。

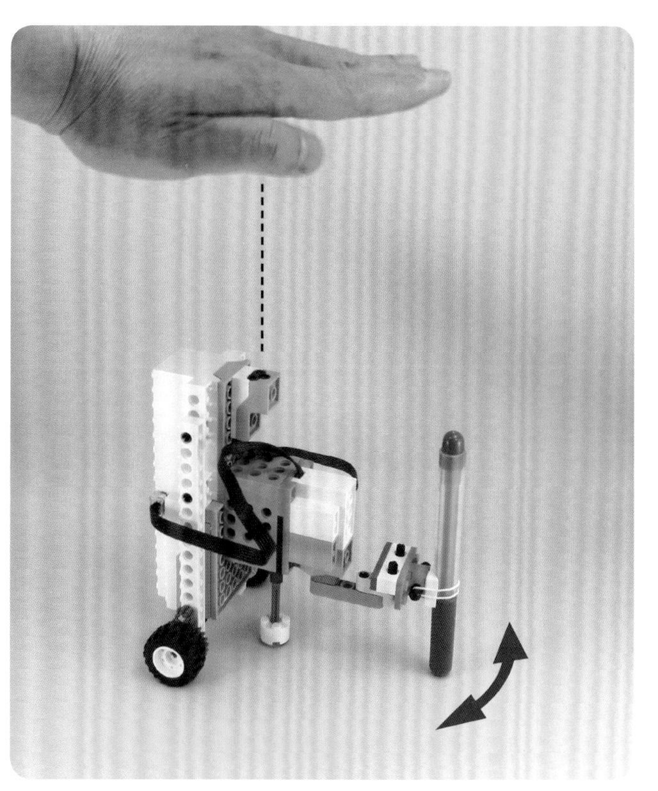
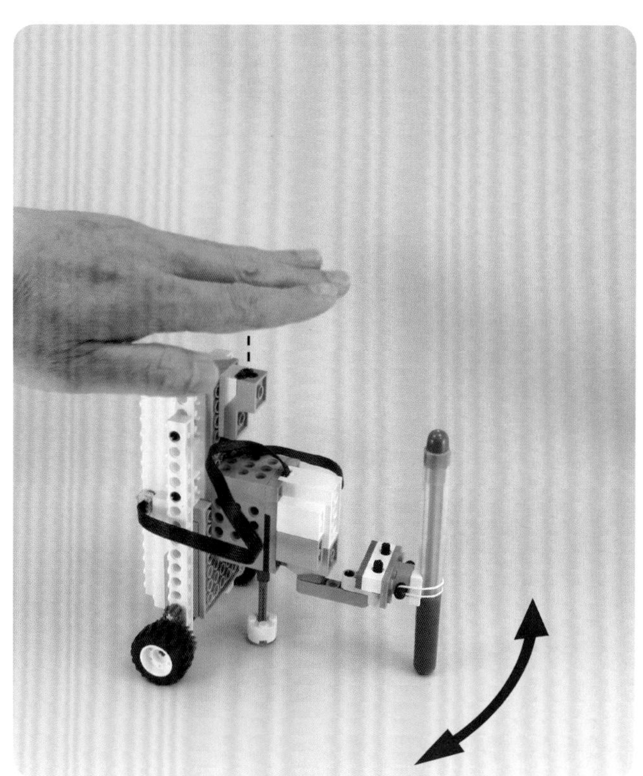

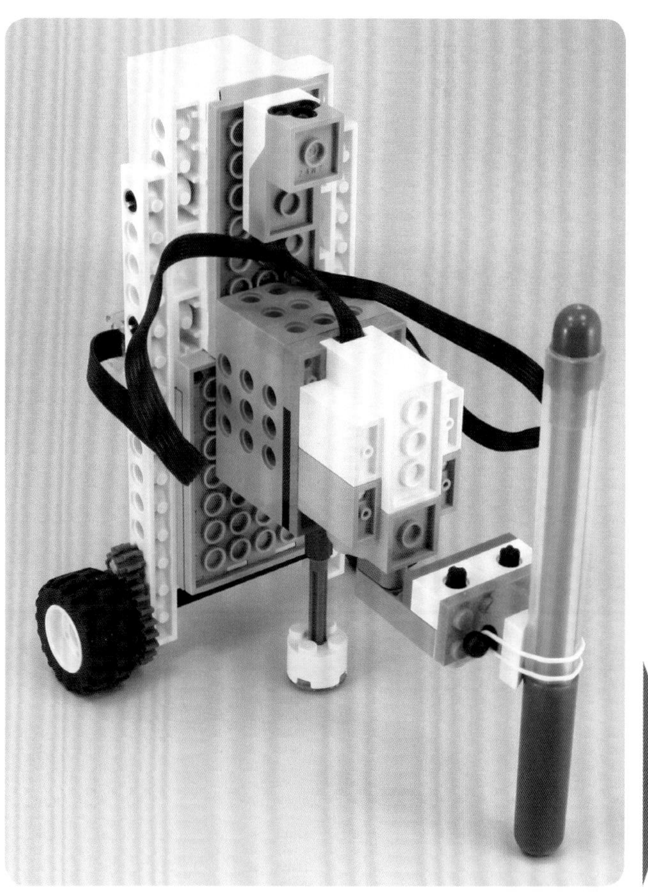

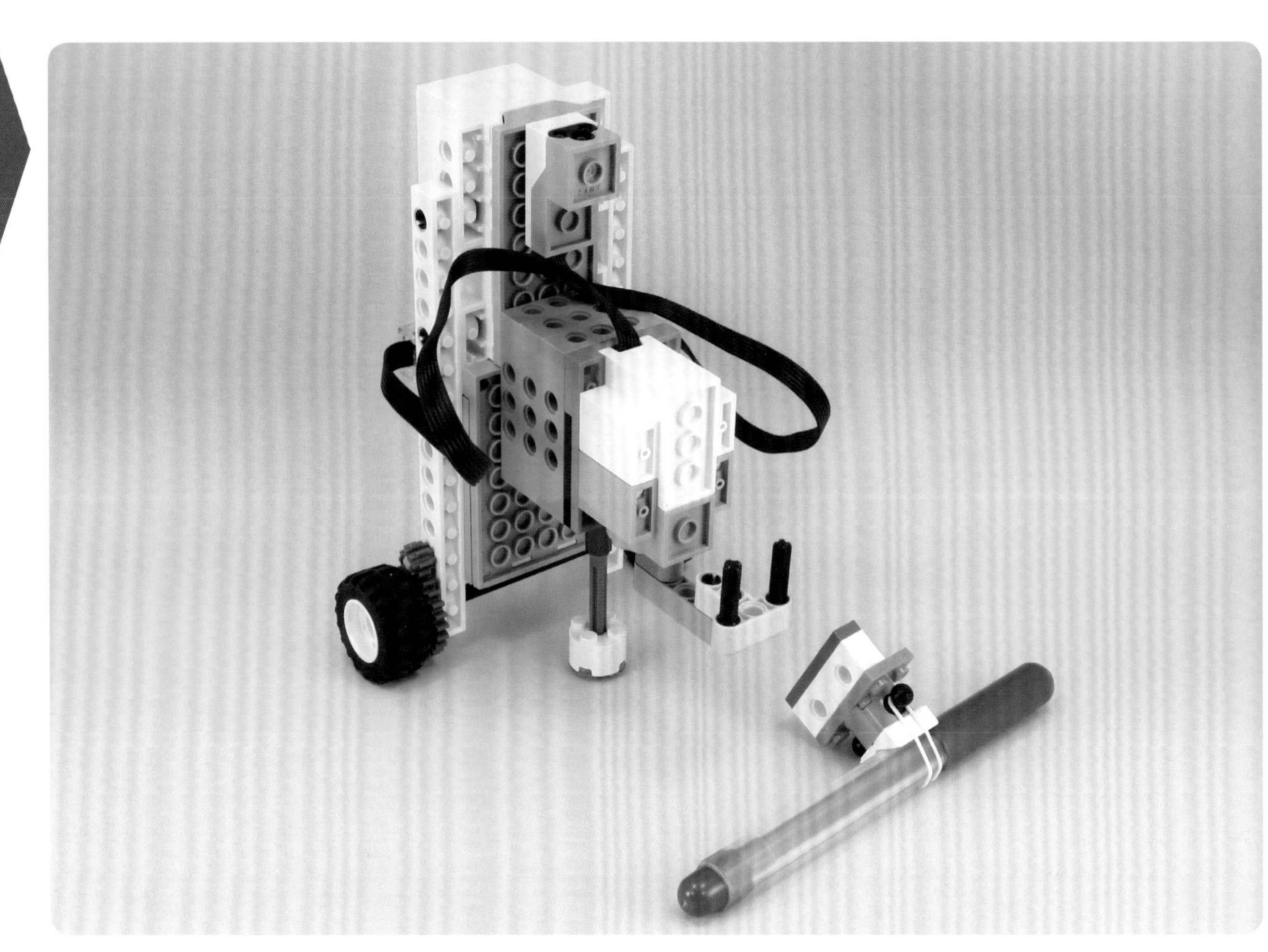

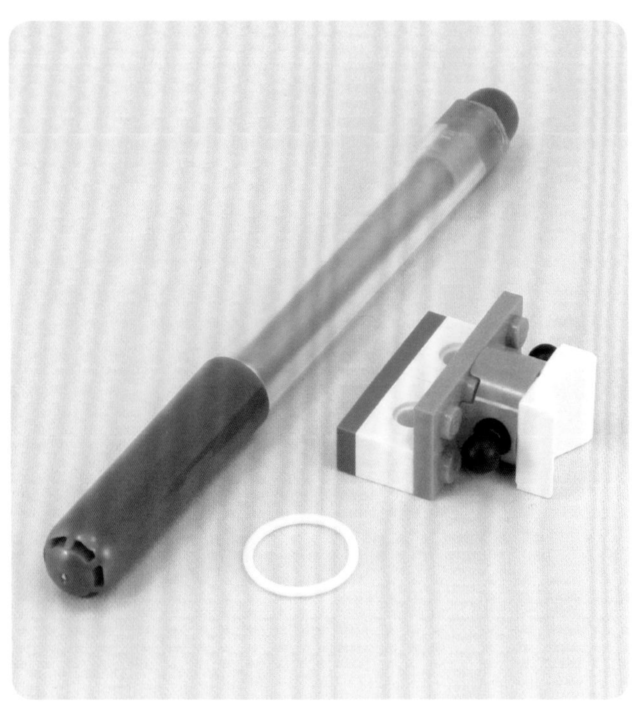

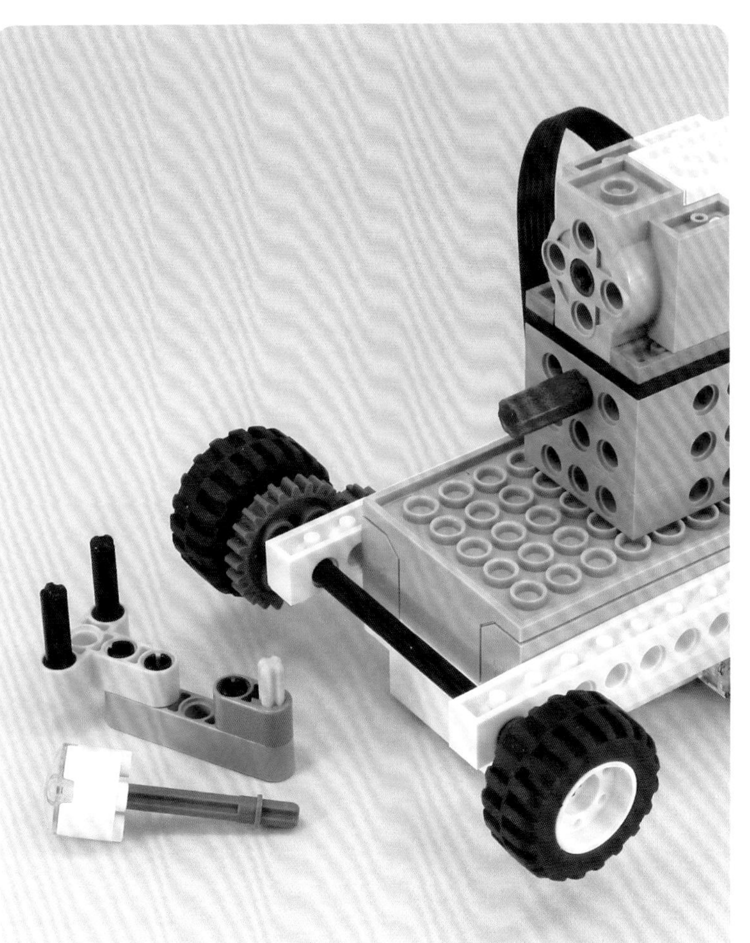

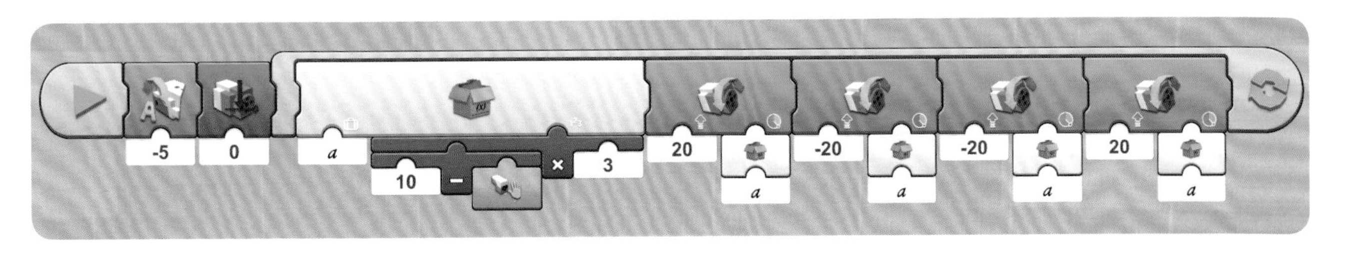
-5
0
a
10
×
3
20
a
-20
a
-20
a
20
a

轉盤

#83

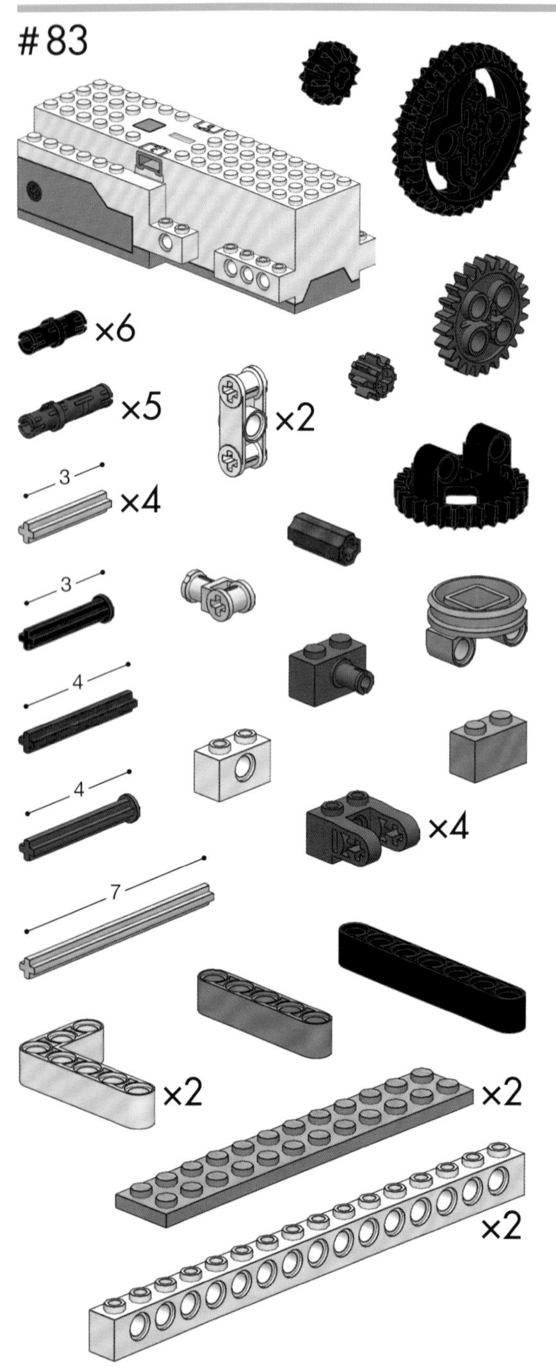

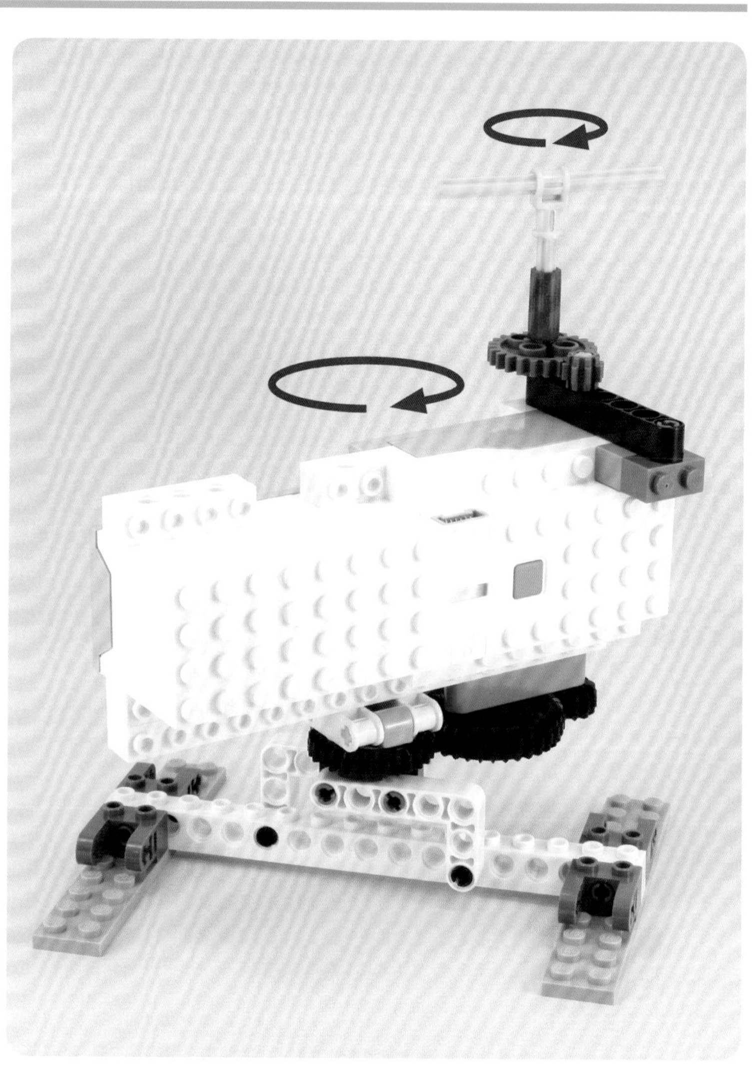

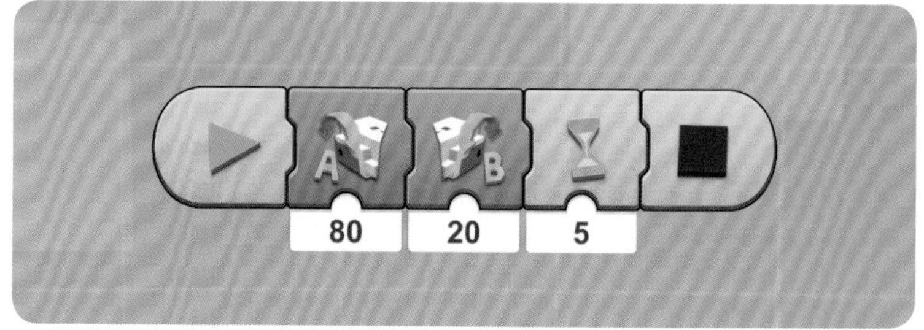

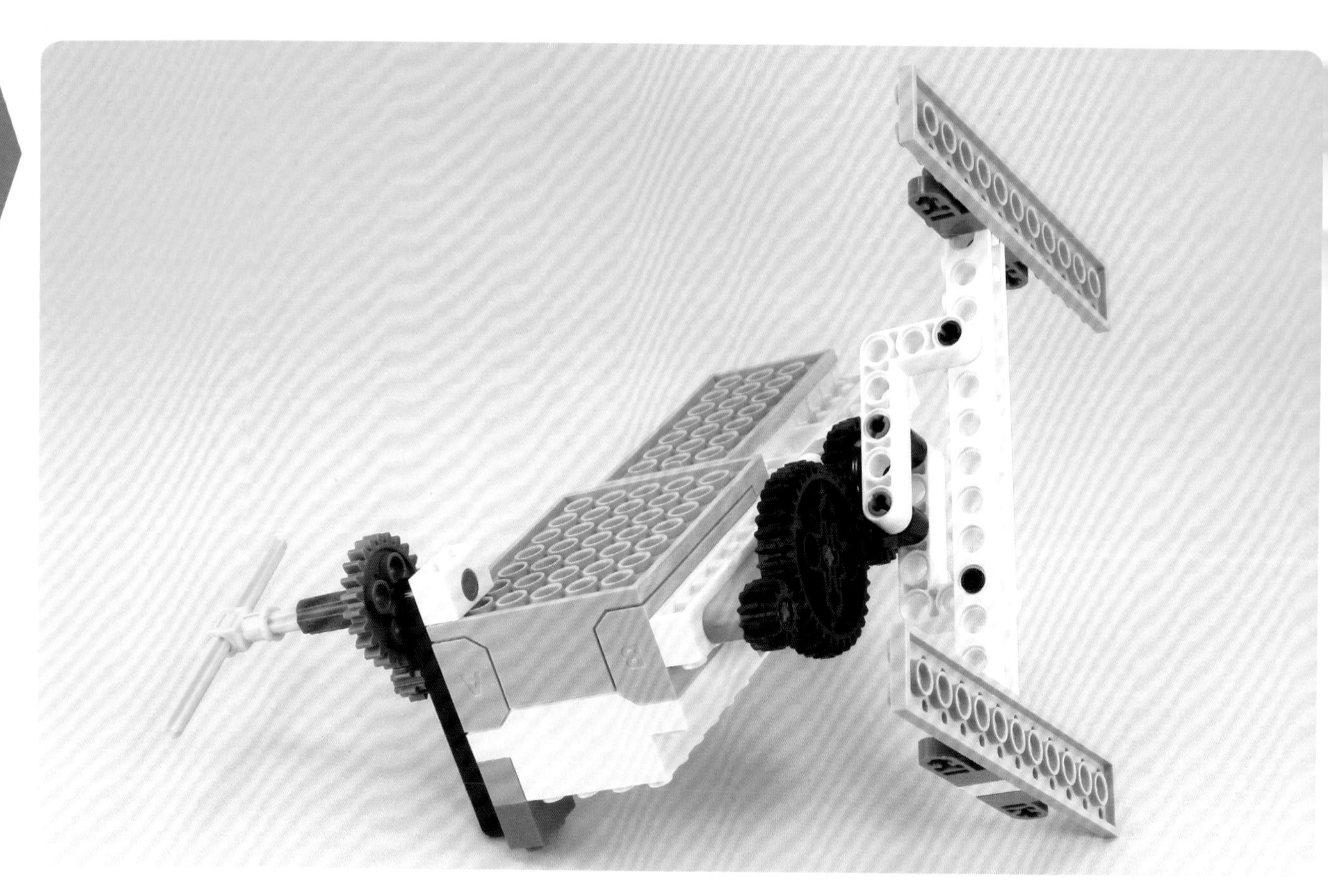

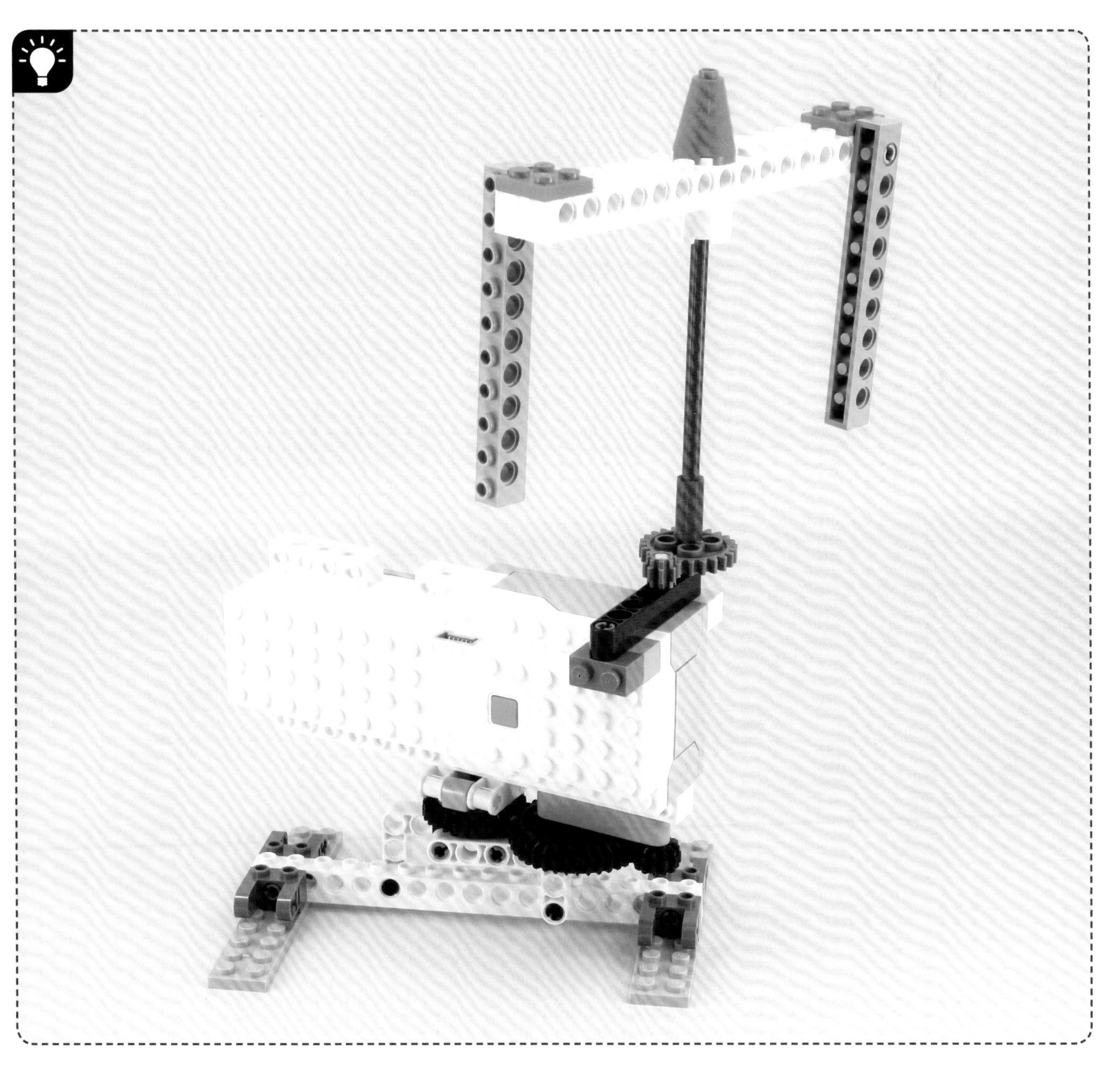

#84

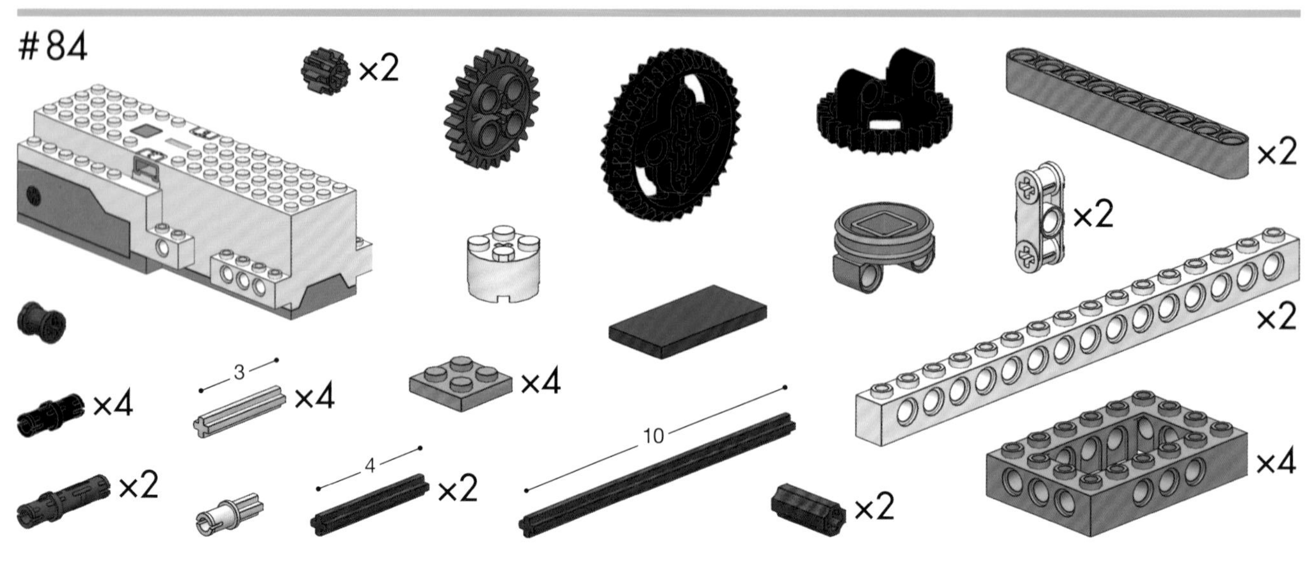

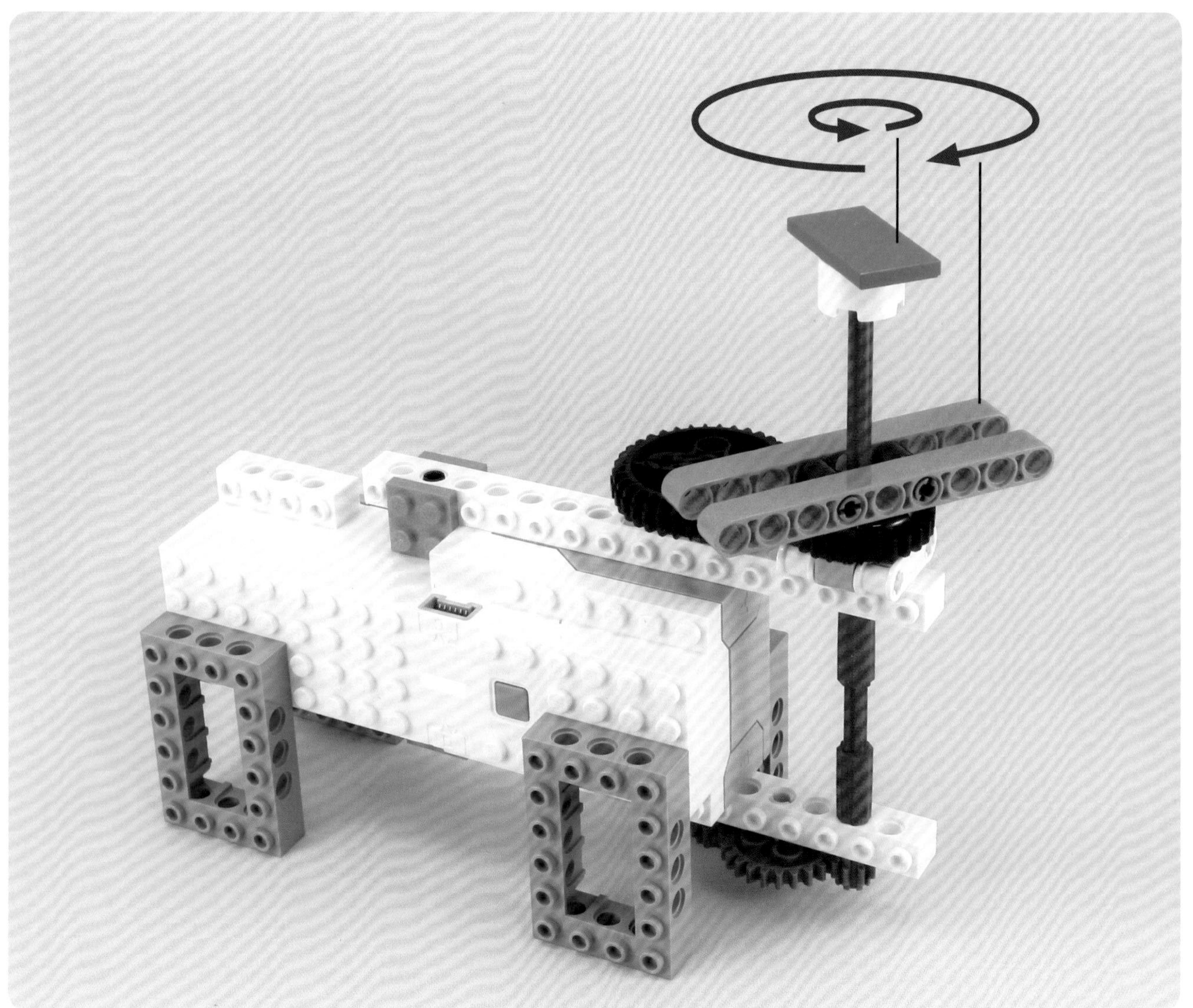

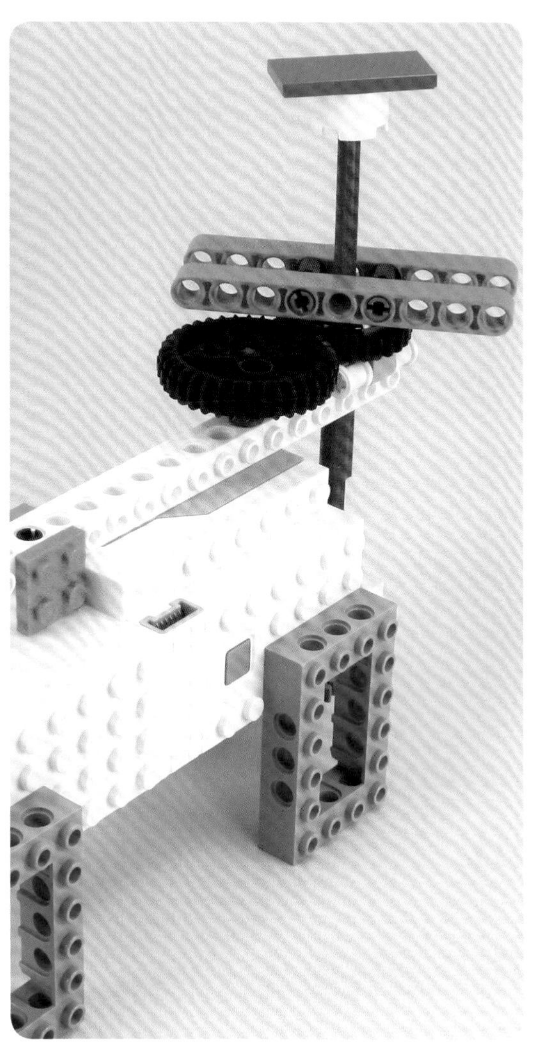

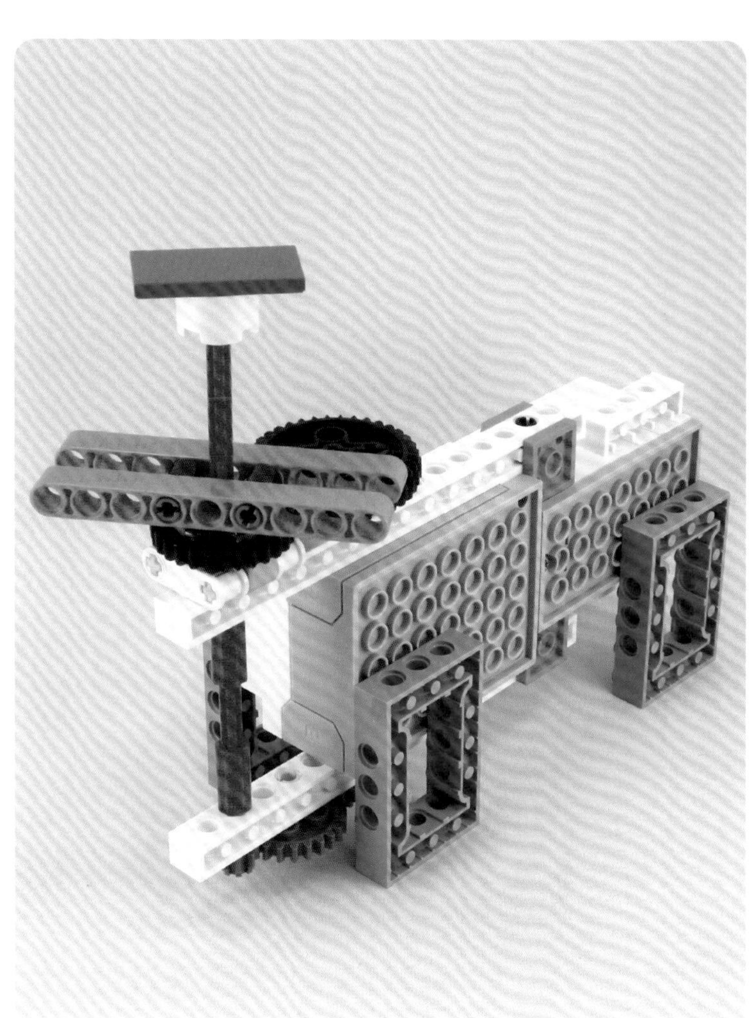

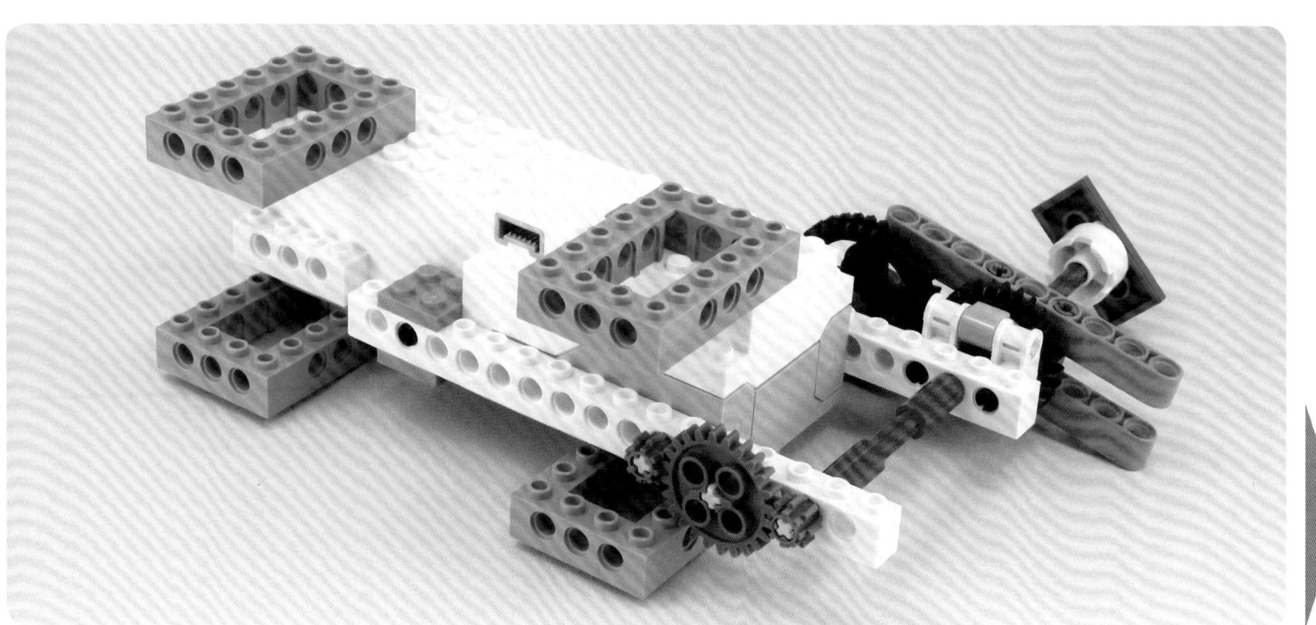

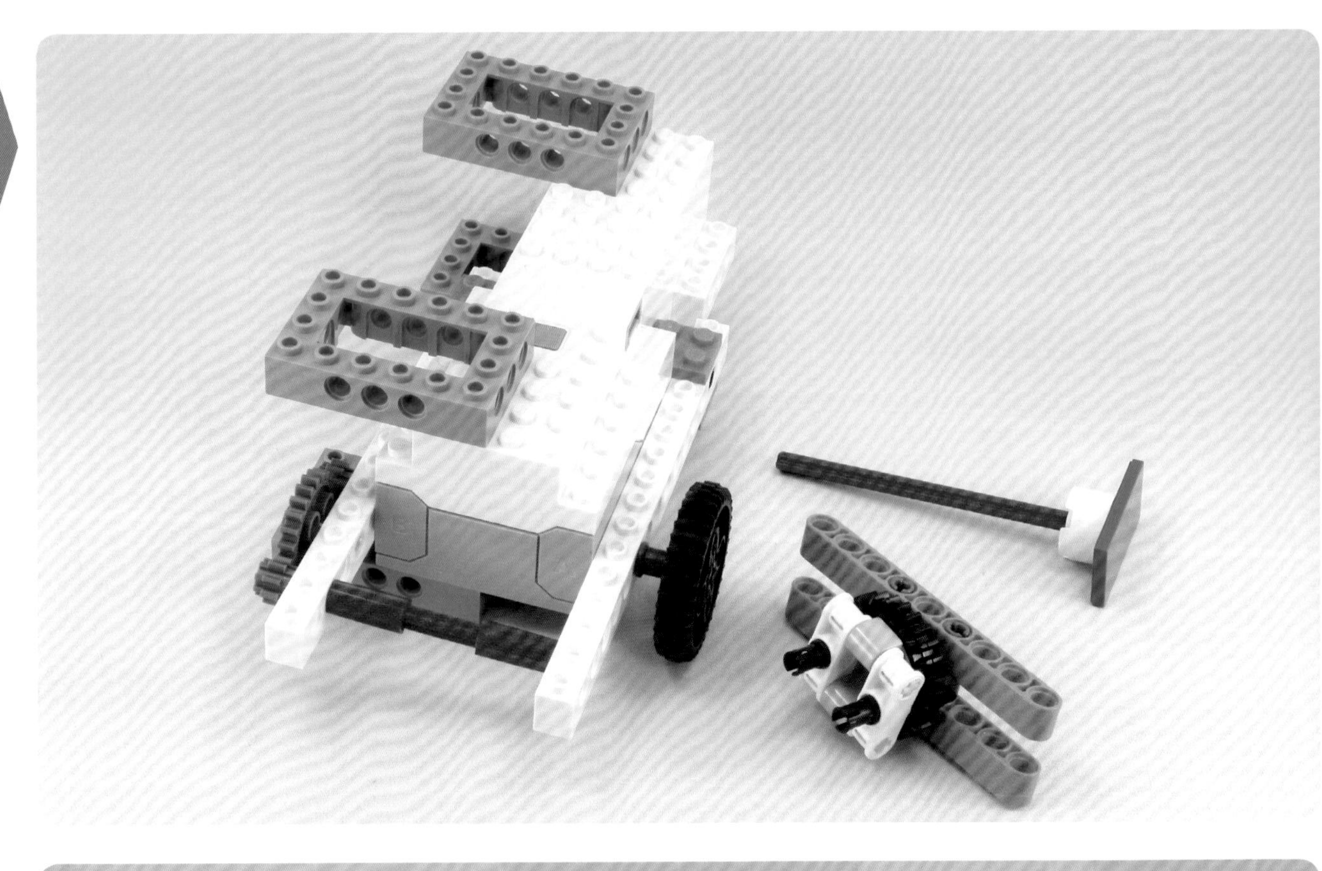

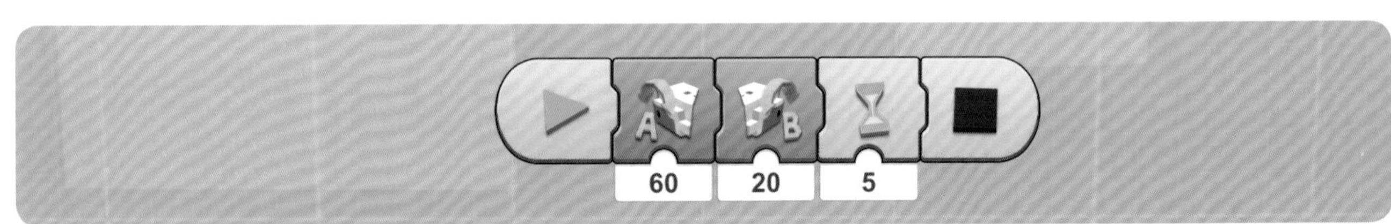

A
B
60
20
5

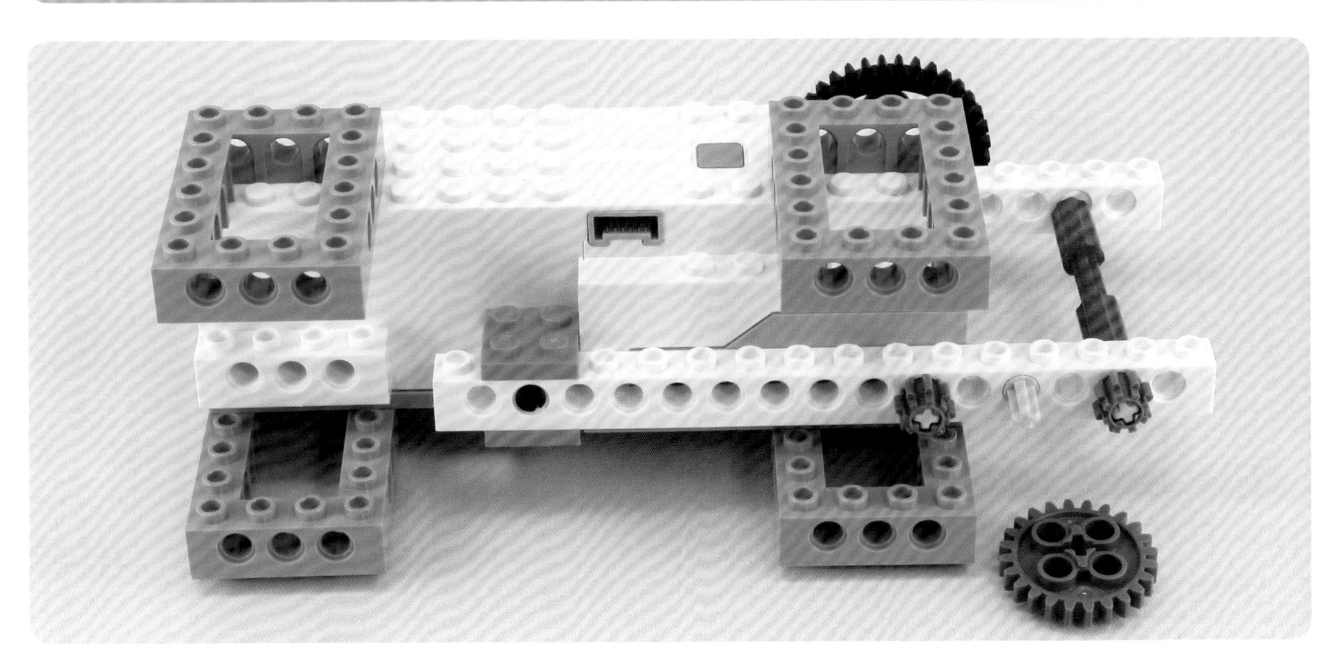

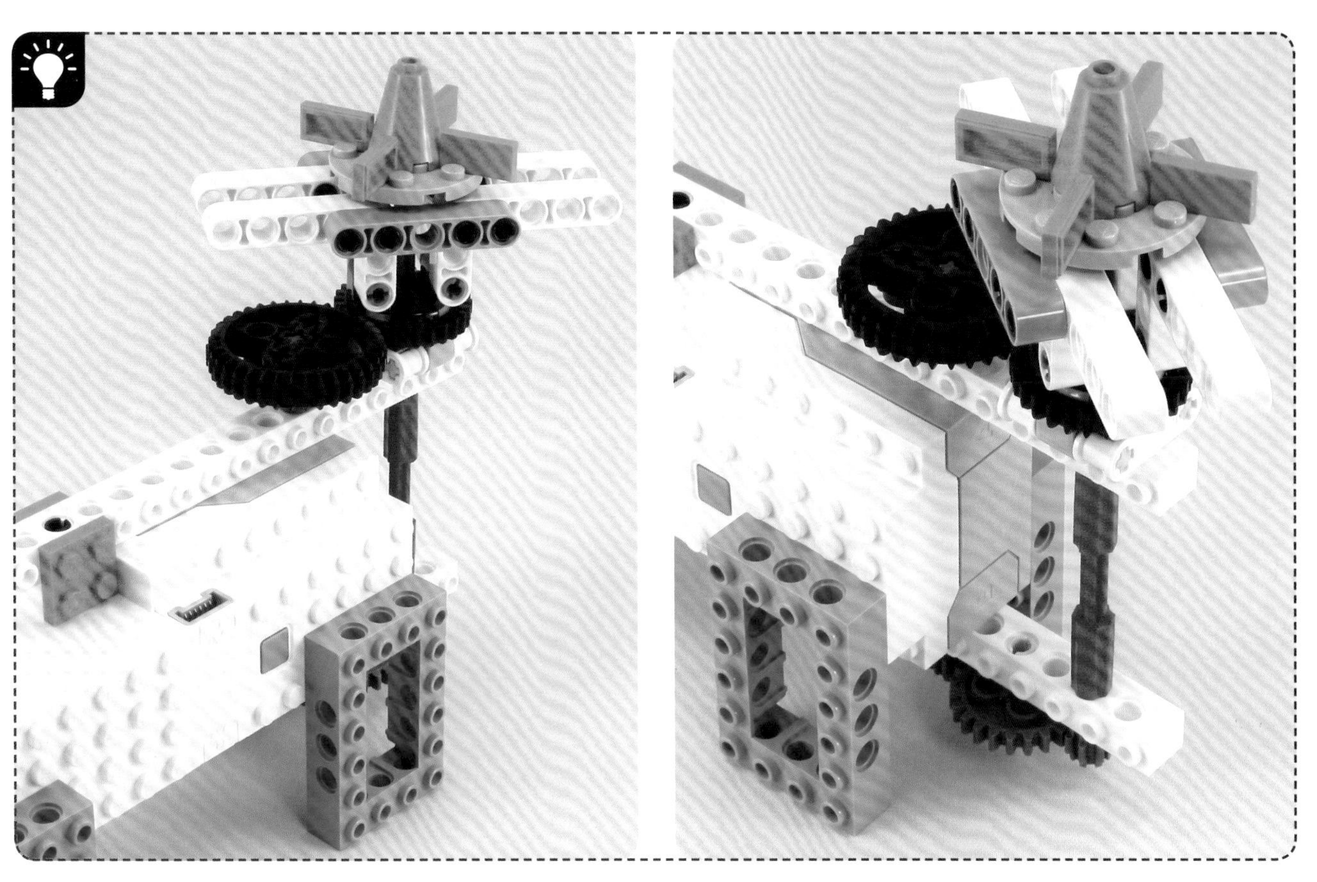

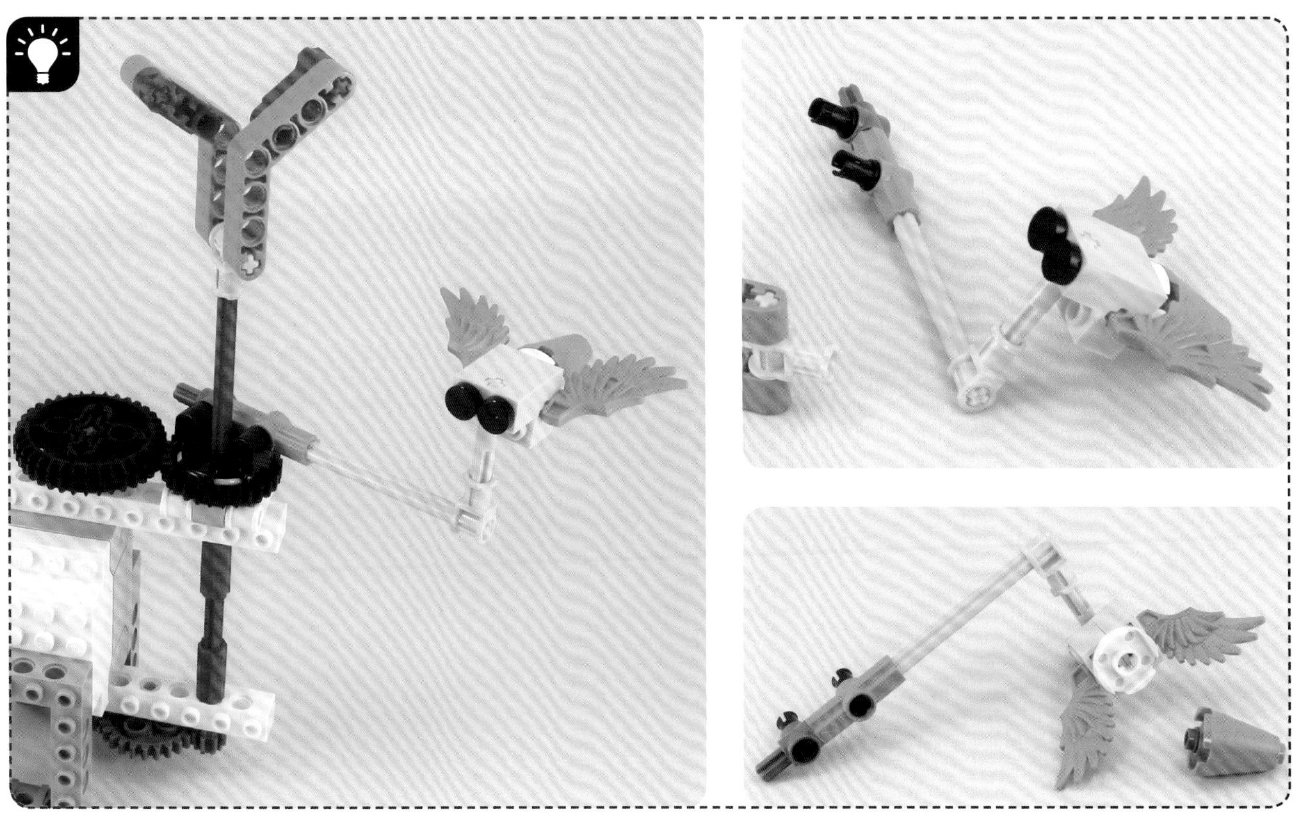

使用方向機來改變方向

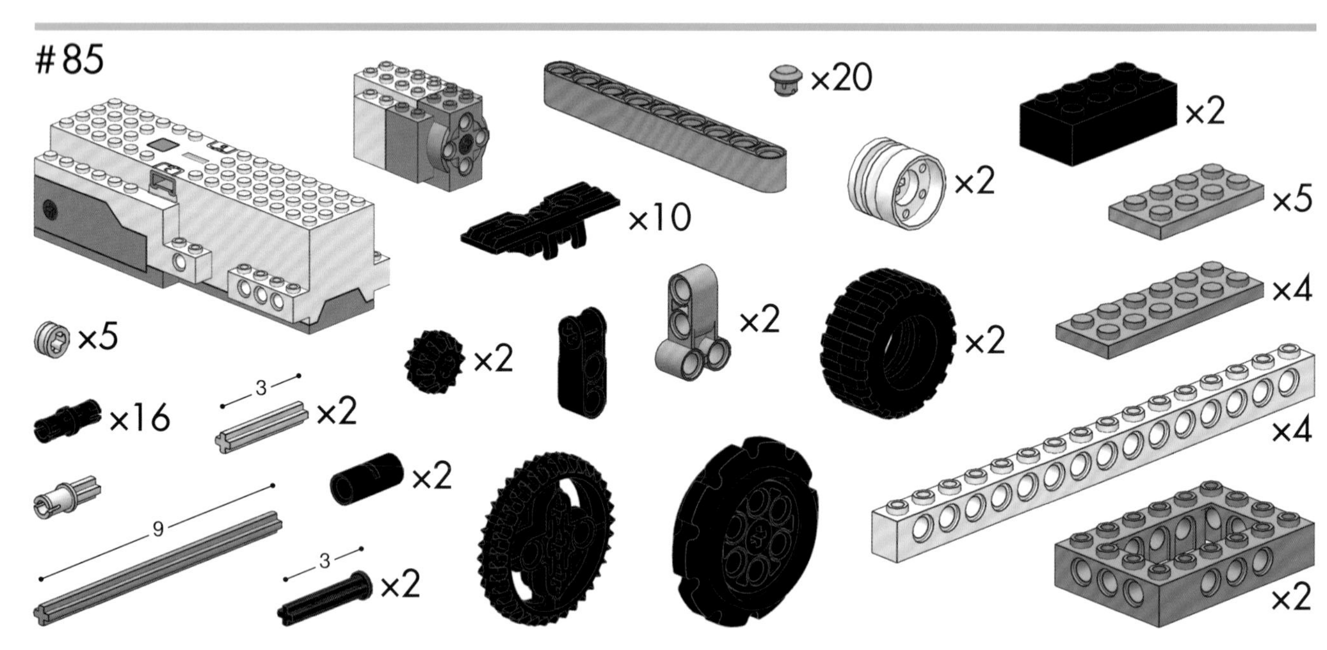

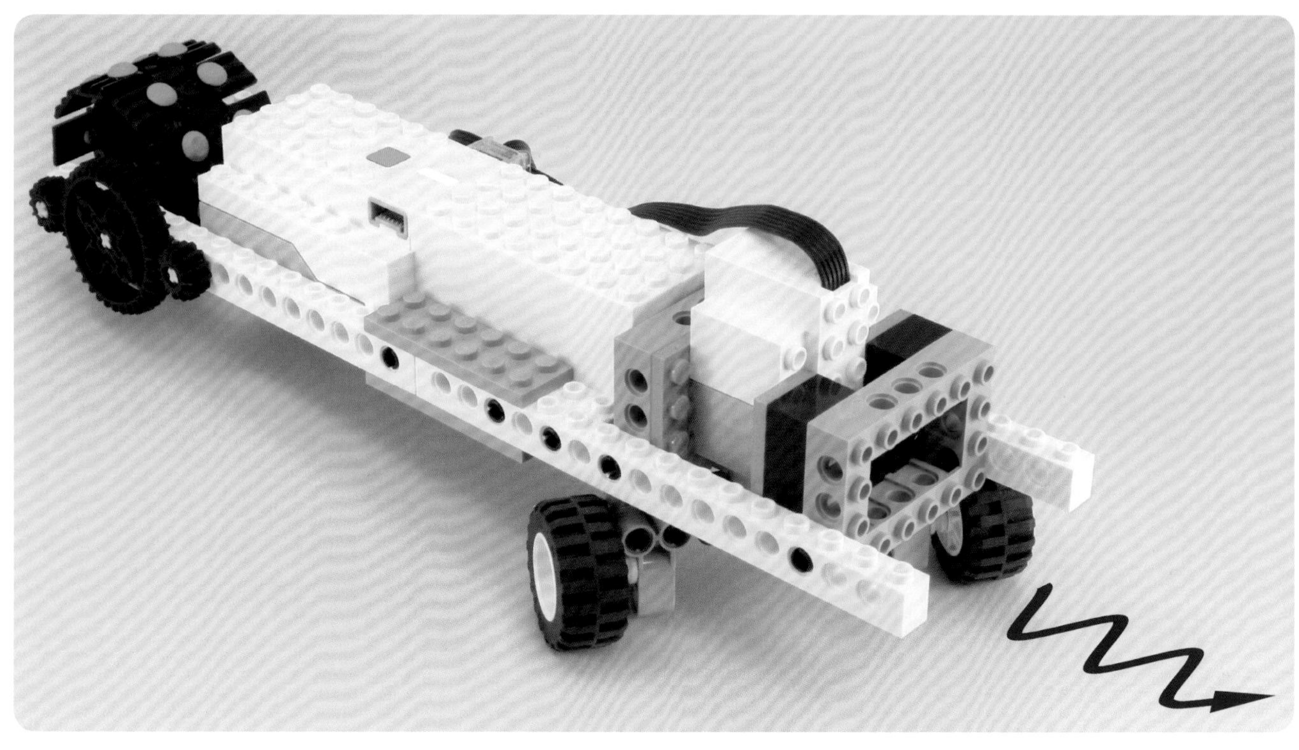

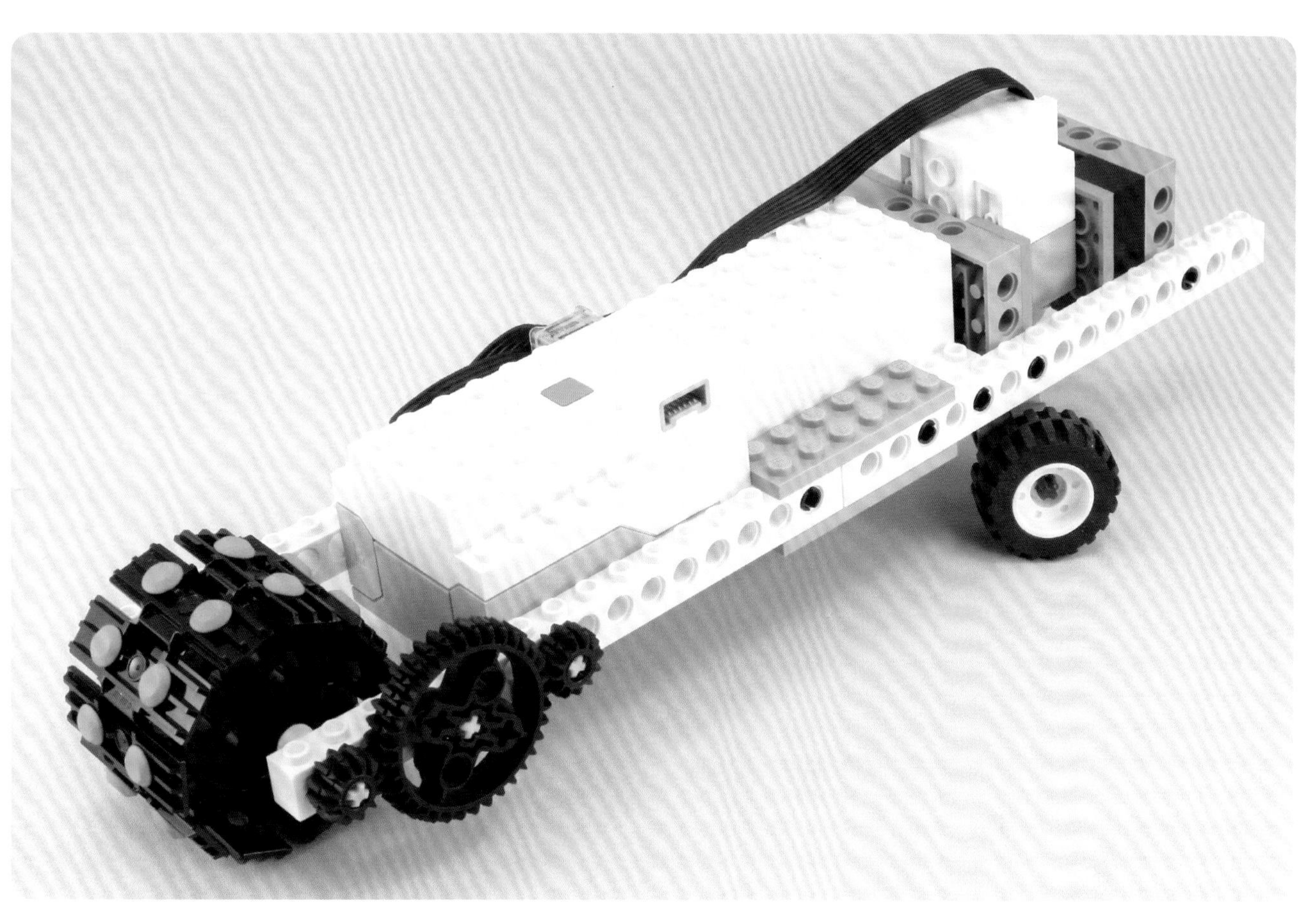

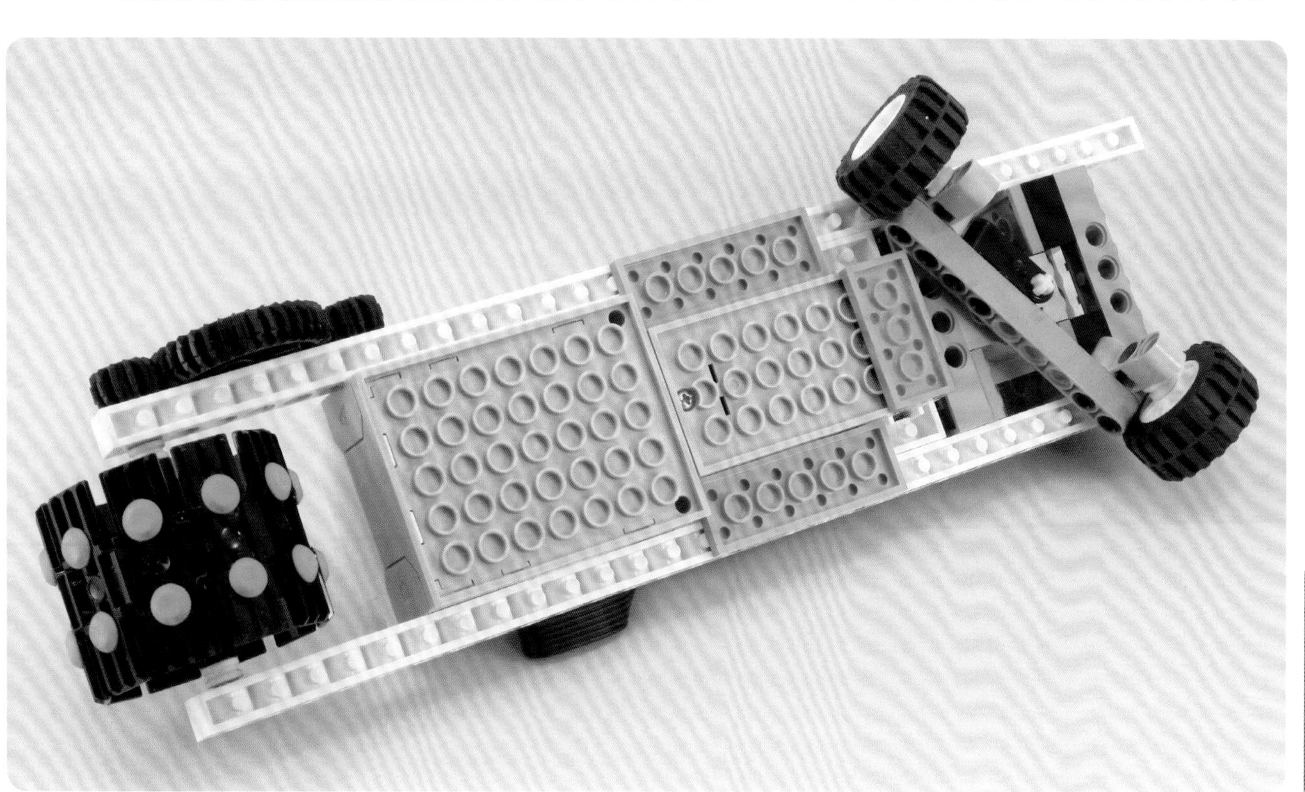

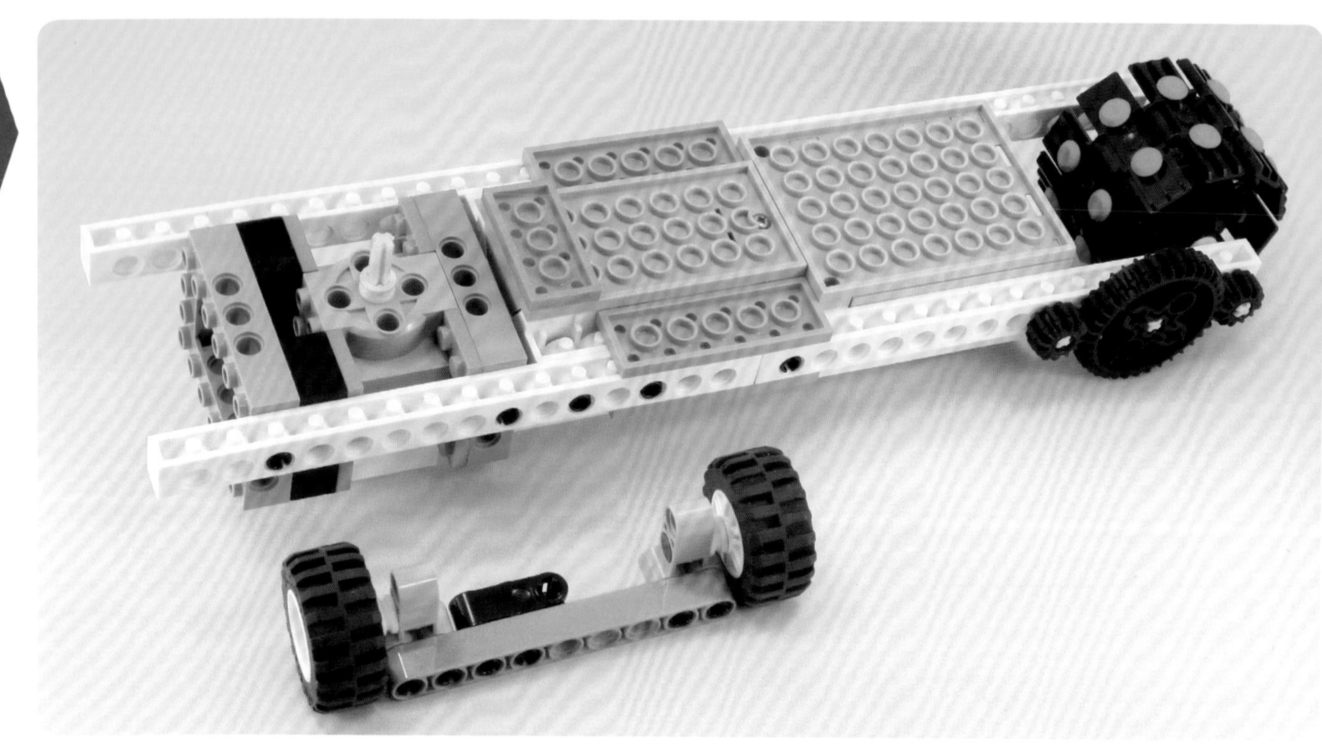

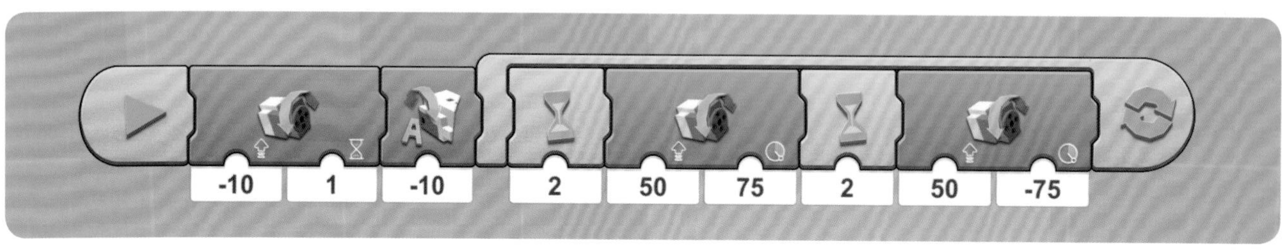
-10
1
-10
2
50
75
2
50
-75

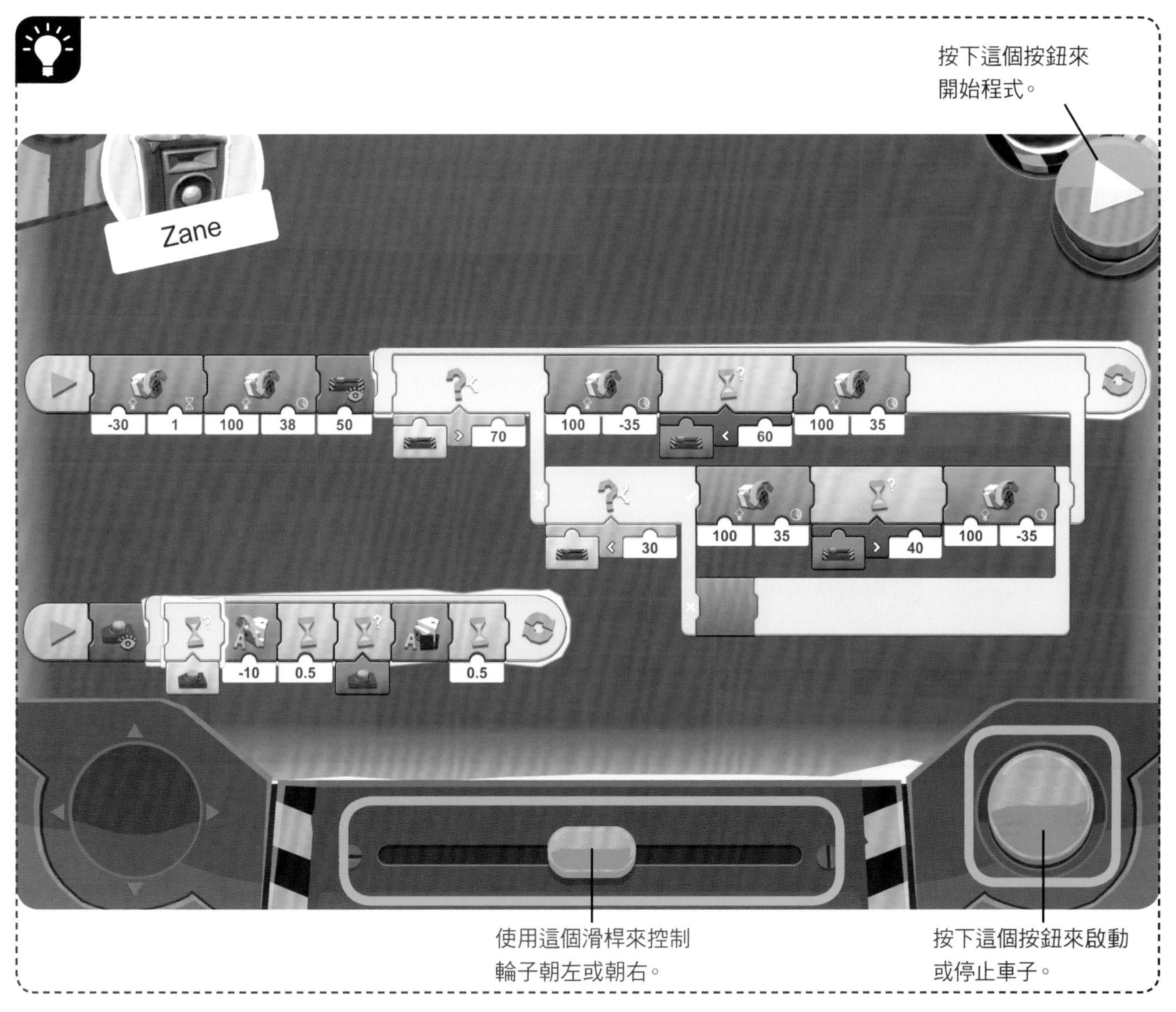

按下這個按鈕來開始程式。

使用這個滑桿來控制輪子朝左或朝右。

按下這個按鈕來啟動或停止車子。

互相合作的車子

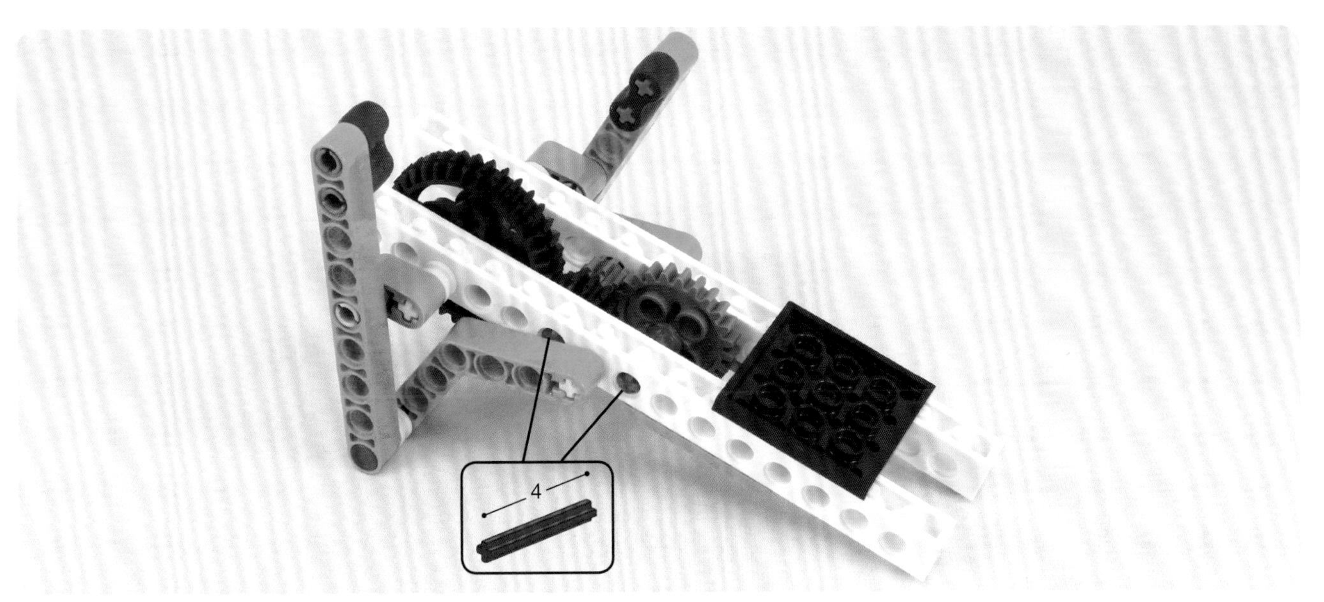
4

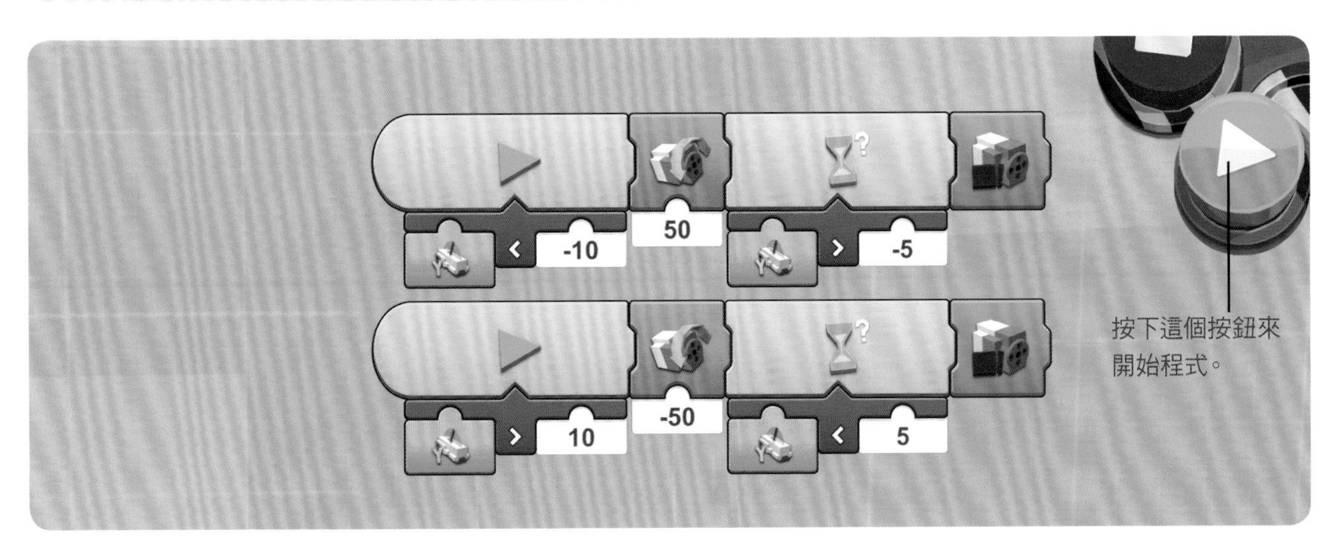
50
-10
-5
-50
10
5
按下這個按鈕來
開始程式。

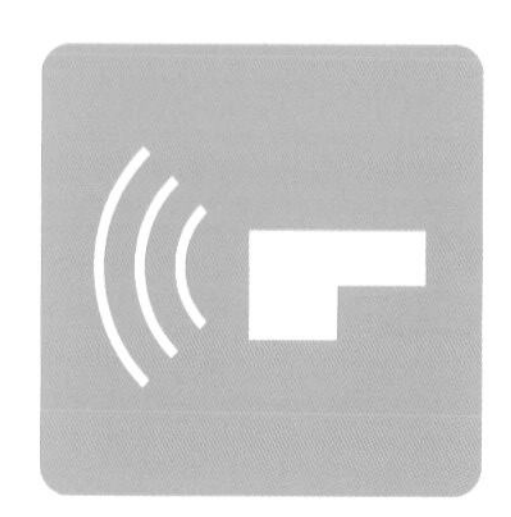

顏色與距離感測器的更多用法

#87

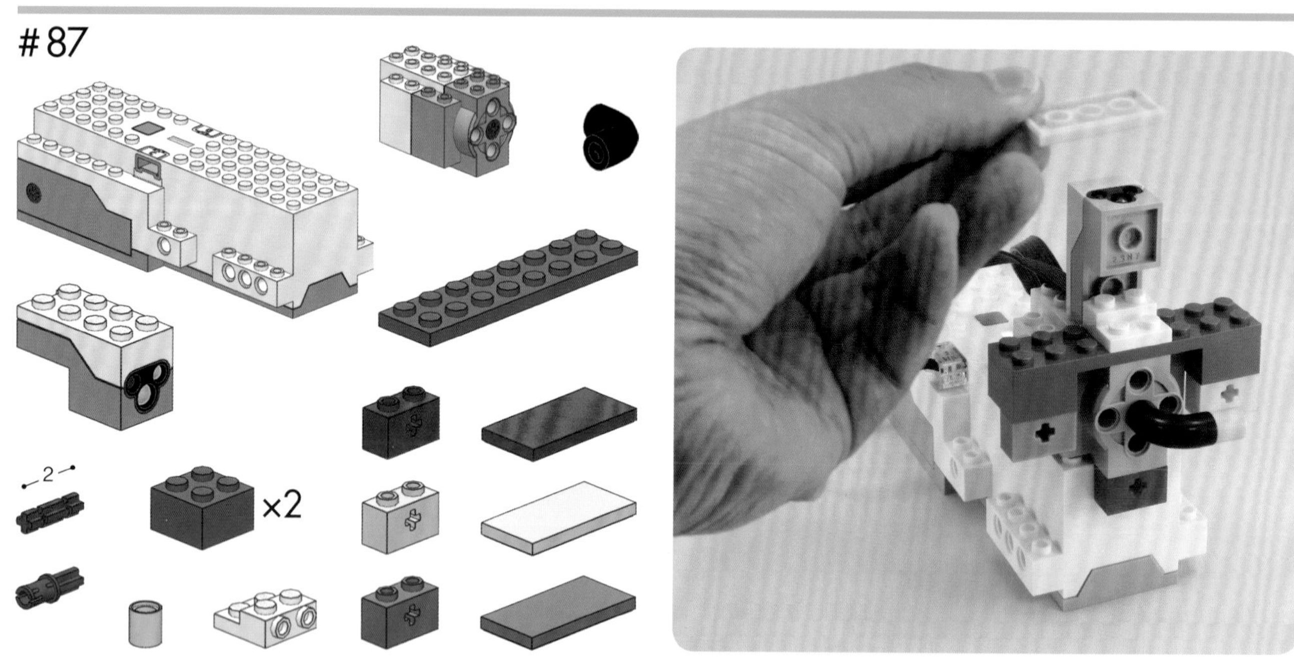

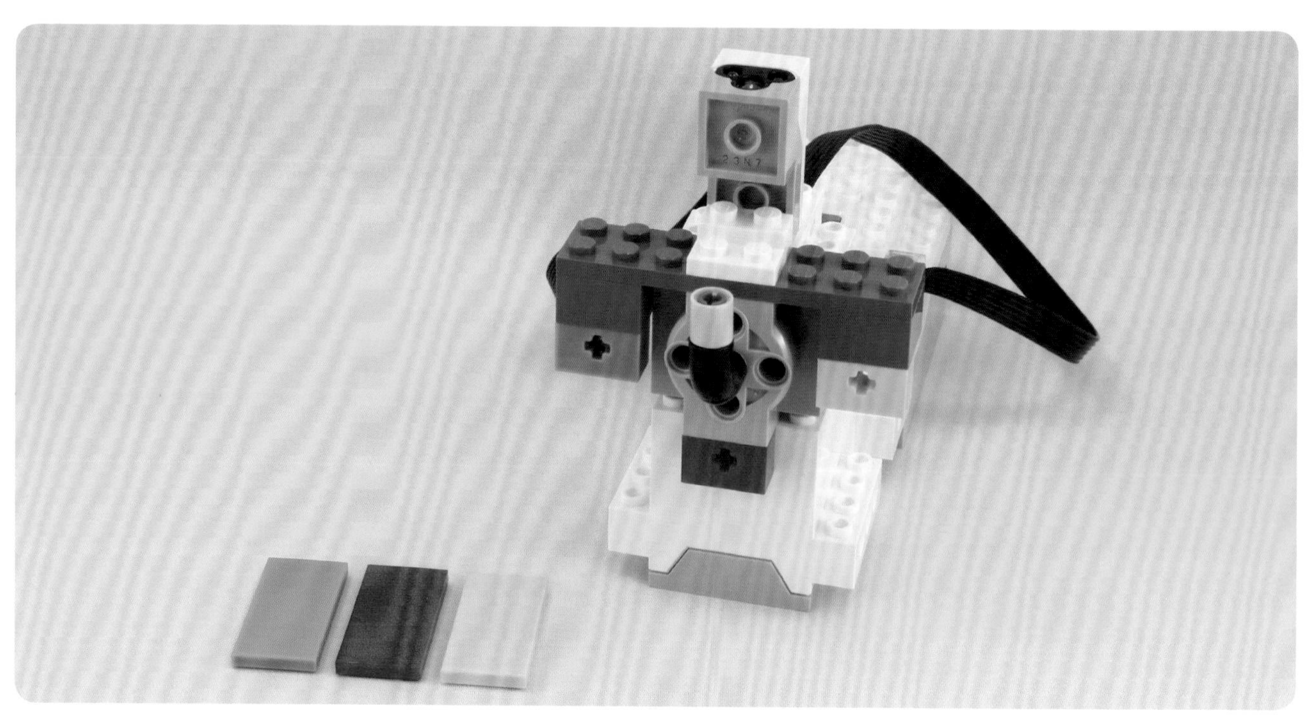

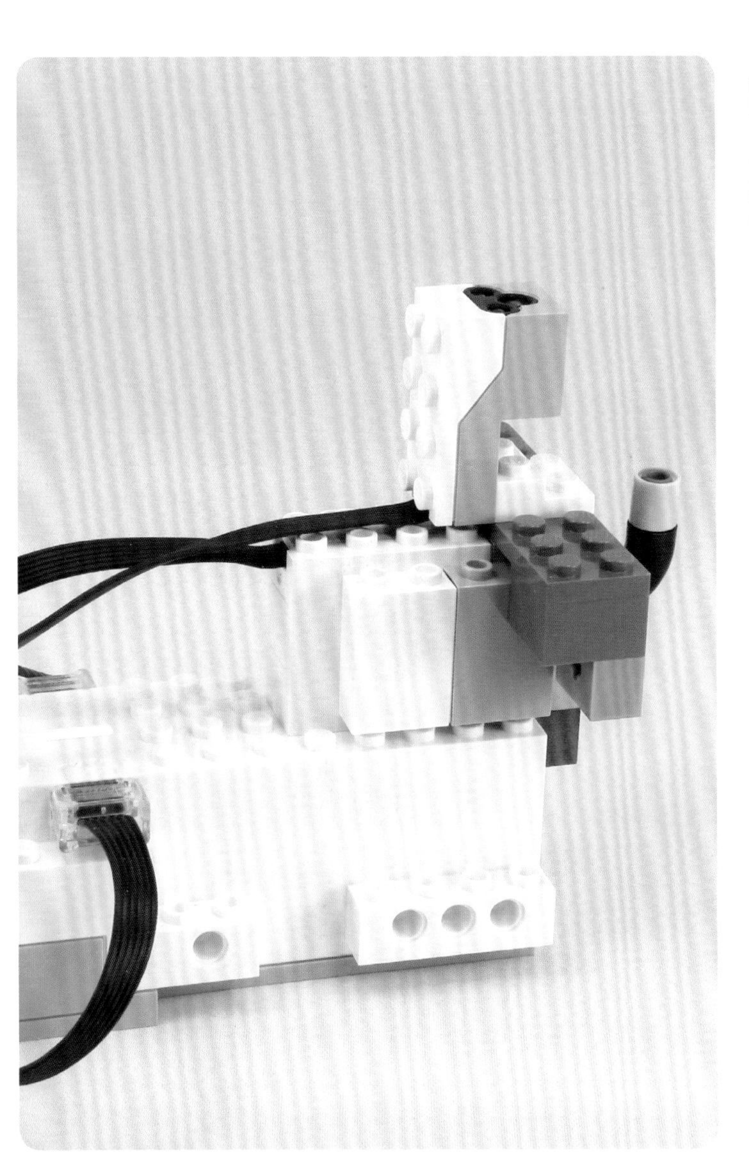

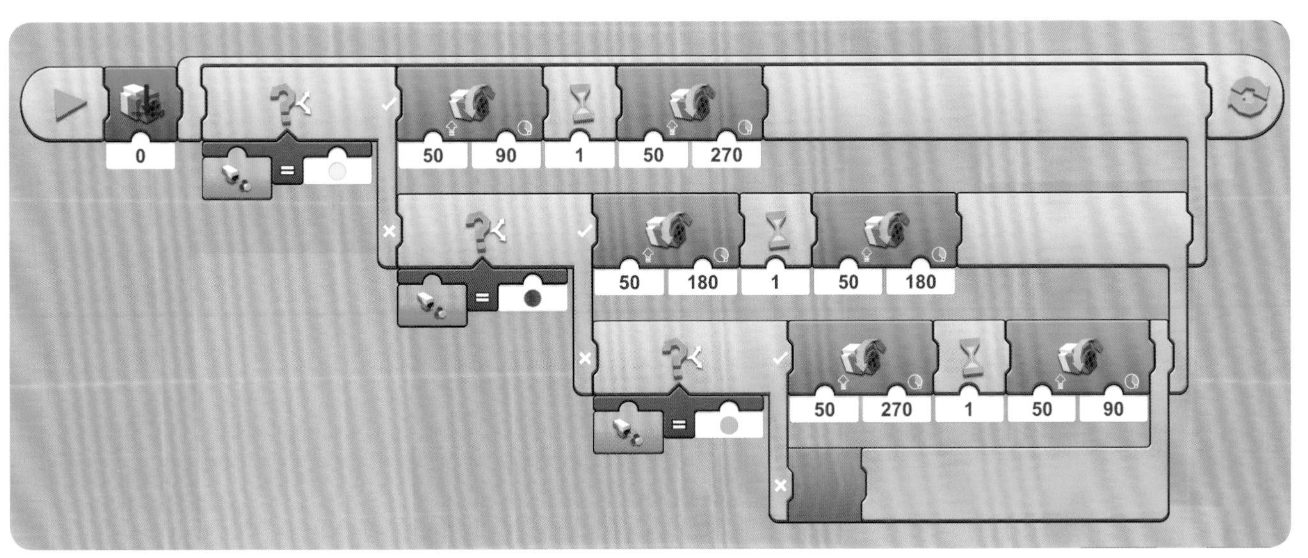
0
50
90
1
50
270
50
180
1
50
180
50
270
1
50
90

#88

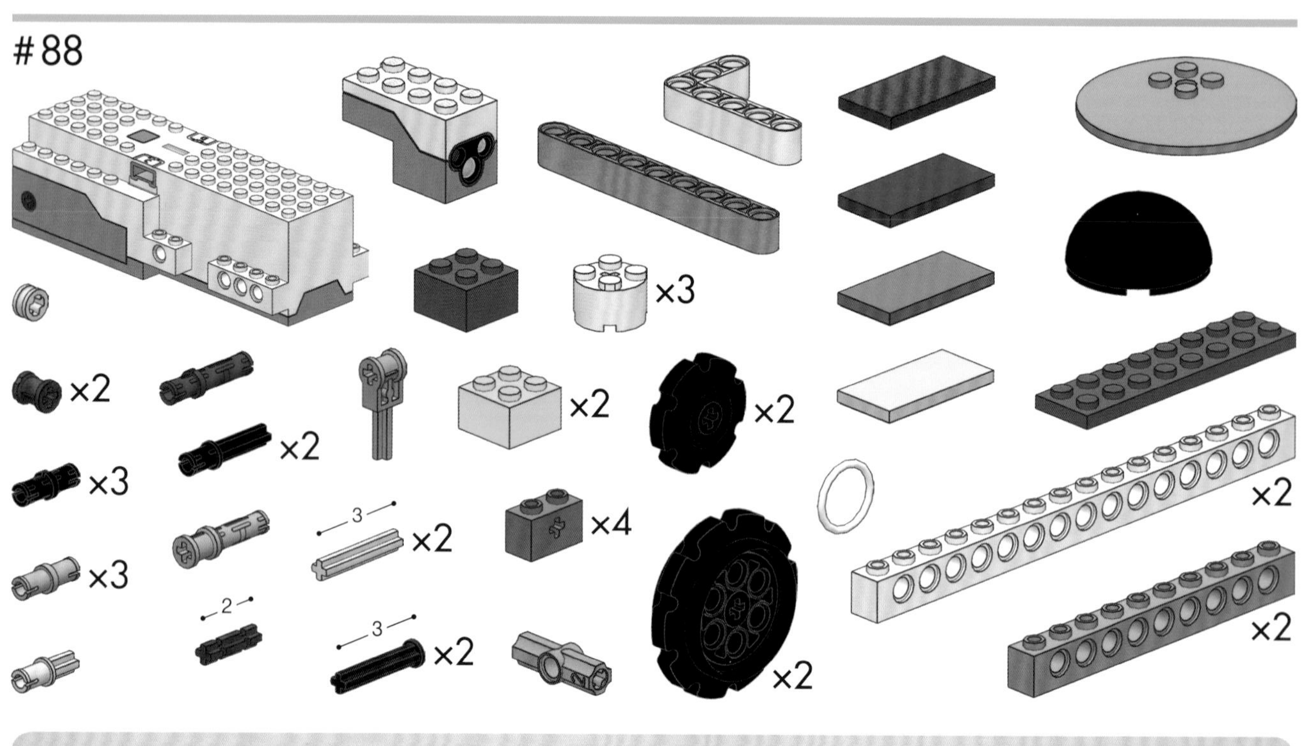

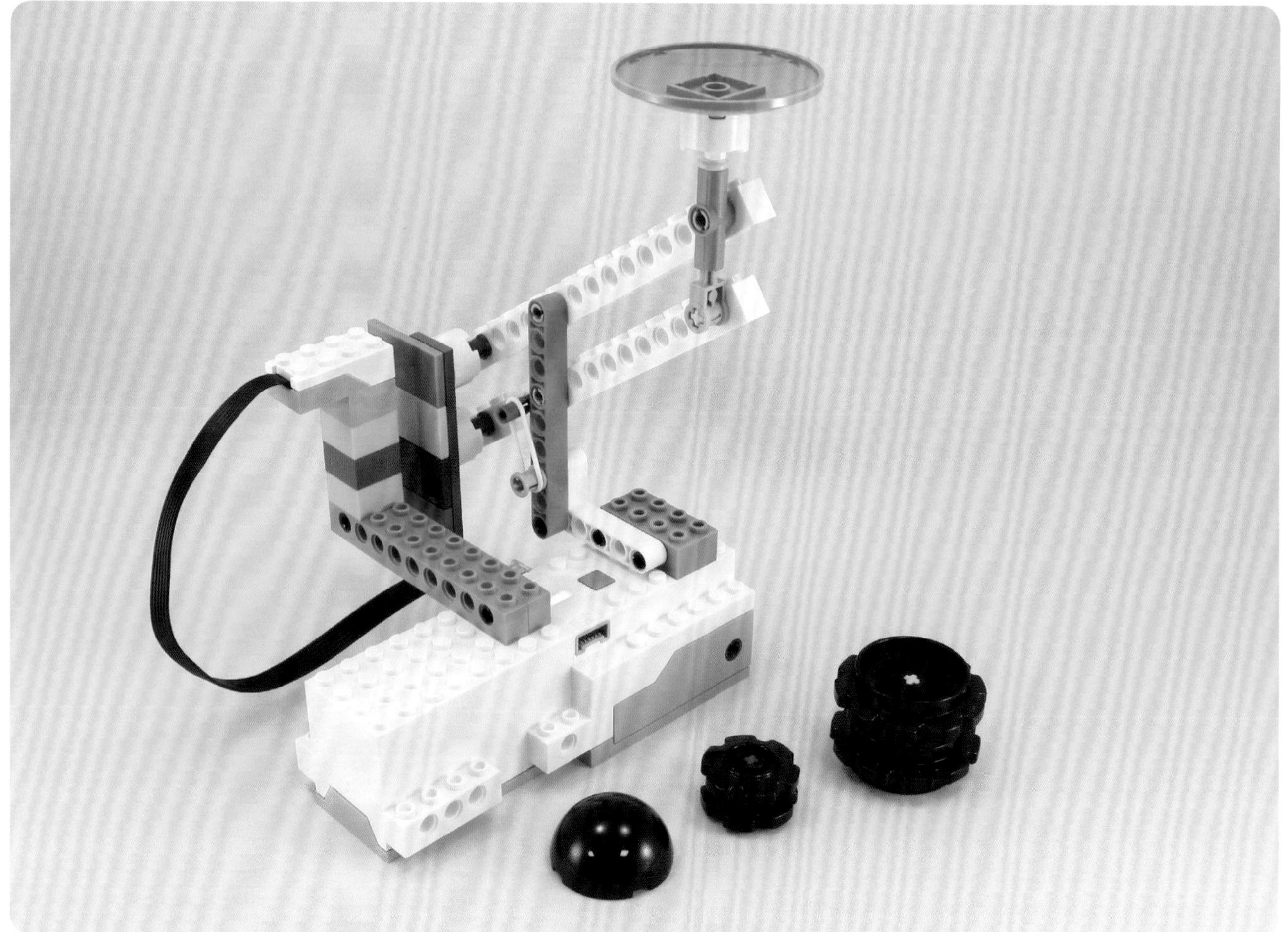

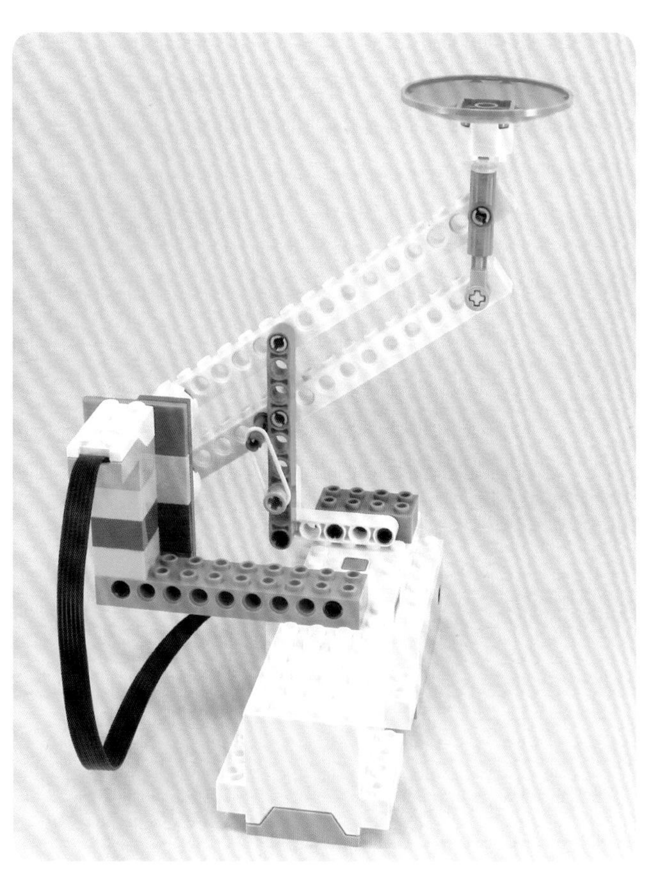

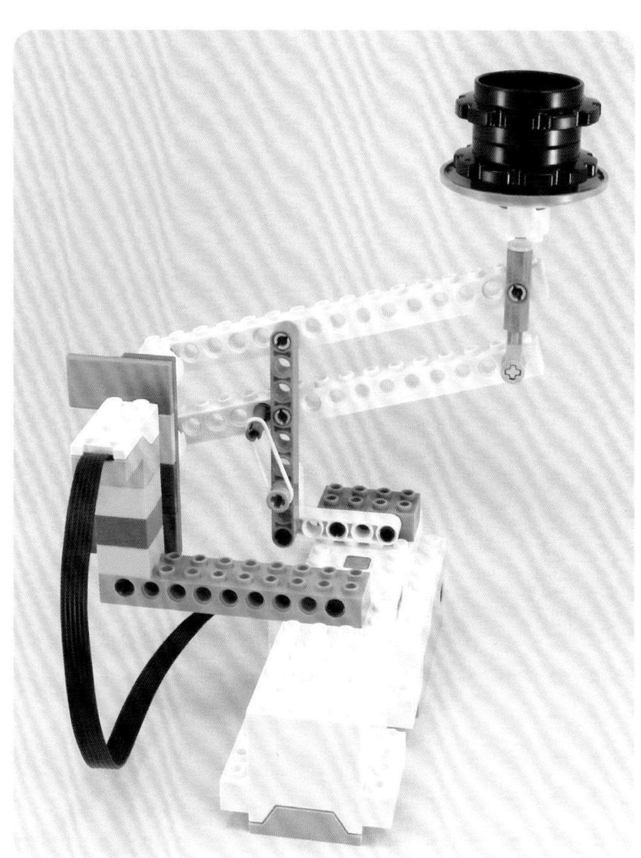

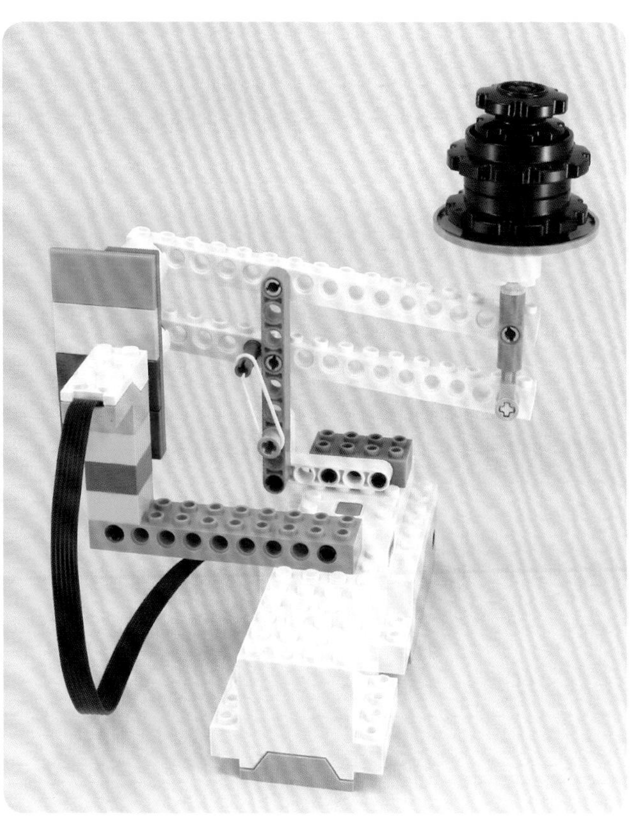

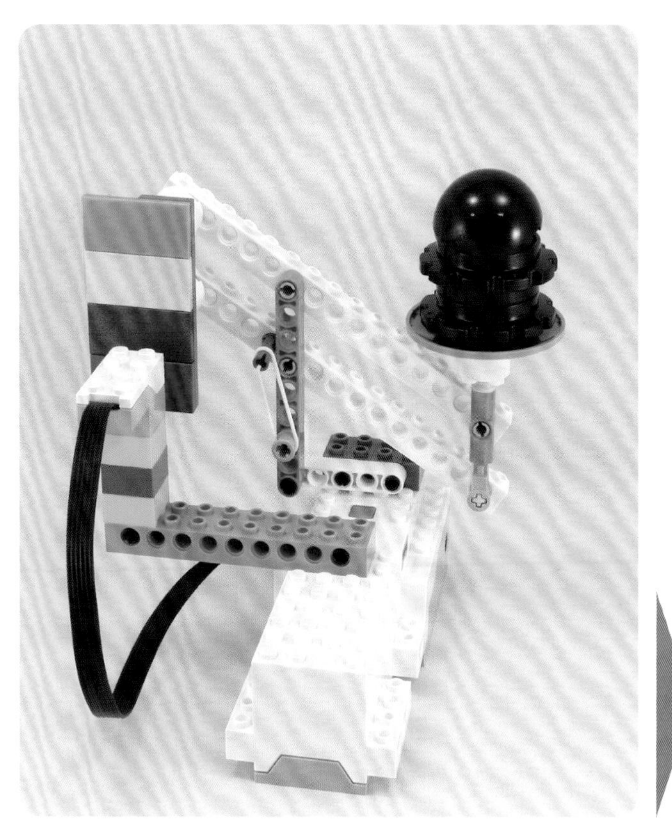

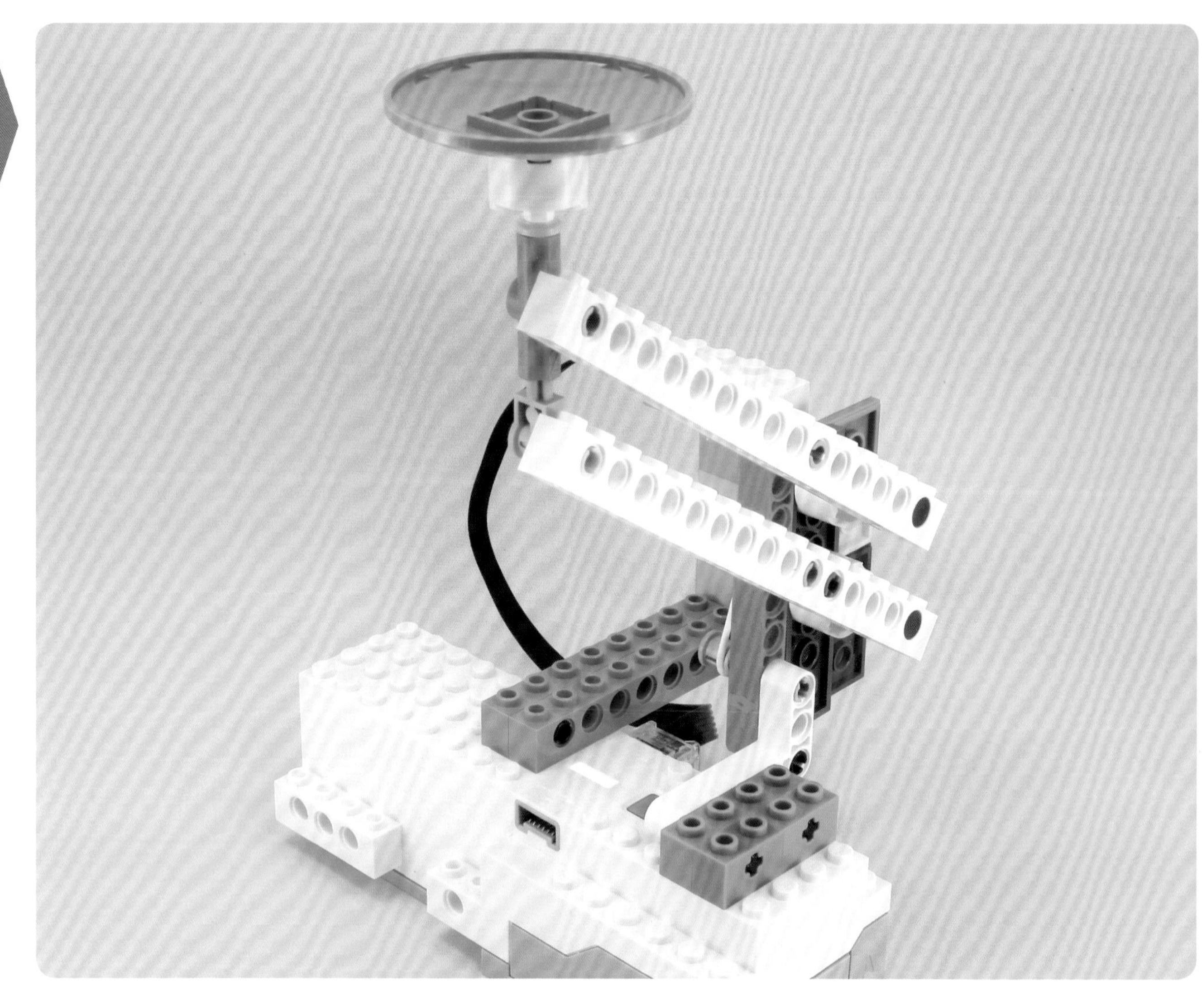

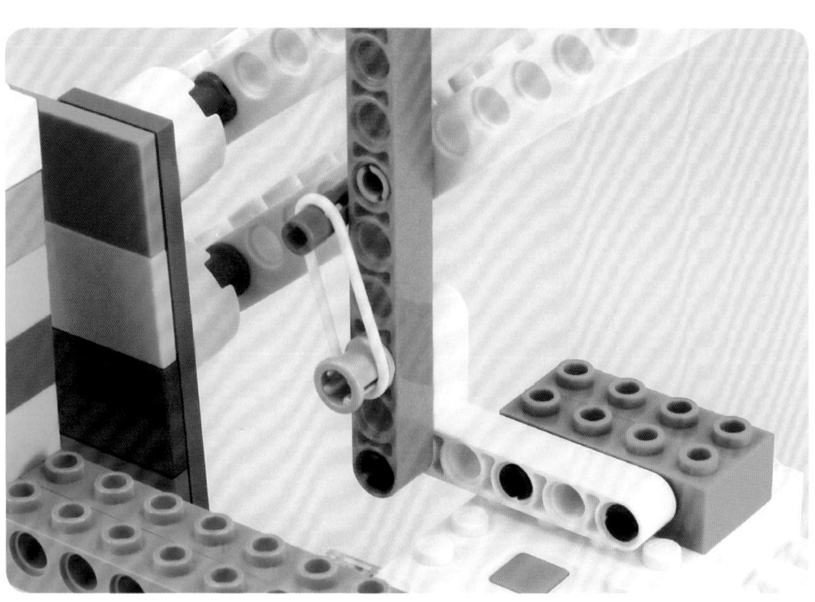

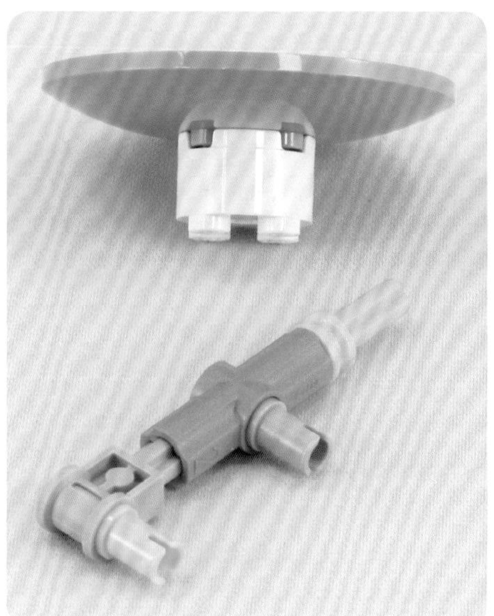

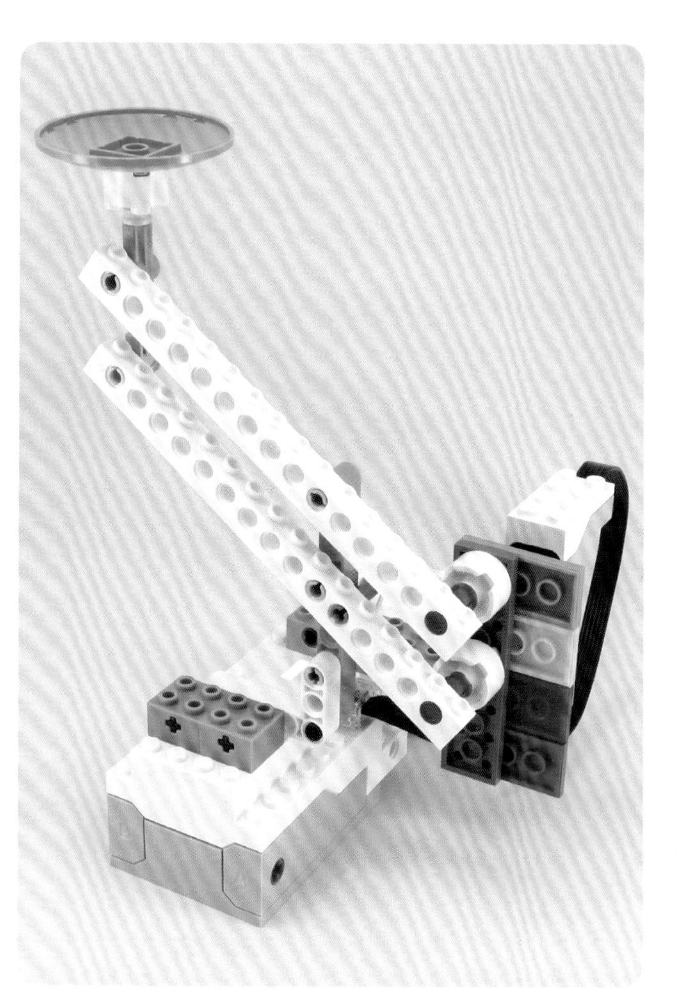

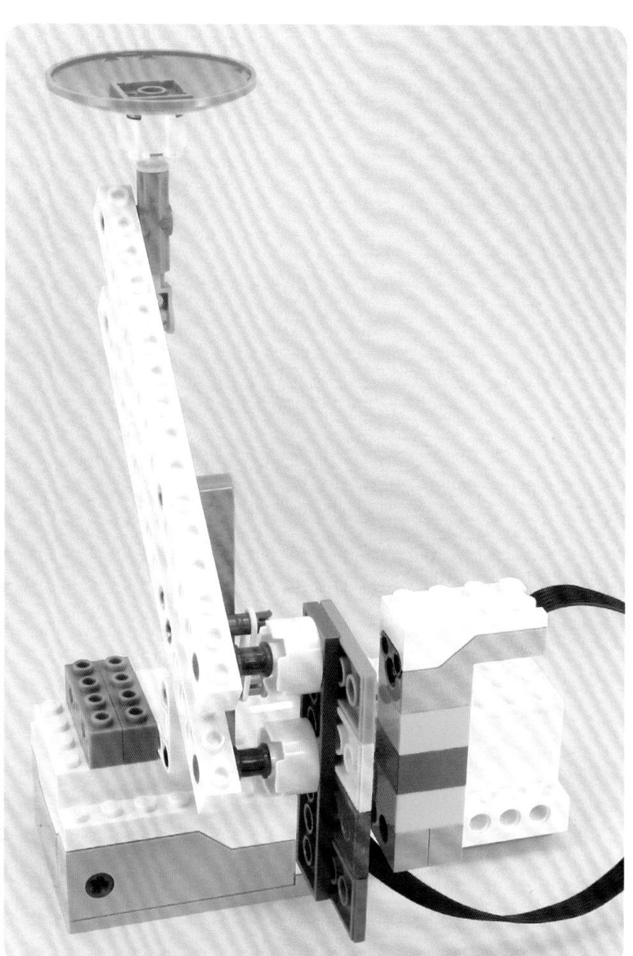

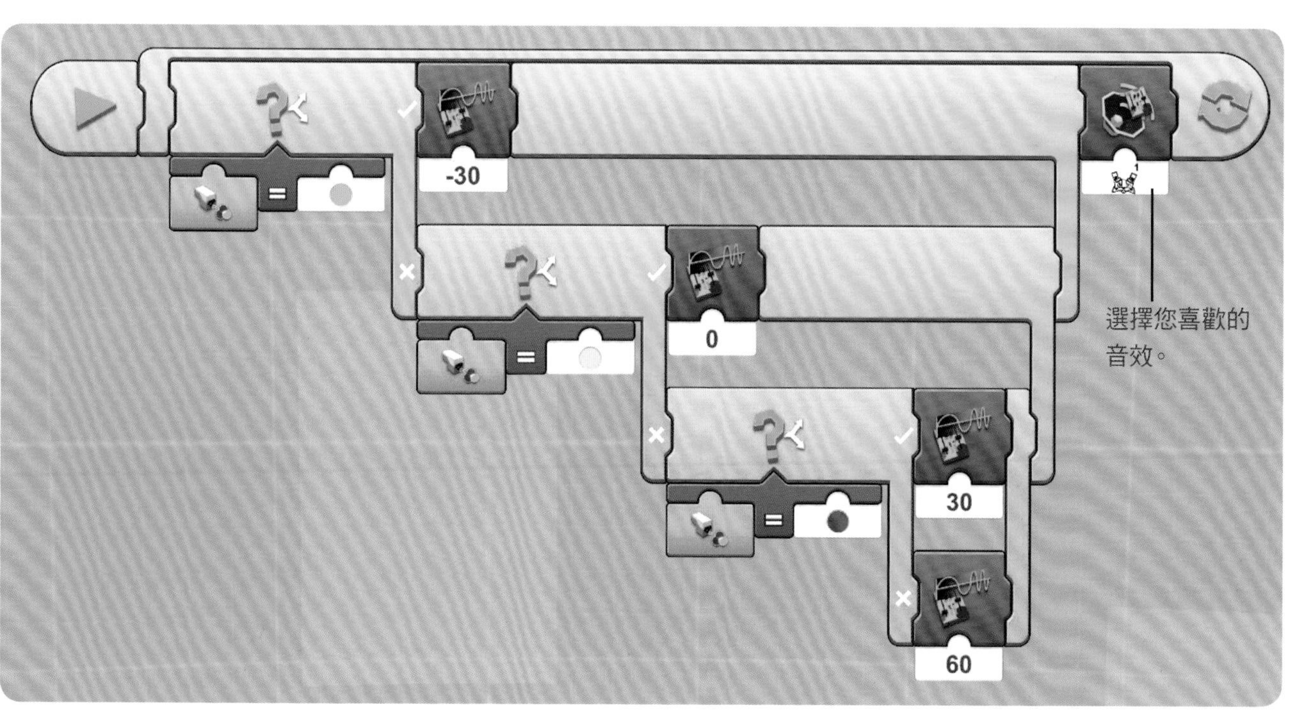
-30
0
30
60
選擇您喜歡的
音效。

#89

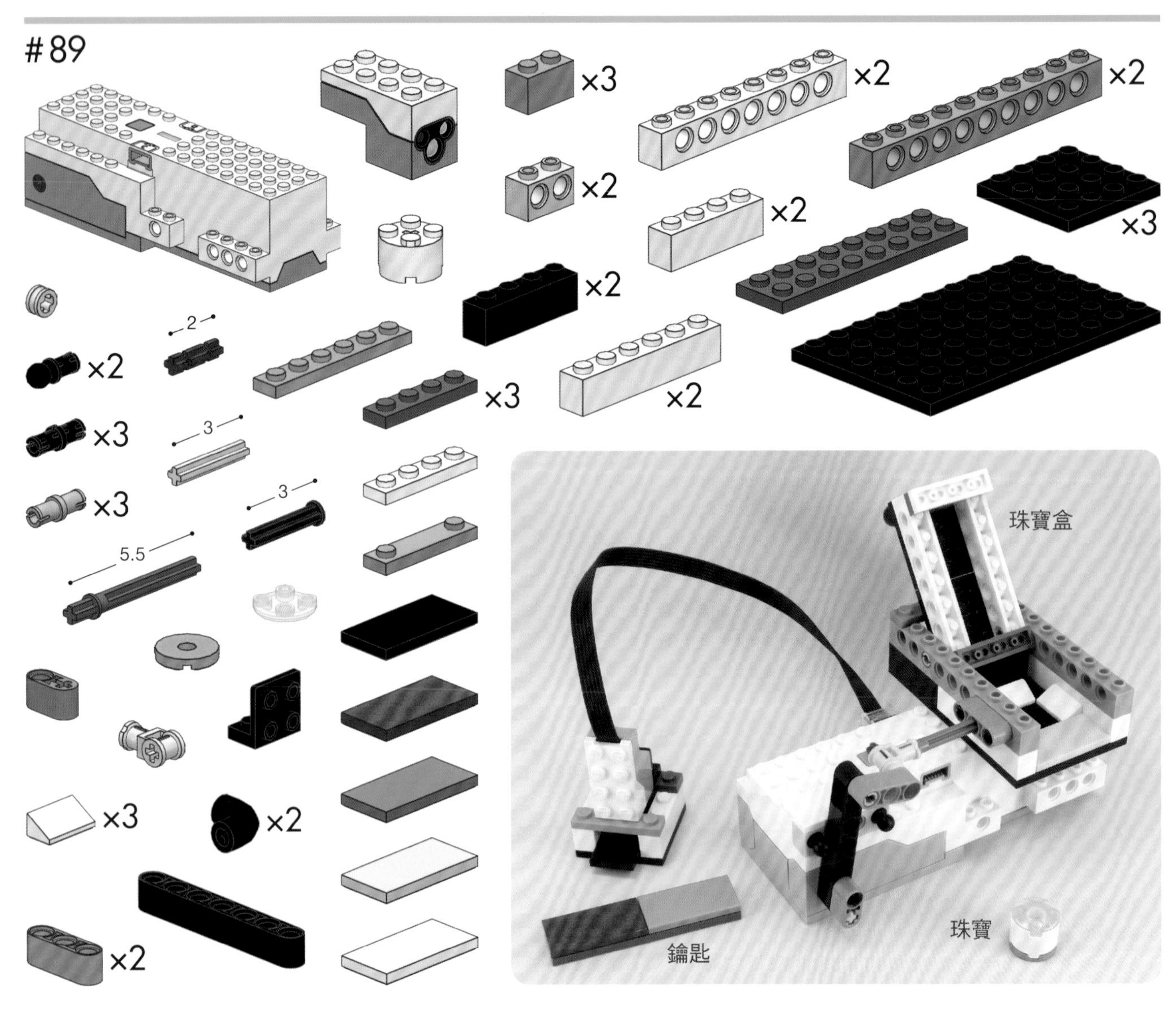

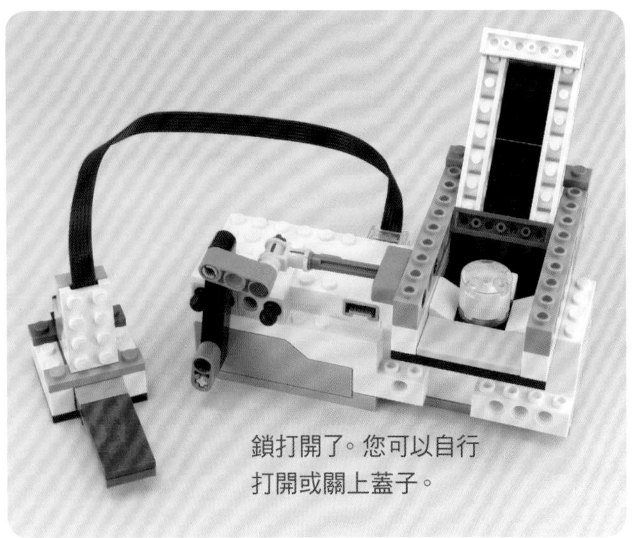

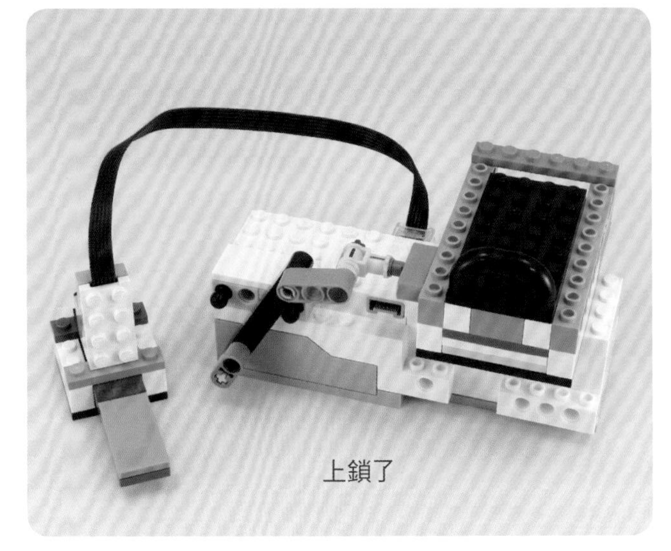

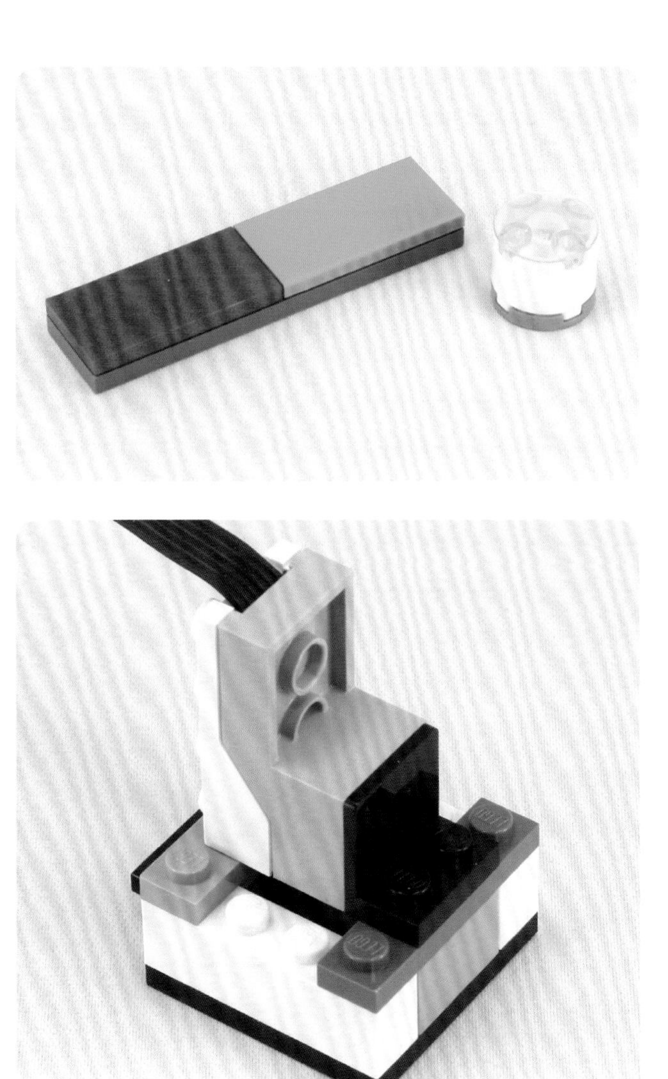

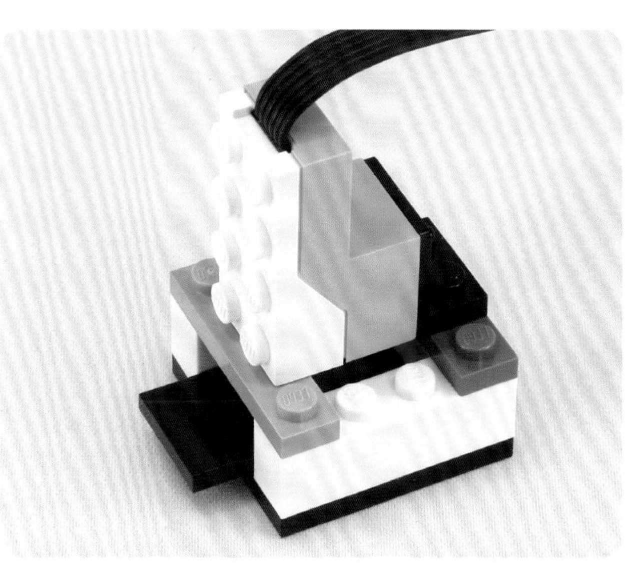

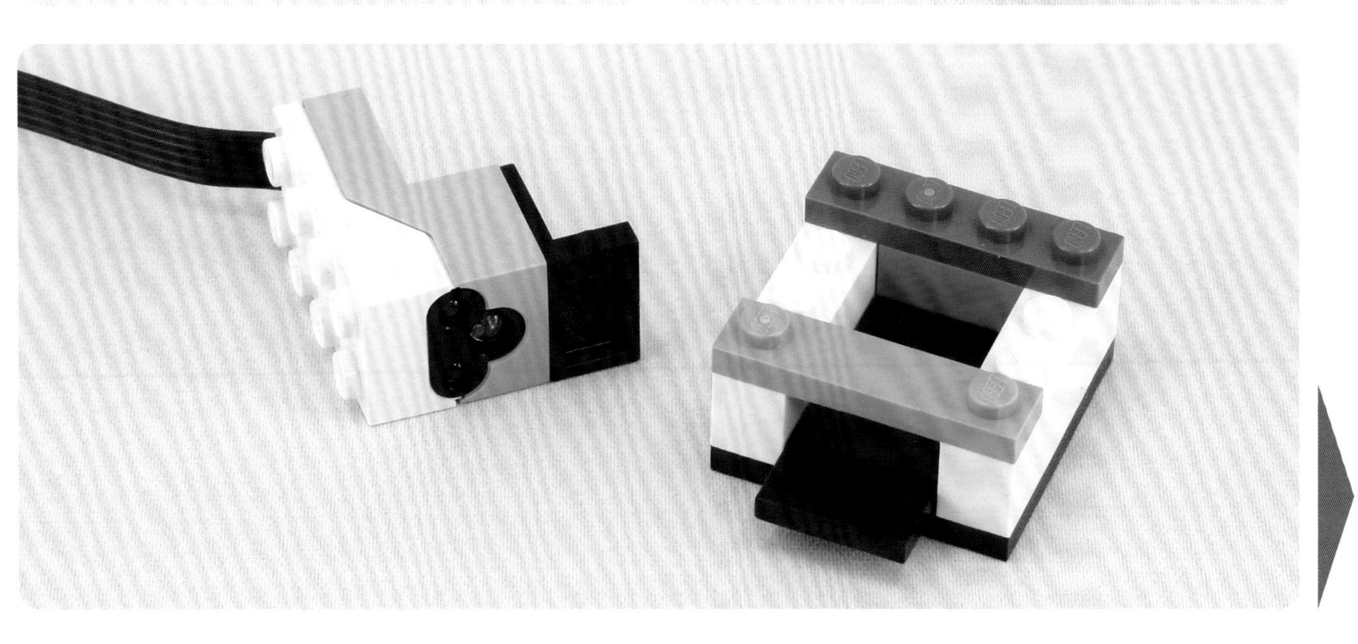

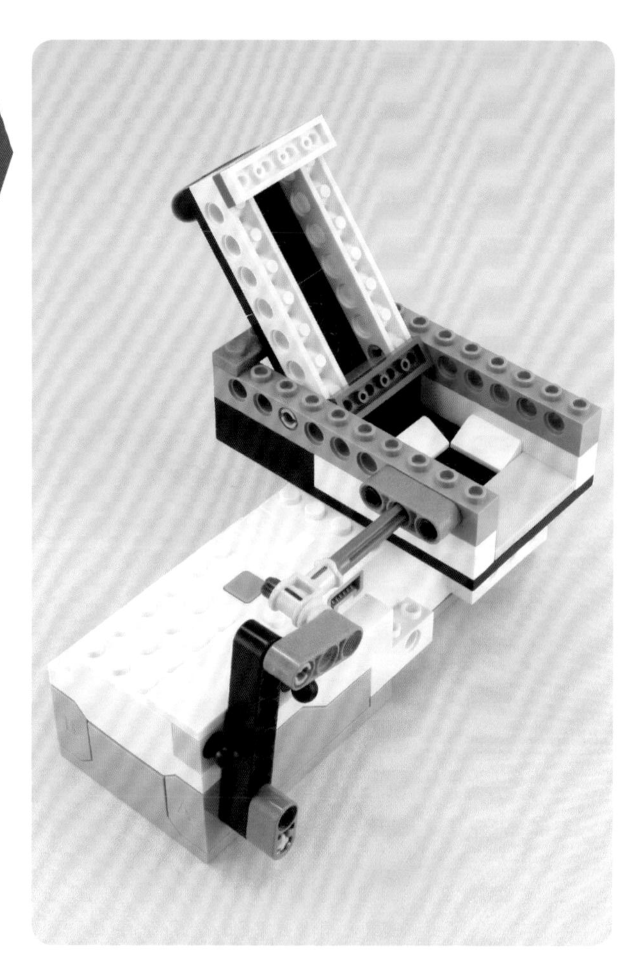

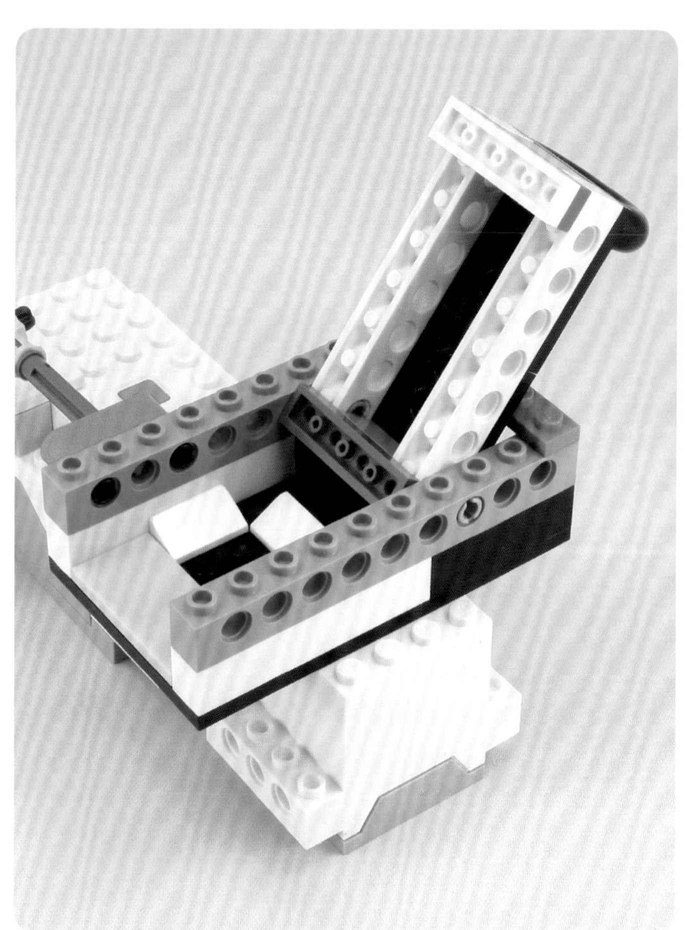

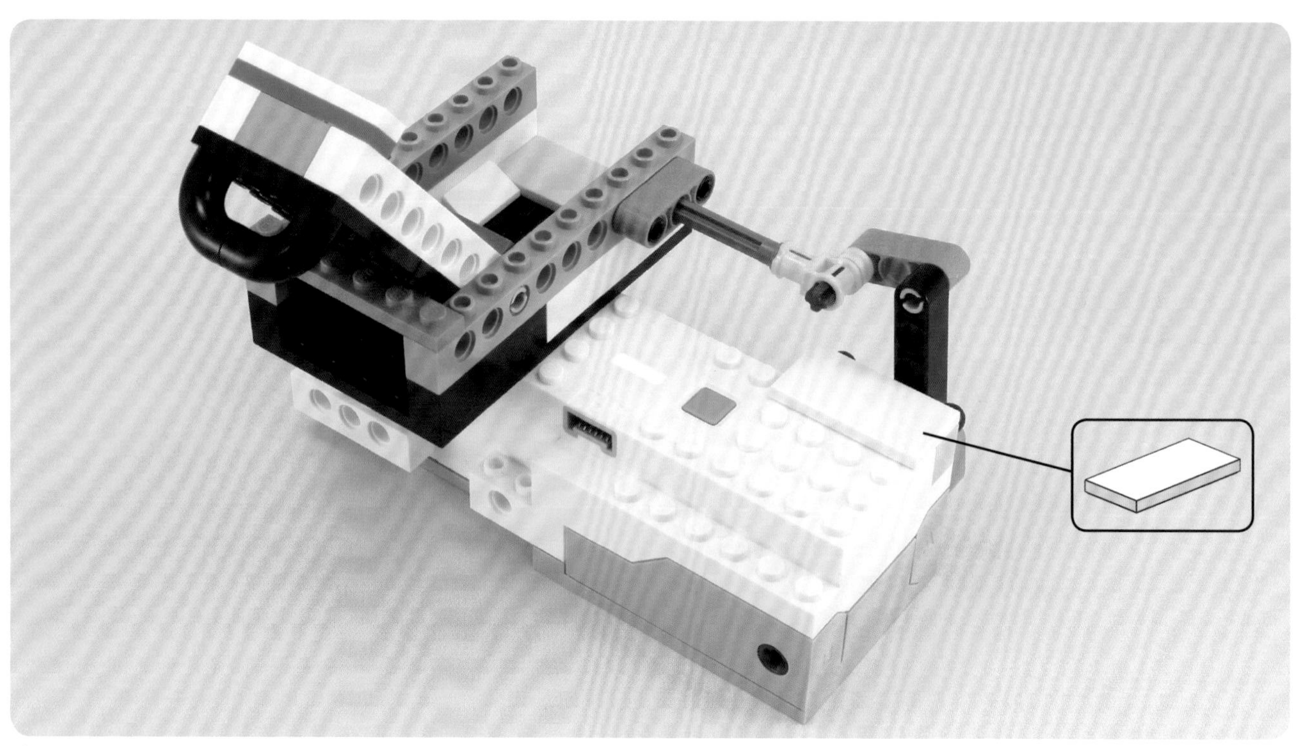

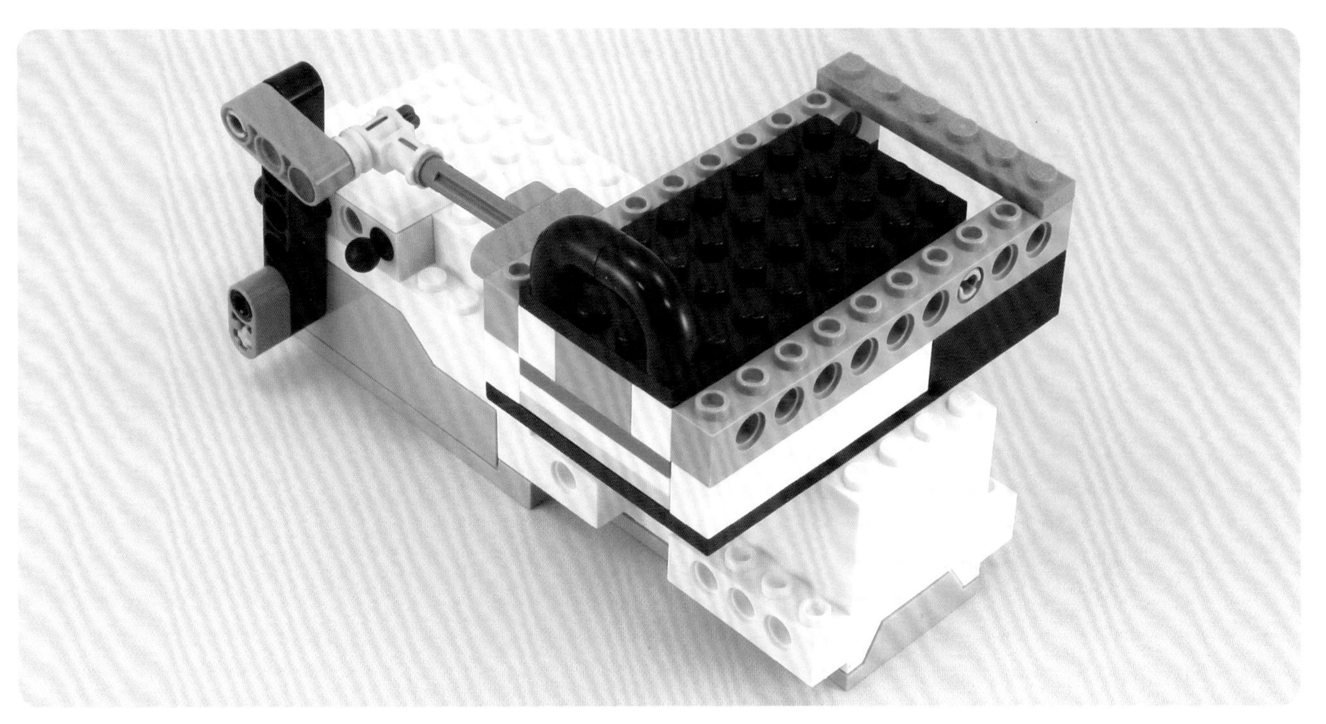

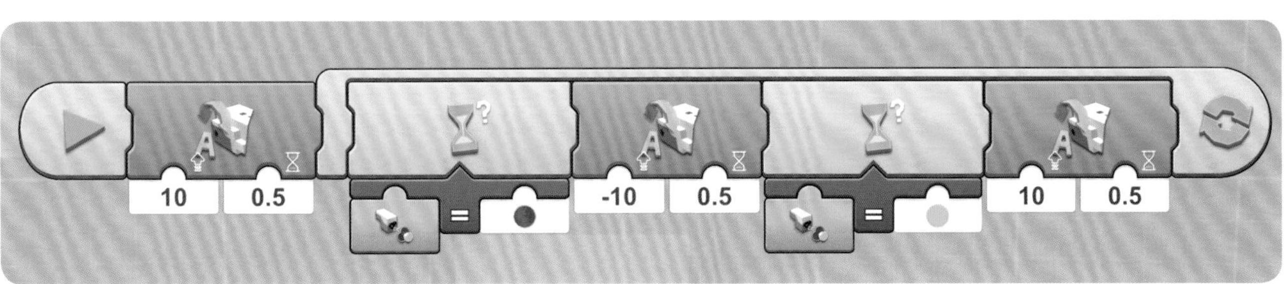

10
0.5
-10
0.5
10
0.5

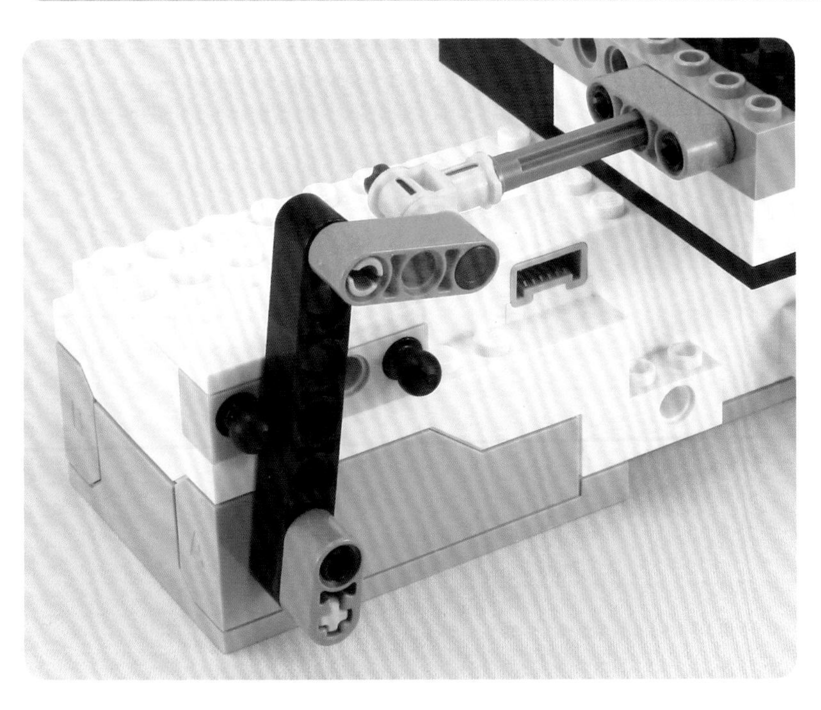

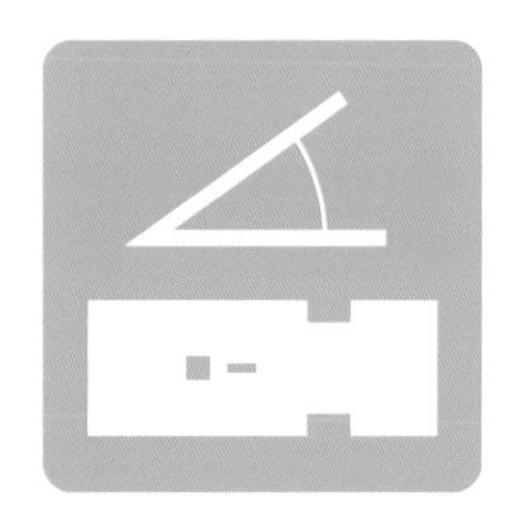

使用 Move Hub 的傾斜感測器

#90

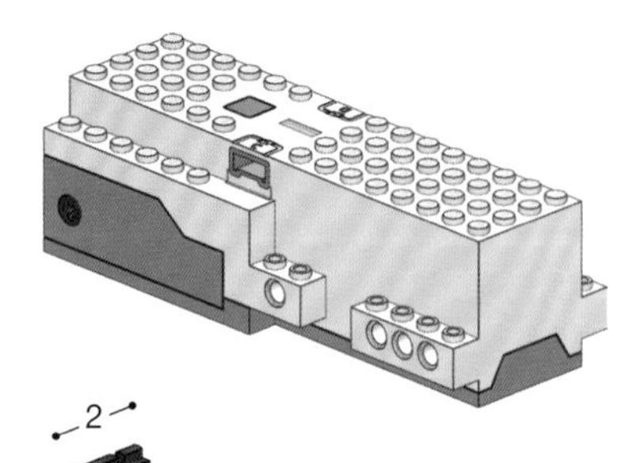

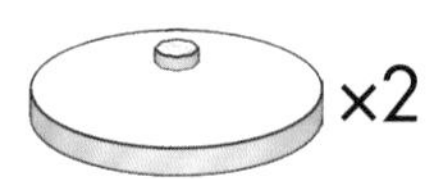

×2

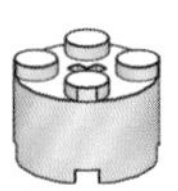
×2

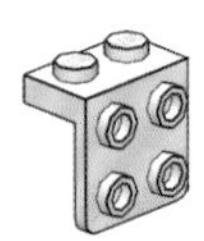

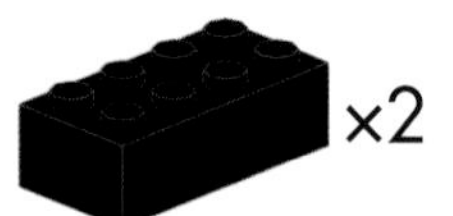
×2

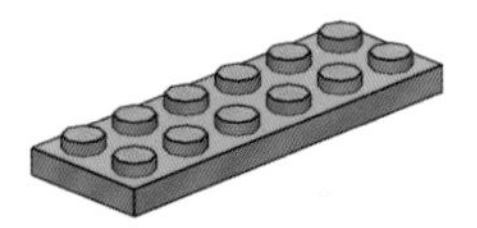

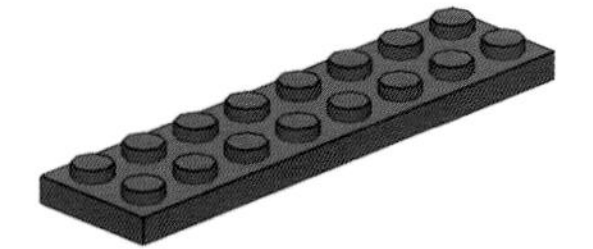

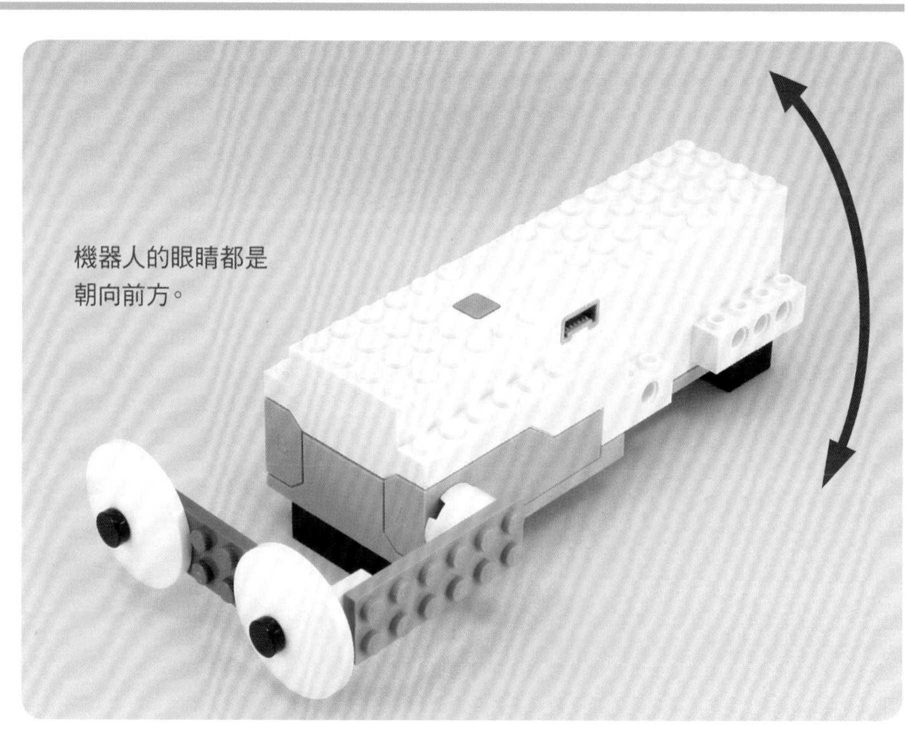

機器人的眼睛都是
朝向前方。

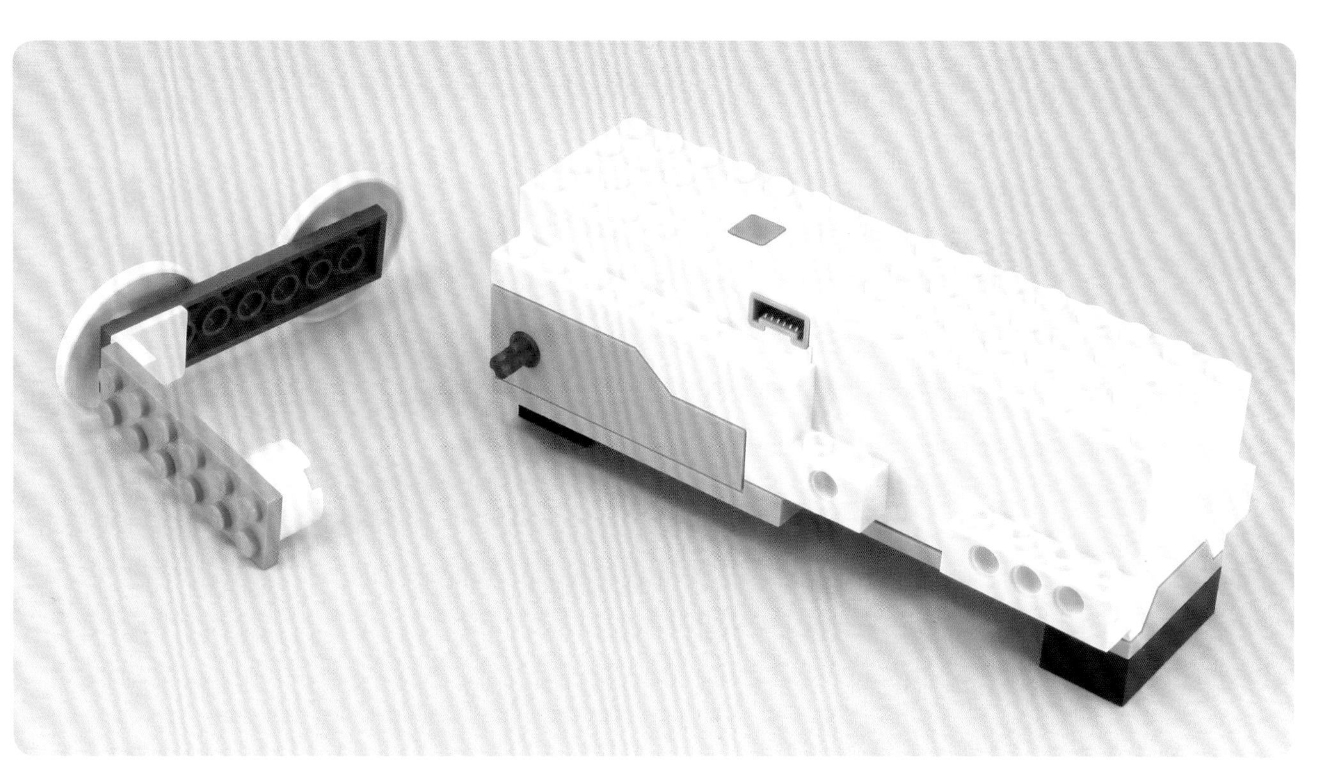

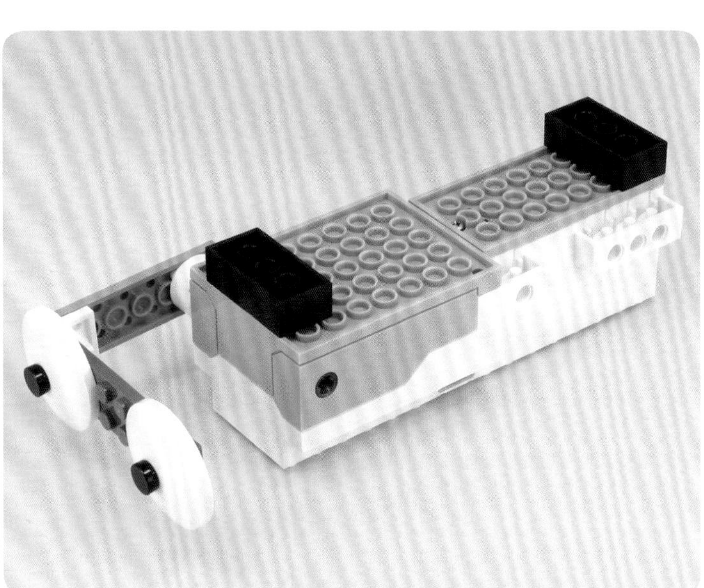

當機器人在這個位置時，
啟動程式。

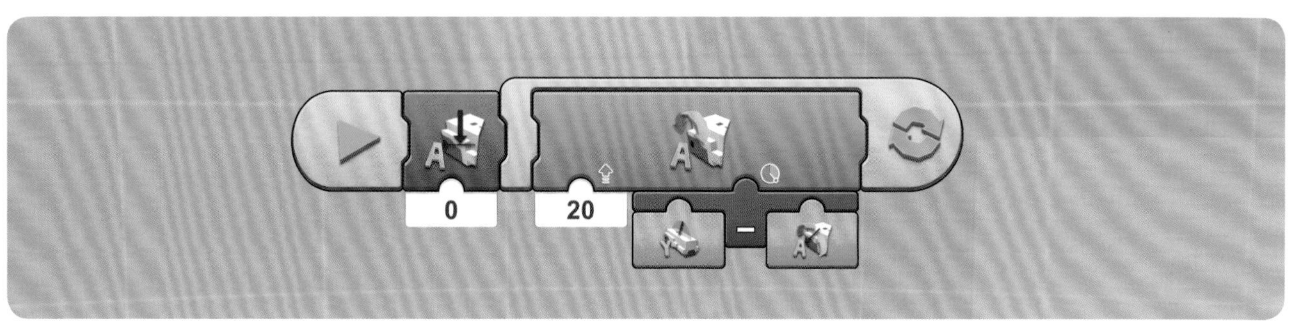

#91

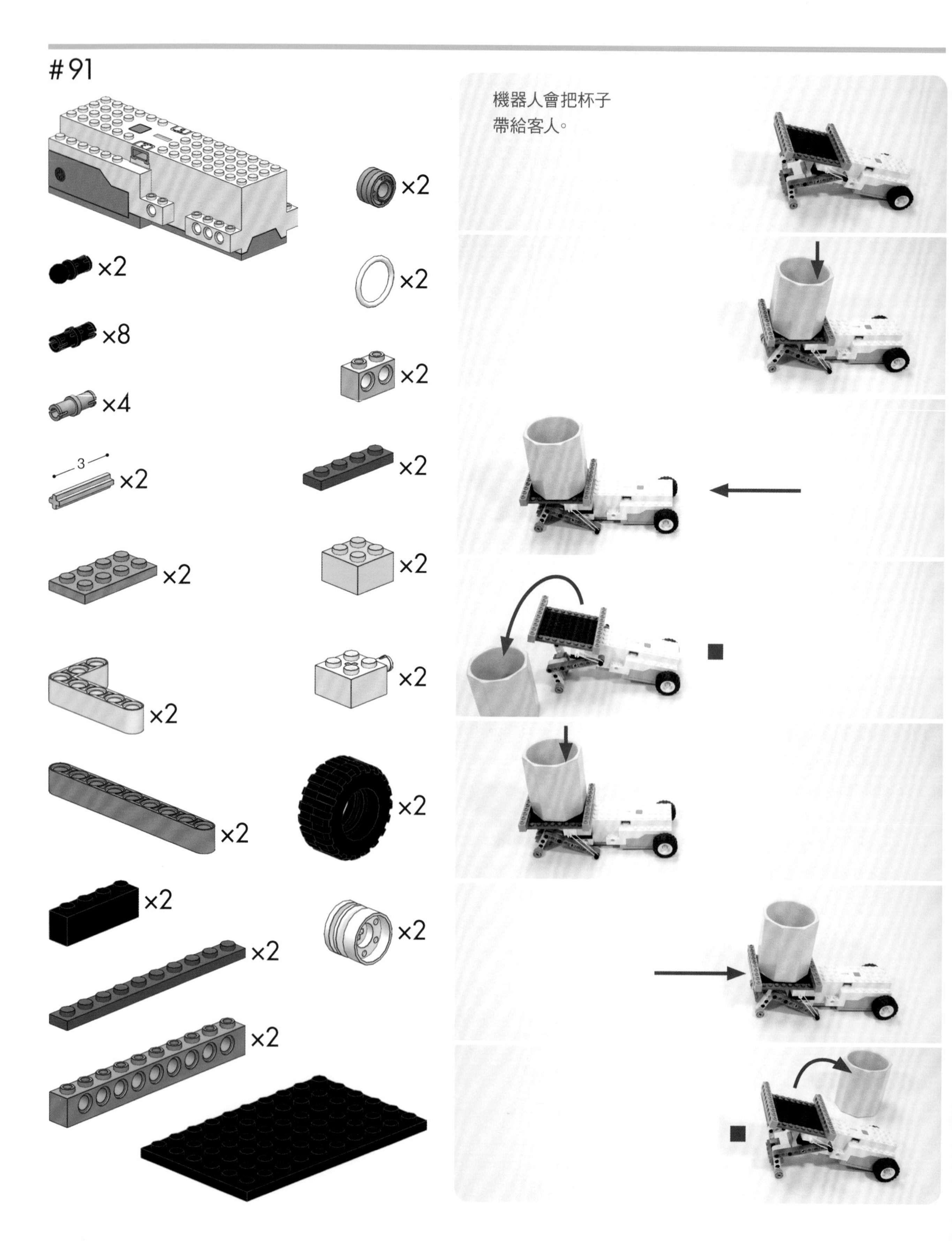

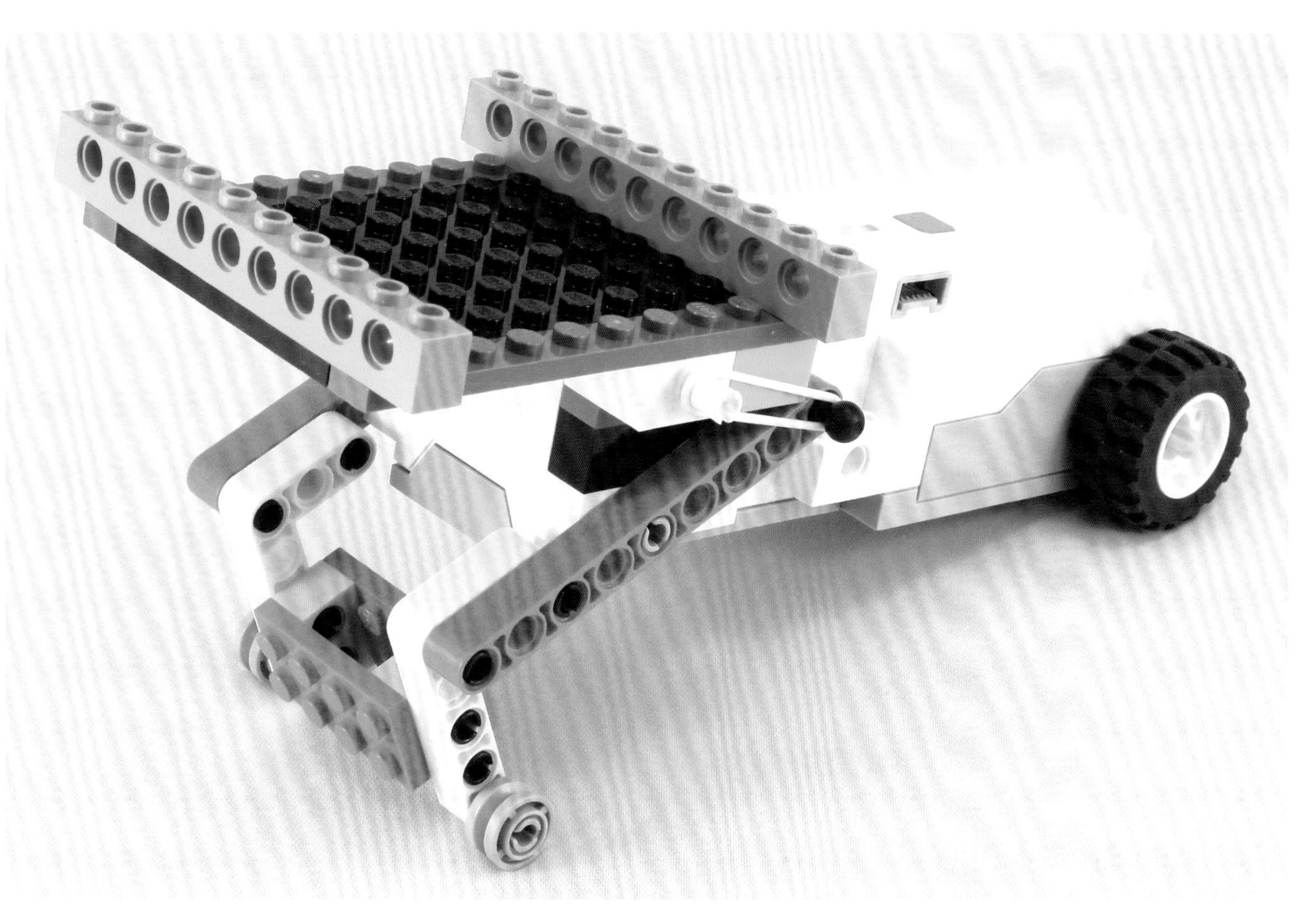

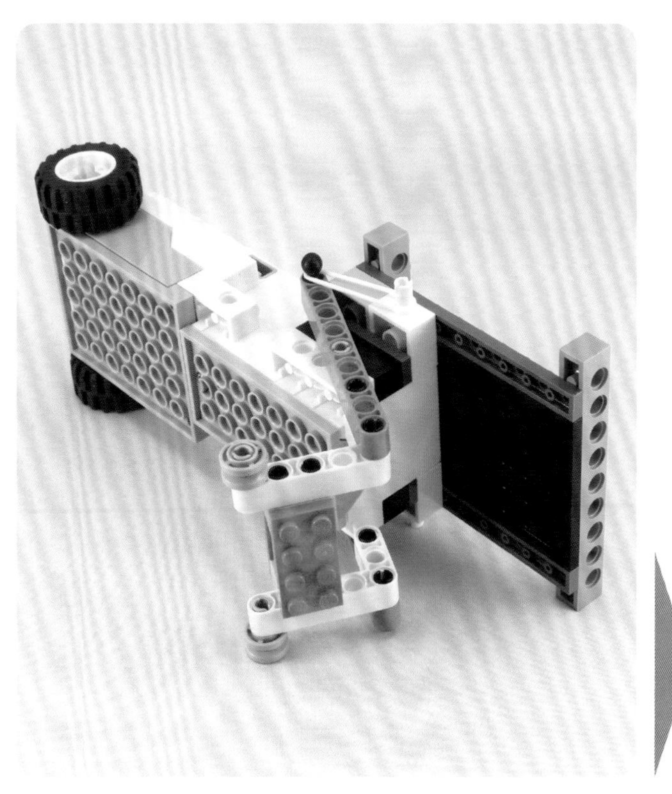

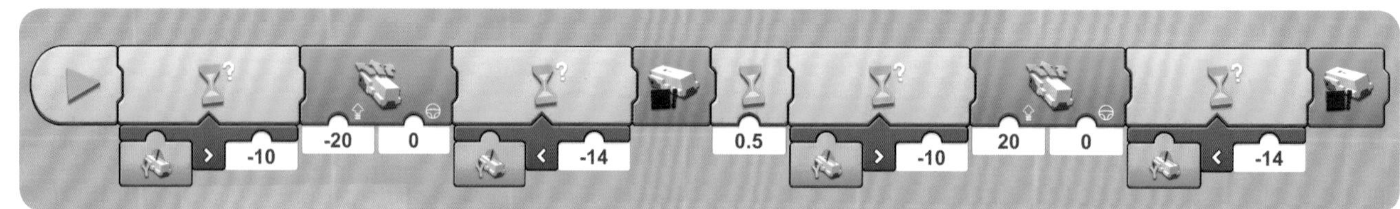

-10
-20
0
-14
0.5
-10
20
0
-14

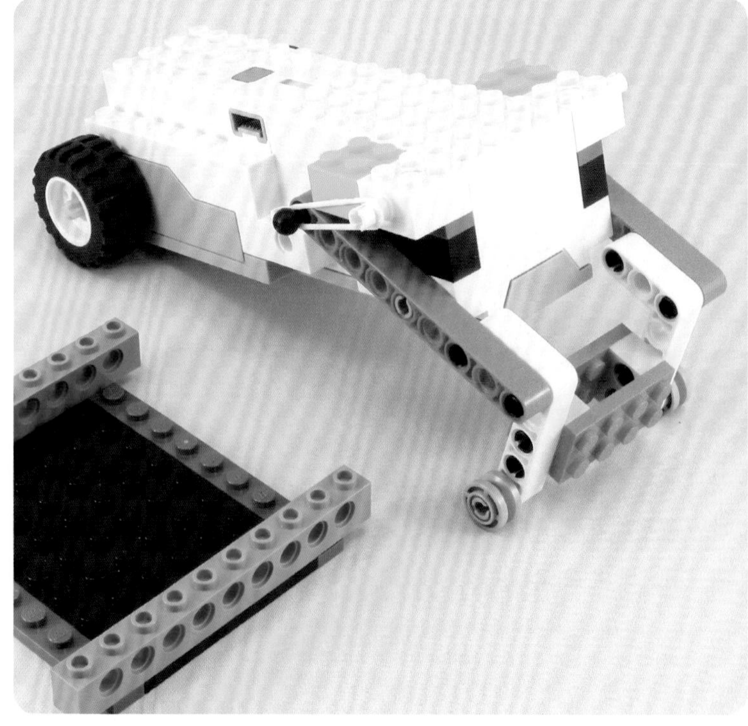

A 馬達與 B 馬達用於不同功能

#92

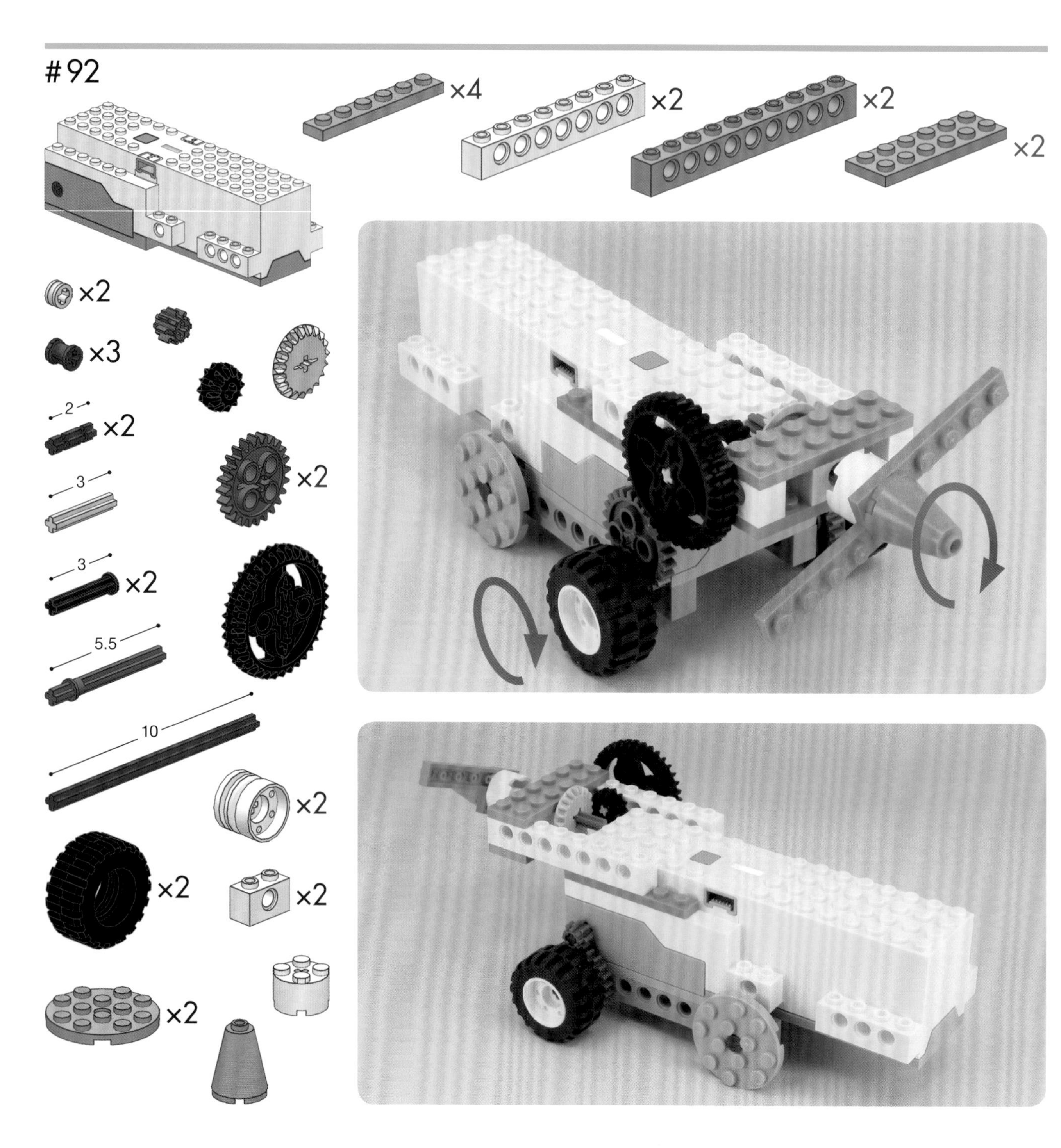

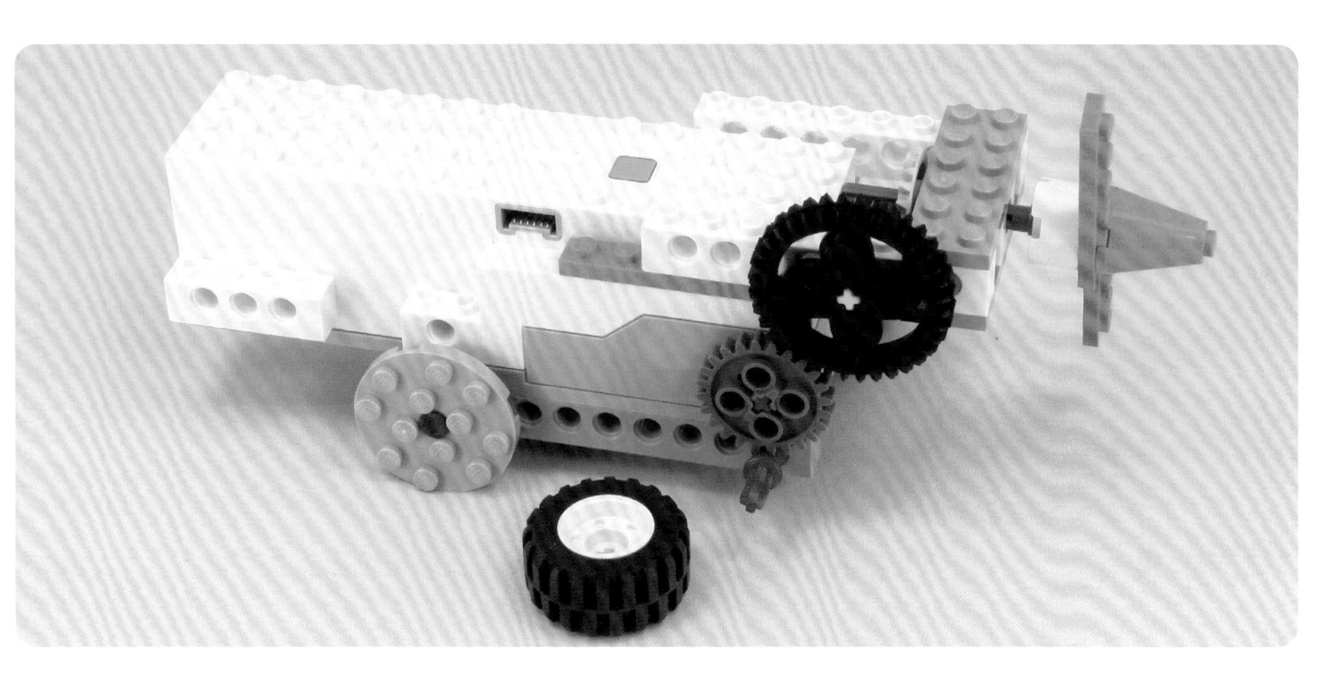

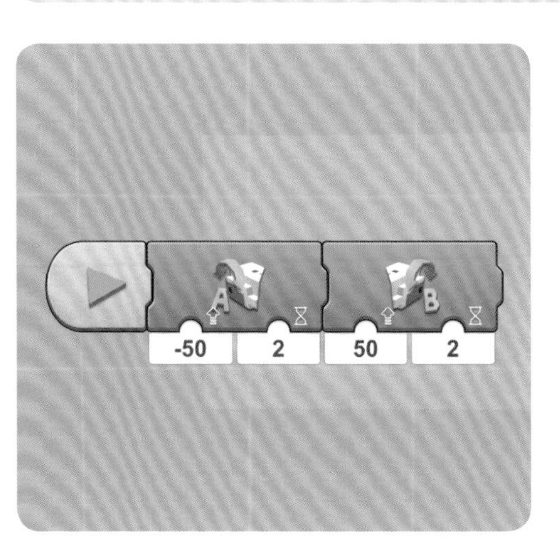
A
B
-50
2
50
2

更多好點子

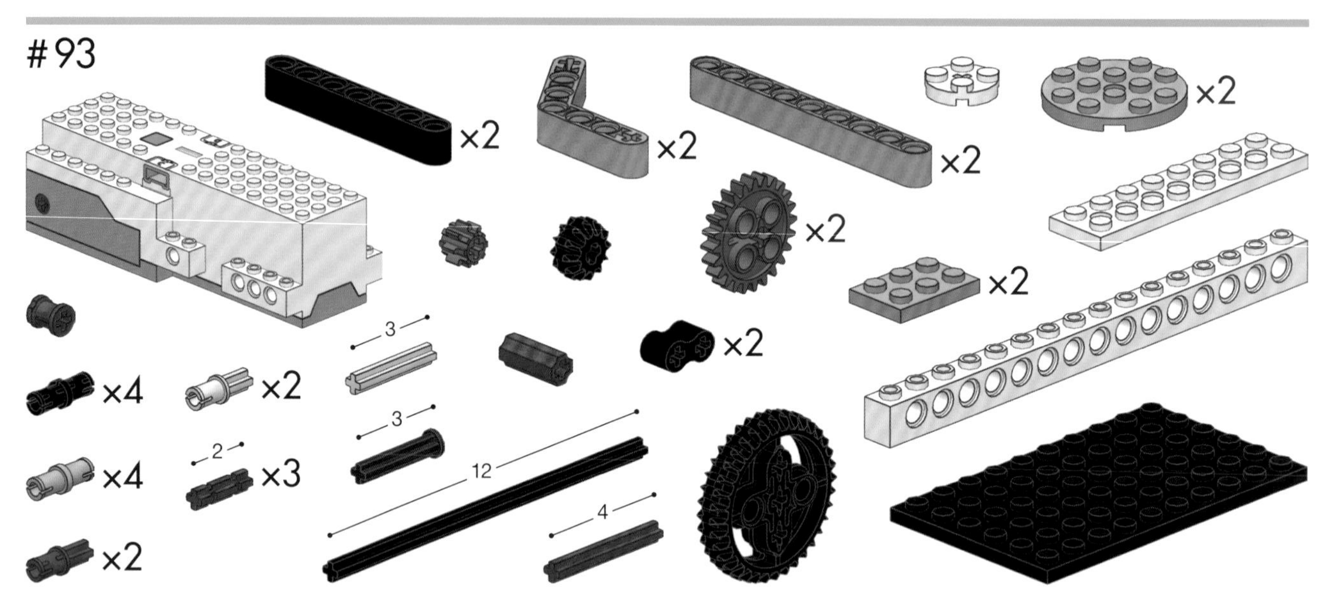

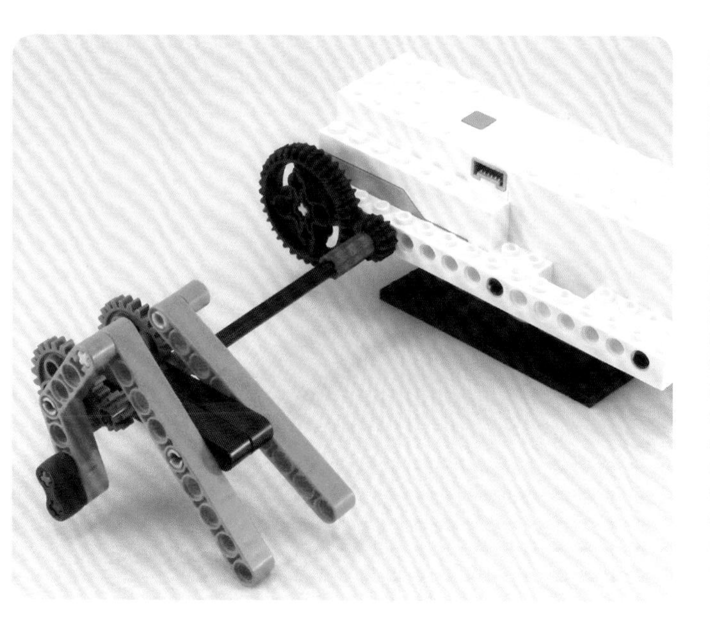

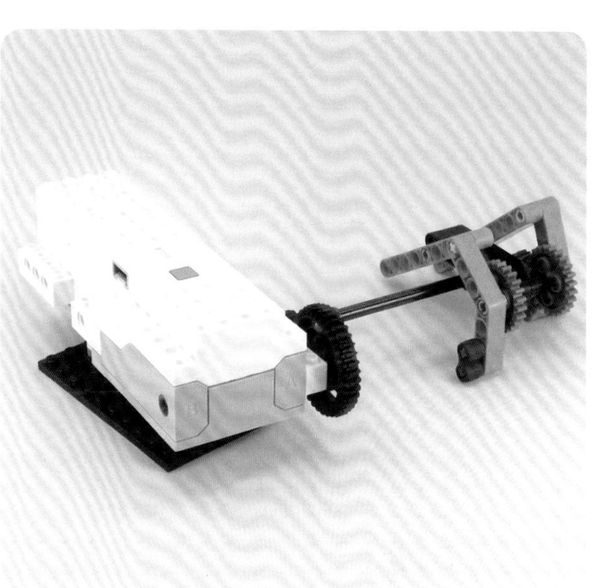

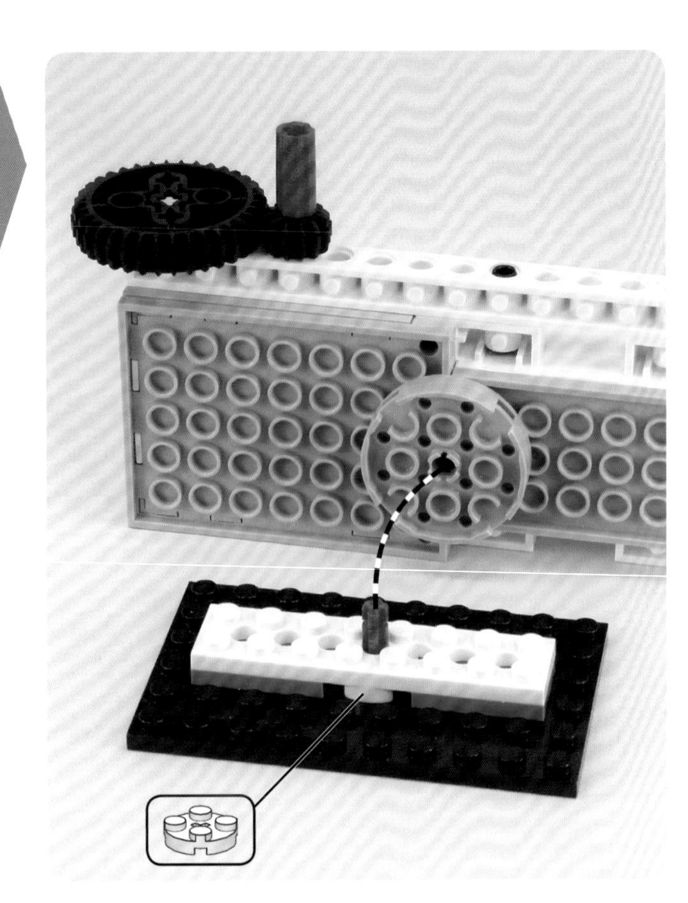

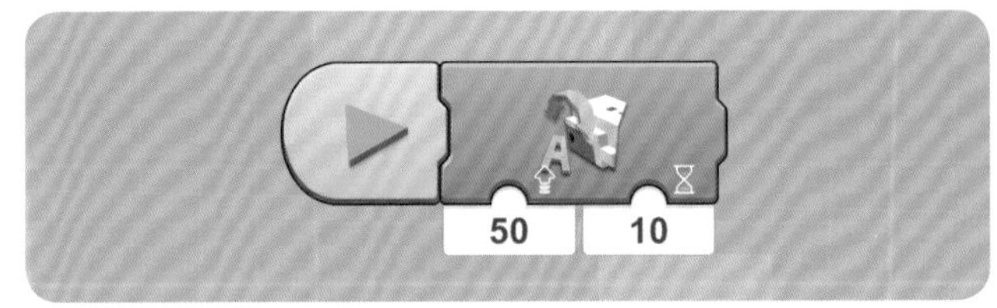
50
10

#94

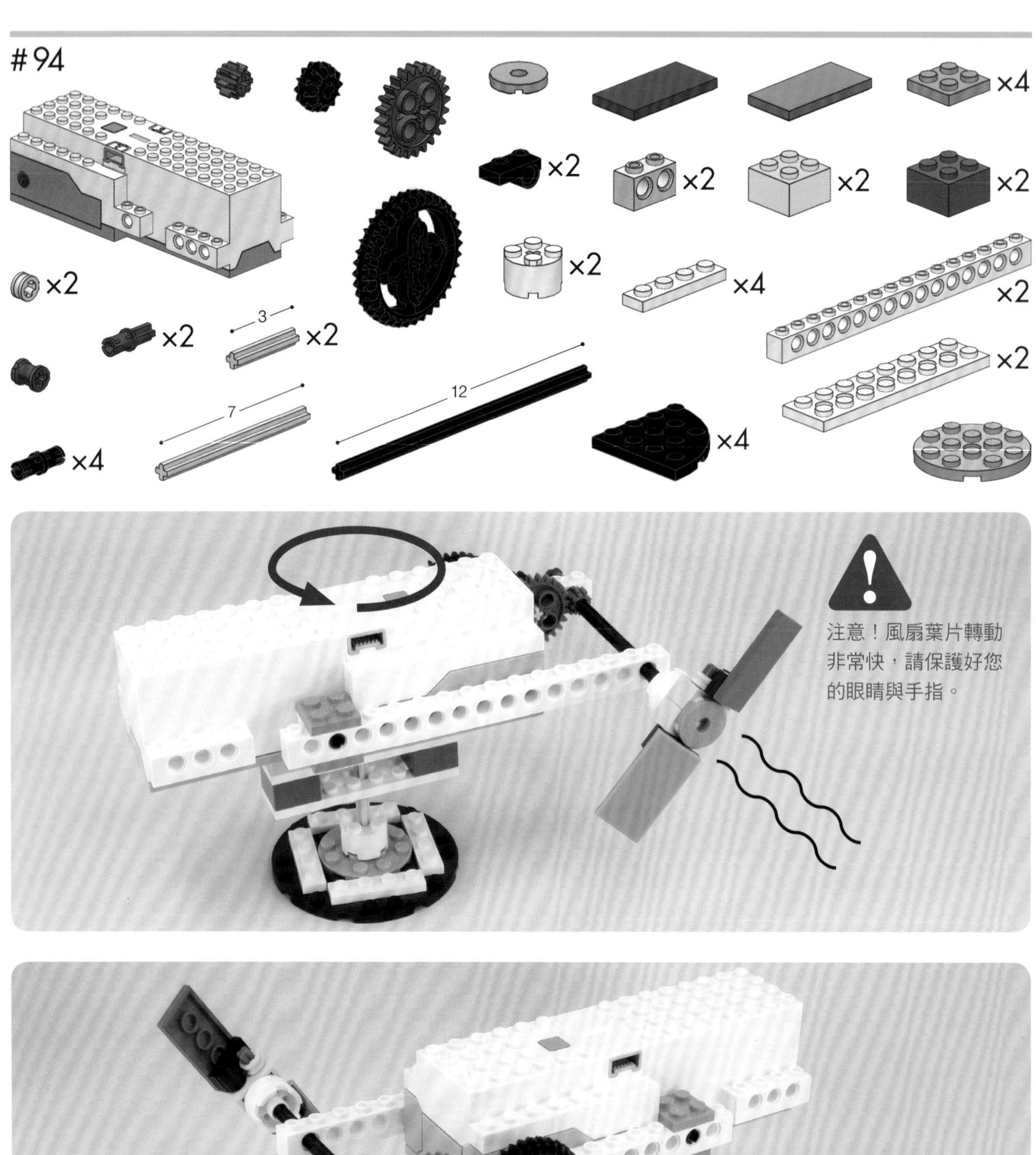

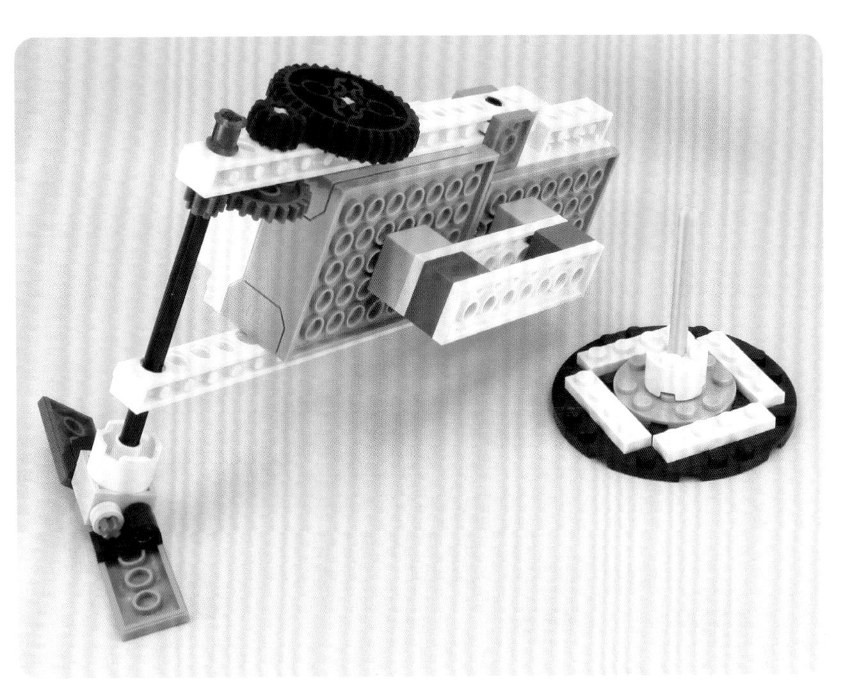

A
80

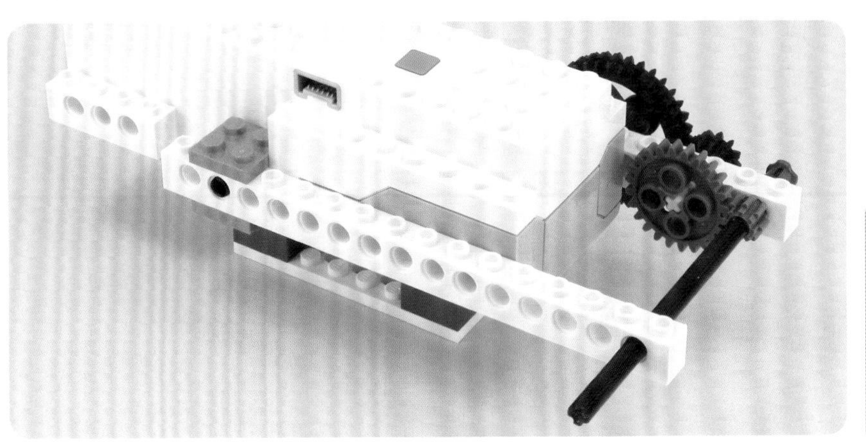

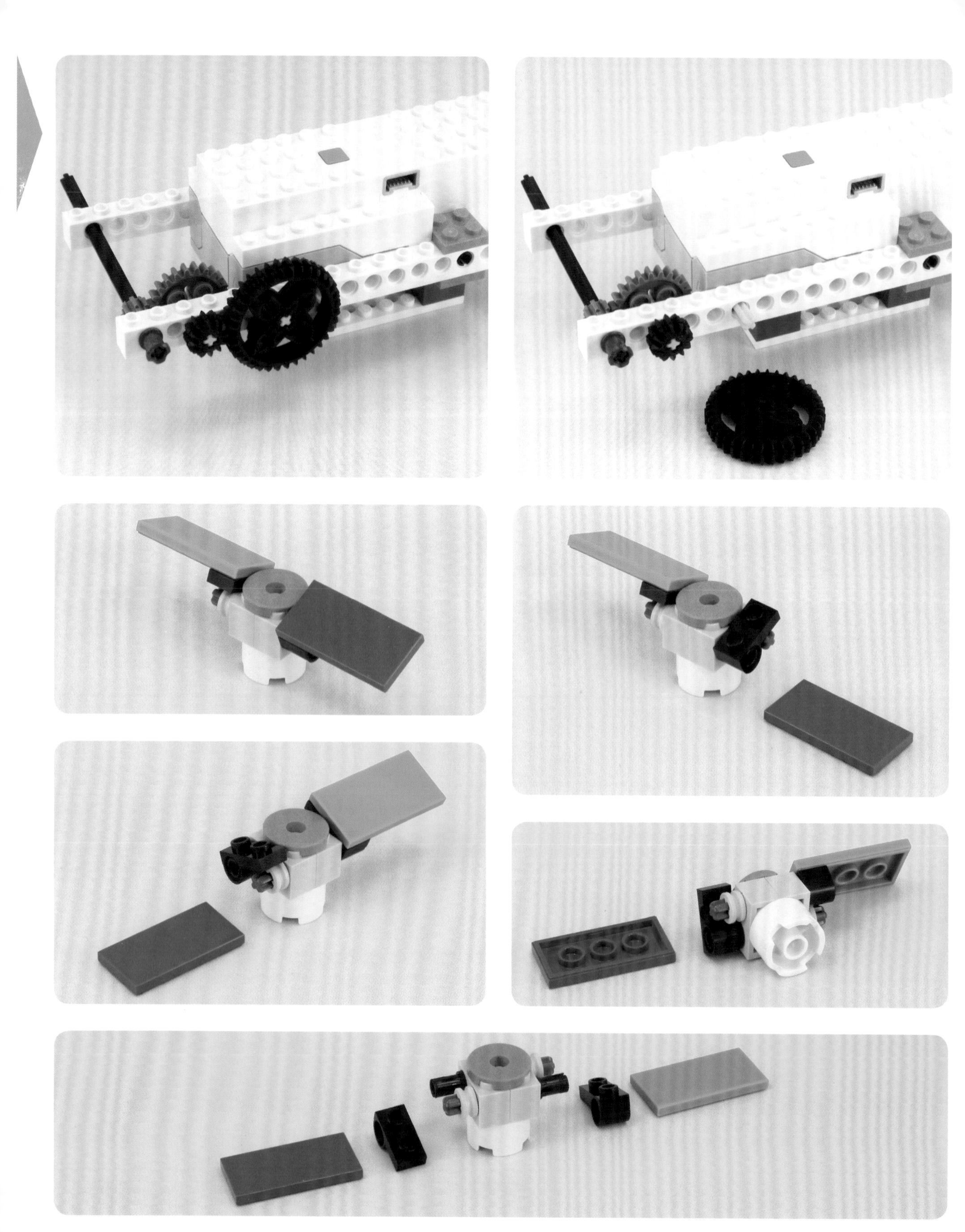

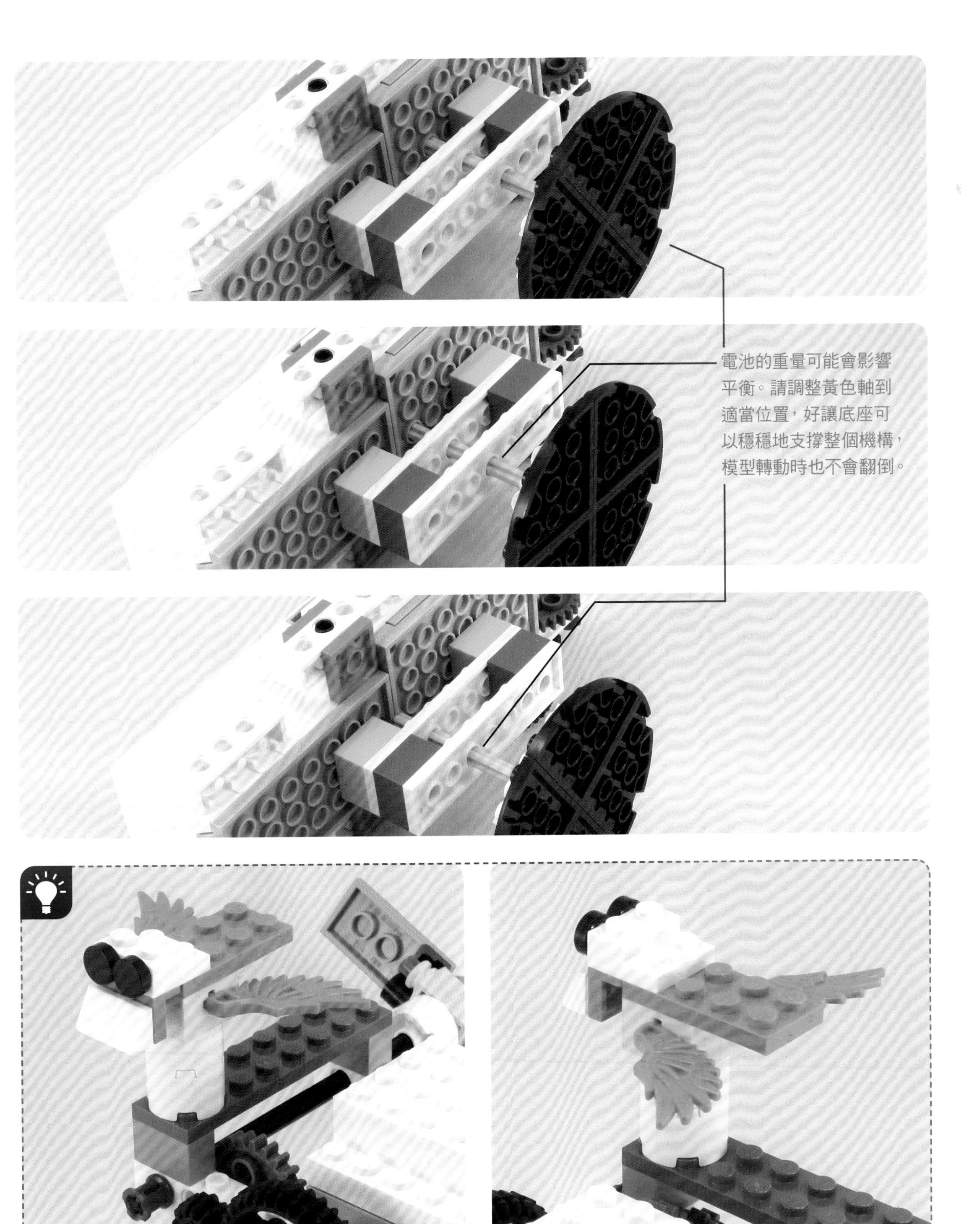
電池的重量可能會影響
平衡。請調整黃色軸到
適當位置，好讓底座可
以穩穩地支撐整個機構，
模型轉動時也不會翻倒。

#95
×2
×2
×2
×2
×3
×8
×2
3
×2
×2
7
×2
×2
12
×2
×2
×2

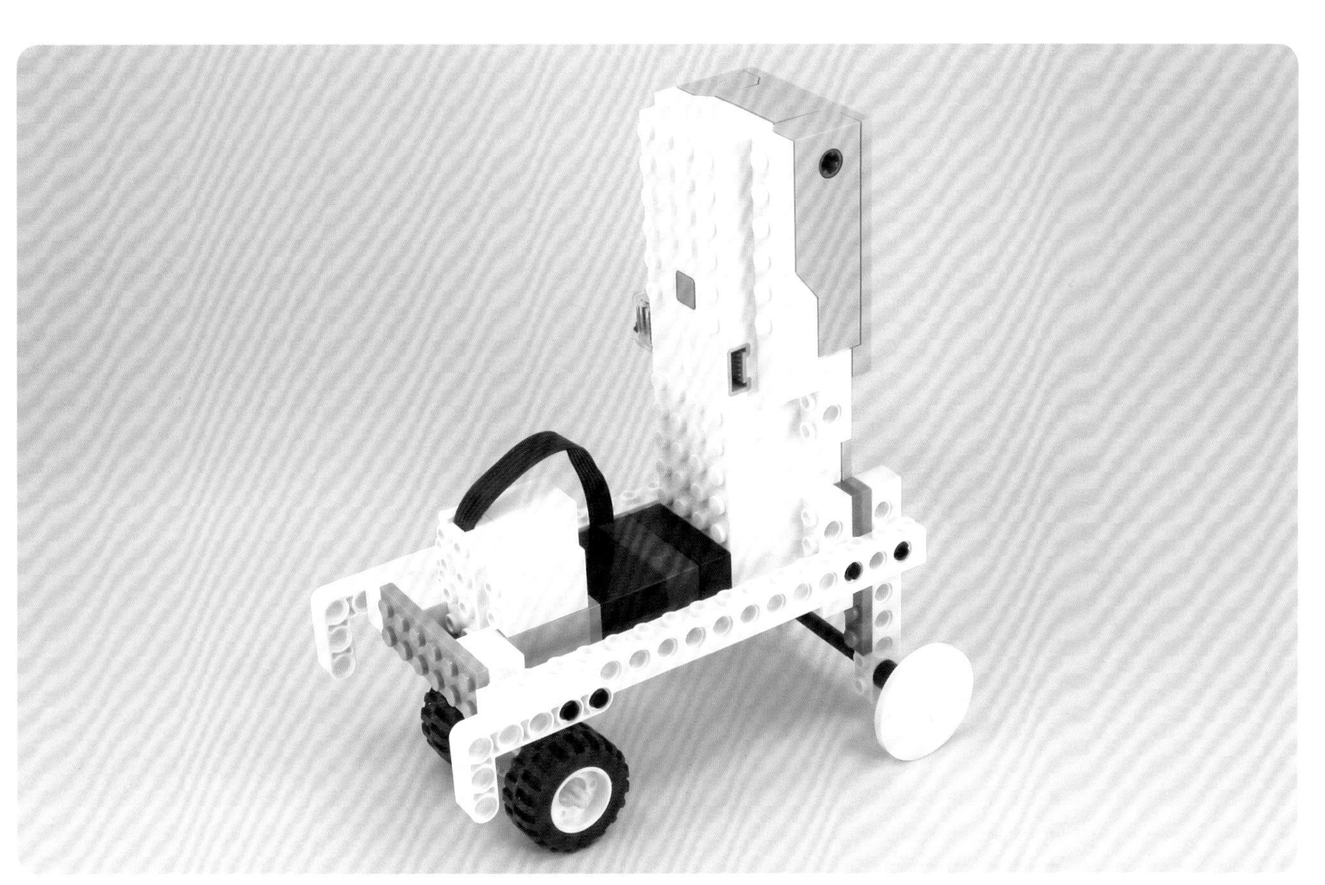

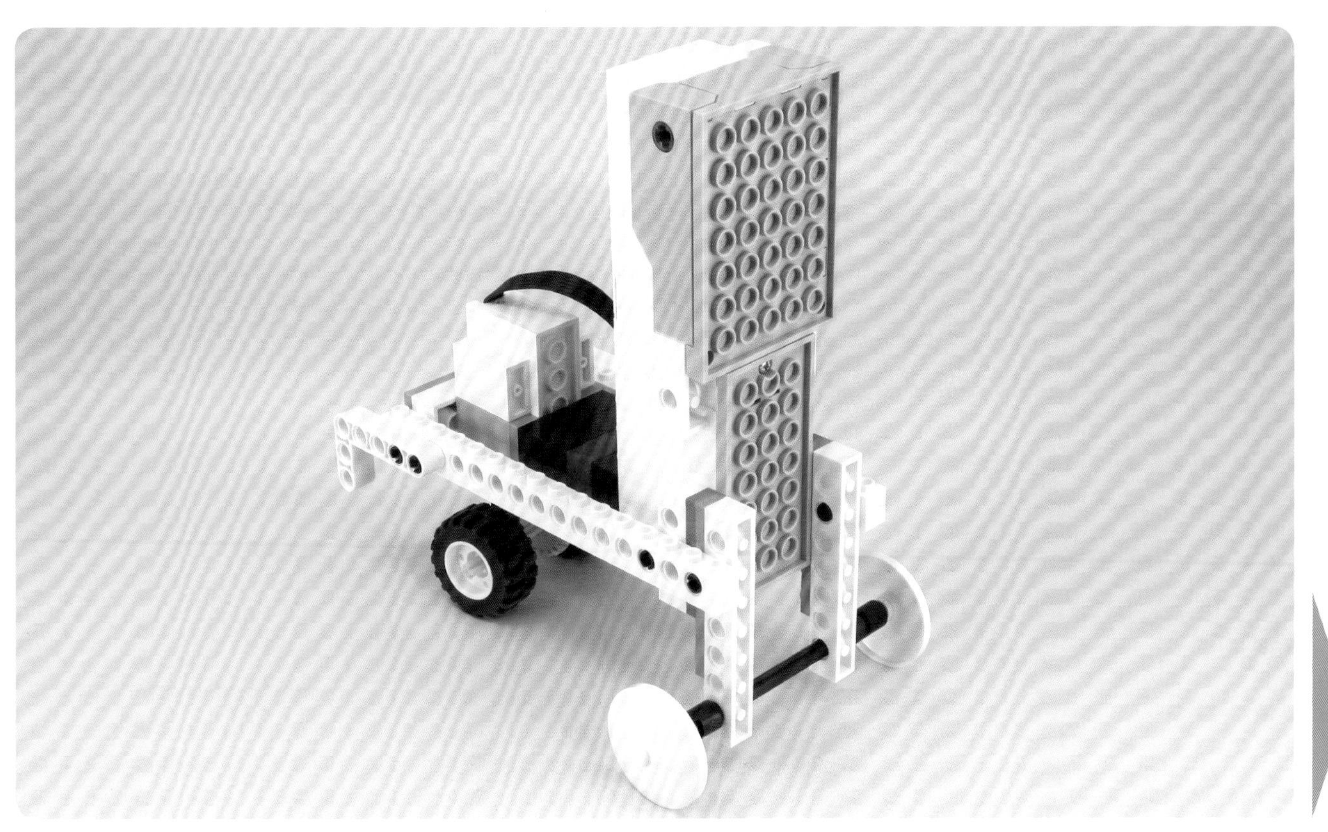

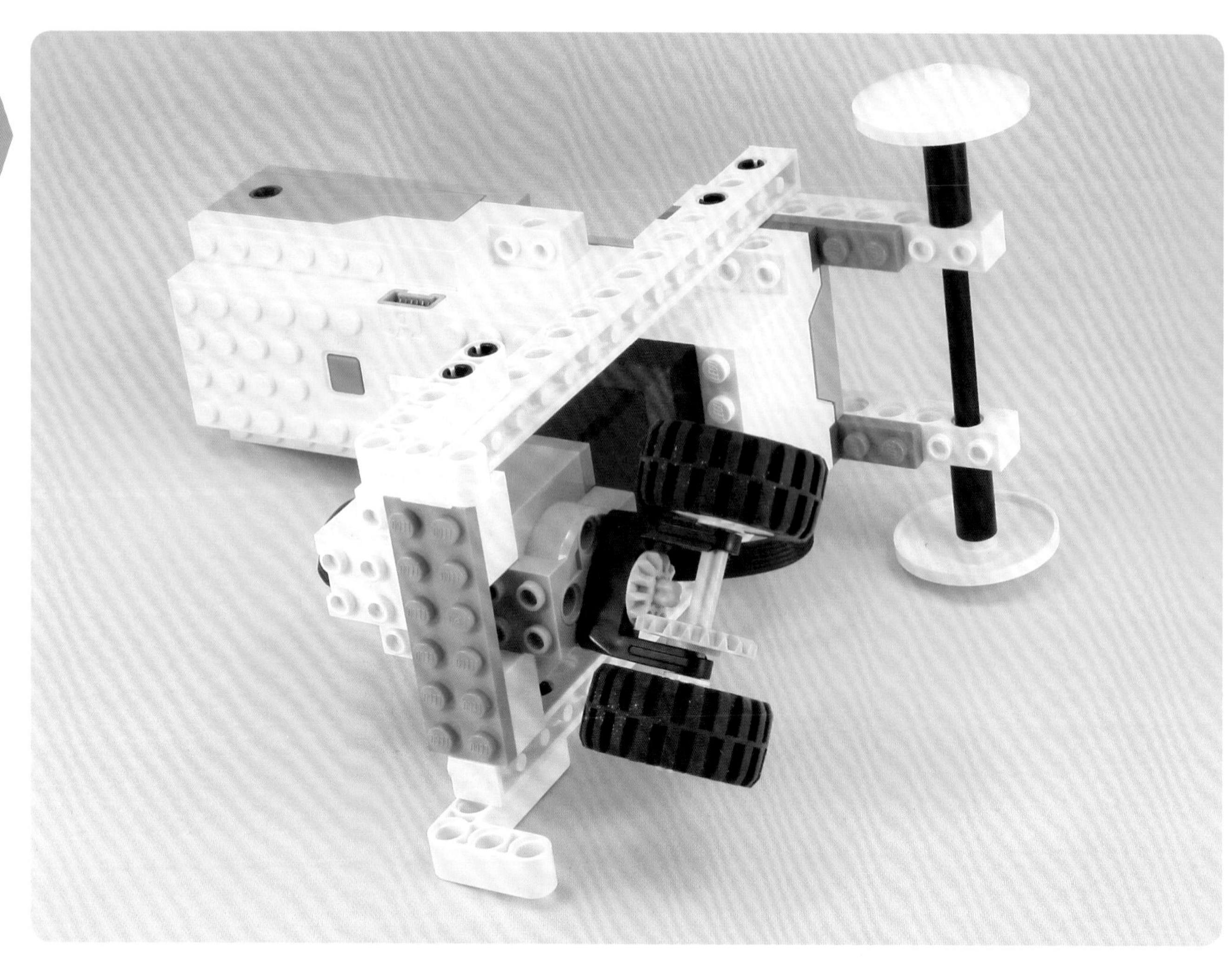

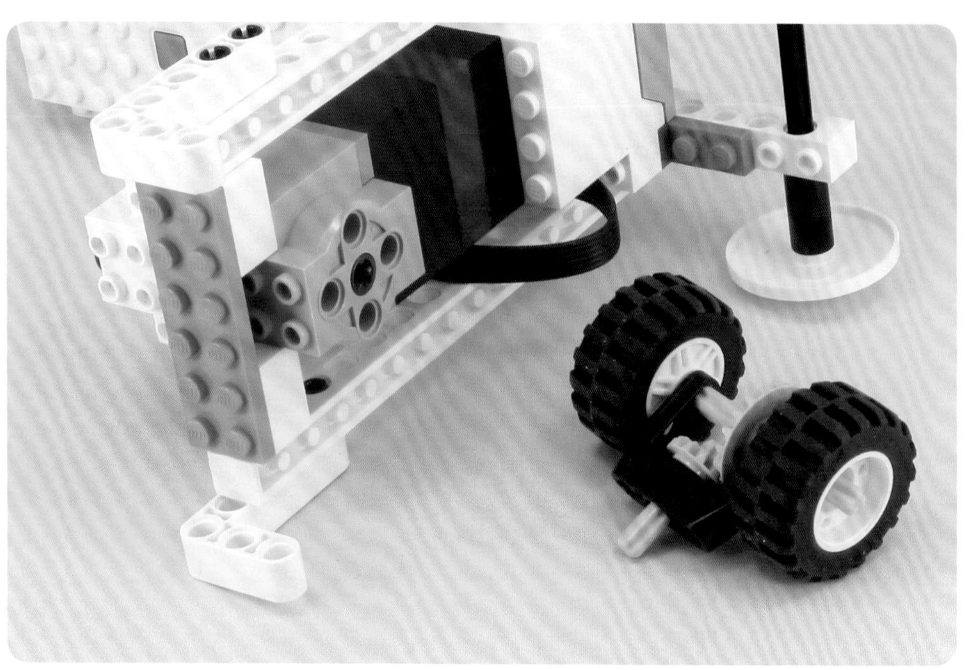

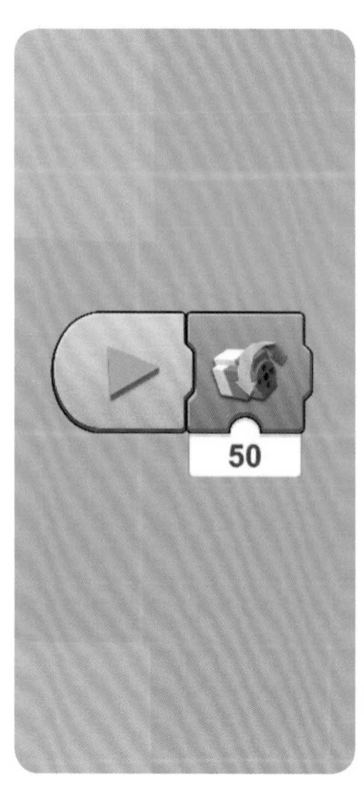
50

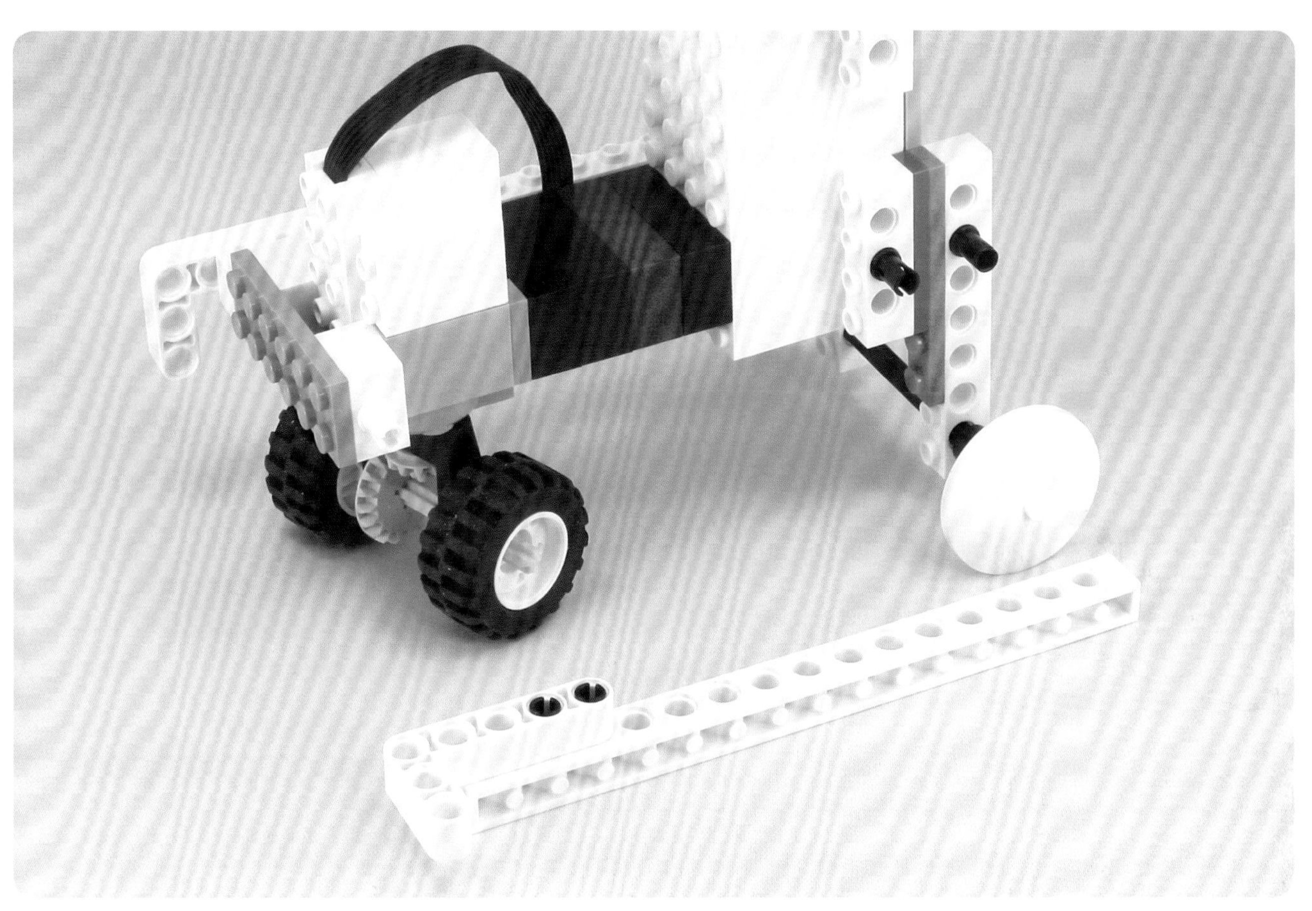

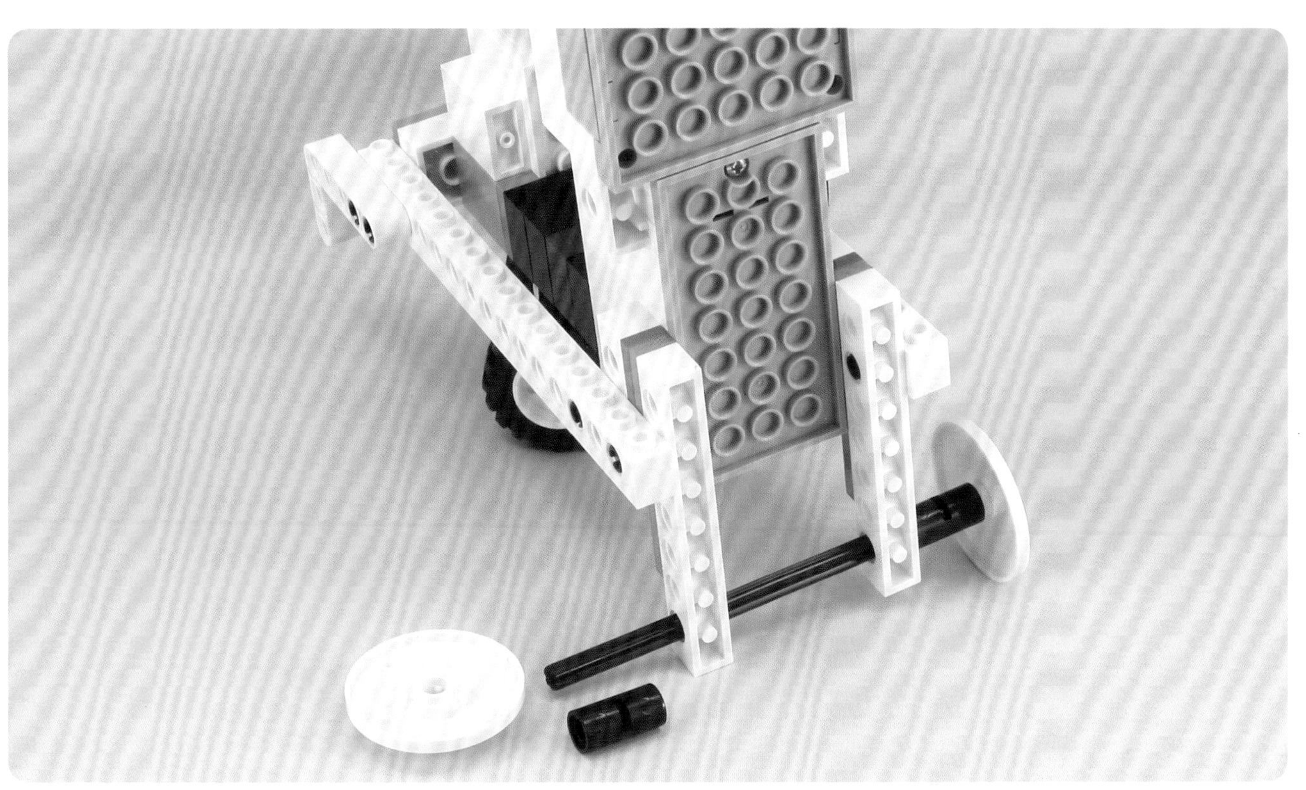

下次見囉！